AF493798

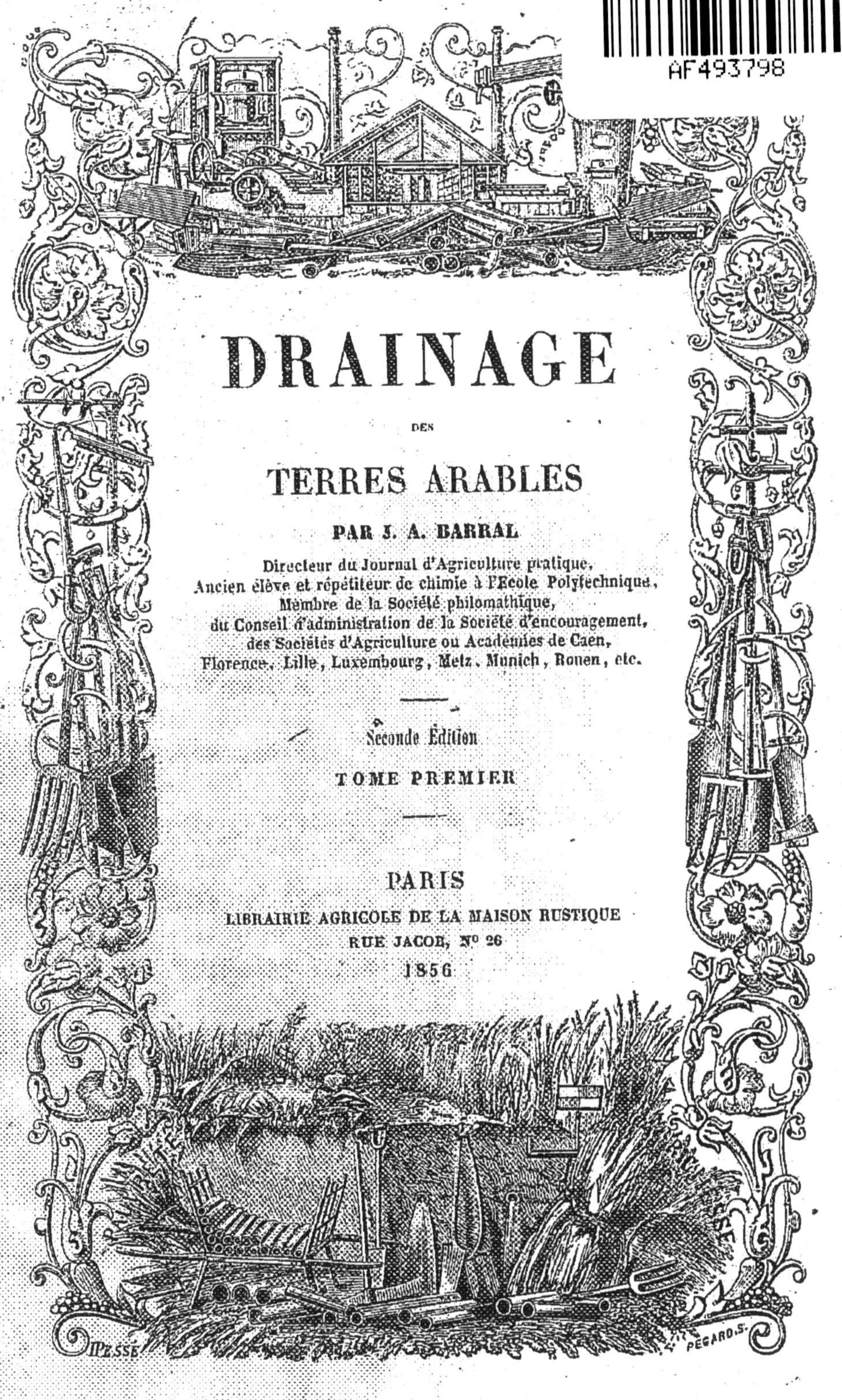

DRAINAGE

DES

TERRES ARABLES

PAR J. A. BARRAL

Directeur du Journal d'Agriculture pratique,
Ancien élève et répétiteur de chimie à l'École Polytechnique,
Membre de la Société philomathique,
du Conseil d'administration de la Société d'encouragement,
des Sociétés d'Agriculture ou Académies de Caen,
Florence, Lille, Luxembourg, Metz, Munich, Rouen, etc.

Seconde Édition

TOME PREMIER

PARIS
LIBRAIRIE AGRICOLE DE LA MAISON RUSTIQUE
RUE JACOB, N° 26
1856

DRAINAGE

DES

TERRES ARABLES

BIBLIOTHÈQUE
DE M. A. BIXIO.
PARIS.

Paris. — Typographie de Firmin Didot frères, fils et Cie, rue Jacob, n° 56.

DRAINAGE

DES

TERRES ARABLES

PAR

J.-A. BARRAL

Directeur du Journal d'Agriculture pratique,
Ancien élève et répétiteur de chimie de l'École Polytechnique, etc.

Seconde Édition

TOME PREMIER

PARIS

LIBRAIRIE AGRICOLE DE LA MAISON RUSTIQUE

RUE JACOB, 26

1856

Les propriétaires se réservent le droit de faire traduire cet ouvrage.

AVERTISSEMENT.

En publiant cet ouvrage nous avons eu pour but de mettre à la portée des cultivateurs et des propriétaires des connaissances élémentaires complètes sur une opération agricole extrêmement utile.

Les substances alimentaires, et particulièrement les céréales, sont soumises tour à tour à des renchérissements excessifs et à un avilissement déplorable. L'agriculture souffre cruellement de ces alternatives, qui pèsent surtout d'une manière fatale sur les populations rurales. Dans les temps de cherté, les salaires sont insuffisants, et l'ouvrier des champs ne peut payer sa subsistance et celle de sa famille. Si l'abondance survient, si le ciel accorde au laboureur plusieurs années fertiles, les prix de vente des denrées agricoles cessent d'être suffisamment rémunérateurs, et le cultivateur doit réduire les salaires ; l'ouvrier des champs se trouve de nouveau dans la misère, alors que la terre prodigue ses richesses. La nation entière ne souffre pas moins que l'individu. Pendant un temps elle importe à un prix exagéré la subsistance qui lui manque, et, pour vivre, elle s'épuise, tandis que bientôt après elle exporte à vil prix l'excédant de ses produits.

Le problème à résoudre consiste à obtenir du sol arable une plus grande constance dans sa fertilité; il faut trouver le moyen de diminuer l'influence des intempéries. Il est possible de faire produire à la terre des récoltes constamment plus abondantes, qui compensent, par la quantité et la beauté, le bas prix des denrées. En ayant recours à de nouveaux procédés de culture, les fermiers peuvent arriver à payer la location du sol et à faire les bénéfices qui doivent rémunérer tout travail. En aidant les exploitants de leurs domaines à augmenter la fécondité de la terre, les propriétaires peuvent arriver à ne jamais voir se tarir ou s'arrêter la source de leurs revenus. Il ne s'agit pas seulement de mieux labourer et de recourir à de nouveaux engrais : on multiplie en vain les fumures lorsque le sol a acquis une richesse qu'il n'est plus possible d'utiliser.

On parvient à tirer de la terre de plus belles récoltes, à obtenir surtout que sa puissance de production ne subisse pas d'extrêmes défaillances, en changeant ses conditions physiques, en employant le drainage. Telle est donc l'opération qu'on doit surtout recommander aux amis de l'agriculture.

La vulgarisation des procédés de drainage nous a paru constituer l'un des principaux devoirs de ceux qui, par hasard, par goût ou par position, se trouvent appelés à seconder ou à diriger le mouvement vers le progrès qui s'est emparé de l'agriculture moderne. Aussi avons-nous, à partir de 1850, publié dans le *Journal d'Agriculture pratique* un grand nombre d'articles sur ce sujet. Ces articles, on nous pardonnera de le dire puisque le succès de ce recueil est autant l'œuvre de nos collaborateurs que de nous-même, ont puissamment concouru à faire connaître les nouveaux procédés d'exécution qui ont assuré le succès du drainage dans tous les pays, au Midi aussi bien qu'au Nord. En avril 1854, nous avons fait paraître la collection de nos articles en un volume, sous le titre de *Manuel du Drainage*. Cet ouvrage était épuisé dès les premiers mois de 1855. Le bienveillant accueil qu'il a reçu, et que nous devons attribuer surtout au patronage efficace d'écrivains et d'agronomes tels que MM. de Gasparin, Léonce de Lavergne, Alloury, etc., qui ont recommandé notre travail dans des journaux jouissant d'une grande autorité, nous a imposé le devoir de ne rien négliger pour rendre cette nouvelle édition plus digne encore de leurs suffrages.

Ce n'est pas un résumé de la question que nous avons songé à composer : il y a un grand nombre de livres succincts très-bien rédigés sur cette matière. La plupart des gouvernements ont fait publier des instructions pratiques sur les procédés de drainage : il y en a en anglais, en français, en allemand, dans presque toutes les langues. Mais il manquait un traité développé, où toutes les questions que le drainage soulève fussent examinées avec les détails nécessaires, où tous les systèmes fussent exposés, où on trouvât enfin tous les renseignements utiles sur cette féconde amélioration du sol arable. C'est cette lacune que nous avons voulu combler.

La première modification à notre précédente édition a été d'y faire de grandes divisions, de manière à présenter sous forme de traités distincts chacune des grandes questions que le sujet comporte. Nous avons ainsi été conduit à partager notre ouvrage en onze livres, dont quelques-uns sont tout à fait nouveaux, et dont les autres ont été profondément remaniés et ont reçu des développements considérables.

Le livre premier est consacré à l'histoire du drainage, opération très-ancienne, mais qui doit aux modernes des perfectionnements de premier ordre.

Dans le livre second nous exposons les procédés à

l'aide desquels on peut exécuter le drainage sans employer de tuyaux de poterie.

Nous cherchons à estimer, dans le livre troisième, l'étendue des terres qui doivent éprouver par le drainage une amélioration suffisante pour couvrir les frais de la dépense, et produire en outre des bénéfices plus ou moins élevés.

Nous avons cherché à faire du livre quatrième un véritable traité de la fabrication des poteries agricoles, en donnant de grands développements à l'exposition des procédés de fabrication des tuyaux.

Le livre cinquième présente les détails les plus complets sur l'exécution du drainage proprement dit, l'étude du terrain, le tracé et l'ouverture des tranchées, la pose des tuyaux, les charrues de drainage, etc.

Il est intéressant de pouvoir visiter les travaux de drainage déjà exécutés, afin d'y puiser de bons exemples ; il est nécessaire de pouvoir se mettre au courant de tout ce qui a été écrit ou inventé sur cette amélioration foncière. Dans notre sixième livre, intitulé *Statistique du Drainage*, nous donnons un tableau complet de la situation actuelle du drainage et des encouragements qu'il a reçus; ce livre renferme en outre une bibliographie détaillée des ouvrages ou brochures relatifs à cette opération, et le catalogue descriptif et raisonné de tous les brevets d'invention pris en Angleterre et en France pour les diverses opérations du drainage ou la fabrication des tuyaux.

Le livre septième contient l'exposé complet de toutes les lois anglaises, allemandes, belges et françaises, sur le drainage ; il décrit l'organisation des compagnies de drainage qui ont fonctionné jusqu'à présent avec succès dans divers pays.

Le livre huitième est consacré aux résultats financiers du drainage ; le livre neuvième, aux effets divers obtenus sur les différentes natures de récoltes ; et le livre dixième à la théorie du drainage, c'est-à-dire à l'explication de tous les faits observés dans la pratique de cette opération.

Le drainage est intimement lié à l'irrigation. Par le drainage on empêche l'eau stagnante de nuire à la végétation et on fait respirer en quelque sorte le sol arable. Par l'irrigation simple on donne à la terre l'eau indispensable à la poussée de récoltes vigoureuses ; par l'irrigation faite avec les engrais liquides on verse en outre dans le sol la nourriture des plantes. Nous avons donc cru rendre service aux agriculteurs et compléter notre travail en exposant le nouveau système de culture dont l'invention est due à M. Chadwick, mais qu'on désigne souvent sous le nom de système Kennedy.

Le but de cet ouvrage est essentiellement de décrire

les moyens de faire produire davantage aux bonnes terres et de transformer en terres fertiles les plus mauvaises.

Nous croyons que la science confirme le proverbe que le barde breton moderne, M. Auguste Brizeux, vient de rappeler dans la *Sagesse de Bretagne* (*Furnez Breiz*) :

Abarz ma vézô fin ar béd,
Fallâ douar ar gwellâ éd.

Avant que vienne la fin du monde,
La plus mauvaise terre donnera d'excellent blé.

DRAINAGE

DES

TERRES ARABLES

LIVRE I

HISTOIRE DU DRAINAGE

CHAPITRE PREMIER

Définitions

Le titre que nous donnons à ce Traité est imité de l'anglais. Les expressions *drainage of land, agricultural drainage,* sont usitées, dans le royaume-uni de la Grande-Bretagne, pour désigner tout simplement l'assainissement du sol arable, que cet assainissement s'exécute par des procédés nouveaux ou qu'on l'obtienne par les moyens dont on s'est servi de toute antiquité pour égoutter les terres trop humides. Le mot *drainage,* employé tout seul en anglais, signifie desséchement, écoulement des eaux stagnantes. Il s'applique à l'ensemble des travaux qui peuvent être entrepris pour assainir une contrée entière ou une grande ville, pour redresser le cours d'une rivière, et mettre les propriétés riveraines à l'abri des inondations. Le drainage général est celui qui consiste dans l'entreprise de grands travaux d'ensemble qui embrassent un bassin et régularisent l'écoulement de toutes ses eaux ; le petit drainage, ou drainage agricole, est celui qui ne concerne que l'assainissement des champs, *agricultural drainage*.

En France, en important le mot *drainage*, on ne lui a pas laissé toute la signification qu'il a dans la Grande-Bretagne : on l'a limité à exprimer l'assainissement des champs. Ces observations sont importantes pour empêcher les erreurs qui résultent souvent de la lecture des textes des lois anglaises, et elles rendent compte de beaucoup de méprises qu'on trouve dans les nombreux écrits auxquels le drainage a donné lieu.

Le drainage actuel est un perfectionnement, une transformation de l'ancien système d'assèchement des sols humides, à l'aide des tranchées ou fossés d'écoulement partout pratiqués de temps pour ainsi dire immémorial. On a passé, il est vrai, de l'emploi des fossés découverts, ou bien des fossés couverts et remplis de pierres, au nouveau mode d'assainissement, par des transitions lentes qui expliquent pourquoi beaucoup de personnes s'écrient, en entendant décrire le nouveau drainage : Mais cela n'est pas nouveau ! cela était pratiqué par nos pères ! — Ces personnes ont bien raison ; car rien n'est absolument nouveau sous le soleil. Mais, au moins en ce qui concerne les sciences et les arts, tout se perfectionne singulièrement dans notre siècle, à tel point souvent que l'on ne reconnaît plus le point de départ.

C'est bien ce qui est arrivé pour le drainage actuellement usité, et qui consiste à permettre l'écoulement des eaux en excès dans le sol arable par des tuyaux de poterie, longs de quelques décimètres seulement, et placés sous terre à une profondeur moyenne de 1m.20, tout simplement bout à bout, suivant une pente faible.

Mais comment peut se faire l'écoulement de l'eau dans une telle conduite de poterie? C'est une question qui nous a été plus d'une fois adressée. A une époque récente encore, en 1852, un habile cultivateur de Clermont-Ferrand, M. Doniol, nous écrivait : « Les mots nouveaux employés par la science mettent bien souvent dans l'embarras la plupart de ceux qui lisent. Quand, dans le *Journal d'Agriculture pratique*, vous avez indiqué le *drainage* comme un puissant moyen d'assainir les terres trop humides; lorsque vous avez préconisé les avantages qu'on en retirait en Angleterre et en Belgique, vous avez piqué ma curiosité, tout en préoccupant grandement mon esprit. Étant parvenu à savoir que le drainage n'était autre chose que ce que nous exécutons en Auvergne de père en fils, et que nous nommons, avec Olivier de Serres, *chaussées souterraines*, j'ai éprouvé un certain mouvement de satisfaction; je me suis dit : Passons! — Mais ne voilà-t-il pas que vous annoncez, comme le moyen le plus efficace et le moins dispendieux, l'emploi, à cette fin, de tuyaux d'argile! J'ai vainement cherché à m'expliquer comment l'eau qui est en excédant sur toute une surface pouvait pénétrer dans ces tuyaux; je n'y suis pas parvenu. Sans doute, ai-je pensé, si cette eau surgit sur un seul point, et, faute d'écoulement, se répand sur toute l'étendue du champ, il est facile, après l'avoir recueillie par un travail fontainier, de l'introduire dans les tuyaux et de la conduire sur un point inférieur. Mais, s'il en est autrement; si, au lieu d'une seule source à emmener, on en a plusieurs à combattre; si l'excédant d'eau, après la saturation normale du sol, n'est que le résultat produit par des pluies trop abondantes, pendant certaines années et dans certains cantons, comment, encore une fois, les petites sources multipliées pourront-elles pénétrer et trouver un écoulement à travers la ligne des tuyaux? En supposant que les bouts de tuyaux ne soient pas bien contigus, et qu'il y ait d'abord possibilité que les eaux s'infiltrent par les faibles ouvertures laissées lors de l'établissement du drainage, la terre ne s'introduira-t-elle pas aussi dans les tuyaux, ou bien ne bouchera-t-elle pas les joints? Dans les deux cas, on aura fait une œuvre dispendieuse et inutile. »

De tels doutes, émis par un cultivateur très-instruit, nous prouvent qu'il y a beaucoup à dire encore pour convaincre nos agriculteurs de l'utilité du drainage, pour leur faire bien comprendre ses effets. D'un autre côté, on nous adresse d'innombrables questions sur la manière de faire les tuyaux, sur le choix des terres à poterie, sur la meilleure des machines à employer pour mouler les tuyaux, sur le degré de cuisson, sur les prix de revient, sur les résultats à attendre, etc., etc. Ce ne sont pas les travaux de placement des drains qui paraissent en général les plus difficiles à comprendre et à exécuter. Les nombreux écrits qui ont déjà paru sur ce sujet, beaucoup d'articles qui ont été insérés dans le *Journal d'Agriculture pratique*, ont édifié la plupart des cultivateurs. Mais un grand nombre de points d'exécution restent encore à expliquer, et on nous impose le devoir de traiter la question dans son ensemble, en nous aidant de toutes les publications faites jusqu'à ce jour et de l'expérience acquise par les praticiens.

Nous ne laisserons pas de côté la partie historique du sujet, quoique bien souvent déjà on ait raconté l'origine du drainage. Il y a à cet égard plus d'une injustice à réparer. Nous devons rendre à chacun ce qui lui appartient, tirer de l'oubli des dévouements ignorés pour les signaler à l'attention du public et du pouvoir, qui se sont parfois égarés en donnant de la renommée ou en décernant des récompenses à des inventeurs ou à des importateurs de seconde main.

Il n'est guère qu'une question sur laquelle nous n'aurons pas besoin de revenir : c'est celle de l'utilité du drainage. Cette utilité, aujourd'hui reconnue par tout le monde, a été rendue évidente d'une manière satisfaisante par quelques mots publiés, dans le *Journal d'Agriculture pratique*, par M. Martinelli, président du Comice de Nérac, qui s'est exprimé ainsi (1) : « Prenez ce pot de fleurs ; pourquoi ce petit trou au fond? Je vous demande cela parce qu'il y a toute une révolution agricole dans ce petit trou. — Il permet le renouvellement de l'eau, l'évacuant à mesure. — Et pourquoi renouveler l'eau? — Parce qu'elle donne la vie ou la mort : la vie, lorsqu'elle ne fait que traverser la couche de terre, car d'abord elle lui abandonne les principes fécondants qu'elle porte avec elle, ensuite elle rend solubles les aliments destinés à nourrir la plante ; la mort, au contraire, lorsqu'elle séjourne dans le pot, car elle ne tarde pas à se corrompre et à pourrir les racines, et puis elle empêche l'eau nouvelle d'y pénétrer. » — Le drainage des terres arables n'est que ce petit trou du pot de fleurs ménagé dans tous les champs.

CHAPITRE II

Le drainage chez les anciens

Le drainage nouveau consiste essentiellement dans l'emploi des rigoles couvertes ; nous n'avons donc pas à

(1) Voir 3e série, t. I, p. 98 (n° du 20 janvier 1850).

parler des rigoles ouvertes, mode d'assainissement par lequel on a d'abord débarrassé les terres de leur humidité excédante.

L'idée de ne point rendre inutile pour la production agricole le terrain occupé par les surfaces de fossés béants se perd dans la nuit des temps. Les Romains connaissaient l'art d'assécher les terres par ce procédé, et peut-être ils l'avaient appris de peuples plus anciennement civilisés. Cependant, parmi leurs auteurs agricoles, le premier qui parle des rigoles souterraines est Columelle, vivant sous le règne d'Auguste et de Tibère. Caton, Varron, Virgile, conseillent uniquement les tranchées ouvertes. Voici comment s'exprime Columelle (1) : « Si le sol est humide, il faudra faire des fossés pour le dessécher et donner de l'écoulement aux eaux. On connaît deux sortes de fossés : ceux qui sont cachés et ceux qui sont larges et ouverts... On fera pour les fossés cachés des tranchées de trois pieds de profondeur que l'on remplira jusqu'à moitié de petites pierres ou de gravier pur, et l'on recouvrira le tout avec la terre tirée du fossé. Si l'on n'a ni pierre ni gravier, on formera, au moyen de branches liées ensemble, des fascines auxquelles on donnera la grosseur et la capacité du fond

(1) Lib. II, cap. II. — Si humidus erit, abundantia uliginis ante siccetur fossis. Earum duo genera cognovimus, cæcarum et patentium... Opertæ rursus obcæcari debebunt, sulcis in altitudinem tripedaneam depressis : qui cum parte dimidia lapides minutos vel nudam glaream receperint, æquentur superjecta terra, quæ fuerat effossa. Vel si nec lapis erit nec glarea, sarmentis connexus velut funis informabitur in eam crassitudinem, quam solum fossæ possit anguste quasi accommodatam coarctatamque capere. Tum per imum contendetur, ut super calcatis cupressinis, vel pineis, aut, si eæ non erunt, aliis frondibus terra contegatur. In principio atque exitu fossæ, more ponticulorum, binis saxis tantummodo pilarum vice constitutis, et singulis superpositis, ut ejusmodi constructio ripam sustineat, ne præcludatur humoris illapsus atque exitus.

de la tranchée, et qu'on disposera de manière à remplir ce vide. Lorsque les fascines seront bien enfoncées dans le fond du canal, on les recouvrira de feuilles de cyprès, de pin, ou de tout autre arbre qu'on comprimera fortement, après avoir couvert le tout avec la terre tirée des fossés. Aux deux extrémités, on posera, en forme de contre-forts, comme cela se pratique pour les petits ponts, deux grosses pierres qui en porteront une troisième, le tout pour consolider les bords du fossé et favoriser l'entrée et l'écoulement des eaux. »

Palladius, venu assez longtemps après Columelle, décrit ainsi les fossés souterrains : « Si les terres sont humides, dit-il, on les dessèchera en creusant partout des fossés. Il n'y a personne qui ne connaisse les fosses apparentes; mais voici la manière de s'y prendre pour faire des fosses cachées : On creuse à travers le champ des tranchées de trois pieds de profondeur, que l'on remplit ensuite jusqu'à moitié de petites pierres ou de gravier; après quoi on les remplit par-dessus avec la terre que l'on avait enlevée par la fouille. Mais l'extrémité de ces tranchées doit aboutir en pente à un fossé ouvert, dans lequel toute l'humidité se rendra, sans entraîner avec elle la terre du champ. Si l'on n'a pas de pierres, on étendra au fond de ces fossés des sarments, ou de la paille, ou des broussailles, de quelque nature qu'elles soient (1). »

(1) Si humidus erit, fossarum ductibus ex omni parte siccetur. Sed apertæ fossæ notæ sunt, cæcæ vero hoc genere fiunt. Imprimuntur sulci per agrum transversi altitudine pedum trium; postea usque ad medietatem lapidibus minutis replentur aut glarea, et super terram, quam egesseramus, æquatur. Sed fossarum capita unam patentem fossam petant, ad quam declives decurrant : ita et humor deducetur, et agri spatia non peribunt. Si defuerint lapides, sarmentis vel stramine subjecto cooperiantur vel quibuscunque virgultis. Lib. VI, cap. III.

Ainsi, le drainage à l'aide de fossés couverts et dans lesquels l'écoulement de l'eau était assuré à l'aide de matériaux perméables, tels que des pierres ou des branchages, est une invention que nul auteur moderne ne peut revendiquer. Quoique le drainage, tel que le décrivent Columelle et Palladius, soit employé dans un grand nombre de localités en France, l'Angleterre a voulu attribuer au capitaine Walter Bligh l'idée de tranchées profondes. Walter Bligh ne nous semble avoir eu que le mérite de reproduire des préceptes appliqués avant lui et parfaitement exposés par notre plus ancien agronome français, Olivier de Serres.

On lit dans l'ouvrage de Walter Bligh (1), dont la 3e édition a été imprimée en 1652 : « Quant à la tranchée de drainage, tu dois la faire assez profonde pour qu'elle aille au fond de l'eau froide qui suinte et qui croupit. — Un yard, ou quatre pieds de profondeur, si tu veux drainer à ta satisfaction. Et, de nouveau, arrivé au fond où repose la source suintante, tu dois aller plus profond d'un fer de bêche, quelque profond que tu sois déjà, si tu veux drainer ta terre à souhait... Mais pour les tranchées ordinaires, que l'on fait souvent à un pied ou deux, je dis que c'est une grande folie et du travail perdu, que je désire éviter au lecteur. »

Certainement ces préceptes sont justes, et ils peuvent encore servir de guide aujourd'hui; mais on ne doit pas néanmoins en conclure, comme on l'a fait dans quelques écrits récents, que, attendu qu'aucun auteur agricole français ne s'est occupé de ce sujet tout spécialement et

(1) *The english improver improved, or the Survey of Husbandry surveyed.* (L'Améliorateur anglais amélioré, ou Traité d'agriculture perfectionnée; ouvrage contenant une préface adressée à Cromwell.)

avec des détails suffisants, tout le mérite de la propagation des rigoles couvertes appartient à l'Angleterre. Olivier de Serres, qui vivait avant Walter Bligh, et dont le *Théâtre d'Agriculture* a été imprimé en 1600, donne une description très-complète des tranchées souterraines, et en recommande vivement l'emploi. Non-seulement il s'occupe de la construction des tranchées isolées, comme l'a fait Columelle, mais il va plus loin : il les considère dans leur ensemble, et il a soin de décrire le fossé-mère, également couvert, et toutes les précautions à prendre pour que l'assainissement soit efficace. Comme, dans l'histoire du drainage, Olivier de Serres a été laissé tout à fait en oubli, et qu'on a attribué à plusieurs auteurs les idées qu'il a très-bien expliquées, nous croyons devoir reproduire ici dans son entier le passage de l'immortel livre de notre grand agronome (1).

« Pour descharger les terres des eaux nuisibles, dit Olivier de Serres, le plus commun remède est qu'on les vuide par fossés ouverts, principalement ès plaines et lieux bas, servans aussi ces fossés à clorre les possessions. On fossoyera donc les terres à l'entour, donnant telle largeur et profondeur aux fossés qu'ils soyent propres à ces deux usages. On les nettoyera une fois, de deux en deux ans, peu de temps devant l'ensemencement des terres, dans lesquelles sera jettée la graisse qu'on prendra au fonds des fossés pour servir d'autant d'amendement. Mais s'il avient que le champ soit par le dedans occupé de fontaines et sources sous-terraines croupissantes, les seuls fossés aux bords des terres ne suffisent ; ains sera besoin d'autre remède plus particulier, comme sera monstré, pour desgager le milieu de la terre de ces incommodités. Et d'autant que le vice du trop d'eau excède en malice

(1) Second lieu du *Théâtre d'Agriculture*, t. I, p. 97.

et celui des ombrages, et celui des pierres, ainsi qu'a esté dict, plus qu'à ceux-ci faut-il aussi employer de labeur pour y remédier : dont finalement le profit, pour récompense, en sort plus grand que de nulle autre réparation qu'on puisse faire à la terre, tant fructueuse est celle qui la despestre des eaux malignes : car non-seulement par là les terres trop humides sont amendées, ains les marécages et palus sont convertis en exquis labourages. Les exemples nous servent de bons maistres à faire nos besongnes. Qui est le mesnager, considérant les beaux blés que produisent les estangs desséchés, ne désire, par émulation, d'imiter tel profitable mesnage? La cause de cela provient de l'eau, qui a engardé la terre estant sous elle de travailler aucunement de plusieurs années, au bout desquelles se treuvant reposée, et par telle oisiveté avoir fait amas de fertilité, la rapporte avec admiration et profit. Et combien plus d'espérance aurés-vous de ceste-ci, qui par l'antique importunité des sources n'a jamais rien peu faire, dont vous la treuverés toute neufve et remplie de graisse, par telle découverte? Outre lequel revenu, l'apparence est grande que des eaux nuisibles, esparses par-ci par-là en vostre terre, ramassées en un lieu, s'en pourra former une source de fontaine, selon les lieux, tellement grande et abondante en eau, qu'elle suffira pour l'arrousement des prairies que ferés à telle occasion au dessous des quartiers desséchés, voire pour y dresser des moulins, si l'assiette et autres qualités réquises sont favorables.

« Est nécessaire le fonds que voulés dessécher avoir pente, petite ou grande, sans laquelle les eaux n'en pourroient vuider. Cela présupposé, un grand fossé sera faict depuis un bout du lieu jusques à l'autre, de long en long, commenceant tous-jours par le plus bas endroit, et par où remarquerés des sources et humidités ; dans lequel fossé, plusieurs autres, mais petits, pendans en plume, des deux costés se joindront, pour y descharger leurs eaux, *qu'ils* ramasseront de toutes les parties du terroir. Par ce moyen, en contribuant chacun sa portion au grand fossé, icelui, les recueillant toutes, les rapportera assemblées à son issue. Le grand fossé à telle cause est appellé mère, et tous ensemble pied-de-géline, pour la conformité qu'ils ont, ainsi disposés, à la figure du pied de cest animal, dont les griffes tendent au tronc de la jambe. La contenue et l'assiete du lieu donnent la forme aux fossés, car tant plus longs et larges les convient faire que plus grande et plus platte est la terre que voulés dessécher, et, au contraire, est requis demeurer plus courts et plus estroits, tant plus elle est petite et pendante ; d'autant qu'en un petit lieu, communément, ne se ramasse tant d'eau qu'en un grand, et qu'autant ou plus en vuide un fossé étroit, fort pendant, qu'un large ayant petite pente. *De la profondeur des fossés n'est pas ainsi : pour qu'en quelque part qu'on les creuse, faut y aller jusques à quatre pieds ou environ, pour bien coupper les racines des sources, but de ce négoce.* Aussi est du naturel du lieu que la disposition des fossés.

« S'il est en vallon enfoncé, y ayant terrain eslevé des deux costés, la mère se fera au milieu et plus enfoncé du champ, de long en long, comme a esté dict, dans laquelle tumberont les autres fossés des deux mains, dressés en plume. Mais n'ayant à dessécher qu'une pente de coustau seulement, en ce quartier-là y aura des petits fossés se rendans à la mère, disposés selon qu'on avisera pour le mieux, l'ouvrage guidant l'ouvrier ; comme aussi la longueur de tous les fossés dépend de l'œuvre qui en faict l'ordonnance, selon l'assiete et le plan du lieu. Ayant le plan, raisonnable pente et estendue, raisonnablement larges seront aussi les petits fossés, de trois pieds, et la mère de cinq ; moyennant laquelle mesure satisferont à vostre intention. Et à ce qu'on ne se déceoive, faut faire tant de fossés, en tant d'endroits, si longs et si amples, sans crainte d'excéder en cest endroit, que source et fontenelle aucune ne soit oubliée, afin de parfaictement bien dessécher le terroir par le général ramas des eaux d'icelui. *Ces fossés, et grands et petits, seront à demi remplis de menues pierres, et le demeurant achevé de combler de la terre qui en aura esté tirée auparavant, dont on le réunira par le dessus avec le plan, si bien que la trace mesme n'y paroisse, pour la commodité du labourage ;* lequel s'y fera très-bien, y treuvant le soc de terre à suffisance avant que toucher aux pierres, à travers desquelles ayant l'eau son libre passage, s'escoulera au lieu que lui aurés destiné, laissant la superficie de la terre vuide de toute nuisible humidité, pour n'estre rendue propre à porter gaiement toutes sortes de blés. Mesnage communicable à toutes possessions, vignobles, prairies, vergers, et autres, par n'y avoir fruict aucun, ne haïr le trop d'humeur. Si n'avés sur les lieux que de grandes pierres plates pour la fourniture de vos fossés, avant que les y mettre les ferés briser pour les rendre plus propres à ce service, les posans au fossé de bout et non de plat, et autrement les agenceans si dextrement que, pour ne s'entre-toucher, elles n'empeschent le chemin de l'eau. Et à ce que la besongne s'achève bien, il la faut bien commencer, c'est-à-dire artistement et par ordre, dont à l'aise et sans confusion en viendrés très-bien à bout. Pour première main, sera facile la trace de tous vos fossés, remarquant curieusement les endroits par où ils doivent passer ; puis commencerés à les faire creuser par les plus bas endroits et issues, jettant la terre qui en sortira toute d'un costé, et au dessous du

fossé; laissant l'autre costé libre, pour y pouvoir aisément porter les pierres, lesquelles tout aussi-tost y seront jettées, depeur que, tardant, le fossé ne se recomblast de luimesme, par les vents, par le passage des bestes, et autres événements.

« Ainsi vostre entreprinse s'achevera par l'un des bouts, à mesure qu'on la commencera, en la continuant jusques au plus haut endroit du lieu. Cependant l'eau prendra son cours voire dès aussitost que l'ouverture de son chemin en aura esté faicte, ce qui n'adviendroit, commenceant la besongne par le plus haut endroit, à faute de n'avoir l'eau quelque issue : mesme détourneroit-elle l'œuvre, en s'y deschargeant. Aviserés aussi que les issues de l'eau soyent si bien accommodées qu'elles ne se puissent boucher par le temps, de peur qu'à faute de passage l'eau, rétrogradant, rendist inutile vostre peine. A cela sera pourveu avec de bonnes pierres maçonnées de bonne main et à profit, pour durer longuement, principalement en l'endroit auquel la mère ou grand-fossé, réceptacle des autres, rend les eaux pour y servir ou engarder de nuire. Finalement serés avertis que les extrémités et bouts de vos petits fossés, ès parties plus hautes, de nécessité ne doivent estre si larges qu'ès basses, par n'estre contraints recueillir là tant d'eau qu'en bas, demeurant, néantmoins, cela à vostre discrétion; car trop larges ne pourroient-ils estre en aucun endroit pour recevoir non-seulement les eaux naissantes au fonds, ains les survenantes des pluies, ce qui est nécessaire de prévoir. Ceste réparation a plusieurs usages, puis qu'à la fois et les eaux et les pierres importunes d'un terroir sont ostées, et ces eaux là de nuisibles converties en serviables, pour prairies, pour moulins, mesme pour fontaines, leur naturel le voulant. Pour lesquelles utilités elle se rend recommandable :

aussi telles réparations sont recherchables de tous mesnagers. D'ailleurs, en ce mesnage rien ne se perd : car par estre les fossés remplis de terre en leur superficie, toute leur terre se met en évidence, pour servir en labourage, jusques à un pouce ; ce qu'on ne peut dire des fossés demeurans ouverts, qui occupent beaucoup de place, et, pour les post-poser à ceux-là, sont sujets à réparer de temps à autre, comme a esté dict.

« S'il avient que pour le remplage des fossés la pierre défaille, ne vous mettés en peine d'en faire porter de loin avec grands frais ; mais en lieu d'icelle servés-vous de la paille, ce que pourrés utilement faire en ceste sorte. La paille, pour la force, sera plustost choisie de seigle que d'autre espèce, et à son défaut sera employée celle de froment. *On en fera un plancher dans le fossé, pour, suspendu, causer un vuide en bas pour le passage de l'eau, et, au-dessus d'icelui plancher, y estre mise deux pieds de terre.* Le vuide sera d'un pied de haut, l'espesseur du plancher d'un autre pied, et les deux autres de terre, feront les quatre donnés à la profondeur des fossés. De deux pieds et demi sera leur largeur, plus estroits de demi-pied que les précédents, pour la sujection de la paille, de peur de boucher le vuide en bas, par s'affaisser, à cause de la pesanteur de la terre mise au-dessus. La mère, réceptacle des eaux, n'excédera telle mesure, attendu la considération de la paille ; mais, pour pourvoir à ce dont est question, au lieu d'une mère deux en seront faictes, ou une seule si profonde qu'elle suffise à recueillir toutes les eaux qu'on lui adressera. La paille s'accommodera en faisseaux longs de deux pieds et demi, espès d'un pied, liés de la mesme matière en trois divers endroits, équidistamment. Pour lesquels faire tenir où et comme il appartient, faudra à cela assujétir le fossé, en le façonnant plus estroit par bas que par haut, non en pente et talussant, ains à plomb et droicte ligne, se rétractant en quarré en l'endroit que poserés le plancher, pour, comme sur des murailles, demeurer ferme et asseuré. Le rétractement de chacun costé sera de demi-pied; par ainsi restera en bas, et au lieu plus estroit du fossé, un pied et demi, et en haut, au plus large, les deux et demi susdits. Si doutés de la petitesse de vos fossés et vuidanges, le remède est, non d'en augmenter la largeur, attendu la sujection de la paille, ains le nombre; car, comme j'ai dict, ne pouvés excéder un tel article, par trop bien ne se pouvoir vuider l'eau d'un terroir marescageux ou inondé. Par quoi aviserés d'en faire à suffisance, et si bien qu'ils se deschargent les uns sur les autres par branches s'entretenans ensemble, pour rendre toute l'eau du terroir à la mère, afin de la vuider au lieu destiné. La paille ainsi employée servira longuement; car on tient, comme cabale, qu'enfermée dans terre sans sentir l'aer, demeure saine plus de cent ans. Je suis témoin oculaire de certaine paille treuvée saine et entière au milieu d'une vieille masure, et si marquoit la muraille estre ouvrage de plusieurs siècles. Parquoi sans scrupule servés-vous-en, à la charge qu'estant pourrie au bout de cent ans, ceux qui viendront après la renouvelleront, si bon leur semble. »

A l'occasion de cet emploi de la paille pour former le fond des tranchées que conseille Olivier de Serres, Victor Yvart dit, dans une note de l'édition des œuvres de l'illustre agronome publiée par la Société d'Agriculture du département de la Seine en 1804 : « Il serait plus prudent et plus économique, dans le cas dont il est ici question, d'employer des bourrées d'aune, qui se conservent très-bien dans l'eau, et, à leur défaut, d'autres branchages qui, placés au fond du fossé, laissent, par leur entrelacement, un libre cours à l'eau, et ont tous les avantages de la paille sans avoir aucun de ses inconvénients. »

On voit, par l'importante citation que nous venons de faire, que l'invention des rigoles souterraines pour l'assainissement des terres arables ne peut pas être regardée comme appartenant à un auteur anglais, pas plus à Walter Bligh qu'à Elkington. Ce dernier était un fermier du Warwickshire, doué d'un bon esprit d'observation et d'une grande persévérance, qui s'occupa, à la fin du siècle dernier, du drainage de terrains infestés de sources, et obtint des succès qui attirèrent sur lui l'attention du parlement et lui firent décerner de nombreuses récompenses. Mais la méthode qu'il a suivie ne diffère pas sensiblement du procédé d'empierrement décrit par Olivier de Serres. Seulement, dans la méthode d'Elkington, on ne conduit pas les eaux à l'aide des fossés-mères en dehors des champs, de manière à les utiliser à divers usages. Dans cette méthode on opère de trois manières :

1° Ou bien on perd les eaux dans des couches perméables inférieures, à l'aide d'un puits rempli de pierres sèches (fig. 1.);

2° Ou bien, lorsque la profondeur du puits devrait excéder 4 mètres ou 4m.50, on le remplace par un simple forage exécuté avec la sonde à la main, comme le représente la figure 2, et s'enfonçant jusqu'au terrain absorbant;

3° Ou bien on laisse les eaux remonter, comme font les eaux jaillissantes des fontaines artésiennes, à l'aide de sondages ou de puits convenablement placés, et on les conduit dans des tuyaux de décharge.

Cette méthode, dite *d'Elkington*, qui consiste dans l'emploi simultané des fossés couverts et des puits, exige qu'on prenne des dispositions spéciales auxquelles on ne peut se *décider que d'après la configuration* du terrain. Elle est une combinaison des drains empierrés, des boitouts et des

Fig. 1. — Perte des eaux du drainage à l'aide d'un puits rempli de pierres sèches.

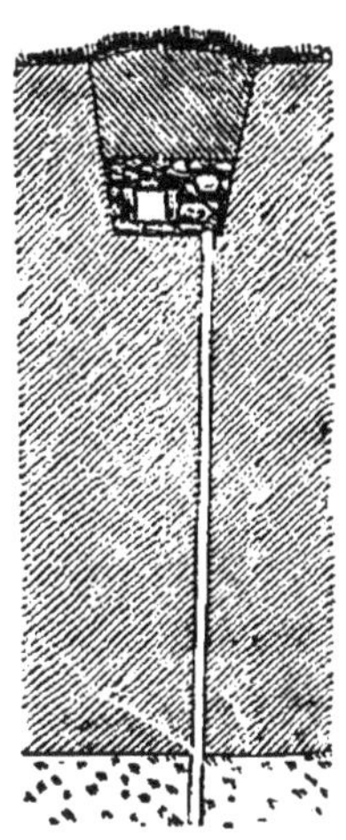

Fig. 2. — Perte des eaux du drainage à l'aide d'un trou de sonde.

puits artésiens. Nous n'y voyons pas encore le drainage tel que nous l'avons défini, et tel qu'il nous semble qu'on doit le considérer aujourd'hui.

CHAPITRE III

Invention du drainage moderne

Ce n'est que vers 1810 qu'on a songé à remplacer les anciens matériaux employés dans les tranchées souterraines. On a d'abord eu recours à des tuiles plates et creuses, en anglais *tile*. Le *tile-drainage* paraît avoir été exécuté pour la première fois à Netherby, dans le Cumberland, sur la propriété de sir James Graham. « Une tuile creuse et une tuile plate pour semelle (fig. 3), avec une petite quantité de pierres, voilà le *nec plus ultra* du drainage, » lisons-nous encore dans un Mémoire publié en 1841 dans le *Journal de la Société d'Agriculture d'Angleterre* (1). On voit par là qu'au bout de trente ans, on ne pensait pas qu'on pût faire faire un pas à la méthode du drainage inaugurée en 1810. Mais, durant cet intervalle de temps, les tra-

Fig. 3. — Drainage à l'aide de tuiles courbes posées sur des semelles.

vaux de drainage prirent une extension vraiment remarquable. Cette extension fut due en grande partie à M. Smith, de Deanston, dans le Stirlingshire, en Écosse. M. Smith, mécanicien distingué, directeur d'une filature de coton, étonné de l'infertilité d'un terrain annexé à cette usine, parvint, après une étude attentive, à reconnaître que sa trop grande humidité en était la cause, et, sans être au courant des travaux des anciens cultivateurs, il imagina des fossés couverts pour assainir le sol arable. Son succès eut un grand retentissement dans le voisinage, et il le publia en 1833 dans une brochure intitulée *Smith's Remarks on thorough draining;* et quoiqu'il ne fût réellement pas le premier inventeur de son procédé, il rendit à l'Angleterre et à l'Écosse le service de faire adopter une méthode d'assainissement qui augmente dans une forte proportion le rendement des terres de la Grande-Bretagne. Il faut ajouter d'ailleurs, à l'honneur de ce pays, que ses grands propriétaires, que ses gouvernants, se hâtèrent de donner l'exemple. Nous citerons notamment sir Robert Peel, qui, en 1840, fit drainer par M. Smith une partie de sa propriété à Drayton, dans le Straffordshire (2).

Les premières tuiles à drainer furent faites à la main :

(1) T. II, p. 293.

(2) *Journal of the royal Agricult. Society of England*, t. III, p. 18.

on pense bien que le génie des Anglais, si inventif en mécanique, ne put pas laisser longtemps la question à ce point. Dès que le drainage se répandait, les machines devaient venir remplacer la main des hommes dans la fabrication des tuiles. La première machine, moulant à la fois les tuiles creuses et les tuiles plates ensemble, fut inventée par Irving en 1842 (1). Immédiatement après, le marquis de Tweeddale, M. Ransome, puis M. Etheredge, imaginèrent d'autresmachines ayant le même objet (2). Mais faire les tuyaux souterrains de deux pièces, c'était évidemment s'imposer un double soin inutile. Substituer aux tuiles des tuyaux cylindriques fut une idée qui, au même moment, vint à M. John Read. Ce fabricant, par conséquent, a ajouté aux anciens procédés de drainage le dernier perfectionnement qui donne à cette méthode d'assainissement des terres son cachet actuel. C'est au concours de la Société d'Agriculture tenu à Derby en 1843 que se montrèrent les premières machines de ce genre ; elles donnèrent lieu à un rapport détaillé de M. Josiah Parkes, qui comprit toute leur importance et leur fit décerner des médailles d'argent. Depuis cette époque, il n'est pas d'année qui n'apporte d'heureuses modifications dans leur construction. Nous aurons à examiner les principes de ces machines, à étudier leur emploi.

Mais tout ce mouvement qui se produit en Angleterre à propos du drainage; la polémique ardente qui a lieu entre M. Smith et M. Parkes à propos de la profondeur à donner aux fossés d'écoulement; les votes du parlement qui accordent des centaines de millions d'encouragement aux travaux de drainage; les nombreuses sociétés qui sont approuvées par le gouvermenent britannique pour l'exécu-

(1) *Journal of the royal*, etc., t. IV, p. 370 (1843).
(2) *Ibid.*, t. III, p. 398.

tion du drainage de provinces entières en Angleterre, en Écosse, en Irlande, n'eurent-ils aucun retentissement en France? — Il faut bien l'avouer, notre agriculture demeura plusieurs années indifférente à tout le bruit qui se faisait de l'autre côté du détroit. On restait en défiance parmi nous contre ce qu'on appelait les excentricités anglaises; et des dépenses de quelques centaines de francs par hectare, que coûtaient les premiers travaux de drainage, paraissaient un luxe que pouvaient seuls se permettre de riches milords possédés de la manie de jeter leur argent par les fenêtres, dans l'eau ou dans la terre, ce qui semblait tout un. Le mot drainage, employé pour définir la nouvelle opération, était lui-même une difficulté, parce qu'il ne fut pas tout d'abord bien compris. Enfin, nos agriculteurs lisaient bien peu encore, de 1840 à 1850, et les publications en langue étrangère ne parvenaient que lentement et rarement aux hommes les plus avides de nouveautés, à l'aide de lambeaux de traductions. C'est ainsi qu'on peut expliquer comment il est arrivé qu'il n'ait guère été question du drainage, en France, que vers 1846.

Cependant, en 1841, en rendant compte du voyage agricole qu'il avait exécuté durant l'année précédente en Angleterre et en Écosse, M. de Gourcy avait parlé avec beaucoup de détails des importants travaux d'assainissement que pratiquaient grand nombre d'agriculteurs écossais. M. de Gourcy ne prononça pas, du reste, alors le mot anglais *drainage;* il le traduisit par assainissement à l'aide de saignées couvertes, au fond desquelles on plaçait du gazon, des tuiles, des pierres, de petites planches de pin, du foin, de la tourbe, etc., pour y maintenir des rigoles (1).

(1) Relation d'une excursion agronomique en Angleterre et en Écosse, in-8, Lyon, 1841, p. 78, 87, 113, 171, 183, 224, 229, 233, 252, 263.

CHAPITRE IV

Importation du drainage en France

Le *Journal d'Agriculture pratique* n'a publié son premier article sur le drainage qu'en mai 1846; cet article est dû à M. Jules Naville, de Genève. Depuis le commencement de l'année, on se préoccupait dans le public agricole de quelques essais qui se faisaient non loin de Paris, sur la propriété de M. du Manoir, à Forges, près de Montereau (Seine-et-Marne). Ces essais de drainage, comme l'a déclaré M. du Manoir, ont eu lieu sous l'inspiration de M. Thackeray, qui a mis une grande persévérance à faire connaître, en France, les meilleurs procédés adoptés en Angleterre pour exécuter les travaux de drainage. En mars 1846, un champ d'environ 3 hectares était drainé à l'aide de 6,000 tuyaux que M. Thackeray avait fait venir d'Angleterre, à ses frais, le mois précédent. En outre, au mois de juin de la même année, M. Thackeray importa encore une machine dite *d'Ainslie*, pour la fabrication des tuyaux, et cette machine fut exposée au concours du Comice de Seine-et-Marne.

Mais M. du Manoir n'est pas le premier propriétaire qui ait fait en France un essai de drainage par les nouveaux procédés. L'année qui précède celle où se faisait l'essai retentissant de Montereau, M. Lupin, dans le département du Cher, introduisait de son côté une machine d'Ainslie et pratiquait en grand le drainage sur sa propriété, sans provoquer la publicité, qui n'est venue que plus tard faire connaître sa glorieuse initiative.

Déjà dès 1839 un cultivateur du département de la

Manche, M. Gallemand, avait importé les outils anglais inventés pour creuser les tranchées étroites, et il avait publié dans le bulletin de la Société d'Agriculture de Valognes une description détaillée du mode d'*assèchement* (M. Gallemand n'avait pas osé naturaliser le mot *drainage*) usité en Angleterre et en Écosse pour l'amélioration des terres fortes, mouillantes. A cette époque, les machines à faire les tuyaux n'étaient pas encore inventées, et l'emploi des drains en poterie était fort coûteux; c'est pourquoi M. Gallemand, tout en signalant l'usage des tuiles, ne le conseilla pas. Cet agriculteur ne s'est pas contenté, du reste, de faire connaître des travaux *qui allaient jusqu'à décupler le rendement des terres humides*; il se mit à *drainer* immédiatement sa propriété, en mettant des fascines au fond de ses tranchées.

M. Thackeray a publié plusieurs brochures et un grand nombre d'articles de journaux pour vulgariser l'assainissement des terres à l'aide des tuyaux souterrains; la première de ces brochures a paru en 1846.

Nous avons voulu, dans cet historique, rendre une complète justice à M. Thackeray, parce que beaucoup de personnes qui se sont mises à la tête du mouvement qui a lieu aujourd'hui pour pousser au drainage des terres, ont été mises au courant de la question par ses communications et ses conseils. Nous ne sommes pas, du reste, le premier à exprimer cette opinion; M. Moll, dans son Rapport au jury de l'exposition des produits de l'industrie nationale en 1849, a été non moins explicite que nous; voici comment il s'est exprimé :

« M. Thackeray, Anglais de naissance, mais habitant la France depuis vingt-sept ans, a voulu, suivant ses expressions, payer la bonne et cordiale hospitalité qu'il a reçue dans notre pays, en faisant tourner ses connaissances agricoles et les relations qu'il a conservées avec l'Angleterre au profit de notre agriculture.

« Des renseignements sur des procédés nouveaux, des machines aratoires, des semences de variétés perfectionnées de plantes, ont été successivement importés par lui et communiqués avec la plus grande libéralité à beaucoup d'agriculteurs distingués avec lesquels il s'était mis en rapport. Chose singulière, dont il ne faut sans doute accuser que les circonstances, jamais il n'a eu la moindre part aux éloges et aux récompenses auxquels ont souvent donné lieu ses importations. Un des premiers il a fait connaître en France les immenses avantages que retirait l'Angleterre de l'emploi de la méthode d'assèchement des terrains humides connue sous le nom de *drainage*; méthode pratiquée d'une manière imparfaite, il est vrai, dans certaines localités de notre pays (dans les départements de l'Isère et des Hautes-Alpes), mais inconnue ailleurs. Non content de faire connaître cette méthode par des articles de journaux et de nombreuses brochures, il fit venir de Londres, en 1846, à ses frais, six mille tuyaux de drainage et deux ouvriers, pour faire une expérience d'assainissement dans le domaine de Forges, près Montereau, appartenant à M. du Manoir. Inutile d'ajouter que cette expérience eut un plein succès; c'est à la suite de cette expérience qu'il importa la machine d'Ainslie pour fabriquer des tuyaux, et les plans et le modèle du four qui sert à les cuire économiquement.

« Cette machine a figuré à l'Exposition, où elle a fonctionné de la manière la plus satisfaisante sous les yeux de la Commission. »

Les brochures qu'a publiées M. Thackeray n'ont pas peu, avons-nous dit, contribué à faire connaître le drainage et ses bons effets. La principale, parue en 1849, est intitulée *Philosophie et Art du Drainage*. Seulement, comme nous voulons rendre une exacte justice à chacun, nous ajouterons que M. Thackeray n'est pas l'auteur de cette publication; il en est le traducteur. L'auteur est M. Josiah Parkes, ingénieur de mérite, qui a exécuté un très-grand nombre de drainages en Angleterre. M. Parkes a inséré son travail dans le Journal de la Société d'Agriculture d'Angleterre, en 1844, t. V, p. 119, et en 1846, t. VII, p. 249. M. Thackeray n'a pas cité cette particularité, ce qui était cependant d'une stricte justice, et nous avons dû rendre à M. Parkes ce qui lui appartient.

M. Parkes a, en 1848, réuni les deux parties de son travail en une brochure intitulée *Essays on the philosophy and art of land-drainage*. Cette brochure est divisée en deux parties : dans la première, l'auteur traite de l'influence de l'eau sur la température du sol, et, dans la seconde, il rend compte des procédés usités en Angleterre pour pratiquer le drainage.

M. Parkes attribue au drainage non-seulement l'action d'enlever au sol un excès d'humidité nuisible au développement des végétaux, mais encore celle de permettre au soleil de donner aux plantes la quantité de chaleur nécessaire à l'accomplissement des diverses phases de la végétation ; puis celle de favoriser la pulvérisation du sol, de faire qu'il se laisse pénétrer par les racines et par l'air, et qu'il retienne juste la quantité d'humidité nécessaire au développement des plantes. Dans la suite de cet ouvrage nous reviendrons sur toutes ces questions, qui, sans être complétement neuves en France, n'avaient pas cependant été ainsi agitées, surtout de manière à conduire à des améliorations du sol aussi importantes que celles que donne le drainage.

Aujourd'hui, les opérations de drainage sont devenues

presque usuelles en France. Un grand nombre de propriétaires ou de fermiers ont exécuté des travaux de drainage qui peuvent servir de modèles. Il y a maintenant dans notre pays assez d'hommes au courant des opérations de drainage pour qu'on n'ait plus besoin de recourir à des indications puisées à l'étranger.

Dans un livre spécial de notre Manuel, intitulé *État du drainage en France*, nous cherchons à rendre justice à chacun; on y trouvera tous les renseignements propres à faire connaître les localités où le drainage a été exécuté; chacun pourra donc désormais s'instruire par l'exemple de ses voisins.

En résumé, nous pouvons conclure des détails historiques dans lesquels nous avons cru devoir entrer :

1° L'emploi des fossés couverts, ayant un fond empierré ou formé de branchages, était connu des Romains.

2° La réunion d'un grand nombre de fossés couverts, assainissant une vaste étendue de terrains et se rendant dans un fossé-mère, a été décrite par Olivier de Serres et employée en France avant que l'Angleterre s'en occupât.

3° La substitution des tuiles et ensuite des tuyaux aux matériaux anciennement employés pour remplir le fond des fossés d'assainissement est une invention capitale qui peut être à bon droit revendiquée par l'Angleterre.

4° Cette substitution et l'emploi de machines à fabriquer les tuyaux, ainsi que d'outils convenables pour ouvrir les tranchées et y placer les tuyaux, ont assuré le succès du drainage, en permettant de l'accomplir avec promptitude et à peu de frais, comparativement au prix de revient des anciens procédés.

CHAPITRE V

Des canaux souterrains chez les Grecs

Nous avons dit que l'assainissement des terres par des canaux souterrains empierrés était déjà connu des Romains. Nous n'en avons pas fait remonter l'idée à une civilisation plus ancienne, parce que nous ne regardons pas comme un simple assainissement des terres les canaux souterrains que la Grèce avait construits pour faire écouler des masses énormes d'eau qui eussent submergé de vastes étendues de pays. Voici dans quels termes M. Jaubert de Passa, dans ses *Recherches sur les arrosages chez les peuples anciens*, parle de ces grands travaux hydrauliques des Grecs (1) : « Était-ce l'ouvrage des hommes ou un caprice de la nature que l'issue mystérieuse du lac Stymphalide vers les côtes d'Argos (2) ? On sait que les eaux du lac s'écoulaient dans deux gouffres situés à l'extrémité du bassin ; lorsque ces ouvertures s'obstruaient, les eaux couvraient un espace de plus de 400 stades ou 53 kilomètres. Le fleuve Stymphale, que les habitants de l'Argolide appelaient *Erasinus*, n'était pas le seul dont le cours fût en partie souterrain ; l'Alphée, après avoir disparu plusieurs fois sous terre (3), plongeait dans la mer, selon les traditions mythologiques, pour aller, jusqu'en Sicile, mêler ses eaux à celles de la fontaine Aréthuse. La plaine d'Orchomènes devenait marécageuse lorsqu'on négligeait le curage des conduits souterrains qui donnaient aux eaux du mont Trachys un écoulement régulier. La plaine de

(1) Tome IV, p. 36.
(2) Strabon, VI, cap. III, § 9, et VIII, cap. IX, § 4.
(3) Pausanias, VIII, 44, 54.

Caphyes était quelquefois inondée par les eaux d'Orchomènes. Pour abriter d'une manière permanente la ville et le terroir, les magistrats de Caphyes firent élever une chaussée le long du canal d'écoulement; les sources qui jaillissaient en arrière de la chaussée formaient plus loin le fleuve (1).

« La plaine de Phénée, voisine des précédentes, resta longtemps inondée. A une époque inconnue, mais reculée, un tremblement de terre, selon les uns, un prince bienfaisant, selon les autres, fit ouvrir deux gouffres ou *zerethra* qui évacuèrent les eaux et assainirent le pays (2); enfin le bassin d'Artémisium, situé près de Mantinée et surnommé *Argos*, à cause de sa stérilité, devenait marécageux toutes les fois que les eaux obstruaient l'issue ou le gouffre qui servait à leur écoulement. Ce conduit souterrain se prolongeait jusqu'à Genethlium, ville située en tête du lac Diné (3). »

Certes, ces immenses travaux souterrains des Grecs avaient pour but l'assainissement de vastes contrées, mais ils étaient entrepris au point de vue de l'hygiène publique, et non pas dans le but de donner plus de fertilité aux terres arables. C'est ce dernier but que poursuit surtout le drainage agricole; mais il n'est atteint le plus souvent d'une manière complète qu'à la condition de grands travaux généraux destinés à faciliter l'assainissement des eaux de tout un bassin; et, chose digne de remarque, quand on obtient la fertilité du sol arable, on produit comme conséquence nécessaire l'assainissement, l'amélioration du climat de toute la contrée.

(1) Pausanias, VIII, 23.
(2) *Ibid.*, VIII, 14, 19.
(3) *Ibid.*, VIII, 7, 20, 21, 25.

CHAPITRE VI

Emploi des tuyaux de drainage en France dès 1620

Nous avons dit que l'invention de l'emploi des tuyaux appartient aux Anglais. Nous avons émis cette opinion en consultant les anciens auteurs; mais ce n'est pas seulement en s'appuyant sur les livres que l'on doit écrire l'histoire, les monuments authentiques font également foi. Si les faits consignés dans la lettre suivante, que nous a écrite M. Hamoir, étaient hors de toute contestation, nous devrions modifier les conclusions que nous avons adoptées, et dire simplement : Les Anglais ont montré l'importance de l'emploi des tuyaux souterrains pour l'assainissement des terres, mais cette invention est d'origine française.

« Saultain, 25 juillet 1852.

« Monsieur,

« Je viens de lire dans votre *Journal d'Agriculture pratique* le commencement d'un travail que vous y publiez sur le drainage, travail déjà plein d'intérêt, et qui nous promet de devenir plus intéressant encore, quand vous aborderez avec votre science la discussion des effets que produit sur le sol, sur les engrais, etc., ce mode si important de fertilisation.

« Dans le résumé de votre article sur l'histoire de cet art de l'assainissement des terres si anciennement connu, vous lui donnez trois échelons bien distincts, qui sont les trois ères de progrès qu'il a accomplies pour arriver jusqu'à nous.

« La première, la naissance peut-être, c'était la pratique des Romains, décrite par Columelle et Palladius ;

« *La deuxième*, dont vous réclamez la priorité sur l'Angleterre, en faveur de notre savant et aimable Olivier de Serres;

« La troisième enfin, dont vous abandonnez la conquête tout entière à nos voisins, et qui consiste dans la substitution des tuiles et tuyaux aux anciens matériaux employés.

« Ce dernier échelon est certes le plus important : avant cela, c'étaient les limbes; aujourd'hui, c'est une science. C'est cet important perfectionnement qui a fait sortir le drainage du rang d'un travail agricole ordinaire, qui l'a lancé dans la sphère industrielle, qui a appelé à lui les hommes de génie, qui a intéressé les esprits les plus étrangers aux travaux de la terre, enfin qui a attiré sur son développement l'action si puissante d'un gouvernement éclairé, et jaloux des intérêts de son sol.

« Cette heureuse innovation, ce point de départ pour ainsi dire, je ne viens pas en disputer la découverte à l'Angleterre : cela me paraîtrait de mauvais goût; nous avons déjà suffisamment l'habitude de revendiquer sur nos voisins d'outre-Manche la priorité d'une idée qu'ils ont appliquée avec génie, et dont nous n'avons point su faire notre profit; je viens seulement vous dire que cette idée était réalisée en France, et qu'elle l'était depuis l'an 1620, à peu près à l'époque où Olivier de Serres faisait imprimer ses ouvrages.

« Dans la petite ville de Maubeuge, à quelques lieues d'ici, existait un couvent de moines oratoriens. La date de sa fondation, je ne vous la dirai pas; elle serait facile à trouver au besoin : ce que j'en sais, c'est que sa chapelle, que j'ai vue encore entière il y a quelques mois, est d'un très-pur style gothique. 93 passa sur le couvent, lui fit changer de face et d'hôtes, mais respecta son bel et vaste jar-

2.

din. Était-ce à cause de sa réputation? Personne ne le sait; mais le fait est que, de temps immémorial, il était reconnu pour sa fécondité, pour la précocité et la beauté de ses fruits, pour la friabilité de son sol.

« Cette propriété changea de mains l'année dernière; les bâtiments furent restaurés, et du prosaïque jardin légumier, aux chemins droits et alignés, aux vieilles charmilles en berceau, on fit un parc à l'anglaise, avec mouvements de terre, pièce d'eau, chemins de voitures, etc. C'est dans cette transformation que l'on découvrit la raison de sa merveilleuse réputation.

« Deux drainages complets et réguliers, faits au moyen de tuyaux, s'étendaient sous toute la surface du jardin à une profondeur de $1^{m}.20$.

« Dans le premier de ces ouvrages, tous les drains convergeaient à un puits perdu situé au centre; dans l'autre, tous parallèles, ils aboutissaient à un drain collecteur qui débouchait dans une cave, soit pour que l'eau pût servir aux besoins du couvent, soit, en raison de la pente, pour qu'elle pût s'écouler par la ville.

« Les tuyaux qui composaient ces drains, dont je dois deux exemplaires à l'obligeance du propriétaire, ces tuyaux, dis-je, ont une longueur de 275 millimètres sur une largeur prise extérieurement de 80 millim.; l'épaisseur de la matière étant de 8 millim., cela représente en creux 64 millim. de diamètre; les deux extrémités sont terminées en cône, l'une rétrécie jusqu'à 55 millim., l'autre évasée jusqu'à 90 millim., ce qui permet, en les plaçant, un emboîtement de 20 millimètres.

« Leur forme est représentée par la figure ci-jointe (fig. 4).

« Ils sont faits à la main sur le tour de potier; ils sont d'une composition argilo-siliceuse comme beaucoup d'ustensiles de ménage qui se font chez nous, et que l'on nomme grès; cette poterie commune est très-dure, et prend à la cuisson un vernis fort solide qui la rend presque inal-

Fig. 4. — Tuyau retrouvé à Maubeuge et remontant au delà de 1620.

térable : aussi les tuyaux retrouvés sont-ils, aux coups de pioche près, dans un état de conservation parfait.

« Quant à la date de ce drainage, elle ne peut être assignée d'une manière absolue; aucune marque particulière ne la constate (il sera curieux de faire des recherches sur ce point dans les écrits laissés par les moines) : dans tous les cas, elle ne peut être postérieure à celle de 1620, que je vous ai signalée d'abord; des enterrements datant de cette époque, et qui n'ont pu être faits qu'après l'établissement des drains, en sont une preuve suffisante.

« Pour ceux qui douteraient, je dirai que ce travail est dû aux moines, parce que, informations prises, on sait qu'il n'a pas été fait depuis 93; or, à cette époque, l'art du drainage n'était pas plus avancé qu'en 1620, et les moines n'étaient pas meilleurs horticulteurs qu'alors; il n'y aurait donc rien de merveilleux à ce que cette date fût réelle.

« Voilà donc, monsieur, un drainage fait de main de maître, dans toutes les dimensions les plus usitées aujourd'hui, tant comme profondeur des drains que comme forme de tuyaux, et réalisé avant 1620.

« Ce fait est curieux et intéressant pour les personnes qui s'occupent des questions agricoles; et, la publication de votre travail aidant, je me suis décidé à vous demander place pour ces détails dans les colonnes du *Journal d'Agriculture pratique*, bien persuadé que, lorsque vous connaîtrez l'origine qui est si proche de moi, vous ne douterez pas un instant de leur valeur (1).

« Agréez, monsieur, etc.

« Gustave HAMOIR,

« Cultivateur à Saultain, membre de la Chambre consultative d'Agriculture du Nord. »

CHAPITRE VII

De l'importance de l'emploi des tuyaux

L'invention de l'assainissement des terres arables par des fossés couverts n'appartient pas, comme on vient de le voir, à notre époque. Si ce mode d'amélioration du sol cultivé doit prendre aujourd'hui, avec raison, une grande faveur parmi les agriculteurs, ce ne peut être qu'à cause de la découverte des moyens d'amener une grande diminution dans les frais qu'il nécessite. Cette diminution provient, en partie, de la substitution des tuyaux à tous les autres matériaux, pierres, fagots, tuiles, etc., employés autrefois ; elle tient en partie aussi à l'usage d'instruments spéciaux qui permettent de faire des tranchées étroites avec une grande économie. Aussi nous croyons qu'il faut surtout appeler spécialement l'attention, dans toutes les Notices qu'on rédigera pour propager l'usage du drainage, sur les travaux de ce genre effectués avec des tuyaux. Dans la plupart des circonstances, l'emploi des tuyaux est le plus économique, celui qui garantit la plus longue durée de tra-

(1) « Je tiens le petit historique que je viens de vous tracer de la bouche même du propriétaire, M. le sénateur Marchant; les fouilles ont été faites sous les yeux de mon frère, son gendre, l'un horticulteur distingué, l'autre ayant fait ses preuves dans la grande culture. »

vaux. Ceux qui exécutent le drainage avec des tuyaux pourront léguer à leurs enfants une sorte de propriété nouvelle, ainsi qu'on le fait aujourd'hui en Angleterre. Cependant nous allons consacrer un livre de notre ouvrage à l'explication des moyens les plus parfaits d'exécuter le drainage en employant des pierres, du gazon, des fascines, etc.

Il est un point essentiel sur lequel, en terminant ce livre préliminaire, nous devons appeler l'attention. Le drainage n'a pas seulement pour but d'enlever au sol l'humidité excédante qu'il contient; il produit un effet d'une importance peut-être plus grande, celui de faire pénétrer dans le sol une grande quantité d'air et de la renouveler constamment. Les tuyaux favorisent à un degré tout particulier les courants d'air souterrains, et ils ne s'oblitèrent pas avec la même facilité que les autres matériaux employés pour garnir les fonds des tranchées.

Le passage alternatif et continu de l'eau et de l'air à travers le sol arable constitue une des plus fortes garanties d'une grande fécondité.

LIVRE II

DU DRAINAGE SANS TUYAUX

CHAPITRE PREMIER

Des divers modes de drainage sans tuyaux

Quoique nous donnions en général la préférence aux travaux de drainage exécutés à l'aide des tuyaux cylindriques, selon les méthodes à la description desquelles le reste de notre ouvrage sera plus particulièrement consacré, nous sommes bien éloigné de proscrire les autres modes de drainage. Nous devons en conséquence en parler avec quelque détail. Toutefois, l'emploi des tuiles courbes et des soles plates, dont il a été question à titre historique au commencement de notre ouvrage (1), nous semble ne devoir jamais être recommandé aujourd'hui, parce que cela revient à employer une poterie plus coûteuse que les tuyaux. Nous traiterons donc seulement des drains en pierres, des drains en fascines, de ceux en bois, de ceux en gazon ou en tourbe, et enfin de ceux en coulée de taupes.

CHAPITRE II

Construction des drains à pierres perdues en Angleterre

Les drains consistant en fossés couverts, dont le fond est garni de pierres, ne nous paraissent pouvoir être em-

(1) Voir p. 13.

ployés que dans les cas où l'on a affaire à des terrains très-pierreux, qui présentent la matière première de leur exécution sur place, et tout extraite par cela seul qu'on ouvre des tranchées. Dans quelques cas, des drains empierrés peuvent revenir à meilleur marché, ou au moins ne doivent pas coûter plus cher que des drains garnis de tuyaux, et ils peuvent rendre les mêmes services, s'ils sont bien systématiquement disposés avec pentes régulières et drains collecteurs convenablement dirigés. Ces drains peuvent être formés de pierres cassées jetées pêle-mêle au fond de la tranché (fig. 5); ou bien ils peuvent constituer de véritables canaux plus ou moins artistement construits, tels par exemple que le drain représenté par la figure 6,

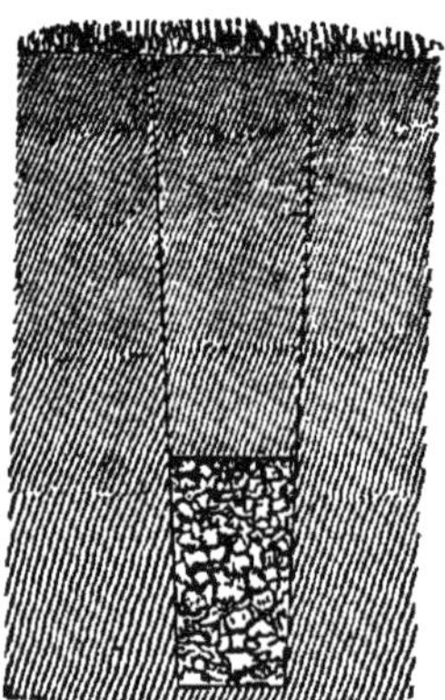

Fig. 5. — Tranchée à pierres perdues.

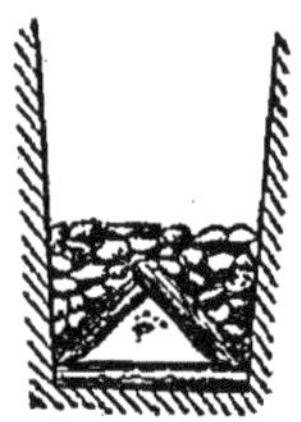

Fig. 6.—Tranchée garnie d'un canal construit avec des pierres plates.

assez ordinairement employé. Nous croyons, avec l'Écossais Smith, qu'on doit donner la préférence au premier système, qu'on appelle celui des *drains à pierres perdues*. Nous allons entrer dans quelques détails très-brefs sur les soins à prendre pour leur exécution; ces détails sont extraits de l'article de M. John Girdwood, inséré dans *Morton's Cyclopedia of Agriculture*.

Les tranchées garnies de pierres cassées, de gros gravier ou de galets, doivent avoir environ 0m.18 de largeur au fond, et s'élargir légèrement, de manière à ce qu'à 0m.38 au-dessus du fond, point où s'arrête la couche de pierres, la largeur soit devenue égale à 0m.23. La profondeur totale doit être le triple de la hauteur de la couche de pierres, ou 1m.12. La largeur à l'orifice est d'environ 0m.30.

Lorsqu'on peut se procurer des cailloux bien propres ou des galets, on doit préférer ces matériaux. Dans le cas contraire, on emploie des pierres parfaitement débarrassées de l'argile qui y était adhérente par une exposition suffisamment longue à l'action de l'air et de la pluie, et on les casse, de manière que les plus grosses puissent passer à travers les mailles d'un crible ayant 0m.076 d'ouverture. De plus gros matériaux tombant au fond de la tranchée pourraient y former de véritables barrages. Les pierres de la grosseur indiquée ne se tassent pas assez pour arrêter l'écoulement de l'eau, et elles soutiennent suffisamment les parois de la tranchée.

Le cassage des pierres ne doit pas se faire sur les bords des drains, mais dans des chantiers spéciaux où on vient

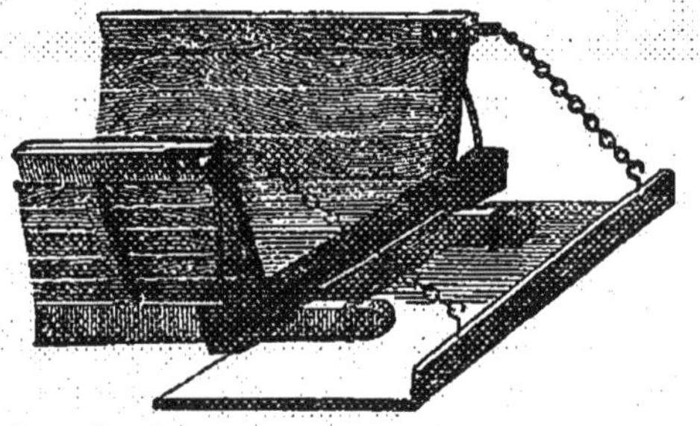

Fig. 7. — Camion pour transporter les pierres cassées.

les prendre à l'aide de charrettes à un cheval, ou de camions à bras, quand la distance n'est pas trop considérable. Le derrière des charrettes ou camions est garni (fig. 7) d'une planche à rebord, afin d'arrêter les pierres qui pourraient se répandre sur le sol, quand on les jette avec une pelle, de l'intérieur de la caisse de la voiture, dans le fond de la tranchée.

L'expérience a démontré qu'il y avait avantage à faire subir aux pierres cassées un triage et un dernier criblage au moment de leur emploi. Pour cela, on se sert du double crible représenté par la figure 8. Il est supporté par

Fig. 8. — Crible pour trier les pierres sur le bord des tranchées.

quatre montants verticaux de 1^{m}.50 de hauteur environ, fixés aux côtés d'une brouette ordinaire qui entraîne tout l'appareil dans son transport. On peut changer la pente du plan incliné qui forme le fond à claire-voie du crible, au moyen de vis qui le fixent au châssis. Une planche verticale est attachée aux côtés prolongés du crible, qui se termine par une auge placée au-dessus de la tranchée à remplir; cette planche s'appuie contre la paroi opposée au côté sur lequel se trouve la brouette. On verse dans le crible les pierres cassées en les jetant du camion ou du tombereau; les parties trop petites traversent le premier crible pour tomber sur un second crible placé au-dessous. Ce dernier ne retient que les petites pierres, qui glissent dans la brouette; la terre et les poussières passent à travers, et tombent sur le sol. Les pierres les plus grosses seules glissent le long du crible, et tombent verticalement dans la tranchée à travers l'auge qui est au bout du plan incliné. Les parois de la tranchée sont protégées par la planche verticale formant l'extrémité de l'auge. L'écartement des fils du crible supérieur est de $0^m.040$ à $0^m.050$, et celui des fils du crible inférieur de $0^m.010$ à $0^m.015$.

On se sert d'une pelle en fer pour faire tomber les pierres sur la partie supérieure du crible, dont les parois sont garnies de tôle, afin d'éviter une trop prompte détérioration des planches qui le constituent. Dès que les grosses pierres, qui tombent seules au fond de la tranchée, sont arrivées à une hauteur suffisante, on déplace la brouette pour continuer le remplissage un peu plus loin. On régularise la surface de l'empierrement à l'aide d'un râteau sur une petite longueur, et on jette par-dessus les petites pierres amassées dans la brouette du crible. On pilonne au-dessus, avec une dame en bois, une petite couche de terre, et on remplit le drain, comme nous verrons que cela s'exécute pour les drains à tuyaux.

Un drain empierré ainsi établi exige environ 0.76 mètre cube de pierres cassées pour 10 mètres courants. Deux ouvriers occupés, le premier à décharger les tombereaux, le second à manœuvrer le crible, à égaliser l'empierrement et à le damer, emploient par heure 2.5 à 3 mètres cubes de pierres cassées, c'est-à-dire exécutent de 330 à 400 mètres courants de tranchées par journée de dix heures; ce qui, à raison de $1^f.25$ par journée d'ouvrier, porte à $0^c.7$ environ le prix de revient de la pose du mètre courant. On estime en Angleterre que le mètre cube de pierres revient, pour l'extraction et le cassage, à 1f.40. Il en résulte que le prix de revient des pierres par mètre courant est de 10c.6, sans compter le transport, qui peut être très-variable selon les circonstances. D'après la moyenne d'un grand nombre de travaux, M. Smith, de Deanston, porte à 4 centimes le prix du chargement et du transport par mètre courant de drain empierré, à la même somme de 4 centimes celui de l'ouverture de la tranchée, et à 24c.9 en tout le prix total de 1 mètre courant de tranchée construite à pierres perdues, selon le système que nous venons de décrire. Cet ingénieur établit en conséquence la table suivante pour représenter le prix du drainage empierré par hectare, suivant les divers écartements des lignes de drains :

Écartement des drains.	Mètres linéaires de drains par hectare.	Prix du drainage empierré par hectare pour une profondeur de 1m.07.
m.		fr.
4.27	2,185	538
5.18	1,821	453
6.10	1,561	389
7.01	1,365	340
7.92	1,226	305
8.83	1,092	272
9.75	993	247
10.66	911	228
11.58	840	207
12.49	781	194

Quand nous rapprocherons plus tard ces chiffres de ceux trouvés pour des travaux exécutés en Angleterre, dans les mêmes circonstances de profondeur et d'écartement, mais avec des tuyaux, on verra que ces derniers sont d'un tiers meilleur marché que ceux exécutés avec des pierres cassées.

CHAPITRE III

Construction des drains empierrés en Écosse

Nous allons donner, sur les procédés employés en Écosse pour l'établissement des drains construits avec des pierres, des détails que nous extrayons de notes inédites prises par M. Eugène Risler durant un voyage effectué en 1853.

C'est aux environs d'Aberdeen que M. Risler a vu faire des drains empierrés sur une grande échelle. Le pays repose tout entier sur le granit et le gneiss, qui sont quelquefois recouverts d'une alluvion de sable ou de gravier. La roche qui affleure le sol est en décomposition. Sous l'influence d'un climat très-humide, la végétation sauvage a pris un grand développement. Dans les bassins où les eaux se réunissent et séjournent, il s'est formé des tourbières par suite de la décomposition incomplète des mousses et des carex. Les parties les plus sèches portent des bruyères, dont les teintes rougeâtres donnent un aspect particulier aux montagnes de l'Écosse. Le genêt ne se montre guère que dans le fond des vallées et le long de la mer. Les eaux brunes qui sortent des bruyères attaquent très-rapidement le feldspath du gneiss et du granit. Il est facile de juger de l'action de ces eaux en examinant les roches diversement baignées : elles sont devenues d'autant plus blanches qu'elles sont davantage en contact avec les eaux chargées de matières organiques. L'oxyde de fer paraît jouer aussi un grand rôle dans la décomposition de ces roches ; partout elles commencent à se fendre, suivant des couches ferrugineuses qui forment ordinairement des surfaces de glissement.

Il résulte de cette constitution que la couche arable noirâtre ou plus ou moins décolorée, qui ne forme qu'une épaisseur de 18 à 20 centimètres, repose sur une roche plus ou moins décomposée, mais dont elle est séparée par un dépôt ferrugineux dans lequel les racines des plantes ne pénètrent que rarement. Quand cette couche ferrugineuse est traversée, comme cela arrive pour les genêts, on remarque qu'à l'endroit où la racine est décomposée on a une ligne centrale blanche entourée d'une teinte rouge, qui va se fondre peu à peu avec la coloration habituelle de la roche plus ou moins désagrégée qui l'entoure.

Le dépôt ferrugineux que nous venons de signaler retient les eaux; il faut le briser par un défoncement qui le ramène à la surface. Après un tel labour, l'avoine seule réussit.

Dans le fond des vallées, on rencontre des terres arables plus profondes, qui ont été augmentées par les détritus provenant du glissement de la terre végétale formée sur les crêtes et le long des pentes des montagnes.

On arrête la dénudation des montagnes par des plantations de pins ou de mélèzes; ceux-ci réussissent mal dans les expositions septentrionales. Leur végétation est très-précoce. La recrudescence du froid, qui survient souvent en Écosse après quelques beaux jours d'avril ou de mai, les fait beaucoup souffrir, et ils se recouvrent de lichens qui les font dépérir. Dans le fond des vallées, même sur les tourbes, on trouve des bouleaux.

Tels sont les terrains qu'on a défrichés, et que le drainage et les labours profonds ont améliorés depuis vingt ou trente ans au point de les rendre méconnaissables. Les travaux ont été faits tantôt par les propriétaires eux-mêmes, tantôt avec le concours simultané des propriétaires et des fermiers. Les capitaux avancés par le gouvernement au taux de 6 1/2 pour 100, annuité de remboursement comprise, ont été souvent employés de telle sorte que le propriétaire paye 1 1/2, et le fermier 5. Des propriétaires qui n'avaient pas de capitaux d'exploitation ont obtenu le défrichement de leurs terres en cédant, pour un certain laps de temps, des portions de terrains, sans demander de fermages, à de petits cultivateurs, à la seule condition que ceux-ci défricheraient chaque année une certaine étendue. Le manque de riches fermiers a amené la division des exploitations en petites fermes de 50 à 60 hectares. On en trouve à une seule charrue pour 25 à 30 hectares.

Les terrains les plus aisés sont défoncés à la charrue; mais ordinairement on est obligé d'employer la bêche en forme de langue de bœuf (fig. 9), pour trancher les gazons; la pioche (fig. 10), pour fouiller le sol; le pic (fig. 11), pour entailler la roche; le marteau (fig. 12), pour casser les pierres. Le pic est un instrument terminé d'un côté par une pointe aciérée, de l'autre côté par un œil dans le-

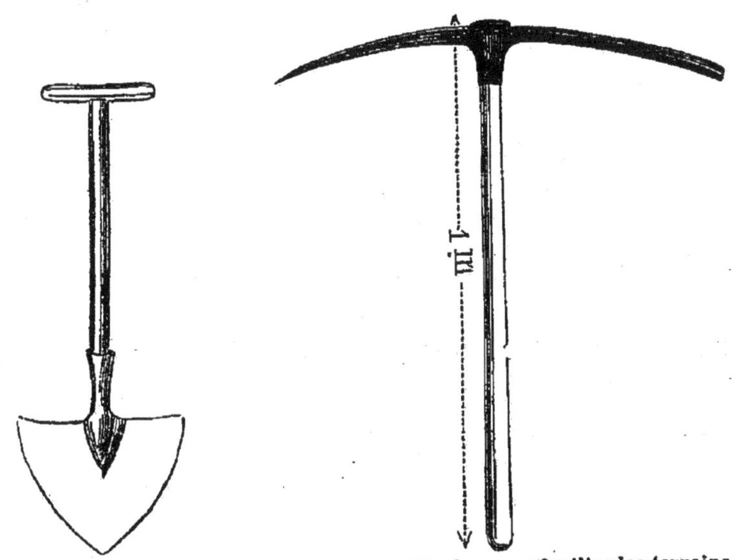

Fig. 9. — Bêche en forme de langue de bœuf pour trancher les gazons.

Fig. 10. — Pioche pour fouiller les terrains pierreux.

quel entre le manche, qui a une longueur d'environ 0m.80; l'outil a une longueur et une grosseur variables, suivant la

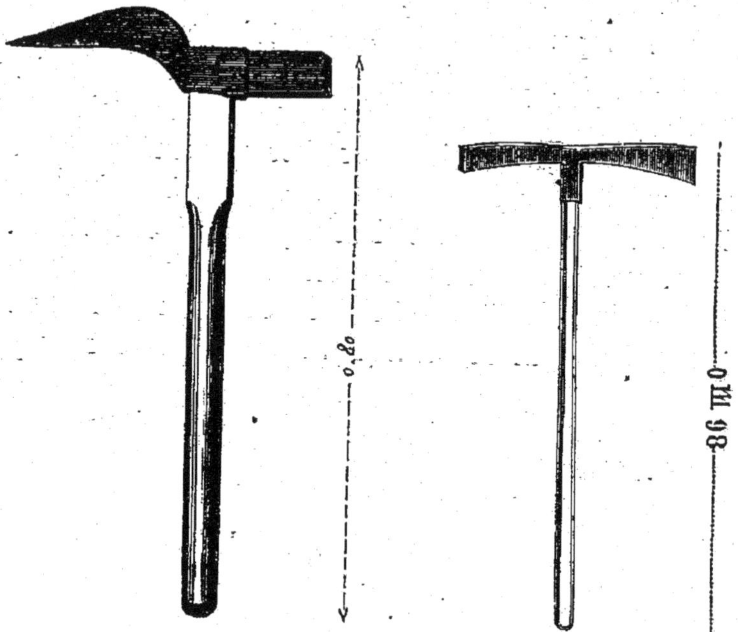

Fig. 11. — Pic pour entailler les roches.

Fig. 12. — Marteau pour casser les pierres des tranchées.

nature du terrain. Les Anglais se servent aussi avec avantage d'un instrument particulier nommé pic à pédale (fig. 13), qu'il serait bon d'importer en France. Le tranchant bien aciéré de cet instrument pénètre facilement dans le sol, lorsqu'on l'enfonce en le projetant des deux mains avec la poignée, et lorsque ensuite on appuie de tout le poids du corps en posant le pied sur la pédale. On fait, du reste, souvent sauter les plus grosses roches à l'aide de la poudre.

On dispose les pierres le long des tranchées; et lorsque celles-ci sont arrivées aux dimensions voulues, de 0m.90 à 1m.20 de profondeur, on procède à la construction du drain. Quand les pierres sont plates ou schisteuses, on en place trois verticalement au fond de la tranchée (fig. 14)

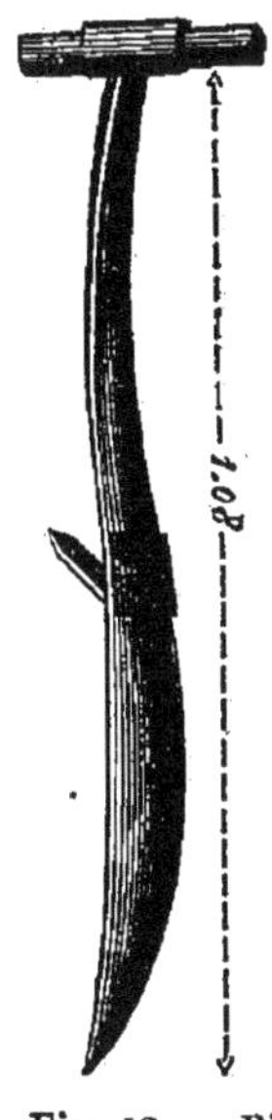

Fig. 13. — Pic à pédale.

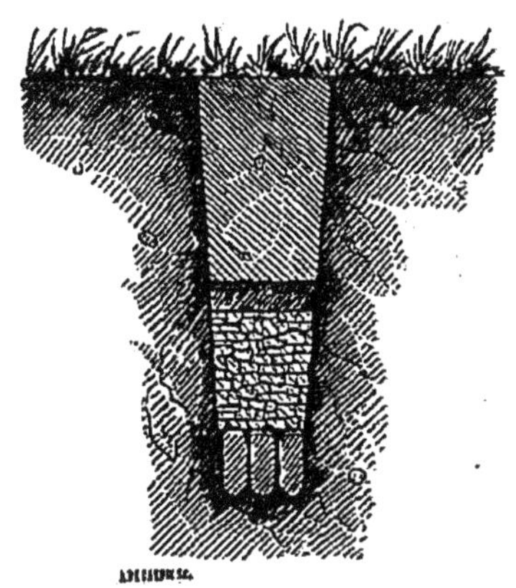

Fig. 14. — Drain ordinaire en pierres plates ou schisteuses.

pour les drains ordinaires. Pour les drains collecteurs, on ménage un vide nécessaire à l'écoulement d'une quantité d'eau plus abondante, en plaçant (fig. 15) deux pierres verticalement, et en les recouvrant d'une troisième mise horizontalement en forme de toit.

Par-dessus les grosses pierres on en met une couche de petites, et on les recouvre d'un gazon renversé et tassé, ou de genêts et de bruyères également tassés, qui sont destinés à constituer une sorte de filtre.

Quand les pierres ne sont pas schisteuses, on donne aux drains la disposition que représente la figure 16; on a soin de placer les plus grosses au fond, et les plus petites au-dessus.

On prétend que les racines des arbres ne peuvent pénétrer dans les drains établis comme l'indiquent les figures 14 et 16, tandis qu'on a vu, dans des terrains de même

Fig. 15. — Drain collecteur en pierres plates ou schisteuses.

Fig. 16. — Drain ordinaire en pierres non schisteuses.

nature, les drains garnis de tuyaux se boucher par l'invasion d'un tissu de racines de *salix repens*; les rats ne peuvent pas non plus passer dans ces drains.

On enlève l'excédant des pierres au moyen de charrettes garnies de fer, et plus fortes que celles qui sont ordinairement employées dans les exploitations rurales.

Les frais varient naturellement, suivant les difficultés contre lesquelles on a à lutter. Ils sont compris entre 350 et 750 fr. par hectare pour le défrichement et le défoncement, et 150 à 200 fr. pour le drainage. Des ouvriers spéciaux et différents sont employés pour chacune de ces opérations. Pour le drainage, le creusement des tranchées, le cassage des pierres et le remplissage se font à la tâche; la pose des pierres s'effectue au contraire à la journée. On continue à épierrer les champs durant plusieurs années.

Charles Pictet, de Genève, dans son *Cours d'Agriculture anglaise*, publié en 1809 (1), décrit dans ces termes,

(1) T. VI, p. 341.

d'après un travail sur les dessèchements exposé dans *les Principes et la Pratique de l'Agriculture*, de R. Forsyth, l'assèchement des sols humides à l'aide de pierrailles qu'il appelle des coulisses :

« La profondeur et la largeur des coulisses varient selon la nature des terres et la situation et la pente des champs. Autrefois on leur donnait trois pieds de profondeur (0m.90); maintenant on trouve généralement que deux pieds suffisent. La règle pour la profondeur des coulisses dans les champs doit être que les animaux de labour, en marchant dans la raie ouverte, ne puissent pas déranger par leur poids les pierres ou les autres matériaux qui remplissent l'aqueduc. Les coulisses principales, savoir celles auxquelles aboutissent un grand nombre d'autres, doivent être plus profondes, parce qu'elles ont plus d'eau à conduire. Un pied de large (0m.30) serait suffisant; et on se trouve tout aussi bien de jeter les pierres au hasard dans les coulisses que de les y arranger à la main : l'épargne du travail est considérable.

« Les pierres sont assurément ce qu'on peut mettre de mieux dans les coulisses. Lorsqu'on emploie des pierres de carrière, il faut les arranger régulièrement, en laissant six pouces (0m.15) de vide entre elles, et environ six pouces de haut. Le toit de l'aqueduc se fait en pierres plates, qui empêchent que la terre n'y pénètre. Lorsqu'on jette les pierres pêle-mêle dans la coulisse ouverte pour les recevoir, il faut avoir soin que ces pierres ne soient point chargées de terre, et que les côtés ne s'éboulent pas avec les pierres qu'on jette dans le fossé ouvert, de peur qu'il n'en résulte ensuite que la coulisse ne s'obstrue. Avant de remettre la terre par-dessus les pierres, il convient de jeter sur celles-ci de la paille, des joncs ou des branchages. Les petites coulisses doivent être placées à dix-huit pieds (5m.50), au plus, les unes des autres; et l'angle sous lequel elles entrent dans les coulisses principales doit être aigu, afin d'éviter les obstructions qui pourraient s'y former, s'il se rapprochait de l'angle droit. Il convient de maçonner en brique, ou en pierre, l'embouchure de chacune des petites coulisses dans la grande.

« Sir Henri Fletcher a pratiqué une manière de dessèchement pour un terrain de bonne qualité que les eaux pluviales inondaient, et ce moyen mérite d'être rapporté. La couche inférieure est de la glaise à une grande profondeur. Il fait creuser le gazon à la bêche, et il a soin de le faire conserver aussi entier qu'il est possible. Il creuse ensuite jusqu'à deux pieds (0m.60) dans la glaise, en jetant celle-ci en dehors du fossé, mais du côté opposé à celui où on a rangé le gazon. Il emploie ensuite un instrument de dix-huit pouces de long (0m.46), six de large

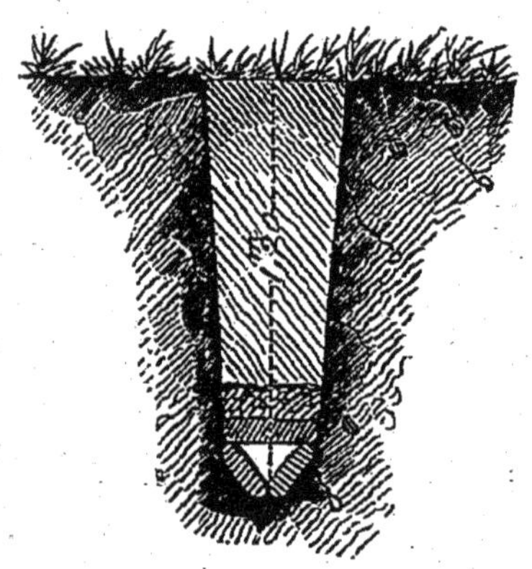

Fig. 17. — Drain prismatique construit avec des pierres.

dans le haut (0m.13), et deux pouces seulement dans le bas (0m.05), pour creuser dans le fond du fossé, comme on ferait avec une bêche. Cet instrument donne sa forme à la section transversale de cette nouvelle coulisse placée au fond du fossé. On nettoie avec soin le fond de cette nouvelle coulisse, qu'on garnit ensuite avec des pierres plates, de grandeur convenable, savoir : deux dans les côtés qui se touchent dans le fond, et une troisième qui forme le toit par-dessus. De cette manière, il reste un espace vide en forme de prisme, par lequel l'eau peut librement passer (fig. 17). Pour terminer l'ouvrage, on place ensuite les gazons réservés par-dessus le toit de la coulisse, en ayant soin de mettre l'herbe en dessous. Sir Henri a prouvé que, lorsque la distance d'une coulisse à l'autre était plus grande que dix-huit pieds (5m.50), le dessèchement n'était pas complet. »

CHAPITRE IV

Construction des drains garnis de pierres en France

En France, comme nous l'avons démontré au début de cet ouvrage, les drains empierrés sont usités depuis plusieurs siècles dans maintes contrées. Nous trouvons dans l'*Instruction sur le Drainage* de la Commission hydraulique du département de la Sarthe, que nous aurons l'occasion de citer plusieurs fois, quelques détails à cet égard que nous croyons devoir reproduire.

« Pour les drains entièrement garnis de pierrailles, dit cette Instruction, recouverts de mousse ou de gazon renversé et de terre, les prix les plus avantageux dont on trouve l'indication sont les suivants. Ils se rapportent à des fossés de 0m.70 à 0m.80 de profondeur, ayant 0m.15 à 0m.20 au fond, et des talus aussi forts que le comporte la nature du terrain :

	Centimes.
Fouille des terres, arrangement des pierres et remblai...	40
Extraction de la pierre, cassage et transport...........	25
Total par mètre courant de fossé couvert....	65

« Quant aux fossés où l'on établit des *nocs* ou aqueducs en pierres, ils exigent des soins particuliers, et coûtent en général plus cher encore. »

Ce prix est beaucoup plus élevé que celui fixé par l'ingénieur Smith (voir page 40), quoiqu'il ne s'agisse que d'une profondeur de $0^{m}.75$ en moyenne, au lieu de celle de $1^{m}.07$.

Il est vrai que nous trouvons aussi les détails suivants, donnés par M. Hubert, architecte à Laval, sur un genre de drainage que l'on exécute depuis longtemps dans le département de la Mayenne :

« On fait, dit M. Hubert, une rigole de $0^{m}.40$ à $0^{m}.50$ de largeur sur $0^{m}.50$ à $0^{m}.60$ de profondeur, suivant que le point où l'on veut faire écouler les eaux est plus ou moins bas; on fait ensuite dans la rigole un canal avec trois moellons, dont deux placés des deux côtés, et le troisième sur les deux autres, de manière à laisser un vide ayant une section de $0^{m}.10$ sur $0^{m}.14$; la hauteur du canal en pierres est de $0^{m}.20$ environ; on le recouvre de $0^{m}.30$ de terre, pour que la charrue ne le détériore pas.

	centimes.
« Ce travail coûte, par mètre courant, en main-d'œuvre................................	15
« Le propriétaire n'a à payer, en sus, que le prix d'extraction de la pierre qu'il prend sur la ferme, parce que le fermier est tenu de faire le transport des matériaux sans indemnité. Cette extraction lui coûte 75 centimes le mètre cube; et avec un mètre cube il peut faire, en moyenne, de 9 à 10 mètres courants; c'est donc, par mètre courant.......	8
A reporter.............	23

	Centimes.
Report..............	23
« Si le propriétaire devait acheter et faire transporter la pierre à ses frais, il aurait en outre à payer :	
« 1° Pour la valeur de la pierre, non compris l'extraction déjà comptée ci-dessus, 50 centimes par mètre cube, soit par mètre courant.........	5
« 2° Pour le transport du mètre cube, 75 centimes, soit par mètre courant....	8
« Total par mètre courant de drain.....	36 »

On remarquera que la profondeur du drainage ainsi exécuté est extrêmement faible; que, par conséquent, on doit être loin d'obtenir un assainissement suffisant, quoique le prix de 36 centimes soit encore très-supérieur au prix moyen par mètre courant du drainage avec les tuyaux.

Nous verrons plus loin que c'est une question de savoir si les tuyaux peuvent être employés dans les terrains plantés en vigne. Peut-être devra-t-on recourir constamment dans les vignobles aux drains empierrés. Pour cette raison, nous reproduirons ici une description des travaux exécutés dans le département du Var par M. Henri Laure. En 1834, la Société centrale d'Agriculture avait mis au concours deux prix de 3,000 et de 1,500 fr. pour le desséchement de terrains d'une contenance de 50 et de 25 hectares, au moyen des rigoles souterraines. M. Laure a reçu le prix de 1,500 fr. pour le desséchement de sa terre dite *des Moulières*, d'une contenance de 25 hectares.

« En Provence, dit M. Laure, on nomme *moulière* tout terrain recevant pendant l'hiver les infiltrations pluviales des montagnes qui l'avoisinent, et qui, en été, devient sec et dur. On comprend qu'un pareil terrain est incultivable. Il n'est guère de communes dans le département du Var, à cause des nombreuses montagnes dont il est couvert, qui n'ait son quartier des moulières. Cependant ces quartiers sont souvent les meilleurs, les mieux cultivés et les plus productifs. C'est que, depuis plus ou moins de temps, ils ont été desséchés par des *ouïdes* ou des *touns*, noms vulgaires du pays, auxquels le mot *drain* est substitué de nos jours.

« La commune de La Valette, près Toulon, avait aussi son quartier des moulières, et ce quartier est possédé par ma famille depuis près de cent ans. En 1827, ces moulières ayant fait mon lot lors du partage de la succession de mon père, je me plaignis bientôt à mon fermier de ce qu'un terrain d'environ 3 hectares était couvert de chiendent et d'autres mauvaises plantes, et dans un état complet d'inculture. « Là, me dit-il, il ne viendrait pas de seigle. — C'est bien, répondis-je; nous le verrons dans quatre ou cinq ans. » En effet, quelques années après, on y voyait et on y voit surtout aujourd'hui des vignes, des oliviers, des arbres fruitiers d'une belle venue; et les intervalles ou soles, qui séparent les rangées de vignes, sont couverts de froment et de légumineuses magnifiques. Plusieurs autres parties de la même propriété étaient aussi presque en friche, à cause de nombreuses moulières qui s'y trouvaient, et aujourd'hui une végétation vigoureuse montre ce que peut produire un desséchement fait avec intelligence.

« En effectuant d'abord nos plantations de vignes sur les points les plus élevés, je fis d'amples provisions de pierres que j'employai à la construction de mes ouïdes. Je creusai des tranchées de 1 mètre à $1^{m}.30$, sur une largeur au fond de $0^{m}.40$. Des pierres de $0^{m}.12$ à $0^{m}.14$ d'épaisseur furent placées le long des deux côtés du fond de la tranchée, en laissant entre chaque rang de pierres un intervalle de $0^{m}.10$ à $0^{m}.12$. Des pierres longues de $0^{m}.30$ à

$0^m.40$ furent posées sur les pierres déjà placées de champ au fond de la tranchée, et de manière qu'un vide d'environ $0^m.12$ restât entre ces diverses pierres pour servir à l'écoulement des eaux qui s'y infiltreraient durant l'hiver. Un amas de pierrailles d'environ $0^m.25$ à $0^m.30$ d'épaisseur combla en partie les tranchées ; des feuillages furent ensuite jetés sur ces pierrailles, et finalement les tranchées furent comblées avec la terre qui en avait été extraite.

« Mes premiers ouïdes ont été construits en 1829, et le terrain est encore aujourd'hui aussi bien asséché qu'à l'origine ; mon drainage en empierrement a donc duré déjà 24 ans. »

M. d'Hombres-Firmas, correspondant de l'Institut, a publié, dans le courant de 1853, une note sur les méthodes suivies depuis longtemps dans le midi de la France, et notamment dans le département du Gard ; nous en donnerons ici un extrait.

« Les agriculteurs de notre pays, dit ce savant, appellent les espèces d'aqueducs à l'aide desquels ils drainent, mot seul nouveau pour eux, des *valas-ratiés*, c'est-à-dire fossés à rats, les rats et les mulots pouvant facilement les parcourir et les habiter. Voici comment on les fait :

« Quand on possède un champ trop aqueux, et qu'il semble de niveau de prime abord, on recherche la pente du sous-sol par quelques trous de sonde, et l'on creuse un canal ou fossé dans ce sens, de $0^m.30$ à $0^m.32$ de largeur sur $0^m.60$ à $0^m.80$ et quelquefois 1 mètre de profondeur, en le dirigeant, autant que possible, vers un ruisseau. S'il le fallait, on lui donnerait une pente factice vers un puits perdu.

« Selon l'étendue du champ, on fait deux ou plusieurs autres fossés qui des deux côtés viennent aboutir au premier. Il est inutile de dire qu'on les trace et qu'on les commence avec une forte charrue, qu'on les creuse ensuite avec des bêches et des pelles. On place au fond des pierres plates de champ, inclinées les unes vers les autres, ou bien on les incline vers les parois de la tranchée, et l'on pose d'autres pierres dessus pour recouvrir ces sortes de couloirs. A défaut de pierres plates, on emploie des moellons, des cailloutages quelconques ; seulement, au lieu de les rapprocher, de les assembler, comme si l'on bâtissait un mur, on s'applique, au contraire, à les espacer entre eux dans le sens de la longueur et en travers ; c'est dans leurs intervalles que l'eau doit s'écouler.

« Les pierres plates sont très-communes dans le département du Gard ; les formations lacustres des arrondissements d'Alais et d'Uzès se délitent naturellement en plaques de toutes les épaisseurs et de diverses grandeurs. Du côté opposé, nos montagnes de micaschiste nous fournissent en quantité des espèces d'ardoises (1), appelées *laouzos* en languedocien, dont les Cévannols couvrent leurs maisons, font des pavés, etc. C'est de ces laouzos que les étymologistes font venir le nom de la Laouzero, la Lozère, qui en est recouverte, quoique son noyau et son sommet soient granitiques.

« Quelques cultivateurs jettent tout simplement au fond de la tranchée les pierrailles rondes ou anguleuses, grosses ou petites, qu'ils avaient ramassées en épierrant leurs champs, à peu près jusqu'à moitié hauteur ; l'eau filtre dans leurs interstices, moins bien, on le comprend, que dans les galeries de pierres plates.

« On achève de remplir les fossés avec la terre qu'on en avait retirée, dont le surplus est étendu avec des pelles, les labours et le hersage. On ne reconnaît l'existence de

(1) On a quelquefois employé les ardoises dans d'anciens drainages en Angleterre.

ces aqueducs qu'en voyant l'eau se dégorger à leur embouchure, particulièrement après les pluies.

« Nos sources, dans les Cévennes, dégouttent ou coulent parfois encore abondamment; tantôt, c'est entre deux bancs de rocher; tantôt, c'est un jet qui s'échappe d'une fissure, ou bien l'eau surgit au fond d'un bassin qu'elle se forme à la surface du sol; enfin, d'autres fois on remarque plusieurs petites veines qui suintent à une certaine distance les unes des autres. Il faut dans ce cas les réunir par des *valas-ratiés*, qui convergent ensemble vers celui qui amène le plus d'eau, et vers le tuyau de la fontaine qu'on veut établir.

« Que ce soit dans le but de recueillir et de conserver les eaux potables pour notre usage ou pour arroser nos jardins; que ce soit, au contraire, pour dessécher et assainir un terrain trop aqueux par sa nature ou par sa position; qu'on veuille en faire écouler les eaux dans les ruisseaux voisins ou les fossés des grandes routes, on y parvient par des *valas-ratiés*. Nous allons en indiquer quelques-uns de l'un et de l'autre genre qui existent dans ce pays, et que chacun peut aller voir.

« Notre fontaine de Sauvages fut édifiée il y a 170 ans, d'après l'inscription placée dessus. Nous en avons une seconde plus abondante dans le jardin, que nous savons pertinemment dater de 1622; celle-ci est alimentée par cinq filets sur le penchant de la montagne, à 10, 15 et 18 mètres d'intervalle.

« Il existe dans la plaine de Mejanas, à gauche de la route d'Alais, un *vala-ratié* qui coule comme un ruisseau une partie de l'année. Le propriétaire, fort vieux, que nous interrogeâmes, nous assura que son aïeul n'avait pas su lui dire qui l'avait construit.

« On trouve plusieurs autres travaux de ce genre dans

les communes d'Euzet, de Mons, de Lussan, etc., qui remontent aussi haut, et qui peut-être sont encore plus anciens; personne n'a pu nous apprendre l'époque de leur construction. M. Peladau, d'Euzet, mort en 1840, à l'âge de quatre-vingt-quatorze ans, avait des *valas-ratiés* qui dataient, nous a-t-il dit, de plusieurs générations; il en avait fait lui-même, et, ce qui est remarquable, jamais il n'avait réparé les anciens.

« M. Teissier, d'Anduse, nous a rapporté que son aïeul avait réussi à égoutter des champs et des prés habituellement imbibés d'eau; que ses voisins l'imitèrent, et que leurs terres sont depuis très-fertiles. Il a ajouté que son père, mort récemment à l'âge de quatre-vingts ans, n'avait jamais été dans le cas d'avoir besoin de réparer ses *valas-ratiés.* »

Nous avons fait l'extrait qu'on vient de lire, non pour démontrer de nouveau que le drainage est une ancienne invention, non pour faire voir comment on l'exécute à l'aide de pierrailles; nous avons voulu constater que le drainage est depuis longues années une pratique reconnue très-utile dans le midi de la France. Les faits viennent ainsi répondre, mieux que ne pourraient le faire nos raisonnements, à ceux qui, convenant que le drainage a produit des merveilles pour l'agriculture anglaise, objectent les différences de climat contre l'emploi général qu'on pourrait en faire dans notre pays. Pour nous, nous démontrerons, dans un autre endroit de cet ouvrage, que le drainage est peut-être plus utile dans les pays chauds et secs que dans les pays froids et humides. Nous serons heureux d'appuyer notre démonstration théorique sur des faits que les vieillards centenaires affirment comme établis à des époques antérieures à celles dont les meilleures mémoires puissent se souvenir. Et cependant il s'agit de drainages exécutés par des méthodes imparfaites. Nous avons vu en effet, durant notre enfance, des *pierrailles*, exécutées dans le département de la Moselle, se boucher au bout de quelques années. Ces pierrailles étaient construites simplement à l'aide de pierres de diverses grosseurs, recueillies surtout en épierrant des vignes. On ne prenait aucune précaution pour assurer une filtration d'eau goutte à goutte, laquelle filtration peut empêcher les obstructions en débarrassant l'eau de toute matière tenue en suspension. Cet effet a lieu forcément dans le drainage avec tuyaux, dont nous nous occuperons avec détail dans les autres livres de notre ouvrage.

Voici un autre exemple d'une aussi rapide obstruction. Schwerz, d'après une communication que nous a faite M. Eugène Risler, avait établi un drainage en pierres à Hoheinheim, vers 1820, dans un terrain argileux du Lias. Les pierres étaient arrangées comme l'indique la figure 18. On fut obligé de le refaire en 1850, pendant que M. Risler était à Hoheinheim. On se servit encore cette fois de grès qui se détachent facilement en dalles ou feuilles de 0m.12 à 0m.15 d'épaisseur. Les pierres se trouvaient à 200 ou 300 mètres de la pièce à drainer, et étaient très-faciles à extraire. Schwerz avait laissé à Hoheinheim un plan très-exact de ce drainage, ce qu'on ne devrait jamais négliger de faire.

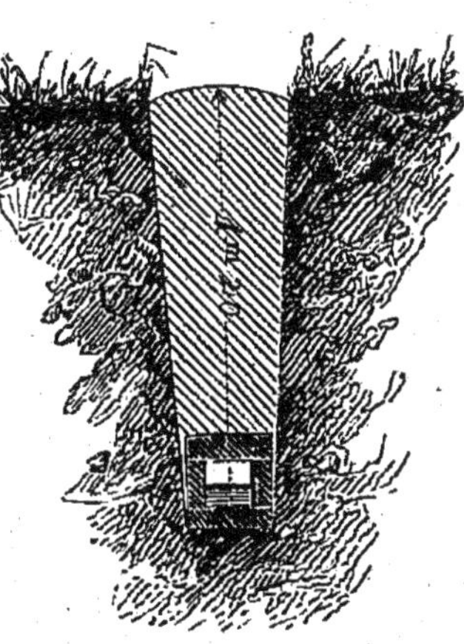

Fig. 18. — Drainage en pierres établi vers 1820, à Hoheinheim, par Schwerz.

Un ingénieur de mérite, M. de Villeneuve, appelé à professer le drainage à l'École des mines de Paris, et connu d'ailleurs par plusieurs travaux agronomiques très-recommandables, a proposé de mettre au-dessus et au-dessous des pierrailles une couche de mortier hydraulique. A l'aide de cette précaution, l'eau n'arriverait évidemment dans les pierrailles que par les côtés et tout à fait filtrée. L'idée est digne d'être soumise à l'expérience; elle est une imitation de ce qui se produit dans les drainages faits avec des tuyaux. Dans les localités où les pierres sont extrêmement abondantes, où il est au contraire difficile de se procurer des tuyaux, on pourra essayer ce système, et on devra s'efforcer de suivre les règles tracées par les Anglais pour l'exécution des drains en pierres, règles que nous avons rapportées dans les chapitres précédents.

Nous placerons ici la communication même que nous a faite M. de Villeneuve; elle expose très-clairement les idées de cet ingénieur, et nos lecteurs y trouveront des détails très-intéressants sur un ancien drainage situé presque à la porte de Paris. Voici comment s'exprime M. de Villeneuve :

« Les exemples d'anciens drainages par empierrements ne doivent pas être cherchés loin de Paris; on en trouve un type bien remarquable, qui nous a été signalé par M. l'inspecteur général des ponts et chaussées Mary, dans la ceinture même de notre capitale.

« Un vaste réseau de drains, formés par empierrements, s'étend sous le sol des Prés Saint-Gervais, de Romainville et de Ménilmontant. Ce drainage absorbe les eaux d'un bassin sans écoulement superficiel occupé par les marnes de la formation gypseuse parisienne; bassin qui se développe sur un diamètre de plus de 2,500 mètres.

« Ce drainage est établi en pierres plates, formant un canal de 0m.10 de large. Pendant les mois d'hiver, le débit de l'artère principale de ces canaux souterrains s'élève jusqu'à 4,000 mètres cubes d'eau par vingt-quatre heures.

« Les eaux du drainage des Prés Saint-Gervais sont tellement impures et gypseuses, qu'on n'a pu les utiliser dans Paris. M. Mary leur a donné un débouché régulier et économique en établissant un puits absorbant dans la partie orientale du territoire de Saint-Gervais.

« Le drainage des Prés Saint-Gervais est très-ancien. Le mérite de son exécution est attribué par M. Mary aux religieux qui possédaient les terres de ce bassin avant Louis XIV, tout comme les évêques de Marseille faisaient, dès le treizième siècle, l'assainissement de la vallée d'Aubagne et Gemenas (Bouches-du-Rhône) par puits absorbants, réalisant dès lors ce que l'on a appelé le drainage des sources d'Eklington; tout comme les oratoriens de Maubeuge exécutaient, avant 1620, le premier drainage en tuyaux dont on ait retrouvé les traces.

« Nous avons donc aux portes de Paris un drainage par empierrement, remontant probablement à plus de trois siècles, et dont le fonctionnement continue de nos jours avec une remarquable efficacité.

« Sur quelques points, les fouilles ont fait reconnaître des obstructions survenues dans le canal évacuant; la marne servant de support aux pierres s'était ramollie et les pierres s'étaient affaissées. M. Mary a ingénieusement réparé le mal en établissant une couche de mortier hydraulique sur la marne. Les pierres de drainage, posées sur cette base résistante comme sur un radier, n'ont plus subi de dérangement; les engorgements ont été prévenus.

« Avant de connaître le travail de M. Mary, nous avions énoncé la même pensée dans notre enseignement du drainage à l'École des mines, et nous avons, pendant l'été dernier, établi un drainage-canal par empierrements, en faisant reposer la base de l'empierrement sur une couche de mortier hydraulique de $0^{m}.02$ d'épaisseur.

« Ce drainage satisfait au double but d'amener vers une usine et sans perte aucune un faible écoulement d'eau indispensable à son roulement, en même temps que le drainage, absorbant latéralement toutes les eaux de la filtration, assainit un terrain trop imprégné d'humidité.

« L'excès de pente que l'on était obligé de donner aux drains par empierrement, comparés aux drains en tuyaux, n'est nullement nécessaire dès que la base de l'empierrement laisse subsister une ligne d'écoulement continu où la fuite des eaux s'opère sans obstacle; on se trouve ainsi ramené aux conditions que réalisent les tuyaux.

« Nous ajoutons une dernière précaution à ce système d'exécution. Après avoir égalisé avec les plus menues pierres la surface supérieure de l'empierrement, nous y établissons un enduit de mortier hydraulique, qui supprime les filtrations verticales, celles qui font naître l'envasement le plus rapide du drain. Notre enduit hydraulique supérieur représente très-bien la *chappe* de la voûte d'un pont; il atteint évidemment bien mieux le but indiqué que les tessons recouvrant les drains, et que les mottes d'argile ou de gazon foulées sur les tuyaux.

« Ainsi, en ajoutant un peu de mortier hydraulique aux empierrements, en ménageant une ligne de vide continue, on peut obtenir la réunion de tous les avantages du drainage le plus parfait, confectionné avec les tuyaux de 0m.03 à 0m.04 de diamètre vide.

« Lorsque le coût de la chaux hydraulique ne dépasse pas le prix de 25 fr. les 1,000 kilogr. portés au point de consommation, les deux enduits de mortier correspondent à une dépense de 7 à 10 centimes le mètre courant. C'est le prix du mètre courant des tuyaux portés sur place aux environs de Paris. On reste donc, par le procédé que nous signalons, dans de bonnes conditions économiques. Toutes les fois que les tuyaux de drainage ne pourront pas être livrés immédiatement et à bas prix; toutes les fois qu'au lieu de tuyaux on n'aura que des briques plates, quand bien même elles seraient irrégulières ou en morceaux brisés; toutes les fois que les pierres abondantes seront un embarras pour le laboureur, le drainage perfectionné par le mortier hydraulique peut permettre, avec succès certain, l'emploi de la mauvaise briqueterie ou de l'empierrement. Or, les pierres ne font pas défaut dans le voisinage du sol imperméable, provenant des terrains primitifs, des grès secondaires, des marnes intercalées dans le calcaire. Ce n'est que dans une certaine partie du sol imperméable, tertiaire et d'alluvion, dans les terrains tourbeux, que les pierres peuvent manquer. Les drainages par empierrement peuvent donc s'appliquer à plus des deux tiers des grands travaux d'assainissement. Pour les terrains coulants, où les parois des fossés de drainage ne peuvent se soutenir, on doit absolument recourir aux tuyaux. On peut les établir en béton hydraulique coulé sur mandrin et séché quarante-huit heures avant l'emploi, quand le ciment ou la chaux hydraulique sont communs et que la poterie est rare.

« Le remarquable exemple de durée offert par le drainage des Prés Saint-Gervais est fait pour inspirer confiance dans les drainages par empierrement bien exécutés; à plus forte raison devra-t-on être assuré d'un succès durable, alors qu'on y ajoutera l'influence d'une couverture hydraulique.

« Dans les cas très-nombreux où le fond des fossés de drainage pourrait empâter les matériaux, ou lorsque les eaux filtrées devront être complétement conservées pour former des sources artificielles, la couche inférieure du mortier hydraulique, faisant fonction de radier, devra être employée; elle sera nécessaire même lorsqu'on fera usage de tuyaux pour traverser des terrains qui, devenant absorbants pendant une partie de l'année, arrêteraient les eaux à utiliser.

« Les profondes érosions que causent, dans les sols argileux imperméables et fortement inclinés, les averses caractéristiques du climat méditerranéen, ont depuis longtemps amené l'usage de multiplier dans cette région les terrassements soutenus par des murailles ou des empierrements. Ce système peut être régularisé, et servir à former des sources artificielles. On atteindra ce but en donnant des pentes soigneusement tracées aux fossés qui supportent la base du muraillement, et les faisant aboutir sur une ligne servant de *récipient* commun aux eaux, que l'on contiendra avec un enduit hydraulique établi au fond des fossés.

« Encore une réflexion suggérée par les judicieux travaux de M. Mary. En France, le morcellement de la propriété, douze fois plus grand que celui du domaine anglais, donne un mérite sérieux et un à-propos spécial aux évacuations par puits absorbants ; on est par là dispensé de la nécessité de prolonger les canaux d'évacuation jusque dans les propriétés appartenant à des tiers qui refusent de subir cette servitude.

« Les explorations géologiques qui éclairent la recherche des évacuants souterrains à l'aide des failles, des cavernes et des couches perméables sous-jacentes, sont donc, en France plus qu'ailleurs, d'utiles auxiliaires des procédés de drainage.

« Que l'on songe que les assainissements des vallées d'Aubagne et de Gemenas, dans les Bouches-du-Rhône, sont fondés sur la mise à profit des puits absorbants fonctionnant encore bien depuis *six siècles*, et l'on concevra tout ce que la recherche des absorbants souterrains offre de ressources au drainage français.

« En résumé, mettre en usage dans le drainage perfectionné les pierres embarrassant les travaux superficiels; assurer l'efficacité et la durée du drainage par empierrement à l'aide du mortier hydraulique, dont la fabrication devient chaque jour plus économique; perfectionner aussi la conservation des eaux de drainage comme sources artificielles, ou rendre leur évacuation moins embarrassante à l'aide des absorbants souterrains, voilà les considérations importantes qui me paraissent se rattacher aux détails descriptifs précédents : puissent-ils servir à étendre le drainage jusqu'aux plus minces héritages ! »

CHAPITRE V

Drains en briques

On a proposé d'employer des briques pour la construction des drains; nous ne regardons cette idée comme réalisable que dans la construction des drains principaux ou collecteurs. On doit arranger les briques au fond des tranchées comme l'indiquent les figures 19 et 20. Dans la première des positions, où il n'y a de briques que sur les côtés et sur le dessus, il faut 18 briques par mètre courant; les briques ordinaires, à 40 fr. le mille, hors Paris, mesurent $0^m.21$ de longueur, $0^m.11$ de largeur et $0^m.45$ d'épaisseur; le prix d'achat est de $0^f.72$ pour une section vide de $0^m.11$ sur $0^m.12$.

La seconde disposition offre évidemment plus de garantie de durée, puisque le canal souterrain est garni de briques sur tout son pourtour; mais elle exige 28 briques coûtant 1 fr. 12 c.

Nous doutons que même, dans les contrées où les briques ne coûtent que de 10 à 15 fr. le mille, il ne soit pas bien meilleur marché d'avoir recours à des tuyaux.

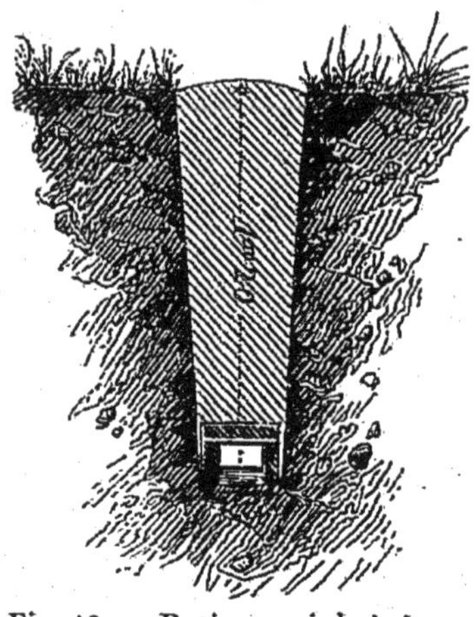

Fig. 19. — Drain garni de briques sur trois côtés.

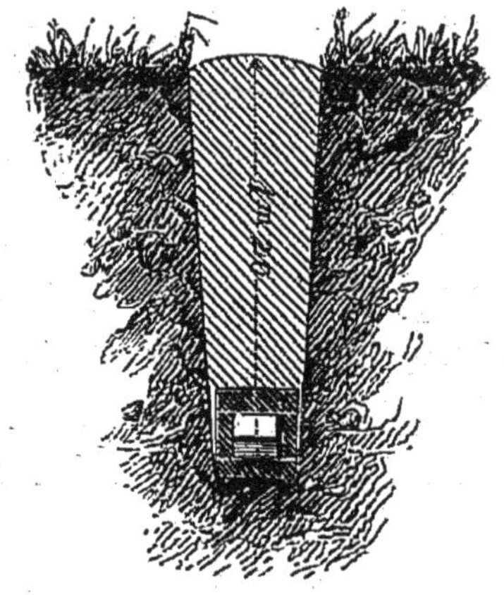

Fig. 20. — Drain garni de briques sur les quatre côtés.

M. Leclerc, chef du bureau de drainage en Belgique, rapporte qu'on a employé (1) dans ce pays un genre de briques demi-cylindriques B, superposées comme on le voit en A (fig. 21). M. Leclerc pense que ces matériaux, ne revenant qu'à 6 ou 7 centimes par mètre courant, parce qu'on peut les confectionner presque à la manière des briques ordinaires, pourraient lutter jusqu'à un certain point avec les tuyaux; cependant il n'en conseille pas l'emploi.

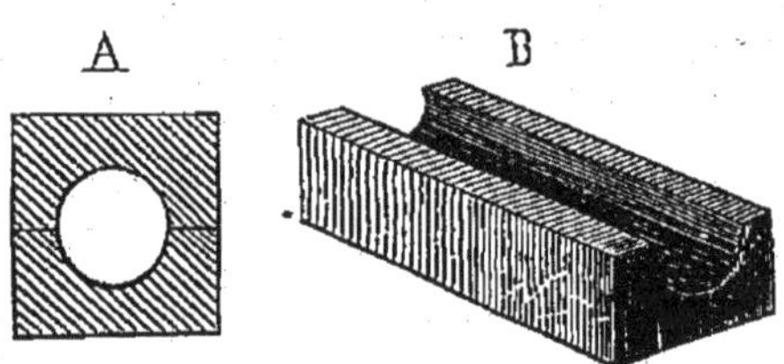

Fig. 21. — Briques demi-cylindriques.

(1) *Traité de Drainage*, p. 146.

CHAPITRE VI

Drains en bois

Le bois de pin a été proposé, il y a quelques années, en Angleterre, pour la construction des drains. En France, l'usage de ce bois pour le drainage remonte à une époque reculée. Voici ce que dit à ce sujet M. Laure, que nous avons déjà cité dans le chapitre précédent : « Dans les terrains privés de pierres, on construisait anciennement les ouïdes avec des pins. Je n'en ai jamais établi ainsi ; mais, dans mes défoncements, j'en ai trouvé qui, certainement, avaient été faits depuis plusieurs siècles. On sait que les pins enfouïs tout verts sont impérissables. Voici comment on opérait, à en juger par ceux que j'ai trouvés. On coupait dans les forêts ou bien on achetait des pins d'un diamètre moyen de $0^{m}.10$ à $0^{m}.12$, et le nombre en était déterminé par l'étendue du terrain à dessécher. On plaçait ces pins, sans les écorcer, un de chaque côté au fond de la tranchée, et un troisième au-dessus des deux autres, en ayant soin de mettre le gros bout de ce troisième sur les petits bouts des deux premiers. Nécessairement, il restait un vide entre les trois pins. Ces ouïdes eussent été éternels, si on avait mis sur les pins $0^{m}.25$ à $0^{m}.30$ de pierrailles. Par le manque de ces pierres, ils s'étaient engorgés de terre. »

En Suisse, on draine depuis longtemps avec des pins employés de la manière qu'indique M. Laure.

En Angleterre, M. Scot, de Craigmuie, construit les tuyaux de bois de pin en clouant ensemble quatre planches de $0^{m}.025$ d'épaisseur, de manière à en former un canal rectangulaire de $0^{m}.05$ de côté intérieurement, et de $0^{m}.10$ extérieurement. Les planches sont percées de trous d'intervalle en intervalle, pour permettre l'introduction de l'eau dans le drain (fig. 22).

M. Fowler, de Melksham, dans le Wiltshire, a réalisé à

Fig. 22. — Drains en planches de bois de pin percées de trous.

cet égard une idée qu'avait eue quelques années auparavant M. Saul, de Garstang, dans le Lancashire. Il a construit des drains en débitant, à l'aide d'une scie circulaire, des billes de bois commun en parallélipipèdes rectangulaires de $0^{m}.065$ de côté. Les billes découpées sont ensuite entraînées par un chariot mobile sur un banc de tour où elles sont présentées à une mèche mue par le tour, qui les fore dans toute leur longueur sur un ou plusieurs pieds anglais. Les tuyaux obtenus sont en outre percés de trous de distance en distance, pour faciliter l'introduction de l'eau. Avant d'être employés, ils sont plongés dans un bain de goudron pour augmenter leur durée. Ces tuyaux sont introduits dans le sol à l'aide de la charrue de drainage de MM. Fowler et Fry, que nous décrirons plus tard. Ces tuyaux de bois ne reviennent, chez M. Fowler, qu'à 10 fr. les 1,000 bouts de $0^{m}.30$ de longueur. A ce prix, le drainage à tuyaux de bois est moins cher que le drainage à tuyaux de poterie. Nous ne doutons donc pas que, dans certaines contrées où le bois est presque sans valeur, on ne puisse se servir de pareils tuyaux. Il resterait à savoir s'ils auraient la même durée que les tuyaux en poterie cuite.

CHAPITRE VII

Drains en fascines.

Nous avons vu, par une citation détaillée de notre grand agronome Olivier de Serres (1), que la paille, les branchages ou les fascines, ont été très-employés pour les anciens drainages. On se sert encore de ces matériaux dans plusieurs parties de la France, de l'Angleterre, et surtout de l'Allemagne. Les travaux ainsi effectués sont loin d'avoir la durée de ceux exécutés avec des tuyaux en poterie. Cependant dans quelques cas particuliers, où soit les tuyaux, soit les pierres, seraient très-rares ou très-coûteux, on peut avoir recours aux fascines.

« On fabrique, dit M. Mangon (2), les fascines sur un métier (fig. 23) formé de trois ou quatre croisillons en bois

Fig. 23. — Métier pour fabriquer les fascines.

enfoncés de 0m.90 environ dans la terre, et s'élevant à 0m.60 au-dessus du sol. Les croisillons sont espacés de 0m.60 à 1m.20 les uns des autres, et formés de rondins de 0m.15 à 0m.20 de diamètre. On les charge de la quantité de branches nécessaires à la fabrication d'un saucisson. Pendant qu'un ouvrier serre fortement ce fagot avec une corde nouée à deux bâtons (fig. 24), un autre ouvrier les lie avec

(1) Voir p. 14 et suivantes.
(2) *Dictionnaire des Arts et Manufactures*, article *Agriculture*.

un hart de bois flexible, préalablement passé à la flamme pour lui donner plus de souplesse. »

Fig. 24. — Mode de liage des fascines.

Les drains garnis de fascines n'ont pas une profondeur aussi grande que ceux destinés à recevoir des pierres, et surtout des tuyaux ; on se contente ordinairement de leur donner une profondeur de $0^m.55$ à $0^m.75$. Leur forme varie avec les localités. Quelquefois leur section transversale est un trapèze sur le fond duquel les fascines sont simplement posées, ou bien supportées par des croisillons en bois. Le plus souvent, on ménage (fig. 25) un double épaule-

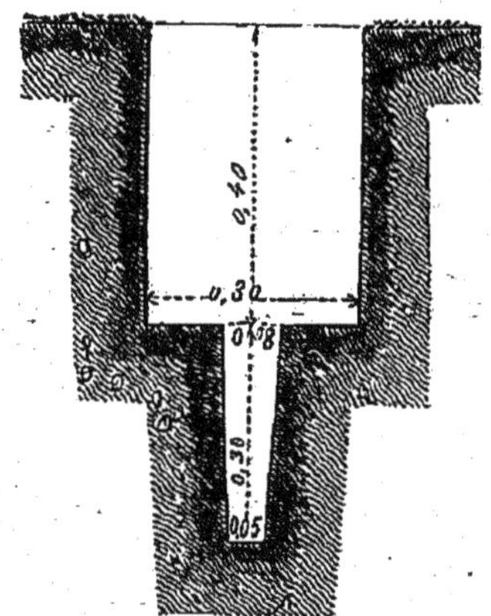

Fig 25. — Tranchée disposée pour être garnie de fascines.

ment à une distance de $0^m.40$ du sol, et ce n'est qu'à partir de ce point qu'on creuse une tranchée très-étroite, profonde, par exemple, de $0^m.30$, large en haut de $0^m.08$, et en bas de $0^m.05$. C'est ainsi qu'a opéré M. Gallemand pour les travaux qu'il a exécutés dans la Manche, et dont nous avons parlé précédemment (1). La grosseur des fascines est telle, qu'elles n'entrent que de force dans la petite tranchée. Avant de remplir le reste de la tranchée avec de la terre tassée, on met sur les fascines une petite couche de paille, des joncs ou des genêts, destinés à empêcher la terre fine d'engorger le canal qu'on veut conserver au-dessous.

Les drains garnis de fascines n'ont qu'une durée très-limitée. Nous en présenterons un exemple dans un drainage effectué par M. Demesmay, dans l'arrondissement de Lille (Nord). Le champ sur lequel le drainage a eu lieu était *surgeonneux*, c'est-à-dire que son sous-sol, composé d'argile sablonneuse et de sable, contient une nappe d'eau qui venait sourdre à la surface partout où le sol s'abaisse. La pluie qui y tombait ne trouvait pas à s'écouler, retenue qu'elle était non pas par une couche imperméable, mais par une couche noyée dans laquelle l'eau tendait à monter plus qu'à descendre, attendu qu'elle était pressée par celle qui arrivait des terrains environnants ayant un niveau plus élevé. Ce cas se présente dans un grand nombre de cultures de l'arrondissement de Lille. Le champ drainé par M. Demesmay, d'une superficie de $5^h.5$, et formé par la réunion de six parcelles, avait d'abord été coupé par beaucoup de fossés qui s'opposaient aux charrois. M. Demesmay crut pouvoir supprimer ces fossés en en remplissant le fond avec des fagots. Ce drainage imparfait donnait lieu à l'écoulement d'une partie de l'eau; mais le dégagement obtenu était loin de se trouver suffisant. On fut forcé d'y creuser des *travers*, c'est-à-dire des rigoles d'un fer de bêche de profondeur, qu'on exécute en travers du sens du labour, lorsque les rigoles qui séparent les planches de 3 mètres formées par la charrue ne suffisent pas à l'écoulement des eaux. Malgré toutes ces précautions, les semailles

(1) Voir p. 22.

du printemps étaient fort retardées : non pas que tout le champ restât humide, mais il suffisait de quelques points surgeonneux pour condamner le cultivateur à l'inaction, bien que l'époque des semailles fût arrivée. M. Demesmay prit en conséquence le parti de drainer avec des tuyaux placés en moyenne à une profondeur de 1 mètre, dans les directions où il y avait autrefois des fossés ou des travers, comme le représente la figure 26. Les tranchées ne furent pas creusées précisément à la place des anciens fossés, mais à une distance de 2 mètres, afin d'éviter les fagots qui ne se seraient point laissé attaquer par la bêche, et qui eussent rendu le sol très-*éboulant*.

A est le point le plus élevé du champ, et B en est le point le plus bas ; entre ces deux points, il y a une différence de niveau de $2^m.60$. FF est un drain qui recueille l'eau des bas de *fourrières;* les premier et deuxième drains se vident en T′ et T″ dans le fossé de décharge qui longe le champ ; mais en R il se trouve une retenue d'eau pour une petite prairie située de l'autre côté du fossé, ce qui a forcé à conduire en T‴ la décharge du troisième drain, qui eût dû être en B. On a dû approfondir le drainage en ce point à $1^m.50$, afin d'être certain de se débarrasser de toute l'eau excédante.

Ce drainage a parfaitement réussi ; dix jours après une pluie abondante, il est vrai, chaque bouche T′, T″ et T‴, au mois d'août 1852, donnait 100 hectolitres d'eau par 24 heures ; au mois d'octobre, les bouches coulaient à gueule bée, et versaient chacune 1,300 hectolitres par 24 heures.

La pièce est parfaitement assainie, quoiqu'on n'ait exécuté que 1,268 mètres courants de drainage en tout, c'est-à-dire 227 mètres seulement par hectare.

Le prix de revient a été très-faible, il ne s'est élevé qu'à

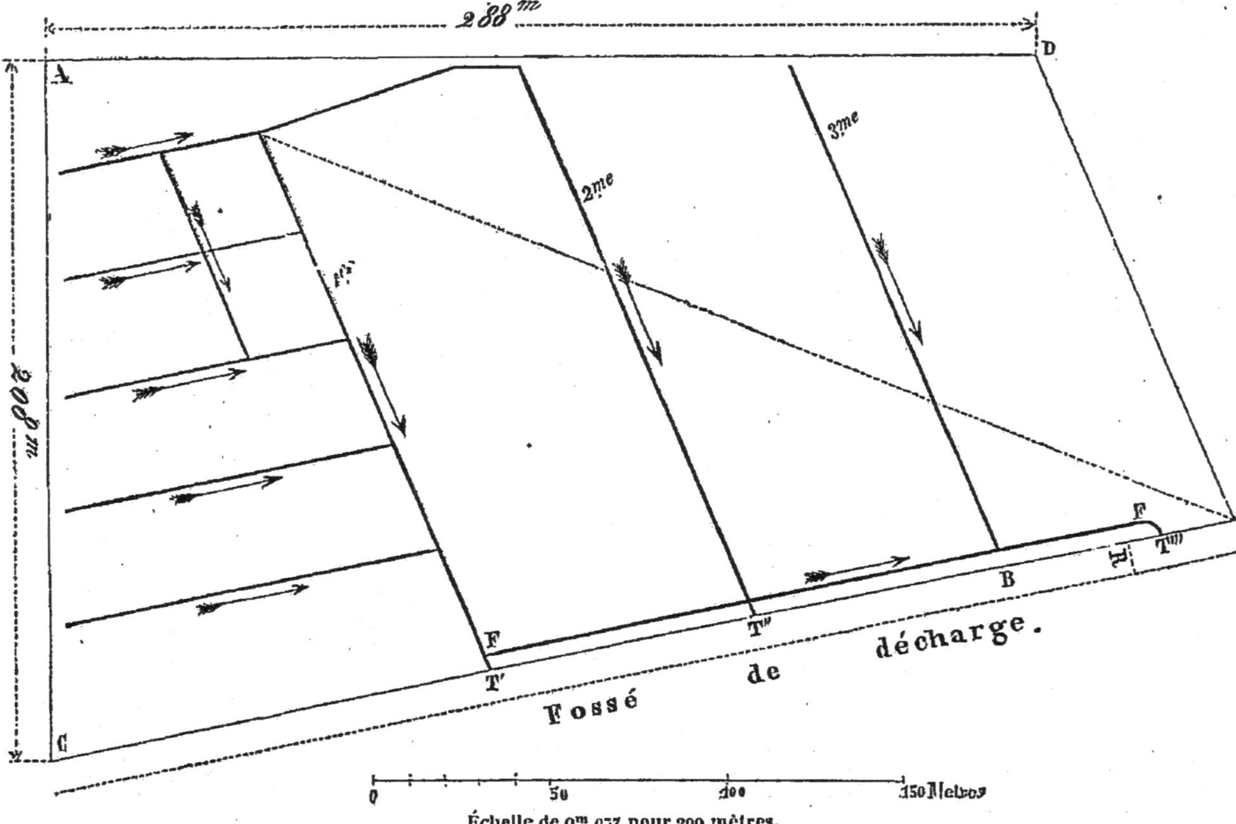

Fig. 26. — Plan de drainage d'une pièce de terre sise à Templeuve, par Pont-à-Marcq (Nord).

25 francs par hectare, ainsi qu'on peut le voir par le tableau suivant :

1,248 mètres courants de terrassements, à 60 cent. par mètre.	74.88
4,160 tuyaux, à 30 fr. le mille........................	124.80
Total pour 5h. 5..	199.68

Tout le drainage a nécessité quarante journées de travail, savoir, 10 journées pour le chef ouvrier, à raison de 2 fr. 16 c. par jour, et 10 journées pour chacun de ses trois manouvriers, payés un sixième en moins, ou 1 fr. 80 c. par jour.

Voilà donc un exemple de drainage très-peu coûteux exécuté avec des tuyaux, qui a parfaitement réussi là où un drainage avec fascines n'avait pu durer.

Aux détails que nous venons de donner, M. Demesmay a ajouté ce renseignement très-intéressant : « L'eau qui s'écoule, nous a-t-il écrit, de l'ancien drainage aux fagots a une saveur styptique insupportable; celle qui coule des tuyaux de poterie placés à 2 mètres de distance est absolument sans saveur. La première donne un dépôt considérable d'oxyde de fer ; l'autre n'en fournit aucun. L'explication de ce fait n'est pas difficile : en présence du bois en décomposition, le peroxyde de fer des argiles passe à l'état de protocarbonate soluble dans un excès d'acide carbonique ; arrivé à l'air, le protocarbonate absorbe de l'oxygène et se précipite. C'est là un phénomène connu, mais qui a beaucoup étonné les personnes étrangères à la science qui en ont été témoins. »

Pictet, de Genève, expose de la manière suivante la construction des drains à fascines : « Lord Peter, dit-il (1), prétend que les coulisses garnies en branchages valent mieux que celles qui sont remplies de pierres, parce que,

(1) *Agriculture anglaise*, t. VI, p. 343 (1809).

lors même que le bois se pourrit, l'eau continue à courir dans la coulisse. Au contraire, lorsque la terre s'établit solidement entre les pierres qui forment une coulisse, il en résulte une espèce de muraille qui ne donne plus passage à l'eau. Lord Peter fait observer, d'ailleurs, que les branchages laissent beaucoup plus de vide que les pierres, et par conséquent un plus libre passage à l'eau.

« M. Richard Preston, de Blackmore, après une expérience de vingt ans, préfère le bois d'épine noire à toute autre matière quelconque pour garnir les coulisses. Pour soutenir les fascines, on place, de distance en distance, deux bûches en croix de Saint-André ou chevalet. Par-dessus les fascines, on met de la paille avant de recouvrir en terre. Des aqueducs ainsi construits ont rempli leur objet dans le Berwickshire pendant trente années consécutives. On a remarqué que le saule et tous les arbres aquatiques se conservent singulièrement longtemps dans la terre humide, pourvu que ce bois y ait été mis encore vert. C'est donc une très-bonne méthode que de placer obliquement des rondins de branches de saule vertes en chevalet, dans les coulisses, pour soutenir les fascines qu'on y place.

« J'ai vu des prés, autrefois humides, et desséchés depuis plus de trente ans par des coulisses garnies en fascines. La meilleure manière serait peut-être de faire les fascines comme pour les retranchements, en forme de *boudins*, puis de les recouvrir de mousse : celle-ci remplit bien l'objet, et dure longtemps en terre.

« Une autre manière de former les coulisses avec du bois, c'est de planter en face du fossé ouvert, et d'un côté, des branches d'environ un pouce ($0^m.025$) de diamètre, à un pied ($0^m.30$) les unes des autres, de manière qu'en les repliant pour les assujettir contre le côté opposé, elles forment une voûte sur laquelle on place en long des branches que l'on recouvre de terre. »

CHAPITRE VIII

Drains garnis de paille

Nous avons vu précédemment (1) que notre grand agronome, Olivier de Serres, a indiqué l'emploi de la paille pour garnir les tranchées couvertes. Nous ajouterons, aux indications fournies par l'illustre auteur du *Théâtre de l'Agriculture,* les renseignements que contient le passage suivant, encore emprunté à Pictet, de Genève (2).

« M. Vancouvre, dans son rapport sur l'agriculture de la province d'Essex, nous apprend qu'on pratique dans la glaise des coulisses fort rapprochées les unes des autres, mais étroites et peu profondes, que l'on garnit de paille ou de chaume, et qui font très-bien leur office. Un perfectionnement que l'on doit à M. Bedwell, dans la construction de ces coulisses, consiste à tresser une corde de paille de la grosseur du bras, et à garnir de cette corde le fond de la coulisse. On compte, à Essex, que les frais de desséchement des terres glaises avec des coulisses garnies de paille sont d'une livre sterling par acre (62f.50 par hectare). »

(1) P. 14.
(2) *Loco citato*, p. 346.

CHAPITRE IX

Drains en gazon

Dans le cas de pénurie des divers matériaux dont nous venons de parler, on a proposé de construire des drains avec de simples morceaux de gazon enlevés de la surface du sol. On creuse la tranchée en donnant une certaine inclinaison aux parois, et en ménageant deux épaulements quand on approche du fond (fig. 27). On chasse ensuite la

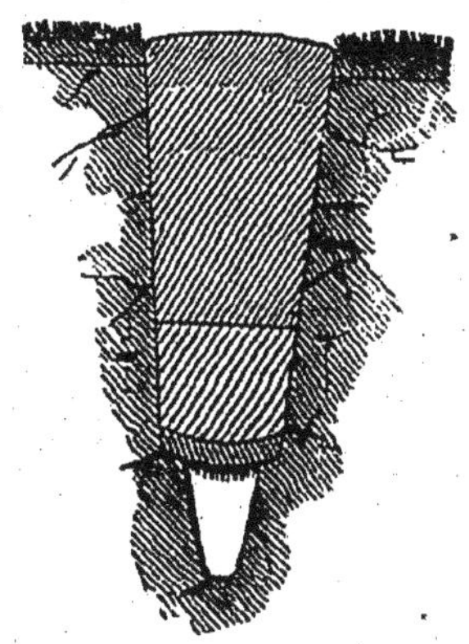

Fig. 27. — Drain construit en gazon.

motte de gazon enlevée de la surface, de manière à l'enfoncer à force jusqu'à ce qu'elle pose sur les épaulements en conservant un vide en dessous; on achève de remplir avec de la terre pilonée, puis avec de la terre simplement extraite par la fouille. Un pareil travail ne revient pas à beaucoup meilleur marché que le drainage en tuyaux de poterie, et il présente évidemment beaucoup moins de chances de durée.

En 1809, Pictet, de Genève, a décrit de la manière suivante la construction des drains en gazon :

« Dans le Lancashire, on dessèche les prés tourbeux très-efficacement par les coulisses nommées *Sod-pipes* (conduits de gazon). Ce sont des rigoles étroites, pratiquées d'un coup de bêche dans le fond d'un fossé, et recouvertes d'un gazon renversé, que l'on coupe de la grandeur nécessaire. L'effet de ces coulisses dure plusieurs années.

« Dans le Buckinghamshire on fait les conduits de gazon de la manière suivante : Après avoir ouvert le fossé à la profondeur nécessaire, on le termine en prisme, de manière que les côtés se rencontrent à angle aigu. On coupe des gazons en coins tronqués, de manière que l'angle des faces de ces gazons soit le même que celui des côtés du fossé. On place ces gazons à côté les uns des autres dans le fossé, dont ils ne peuvent pas toucher le fond, puisqu'ils ont la forme d'un coin tronqué ; il reste ainsi un vide pour l'écoulement des eaux.

« On voit, dans le rapport sur la province d'Essex, le détail d'une invention ingénieuse pour le desséchement des prés mouilleux. Une roue de fer fondu, de quatre pieds de diamètre ($1^{m}.20$), et du poids de quatre quintaux (200 kilogr.), n'a qu'un demi-pouce ($0^{m}.017$) d'épaisseur à sa circonférence, et cette épaisseur augmente graduellement en se rapprochant de l'axe. Cette roue, en cheminant, coupe, par son poids seul, une tranchée qui, lorsqu'elle a quinze pouces ($0^{m}.38$) de profondeur, a quatre pouces ($0^{m}.10$) de large en haut, et six lignes ($0^{m}.017$) en bas. On peut augmenter la profondeur de ces tranchées en chargeant la roue. On jette ensuite immédiatement, dans le fond de la coulisse ouverte, une corde ou tresse en paille, qui y décide et entretient le cours de l'eau. On dit qu'un jour suffit pour ouvrir ainsi le nombre suffisant de coulisses au desséchement de douze acres ($4^{h}.85$) de prairies.

« Dans les pâturages destinés aux moutons, on emploie

encore, pour l'écoulement des eaux de la surface, une méthode plus simple. Une forte charrue ouvre des sillons dans les directions convenables. Un homme détache, du gazon retourné, la terre qui se trouve de trop, en laissant au gazon une épaisseur de trois pouces (0m.076). On replace sur la raie ce gazon ainsi aminci, en laissant l'herbe en dessus. Il s'y affaisse un peu, mais il laisse cependant un vide pour l'écoulement des eaux. Ces coulisses s'obstruent aisément; mais on les refait, sans frais, aussi souvent qu'il est nécessaire.

« La durée de l'effet des coulisses de desséchement doit varier selon les matériaux employés et les précautions prises. Les aqueducs en pierre peuvent durer éternellement. Ceux qui ont été garnis en bois et en paille continuent à couler au bout d'un temps très-long, et même quand les matériaux qui les remplissaient sont totalement décomposés. On a vu des coulisses de cette espèce conduire l'eau au bout de quarante ans comme si elles étaient nouvellement établies. »

CHAPITRE X

Drains en conduits de tourbe

Le drainage des marais tourbeux a beaucoup préoccupé les ingénieurs anglais. La mobilité du terrain faisant changer facilement l'inclinaison, on évite d'employer des matériaux pesants, à moins que l'on ne puisse atteindre le sous-sol solide à une profondeur de 1m.80 à 2m.45; dans ce cas, le meilleur parti à prendre consiste à creuser les tranchées jusqu'à cette profondeur, et à employer les tuyaux de poterie. Mais lorsque l'épaisseur de la couche tourbeuse rend ce travail impraticable, on peut obtenir un bon assainissement en construisant des drains avec de la tourbe elle-même. On opère alors de deux manières différentes.

Dans le premier procédé, on taille verticalement les parois de la tranchée, comme le représente la figure 28, où l'on voit un drain de $1^{m}.05$ de profondeur que l'on a exécuté en ménageant au bas deux épaulements qui précèdent une rigole plus étroite. On jette sur ces épaulements, la surface herbée en dessous, la première motte enlevée de la tranchée. On place ensuite les deux mottes détachées par le second coup de bêche. On remplit enfin avec la terre extraite par le bêchage suivant. Ce travail peut s'exécuter avec une grande précision dans les terrains tourbeux qui se découpent bien à la bêche.

Dans le second procédé, on fait des tuyaux en tourbe en se servant d'un louchet d'une forme particulière (fig. 29), inventé par M. Calderwood. Ce louchet, à cause de la courbure qu'il présente, permet de découper dans le terrain des prismes de tourbe présentant une cavité demi-cylindrique, comme on le voit dans la partie inférieure de la figure 30. On fait sécher ces prismes au soleil. En retournant le premier des deux prismes qui ont été découpés à la suite l'un de l'autre, de manière à l'appliquer sur le second, on forme le tuyau que montre la partie supérieure de cette même fig. 30. On obtient ainsi un vide cylindrique. Un ouvrier fait de 2000 à 3000 prismes de cette forme en un jour.

Les tubes de tourbe ainsi fabriqués sont placés au fond des tranchées ordinaires, qu'on remplit comme lorsqu'on emploie des tuyaux en poterie. Ils reviennent à assez bon compte, et rendent des services dans le dessèchement des marécages, où il n'existe souvent ni pierres, ni argiles propres à la fabrication des tuyaux de poterie cuite.

Pictet, de Genève, décrit ainsi le dessèchement à l'aide des conduits de tourbe dans le Lancashire (1) :

« On commence par faire un nombre suffisant de grands fossés ouverts, qui servent en même temps de clôture et d'égout. Un certain nombre de petites coulisses ouvertes communiquent avec de grands fossés de dégorgement. Ces

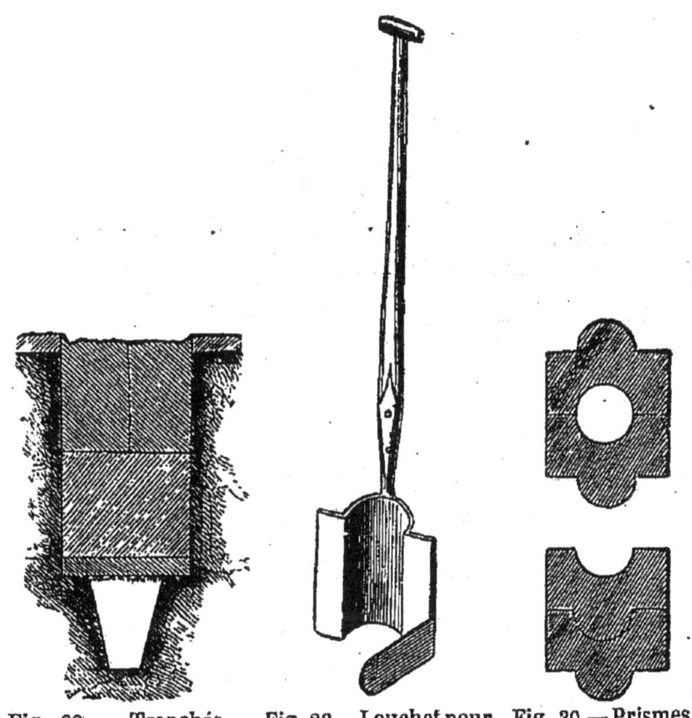

Fig. 28. — Tranchée garnie de tourbe.

Fig. 29.—Louchet pour découper les conduits en tourbe.

Fig. 30.—Prismes de tourbe découpés de manière à former des tuyaux.

coulisses doivent être au plus à douze pieds ($3^m.66$) les unes des autres, et pour les faire on ouvre des fossés de deux ou trois pieds ($0^m.61$ à $0^m.91$) de large, et d'autant de profondeur, lesquels restent ouverts pendant un an au moins. Au bout de ce temps, on approfondit encore les fossés de

(1) *Loco citato*, p. 393.

dix-huit pouces (0m.46); mais la section de cette nouvelle tranchée est en cône tronqué et renversé, lequel a huit pouces (0m.20) de large et quatre (0m.10) seulement en bas. C'est cette cavité qui ne se remplit point, et sur laquelle on place des tourbes séchées d'avance; après quoi on comble les fossés secondaires, et les coulisses se trouvent faites. »

CHAPITRE XI

Drains moulés

Nous entendons par *drains moulés* des conduits souterrains pratiqués profondément avec l'argile seule du terrain, sans avoir recours à d'autres matériaux. Ce genre de drainage n'est absolument applicable que dans les terrains entièrement formés de terre glaise. Il exige des instruments particuliers. D'abord, avec une bêche de surface ordinaire, on enlève la première couche de terre, et on la place sur l'un des côtés de la tranchée. La seconde couche de terre est enlevée à son tour, et placée de l'autre côté de la tranchée à l'aide d'une bêche longue et étroite. Enfin, on achève la fouille en se servant d'un instrument particulier, appelé *mèche de fer* (fig. 31). Il consiste en une bêche étroite de 1m.07 de longueur, ayant une largeur de 0m.038 et une épaisseur de 0m.013 à la partie inférieure, qui se termine en un biseau affilé. Du côté droit de la poignée, et perpendiculairement à la lame, se trouve une aile en acier de 0m.15 de long et 0m.064 de haut, également terminée par un biseau tranchant inférieur. Du côté gauche de la poignée et dans son plan, à une distance de 0m.36 du tranchant inférieur, se trouve fixée une sorte de pédale de 0m.076 de long. On enfonce d'abord cet instrument à la profondeur voulue, et sous l'angle le plus convenable au travail, l'aile latérale étant maintenue parallèle

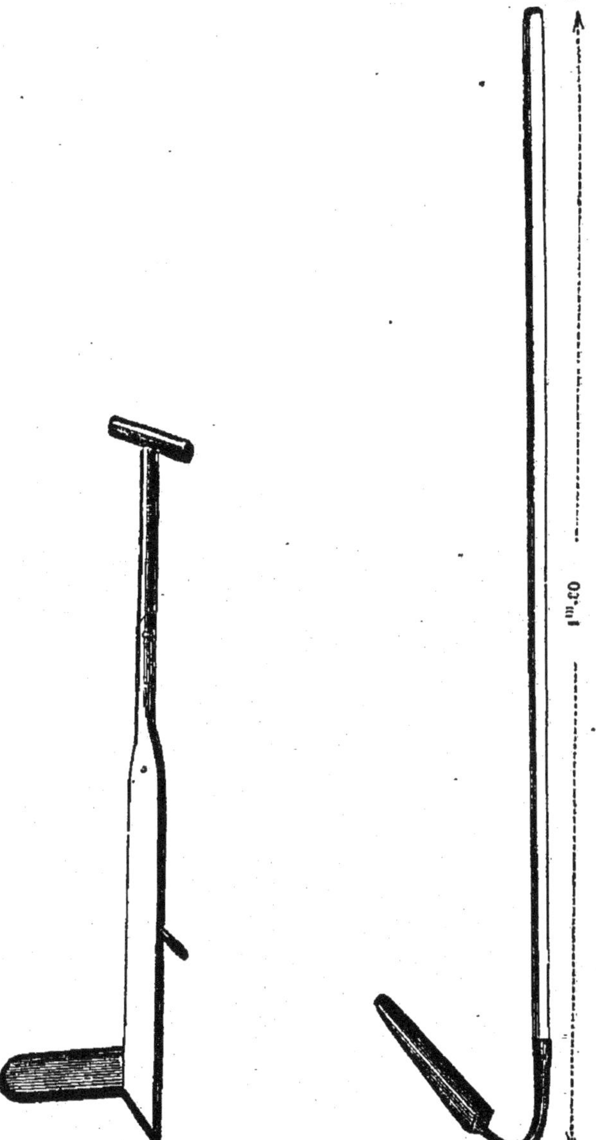

Fig. 31. — Louchet dit *mèche de fer* pour achever les tranchées des drains moulés.

Fig. 32. — Écope ou drague pour nettoyer le fond des tranchées.

à la direction du drain, en appuyant du pied sur la pédale. On retire l'instrument, et on lui fait faire un demi-tour sur lui-même pour l'enfoncer de nouveau de la même quantité que la première fois, en mettant le talon à l'extrémité de la tranchée faite d'abord par l'aile. Par cette double opération on détache sur ses quatre faces un prisme d'argile parfaitement régulier, qu'on enlève avec l'instrument, et qu'on dépose à côté de la seconde terre extraite. On recommence ces opérations jusqu'à ce qu'on ait formé une tranchée dont on nettoie le fond à l'aide d'une écope ou d'une drague (fig. 32).

Quand le fond de la tranchée est bien régulier sur une certaine longueur, on prend un chapelet de 4 à 6 pièces de bois, ayant chacune 0m.30 de long, 0m.18 de haut, 0m.051 d'épaisseur à la base, et 0m.064 au sommet. Ces billes de bois sont réunies les unes aux autres par des lames de tôle posées sur les jointures, mais ne serrant pas, de telle sorte que le système forme une barre un peu flexible, à l'une des extrémités de laquelle on attache une forte chaîne (fig. 33). On arrose ce mandrin avec de l'eau,

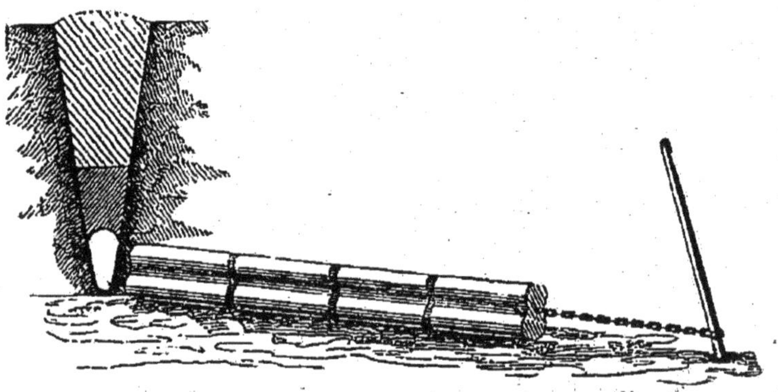

Fig. 33. — Exécution des drains moulés.

et on le place, la partie la plus étroite en bas, au fond de la tranchée, qu'il doit remplir complétement. On jette par-dessus la terre glaise ôtée, et on la pilone par couches successives, avec un pilon de 0m.08 de large, jusqu'à ce que la tranchée soit en partie remplie. A l'aide d'un levier enfilé dans le dernier anneau de la chaîne et enfoncé dans le fond de la tranchée, on tire le mandrin en avant jusqu'à ce qu'on ait retiré toutes les pièces de bois, excepté la dernière. Sur la partie retirée du mandrin on pilone de nouveau de la terre glaise, et ainsi de suite. Il est bien évident que, de cette manière, on laisse derrière le mandrin un canal en argile, moulé sur ses formes extérieures.

Pictet, de Genève, décrit en ces termes (1) les drains moulés : « Dans certains endroits, dit-il, l'économie des matériaux employés est un objet de grande importance ; cela a fait imaginer le moyen de pratiquer des coulisses vides et sans appui, et voici comment cela se fait : Lorsqu'on a ouvert le fossé à la profondeur nécessaire, on y place une pièce de bois de douze pieds (3m.66) de long, de six pouces (0m.15) de diamètre, bien unie et légèrement conique, ainsi que l'est un tronc d'arbre. On fixe un anneau de fer à l'extrémité la plus grosse, laquelle doit être placée du côté le plus bas. On jette un peu de sable sur la pièce de bois, après quoi on fait retomber dessus et on foule fortement la terre qu'on avait tirée de la coulisse. Au moyen d'une corde attachée à l'anneau qui est au gros bout, on tire la pièce de bois le long de la coulisse ouverte, mais de manière qu'une longueur d'environ deux pieds (0m.61) reste encore engagée. On dit qu'un aqueduc fait de cette manière ne donnait aucun signe de dégradation au bout de vingt ans. »

Un tel système ne saurait être pratiqué dans des terrains d'où l'eau s'écoulerait en abondance. A cause du soin qu'exige son exécution, son prix doit aussi être assez élevé.

(1) *Loco citato*, p. 346.

Maintenant que, grâce aux chemins de fer et au perfectionnement des autres voies de communication, le transport des matériaux nécessaires à la fabrication des tuyaux en poterie cuite est possible dans la plupart des cas, le nombre des circonstances où des drains ainsi moulés pourraient rendre des services est nécessairement très-restreint. Dans les fermes laitières du Gloucestershire, où ce mode de drainage a été souvent employé, on en estime le prix de revient de 6c.2 à 7c.3 par mètre courant pour une profondeur de 0m.61 seulement.

CHAPITRE XII

Drains en coulée de taupe

La forme la plus simple des conduits couverts destinés à donner écoulement à l'eau en excès est certainement celle produite par le passage d'un instrument laissant dans le sous-sol une trace semblable à la galerie creusée par le travail souterrain d'une taupe. Les instruments qui exécutent ces sortes de drains, sans tuyaux, sans pierres, sans fascines ni autres matériaux, en un mot sans aucun autre travail que leur simple passage dans le sol, ont été nommés *charrues-taupes* à cause de leur mode d'action.

Ces machines sont analogues à la charrue sous-sol de Read, dont nous parlerons ailleurs, et qui est si souvent employée en Angleterre, et même en France, pour les labours profonds où on ne veut pas ramener à la surface la terre du fond. Seulement, le coutre, extrêmement fort, est terminé à sa partie inférieure par une pièce conique en fer ou en fonte, attachée horizontalement de manière à servir de soc (fig. 34). Le coutre traverse une poutre horizontale dans aquelle on le fixe par un coin, de manière à ce que le soc conique inférieur soit maintenu à une profondeur uniforme pendant la marche de l'appareil. Le mouvement est

Fig. 34. — Charrue-taupe.

transmis à la poutre, qui se traîne à fleur de terre, par une chaîne qui s'enroule sur un cabestan mû par des chevaux attelés à un manége (fig. 35). La partie inférieure de la poutre est garnie de fer, pour éviter que son usure ne soit trop rapide.

On comprend qu'un pareil instrument ne peut fonctionner que dans une terre argileuse sans pierres, et que ce n'est que dans la glaise qu'on peut espérer d'obtenir des conduits souterrains, semblables aux galeries de taupes, que le soc conique a tracés profondément.

On rapporte que les drainages exécutés par la charrue-taupe dans des pâturages situés sur un sol fortement glaiseux, et qui n'ont coûté qu'une vingtaine de francs par hectare, ont rendu de grands services, et que leur durée est même considérable. Nous ne voudrions pas cependant conseiller l'achat d'engins tels que le cabestan, ses ancres, sa chaîne, etc., en présence des procédés si simples du drainage complet et perfectionné que nous nous sommes attaché à décrire dans la suite de cet ouvrage.

Fig. 35. — Travail de la charrue-taupe.

CHAPITRE XIII

Drains forés

Depuis bien longtemps on sait dessécher les terrains humides qui n'offrent pas de pente, et qui reposent sur des couches imperméables au-dessous desquelles il y a des couches poreuses, en construisant des puits absorbants. Nous décrirons dans un livre spécial, relatif au *drainage des sources,* les divers instruments de sondage à l'aide desquels on percé ou *fore* les trous qui donnent lieu à l'écoulement des eaux de la surface. Ici nous ne mentionnerons que l'application des trous de sonde qu'on peut faire dans certains cas pour obtenir un effet tout aussi certain que celui obtenu à l'aide de conduits souterrains ayant une pente assez faible. Il s'agit de remplacer les conduits inclinés par de véritables conduits verticaux. On a récemment présenté cette substitution comme une innovation très-importante, et on a même pris à cet égard un brevet d'invention. Nous ne pouvons nous empêcher de faire remarquer que ce drainage, dit *par perforage,* ne saurait présenter d'efficacité réelle que dans les terrains où la couche imperméable est très-peu épaisse, et où nécessairement le sol est presque plat. Dans tous les autres cas, des trous de sonde deviendraient trop coûteux, s'ils avaient besoin d'être forés à de grandes profondeurs. En outre, pour les terrains à relief variable, les trous de sonde ne sauraient être actifs qu'en de certains points, et ils ne dispenseraient pas des conduits souterrains ordinaires, pour l'assainissement du reste du sol. Depuis longtemps on fait usage dans ces limites d'une certaine forme de drainage par perforage. Voici comment en parle Pictet, de Genève (1) : « Dans le Herefordshire, il n'est

(1) *Loco citato*, p. 379.

pas rare de creuser des carrières de pierres à chaux jusqu'à quarante pieds (12 mètres), au travers d'une glaise rouge qui retient les eaux. Ces carrières, remplies ensuite avec des pierres, servent d'égout à toutes les terres environnantes, et on y fait aboutir les fossés de dessèchement.

« Lorsqu'on forme un puits perdu, dans le but d'écouler les eaux qui sont à la surface, on est exposé à produire un effet tout contraire à celui qu'on attend. Si, après avoir percé la couche de glaise qui retient les eaux à la surface du sol, on trouve une couche sablonneuse qui serve de réservoir à cette eau comprimée, celle-ci sort par le puits, et le terrain, au lieu d'être desséché, est plus inondé qu'auparavant. Le seul moyen d'éviter cet inconvénient, ou du moins de l'affaiblir, paraît être de percer toujours à la sonde avant de creuser un puits, afin que, dans le cas où l'eau monterait au lieu de descendre, on fût à temps de boucher le trou de la sonde.

« Le docteur Nudgent, dans ses *Voyages en Allemagne*, publiés en 1768, fait mention d'une manière de dessécher les marais basée sur les mêmes principes qu'il a vu mettre en pratique dans le Herefordshire, et qu'il donne comme applicable aux lacs. «Il est, dit cet auteur, de la nature des terrains tourbeux d'avoir, au-dessous de la tourbe, une couche de glaise qui ne laisse pas pénétrer l'eau; mais cette couche n'a pas ordinairement une épaisseur considérable, et l'on trouve le sable et le gravier au-dessous. Le bon sens indique donc qu'en perçant la glaise on se débarrasse de l'eau. Pour cela, on choisit l'endroit le plus bas de ce marais, et on y creuse un puits qui pénètre jusqu'à la couche perméable. De grands fossés de dégorgement conduisent à ce puits, et, lorsque le marais est à peu près desséché, on remplit de pierres le puits perdu et les fossés qui y mènent. De cette manière, la pièce a un égout permanent, qu'on n'aperçoit que par ses bons effets. »

« L'auteur du rapport sur l'agriculture du comté de Roxburgh dit avoir adopté pour lui-même et avec succès cette manière de dessécher. Les terres qui ont besoin de desséchement, dans ce comté, ont, à une profondeur qui varie depuis un jusqu'à six pieds (0m.30 à 1m.80), une couche de substance semblable à une ardoise noire, qui n'a pas une fissure, et qui est impénétrable à l'eau; cette couche d'ardoise noire a de vingt à vingt-cinq pieds (6 mètres à 7m.5) d'épaisseur. Au-dessous de cette couche, on trouve une couche feuilletée, d'une profondeur énorme, et qui donne aisément passage à l'eau. Les couches supérieures du sol sont d'une terre légère et tourbeuse. En hiver, l'inondation y est générale. Lorsque le vent et le soleil du printemps ont agi sur cette surface, elle devient passablement solide, et donne une herbe de mauvaise qualité. En 1784, l'auteur du rapport fit labourer vingt acres (8 hectares) de ce terrain. Tout ce qui se trouvait sur le même niveau fut labouré en billons. Au printemps de l'année suivante, on fit passer et repasser le bétail pour affermir le terrain. A la fin de juillet, on relaboura en billons, et, pour se débarrasser de l'eau qui séjournait dans les raies, on fit percer de plus, avec une sonde, au travers de la pierre schisteuse. On maintint les trous ouverts en plaçant à l'orifice des paniers avec des pierres dedans. On les ôtait ou on les remettait, selon que le temps était humide ou sec. Au printemps de 1786, le terrain se trouva aussi promptement en état de recevoir la charrue qu'aucune autre pièce de la ferme. Les eaux s'étaient écoulées jusque dans la couche perméable. Ce terrain devint d'un grand rapport. »

C'est la méthode dont on vient de lire la description qui est proposée pour remplacer le drainage artériel; on n'y a fait qu'une modification en ce qui concerne la conservation des trous de sonde. Si l'on borne la nouvelle méthode à l'assèchement de quelques contrées très-plates, comme certains districts des Pays-Bas, elle mérite toute considération. Elle consiste à forer un très-grand nombre de trous par hectare, 6,000, par exemple, et à enfoncer des pieux le long desquels l'eau continue à descendre indéfiniment pour se rendre dans la couche perméable sous-jacente. Dans la Gueldre hollandaise, 100 trous coûtent 1f.06, et 100 pieux reviennent à 2f.12. Les outils nécessaires sont deux sondes, coûtant 10f.60. A raison de 6,000 trous par hectare, le prix du drainage est de 190 fr. Dans les limites que nous avons indiquées, ce système peut rendre des services; mais il y aura lieu d'examiner si, dans les mêmes circonstances, le drainage artériel par lignes de tuyaux inclinées vers un seul puits perdu ou vers un fossé évacuateur ne produirait pas plus d'effet sans coûter plus cher.

LIVRE III

DES TERRES DRAINABLES

CHAPITRE PREMIER

Des terres qui ont besoin d'être drainées

Il est un fait qui a dû frapper tous les esprits.

En Angleterre, le Gouvernement n'a pas l'habitude de se mêler des choses de l'agriculture; il abandonne toutes les améliorations à l'initiative individuelle ou à l'action d'associations qui, par leur nombre ou par la haute position et la grande fortune de beaucoup de leurs membres, exercent une influence considérable dans le pays.

Pour ce qui concerne l'entreprise des travaux de drainage, une exception a été faite : le Gouvernement anglais est sorti de sa réserve habituelle; il est venu directement et énergiquement en aide à l'agriculture des trois royaumes par des avances de fonds qui s'élevaient, à la fin de 1850, à 181,250,000 fr. Il faut ajouter que le Gouvernement anglais n'a qu'à se louer des prêts qu'il a faits précédemment, et dont les premiers remontent jusque vers 1841. Le payement des annuités, calculées à raison de 6 1/2 pour 100 du montant du prêt, et à l'aide desquelles doivent être acquittées, dans l'espace de vingt-deux ans, les sommes avancées, s'effectue avec une régularité exemplaire, et les pertes seront excessivement faibles. Les résultats ont été immenses. C'est à la fécondité nouvelle qu'ont trouvée les terres arables drainées sur une grande échelle que l'agriculture anglaise doit d'avoir pu résister à la réforme de la loi des céréales, d'avoir pu supporter la libre entrée des grains étrangers.

En France, l'intervention du Gouvernement dans les améliorations agricoles est la situation normale. On est habitué à croire que rien n'est possible si l'État ne s'en mêle. Pour perfectionner le bétail, introduire de nouvelles cultures, changer son assolement, instruire les enfants, on demande le secours du Gouvernement. Il semble que rien ne soit bien fait si quelque arrêté préfectoral, ministériel, voire un décret ou une loi ayant reçu la sanction de tous les pouvoirs de l'État, n'a passé par là. Eh bien, pour le drainage, on ne demande rien au Gouvernement; on prétend se passer de son concours, et quelques-uns vont même jusqu'à se plaindre de ce qu'il a voulu donner quelques encouragements aux Sociétés ou aux Comices, à l'effet de faire acheter des machines à étirer les tuyaux. — Nous assainirons nos terres si cela nous convient, s'écrient les plus intrépides opposants; l'État a bien autre chose à faire que de nous donner de l'argent pour le drainage! Il ne s'agit que d'une mode, mode importée d'outre-Manche, excentricité par conséquent que peuvent se permettre des Anglais millionnaires, mais que nous laisserons passer sans l'adopter, nous autres gens raisonnables.

Nous n'avons jamais encouragé cette tendance habituelle des agronomes français à demander les encouragements du Gouvernement pour faire du bien autour d'eux. Nous sommes fort désireux de voir notre agriculture marcher d'elle-même, et se passer du cachet ministériel. Mais il ne faudrait pas que cette nouvelle attitude prise dans la question du drainage n'eût d'autre résultat que d'empêcher des travaux d'une si grande importance de s'effectuer dans des proportions convenables. Nous souhaitons donc vivement qu'il puisse se former une société financière faisant chez nous ce qu'a fait en Angleterre le Gouvernement, c'est-à-dire prêtant aux propriétaires décidés à faire drainer leurs champs, à la condition de rembourser intérêts et capital par des annuités faciles à payer d'après la plus-value certaine que prend toute propriété drainée.

Une objection se présente. Y a-t-il en France beaucoup de terrains qui aient besoin d'être drainés? L'Angleterre ne se trouvait-elle pas dans des conditions tout à fait spéciales au point de vue de la géologie et du climat, de telle sorte que le drainage y était nécessaire dans une proportion qui est loin de se présenter en France? C'est le lieu d'examiner à quelles terres doivent être appliqués les travaux de drainage.

A la question ainsi posée, une brochure dont nous avons eu déjà occasion de parler, *Instruction sur le Drainage*, publiée sous les auspices de la Commission hydraulique du département de la Sarthe, répond dans les termes suivants, que nous croyons devoir reproduire :

« Les terrains auxquels le drainage est appliqué avec l'utilité la plus évidente, dit cette brochure, sont les *terres froides* et les *terres fortes*. Dans l'usage ordinaire, ces deux dénominations sont fréquemment employées l'une pour l'autre ; mais nous désignons ici exclusivement sous le nom de *terres froides* celles qui, sans être imperméables par elles-mêmes, reposent sur un sous-sol imperméable, et sous le nom de *terres fortes* celles où l'élément argileux domine.

« Les premières sont précisément dans le cas du pot de fleurs dont le fond ne serait pas percé (1). Les eaux qui y arrivent de la surface, et celles qui sourdent très-fréquem-

(1) Voir précédemment livre Ier, chap. I[r], p. 5.

ment dans cette sorte de terrains, les maintiennent dans un état constant d'humidité très-défavorable à la végétation.

« Des engrais même abondants ne peuvent leur donner qu'une médiocre fertilité. Il faut, en effet, pour que les engrais agissent utilement, qu'ils subissent dans le sol une fermentation telle que les racines y trouvent toutes les substances nécessaires à leur développement; et cette fermentation ne peut se produire que sous l'influence de l'humidité, de la chaleur, et surtout de l'air.

« Une eau stagnante dans le sol donne lieu à un genre de décomposition qui y fait naître, soit des solutions trop concentrées de matières organiques, soit des principes acides et ferrugineux. Ces éléments ne conviennent qu'à la nutrition de certaines plantes à tissu lâche et spongieux. Si le terrain est en prairie, les joncs, les roseaux, les prêles, les mousses, plusieurs espèces de carex, etc., viennent remplacer peu à peu les espèces utiles, et l'on n'obtient plus qu'un mauvais fourrage, souvent très-nuisible aux bestiaux. Dans les terrains cultivés, les plantes souffrent de cette humidité constante qui en pourrit les racines. La plus légère gelée forme d'ailleurs sur les billons une croûte de glace qui s'attache autour des jeunes plantes, les endommage et les déracine.

« L'eau qui imbibe le terrain, n'ayant pas d'issue inférieure, ne peut se dégager qu'à la surface, par l'effet de l'évaporation; mais l'eau absorbe, pour passer à l'état de vapeur, une quantité considérable de calorique qu'elle rend latent, et toute la chaleur que l'évaporation enlève ainsi est perdue pour la végétation. Les vents du printemps tendent bien à dessécher la couche superficielle; mais si le terrain est *sourceux*, ce qui a presque toujours lieu avec un sous-sol imperméable, l'eau souterraine remplace au fur et à mesure celle qui s'évapore; l'évaporation et la perte de calorique continuent donc, en même temps que l'air et la chaleur solaire ne peuvent pas pénétrer dans le sol. Cette double cause de refroidissement affaiblit les plantes, retarde leur croissance et leur maturité, lorsqu'elles n'ont pas été détruites par les gelées et les dégels successifs du printemps, et elle compromet entièrement les récoltes dans les années pluvieuses.

« Quant aux terres *fortes* ou *argileuses*, elles ont à la fois la propriété nuisible de ne pas laisser assez facilement pénétrer l'eau de la surface, et de la retenir trop fortement lorsqu'elles en sont imprégnées. Il résulte de là que, suivant la saison, elles pèchent alternativement par un excès de sécheresse et par un excès d'humidité.

« La dureté qu'elles acquièrent sous l'action prolongée des vents et du soleil arrête tout à fait la végétation; car la grande cohésion du sol, outre qu'elle est un obstacle physique à ce que les racines s'y étendent, intercepte l'accès de l'air et de l'eau qui sont nécessaires pour qu'elles puissent se nourrir. S'il survient une pluie, elle a promptement saturé la croûte extérieure; et l'eau ne pouvant plus s'infiltrer, la plus grande partie coule à la surface, qu'elle ravine lorsque la pente est prononcée, et dont elle entraîne les engrais et les particules les plus utiles à la vie végétale. Cet effet d'appauvrissement du sol se produit de même lorsque les pluies continues de l'automne ont profondément humecté la terre; de plus, l'eau absorbée étant très-fortement retenue, l'humidité permanente fait alors éprouver aux plantes l'action si dommageable des gelées et de l'évaporation dont nous avons parlé plus haut.

« Mais le plus grand inconvénient qui résulte pour l'agriculture de la nature des terres argileuses, surtout lorsqu'on ne peut en modifier la consistance et les propriétés par l'emploi des amendements calcaires, c'est la grande difficulté qu'on éprouve à les cultiver. Si l'on s'y prend trop tôt, la terre est tellement dure qu'on y perd son temps, ses instruments et ses forces. Si l'on attend trop tard, le sol est détrempé et pâteux; les attelages s'y enfoncent, et éprouvent également une très-grande résistance. Dans les deux cas on ne fait qu'un mauvais travail; la terre reste en mottes qu'on a beaucoup de peine à briser, et il est très-rare que les semailles faites dans ces conditions puissent réussir. La culture de ces terres exige donc bien plus de peine, de temps, et par conséquent d'argent, que celle de terres plus légères; le succès reste d'ailleurs en grande partie subordonné à la possibilité qu'a trouvée le cultivateur de les travailler dans un moment opportun, qu'il ne dépend pas toujours de lui de saisir, surtout dans une exploitation de quelque importance.

« Les observations qui précèdent ne concernent d'une manière absolue que les deux types généraux de terrains que nous avons définis; mais on comprend que si, comme l'expérience le prouve, le drainage est éminemment utile pour ces deux classes, il peut encore convenir, dans une certaine mesure, pour une série de terrains intermédiaires entre elles, et cela d'autant plus que ces terrains participent davantage de la nature de l'une ou de l'autre, ou de toutes deux à la fois. »

On peut résumer ces excellentes indications en disant que tout terrain où l'eau séjourne, soit à fleur de terre, soit à une petite profondeur, demande à être drainé, c'est-à-dire assaini. Cette dernière expression est tout à fait l'équivalent du mot drainage, car nous montrerons comment les tuyaux posés au fond de tranchées, à la manière anglaise, déchargent exactement les terrains de l'eau surabondante. Cette démonstration sera l'objet d'un livre spécial, et constituera la théorie du drainage. Pour le moment, nous examinerons seulement s'il y a en France un grand nombre de terrains rentrant dans la classe de ceux qui viennent d'être indiqués. Nous verrons ensuite à quels signes on reconnaît qu'un terrain a besoin d'être drainé.

CHAPITRE II

De l'étendue des terrains à drainer en France

Nous croyons qu'il est fort difficile d'apprécier avec quelque exactitude, par grande masse, dans une sorte de statistique, l'étendue des terrains qui, en France, réclament le drainage. Cependant la question a été posée; on a même cherché à la résoudre pour certains départements, ou même pour des régions entières. Il y a donc lieu d'en parler. D'un autre côté, ce n'est pas un sujet complétement oiseux. On a prétendu que le drainage ne pouvait avoir en France une importance comparable à celle qu'il a prise en Angleterre. Par les chiffres qu'on va voir, on reconnaîtra que cette prétention n'a aucune espèce de fondement; elle n'a pu être émise que par des gens incompétents, et étrangers à la question dont ils voulaient s'occuper.

En thèse générale, on peut dire que le drainage doit s'appliquer : 1° à tout terrain ayant un sous-sol imperméable; 2° à tout terrain argileux. Dans ces deux natures de terrains, les eaux ne peuvent pas s'égoutter peu à peu; la terre n'est jamais dans l'état de saturation modérée qui convient à une bonne végétation; la pluie coule ou séjourne à la surface sans pénétrer dans le sol et sans y laisser ses principes fécondants.

Ces définitions posées, on comprend pourquoi M. Belgrand, ingénieur des ponts et chaussées, dans un beau travail intitulé *Hydrologie du bassin de la Seine* (1), détermine de la manière suivante les formations géologiques de ce bassin où le drainage est nécessaire :

« Écartons tout d'abord, dit-il, les terrains oolitiques (2), la craie et les terrains de la Beauce, lorsqu'il n'y existe pas de tourbières ; il est évident que le sous-sol perméable de ces formations produit un drainage naturel bien autrement énergique que celui qu'on pourrait obtenir par un moyen quelconque. Suivant M. de Saint-Venant, la Beauce doit une partie de sa proverbiale fertilité au drainage naturel provenant de la perméabilité de son sous-sol.

« Examinons successivement les autres formations du bassin de la Seine.

« *Granites.* — Malgré la forte pente des terrains du Morvan, le drainage, sur un grand nombre de points, y serait une opération très-utile. En effet, le sous-sol étant imperméable, et le sol, composé d'arènes grossières, étant, au contraire, très-perméable, les eaux pluviales restent dans la couche d'humus comme dans une éponge ; aussi les terres, qui sont très-brûlantes l'été, sont-elles très-froides l'hiver ; elles sont impropres à la production du blé ; le seigle, plus robuste, résiste à cet excès d'humidité. Cependant, dans les parties les plus froides, que les habitants appellent *terres morveuses*, les glaçons, qui soulèvent le sol, coupent les racines et détruisent les récoltes ; les terrains granitiques, après une belle gelée, sont, à la lettre, hérissés de petits glaçons de la grosseur d'un tuyau

(1) *Annales des Ponts et Chaussées*, 3e série, t. III, p. 181.

(2) Terrains oolitiques, c'est-à-dire formés d'un calcaire composé d'une infinité de grains qui lui donnent l'apparence d'une masse d'œufs de poissons pétrifiés. Ces terrains sont très-perméables ; mais ils reposent sur une couche argilo-calcaire qui n'a pas la même propriété. Dans certains cas, quand les terrains oolitiques n'ont qu'une faible épaisseur, le drainage peut y produire de bons effets.

de plume. Reste à savoir si la plus-value des terres, après le drainage, suffirait pour couvrir les frais. On ne doit pas perdre de vue que, dans leur état actuel, les terres granitiques ne se louent guère plus de 10 francs l'hectare; il faudrait être sûr de pouvoir doubler au moins les prix de ferme avant d'entreprendre une opération qui coûte rarement moins de 250 fr. l'hectare (1).

« *Lias et grès verts.* — Le lias et les grès verts ont presque toujours assez de pente pour que les eaux pluviales s'égouttent bien et ne nuisent pas à la végétation; le drainage n'y serait une opération utile qu'autant qu'il serait bien constaté qu'il peut absorber les eaux qui, en s'écoulant à la surface, enlèvent l'humus, les fumiers, et, en général, les parties les plus fertiles du sol. Des essais sur une petite échelle sont donc nécessaires dans ces terrains.

« *Terrains tertiaires imperméables.*—C'est surtout dans ces terrains que le drainage doit produire d'excellents résultats; ils sont tous disposés en vastes plateaux si peu inclinés que, dans la plupart des cas, les eaux pluviales ne peuvent atteindre les thalwegs (2) qu'elles devraient suivre à la surface du sol. Dans certaines parties de la Puisaye, notamment, il existe de vastes landes nommées *gatines*, que les eaux stagnantes rendent complétement improductives.

« Dans la Brie, le drainage paraît devoir prendre un développement rapide; mais dans les parties plus méridionales, surtout dans la Puisaye, aucune tentative n'a encore été faite. C'est cependant là qu'il devrait donner les plus

(1) Nous établirons par de nombreux exemples, pris dans les conditions les plus diverses, les prix de revient du drainage. Nous laissons, pour le moment, à M. Belgrand la responsabilité de ce chiffre.

(2) De deux mots allemands, *thal*, vallée, et *weg*, chemin.

grands bénéfices. L'homme d'affaires d'un propriétaire qui possède 1500 hectares de terres dans le canton de Bléneau (Yonne), me disait que certaines fermes de 100 hectares ne rendaient pas annuellement au propriétaire la valeur de 60 hectolitres de blé, soit environ 1000 francs; en général, on considère comme suffisamment avantageuse une location de 22 fr. par hectare.

« En outre, l'excès d'humidité rend le pays malsain; la population est lourde, peu intelligente, rongée par les fièvres, et par conséquent peu laborieuse.

« La luzerne, qui craint avant tout un sol humide, ne végète que sur les coteaux; et comme les prés sont rares, les fermiers ne peuvent nourrir leur bétail qu'en laissant leurs terres longtemps en pâturage, et en ne les cultivant que tous les cinq ou six ans.

« Voici l'assolement presque improductif adopté dans un pays où les terres fumées et marnées peuvent donner de 20 à 25 hectolitres de blé à l'hectare, c'est-à-dire des récoltes comparables à celles de la bonne Brie :

1re année : Blé.
2e — Avoine avec trèfle.
3e — Récolte de trèfle.
4e — 2e récolte de trèfle.
5e, 6e, 7e années : Pâture.

« Si le sol était assez assaini pour que la culture de la luzerne fût possible sur le quart des terres d'une ferme, on pourrait supprimer la dernière récolte du trèfle, qui est presque improductive, et tous les pâturages, et adopter les assolements les plus riches. Alors les prix de ferme atteindraient au moins ceux du lias, qui sont de 40 à 75 fr. par hectare, et peut-être ceux de la Brie, qui varient de 80 à 100 francs.

« Le drainage des terres de la Puisaye triplerait donc,

au moins, le prix des fermages, en même temps qu'il rendrait la population plus saine et plus laborieuse. Ce serait à la fois un acte d'humanité et une excellente opération financière. »

D'après ces détails, on peut calculer assez facilement et avec une approximation suffisante l'étendue des terrains du bassin de la Seine qui, en amont de Paris, ont besoin d'être améliorés par le drainage. On trouve, en effet, que la surface totale des terrains imperméables de cette partie de la vallée de la Seine se décompose ainsi :

	hectares.
Granites et porphyres	150,000
Lias et argiles supra-liasiques	150,000
Craie inférieure (grés verts)	310,000
Terrains tertiaires imperméables (Brie, rive droite de l'Yonne, Puisaye, Gâtinais, vallée de Fontainebleau)	1,264,000
Total	1,874,000

Le reste du bassin présente l'étendue suivante en terrains perméables où le drainage peut, *a priori*, être regardé comme inutile :

	hectares
Terrains oolitiques	1,170,000
Craie proprement dite	680,000
Calcaires de la Beauce	346,000
Alluvion	240,000
Total	2,436,000

Ainsi, sur un total de 4,310,000 hectares, nous en trouvons 1,874,000 dont la nature est telle que le drainage peut y être regardé comme nécessaire, c'est-à-dire 43 pour 100.

Quand nous disons que le drainage serait nécessaire dans les terrains imperméables dont nous venons de parler, nous ne voulons pas faire supposer qu'il y serait tou-

LIOTHÈQUE PUB

jours économique. A ce point de vue, il faudrait éliminer les terrains plantés en bois, les terrains improductifs, etc., pour ne conserver que les terres arables; il faudrait ainsi réduire l'étendue calculée aux trois cinquièmes, et nous aurions alors dans le bassin de la Seine, en amont de Paris, 1,118,600 hectares dont le drainage devrait être entrepris, soit 25 à 26 pour 100 de la surface totale.

Ce chiffre démontre à lui seul toute l'importance que le drainage doit prendre en France. D'après les documents statistiques que M. Hervé-Mangon (1) a pu compulser et comparer, l'étendue des terres drainées de 1846 à 1850, en Angleterre, sans comprendre l'Écosse et l'Irlande, ne s'élève guère qu'à 500,000 hectares.

On voit que, dans le bassin de la Seine seul, les travaux de drainage à effectuer monteraient à près du double de ce qui a été fait en Angleterre, avec le concours plus ou moins direct de l'État. Mais nous ne devons pas nous arrêter à cette appréciation, qui paraîtrait peut-être trop locale.

Des estimations basées sur d'autres principes ont été faites pour deux départements du nord-est, la Meuse et la Moselle, par M. Raillard, ingénieur des ponts et chaussées, et par M. Van der Straten Ponthoz, agriculteur à Metz. Nous reproduisons à cet égard un passage d'une brochure intéressante sur le drainage, publiée par M. Van der Straten Ponthoz sous le titre : *État, progrès et avenir du drainage en France. De sa pratique et de son application dans le département de la Moselle*. Voici comment cet agriculteur distingué, qui a beaucoup fait pour l'introduction du drainage en Lorraine, divise, avec M. Raillard, les terres de la Meuse et de la Moselle :

(1) *Études sur le drainage*, p. XIV.

1° *Terres dont le genre de culture ne s'oppose pas au drainage.*

	MEUSE hectares	MOSELLE hectares
Terres labourables	344,661	303,913
Prés	49,426	45,597
Vignes	13,250	5,291
Vergers, pépinières et jardins	6,120	11,920
Cultures diverses	12	88
Landes, pâtes et bruyères	10,889	6,591
Totaux	424,358	373,400

2° *Terrains auxquels le drainage ne peut être appliqué en raison de leur* nature actuelle, *qui pourrait être modifiée :*

	MEUSE hectares	MOSELLE hectares
Forêts domaniales	34,142	49,899
Bois communaux et particuliers	147,775	92,228
Oseraies, aulnaies, saussaies	158	228
Totaux	182,075	142,355

3° *Terrains auxquels le drainage ne peut être appliqué en raison de leur destination.*

	MEUSE hectares	MOSELLE hectares
Rivières et ruisseaux	2,426	2,576
Étangs, mares, abreuvoirs	2,465	564
Routes, chemins, rues, places, etc.	9,688	12,232
Carrières et mines	148	»
Bâtiments particuliers	1,639	1,477
Cimetières, églises, bâtiments publics	331	895
Totaux	16,697	17,744

M. Raillard compte, pour la Meuse, 250,000 hectares susceptibles d'être drainés avec un grand avantage.

« Je laisserai aux géologues, dit M. Van der Straten Ponthoz, le soin d'analyser, couche par couche, le département de la Moselle, et aux statisticiens le soin de calculer les diverses natures de son sol; il suffit de répéter ici : « Partout où l'on verra une culture en ados ou billons élevés, comme est celle de ce pays, on ne risquera pas de se tromper en proclamant le drainage nécessaire. » Ce mode de culture est appliqué à peu près aux 373,400 hectares de terres dont le genre de production ne s'oppose pas au drainage. Nous ne craignons pas de porter à une bonne moitié, ou à 186,000, les hectares susceptibles de recevoir cette amélioration. »

De ces deux appréciations de la surface qui devrait être drainée, on déduit les nombres proportionnels suivants : 33 pour 100 de toute l'étendue de la Meuse, d'après l'estimation de M. Raillard; 35 pour 100 de toute l'étendue de la Moselle, d'après l'estimation de M. Van der Straten Ponthoz.

De pareilles appréciations, pour être tout à fait exactes, devraient être faites dans chaque localité par des hommes experts. Les Chambres consultatives d'agriculture des divers arrondissements sont parfaitement placées pour exécuter des enquêtes de cette nature. Nous pouvons leur indiquer comme modèle les indications que contient le Rapport présenté en 1852 par M. de Chastellux, secrétaire de la Chambre consultative d'Avallon, d'après les détails fournis par M. Belgrand. Cet arrondissement est compris dans le bassin supérieur de la Seine, pour lequel nous avons donné plus haut une estimation. M. de Chastellux conclut ainsi :

1° Dans 44,355 hectares de terres sèches, le drainage est absolument inutile;

2° Dans 10,552 hectares de terrains granitiques, il est incontestablement utile;

3° Dans 18,775 hectares de terres arables, argileuses et imperméables, il peut être appliqué dans une prévision sérieuse de succès;

4° Dans 21,338 hectares de terres granitiques et argileuses, il n'est pas utile, en raison de leur destination actuelle en bois, vignes, prairies, bruyères ou terres arables, dont l'augmentation de production ne couvrirait pas les frais d'amélioration foncière.

Sur un total de 95,000 hectares, on trouve ainsi 29,327 hectares de terres à drainer, soit 31 pour 100.

Ces exemples posés, nous allons essayer une approximation en masse pour toute la France, en prévenant bien que nous pensons qu'il faudrait aller de champ en champ pour décider si le drainage de telle ou telle pièce doit être fructueusement entrepris. Notre but est seulement de déterminer la limite inférieure du nombre d'hectares qui, en France, pourraient recevoir cette amélioration foncière. De cette détermination résultera la démonstration de l'importance de la question du drainage pour notre pays.

D'après les illustres auteurs de la carte géologique de France, MM. Dufrénoy et Élie de Beaumont, le sol de la France se partage ainsi :

	hectares.
Terrain primitif	10,400,000
Terrains de transition	5,200,000
Porphyres	222,000
Terrains carbonifères	238,000
Terrains triasique et pénéen	2,600,000
Terrain jurassique	10,400,000
Terrains crétacés	6,400,000
Terrains tertiaires	15,500,000
Roches volcaniques	520,000
Terrains d'alluvion	520,000
Total	52,000,000

On peut dire, en thèse générale :

1° Que le terrain primitif, les terrains de transition, les porphyres, les terrains triasique et pénéen, les roches volcaniques, sont de nature imperméable ;

2° Que les terrains tertiaires sont en majorité imperméables;

3° Que le terrain jurassique et les terrains crétacés sont en majorité perméables;

4° Que les terrains carbonifères et les terrains d'alluvion sont de nature perméable.

De là on conclut :

	hectares.
Terrains qui, par leur nature géologique, sont susceptibles d'être drainés..............	34,542,000
Terrains qui, par leur nature géologique, ne sont pas susceptibles d'être drainés.......	17,458,000
Total......	52,000,000

Mais on sait, d'après les statistiques officielles, que, sur ces 52,000,000 d'hectares, il y en a seulement 30,000,000 en terres labourables et en prés, et que les 22,000,000 restants sont en bois, vignes, landes, rivières, etc. Il est certain que ces derniers terrains se trouvent en plus grande quantité parmi ceux de la première classe, de nature imperméable; mais ils n'y sont pas en totalité. Cependant, admettons que nous devions les retrancher en entier de cette première classe; il nous restera, en nombres ronds, 12,000,000 d'hectares de terre qui doivent, en France, recevoir le bienfait du drainage, soit 23 pour 100 de la surface totale, et ce chiffre est certainement une limite inférieure.

M. Hervé-Mangon a donné une estimation plus faible que la nôtre. « J'évalue, dit-il, à plus de 7,000,000 d'hectares l'étendue des terres appelées, dans un avenir plus ou moins prochain, à profiter en France des bénéfices du drainage. » Mais cet ingénieur ne donne pas les bases de son appréciation.

Nous devons aussi lever une objection que pourraient présenter certaines personnes. La *Statistique officielle de*

France, acceptant le plan projeté et exécuté en partie par Arthur Young en 1788 (1), donne, en effet, la division suivante du sol de l'empire (2) :

	hectares.
Pays de montagnes...........	4,268,750
Pays de bruyères ou de landes..	5,676,089
Sol de riche terreau..........	7,276,369
— de craie ou calcaire.......	9,788,197
— de gravier..............	3,417,893
— pierreux	6,612,348
— sablonneux..............	5,921,377
— argileux................	2,232,885
— limoneux ou marécageux..	284,454
— de différentes sortes......	7,290,238
Surface totale......	52,768,600

A en croire ce tableau, les 2,232,885 hectares de sol argileux seraient seuls susceptibles d'être améliorés par le drainage. Mais en consultant les chiffres détaillés par département, dont le tableau précédent n'est que le résumé, on constate que le département de Seine-et-Marne, par exemple, est porté à peu près tout entier au compte du sol crayeux, et on n'en classe pas la moindre parcelle dans le sol argileux; la Haute-Vienne est tout entière placée dans le sol pierreux ou de gravier, etc. Une pareille classification n'a absolument aucune valeur. La dénomination *terrains de différentes sortes* est, de son côté, par trop vague.

Mais il existe en France un certain nombre de contrées agricoles bien définies, qu'il est possible de classer d'une manière certaine d'après les propriétés connues de leur sol. Ainsi, on peut ranger parmi les régions à terres froides ou à terres fortes, c'est-à-dire argileuses ou à sous-sol argileux, le pays de Bray, la Brie, l'Ardenne, la Bresse, la

(1) *Voyage en France*, t. XVII *du Cultivateur anglais.*
(2) T. IV, *Territoire et Population*, p. 95.

Dombes, le Gâtinais, le Morvan, la Sologne, la Brenne, le Bocage, les Landes, la Crau, la Camargue, la presqu'île de la Bretagne, le plateau central de la France au sous-sol granitique, la Lorraine, etc. Mais une étude attentive de chaque localité, monographique pour ainsi dire, devrait être exécutée pour qu'on pût supputer, parcelle par parcelle, l'étendue des terrains à drainer. Les études de quelques départements, incomplétement faites par les inspecteurs généraux de l'agriculture, laissent par trop à désirer sous ce rapport comme sur presque tous les autres objets (1). Espérons que les cartes agronomiques, dont l'exécution est aujourd'hui en projet, combleront une lacune fâcheuse. N'est-il pas aussi important de connaître l'étendue et la valeur de chaque nature de sol que le gîte d'une mine? Le sol arable ne renferme-t-il pas plus de richesses que la mine la plus puissante et la plus féconde? Dans l'un comme dans l'autre cas, on ne peut obtenir les trésors recelés dans le sein de la terre qu'à l'aide de grandes dépenses.

De la discussion à laquelle nous venons de nous livrer il résulte que, au plus bas mot, il y a en France 12,000,000 d'hectares à drainer, qui, au taux de 200 fr. par hectare, ne seront améliorés qu'au prix d'une dépense de *deux milliards quatre cents millions de francs*.

On voit que la somme en vaut la peine, et que le drai-

(1) La collection qui, sous le titre d'*Agriculture française, par MM. les inspecteurs de l'agriculture*, devait fournir une étude agricole approfondie de toutes les parties de notre territoire, a été arrêtée; on n'a publié que sept volumes relatifs aux sept départements de l'Aude, des Côtes-du-Nord, de la Haute-Garonne, de l'Isère, du Nord, des Hautes-Pyrénées et du Tarn. Il est fâcheux que ce travail n'ait pas été dirigé de manière à être plus exactement fait. Il eût alors été plus utile, et l'opinion publique en eût demandé la continuation.

nage, en France, ne peut pas être considéré comme une petite affaire. — Mais l'augmentation du produit couvrira-t-elle l'avance faite au sol ? Nous résoudrons la question dans un autre livre de cet ouvrage. Posons seulement ce fait, aujourd'hui trop oublié, que les améliorations foncières présentent une importance non moins capitale que les embellissements des villes et les constructions d'édifices, qui ont eu jusqu'à présent le privilége presque exclusif d'attirer l'attention des gouvernements de notre pays.

CHAPITRE III

Signes extérieurs du besoin du drainage

L'aspect du sol après les pluies ou pendant les grandes chaleurs, le mode de culture et la nature de la végétation, sont des caractères très-nets, à l'aide desquels il est facile de reconnaître si un champ a besoin d'être drainé.

Partout où, quelques heures après une pluie, on aperçoit de l'eau qui séjourne dans les sillons ;

Partout où la terre est forte, grasse, où elle s'attache aux souliers, où le pied, soit des hommes, soit des chevaux, laisse après son passage des cavités dans lesquelles l'eau demeure comme dans de petites citernes;

Partout où le bétail ne peut pénétrer après un temps pluvieux sans enfoncer dans une sorte de boue ;

Partout où le soleil forme sur la terre une croûte dure, légèrement fendillée, resserrant comme dans un étau les racines des plantes ;

Partout où l'on voit les dépressions du terrain notablement plus humides que le reste des pièces, trois ou quatre jours après les pluies ;

Partout où un bâton enfoncé dans le sol à une profondeur de 40 à 50 centimètres forme un trou qui ressemble à une sorte de puits, au fond duquel l'eau stagnante s'aperçoit;

Partout où la tradition a consacré comme avantageux l'usage de la culture en billons;

On peut affirmer que le drainage produira de bons effets.

Que l'eau soit stagnante à la surface après les pluies, ou bien qu'elle sourde du fond, du dessous, comme disent les cultivateurs, on doit regarder le drainage comme une des plus importantes améliorations foncières qu'on puisse exécuter.

Dans tous ces cas, la végétation ne peut s'accomplir avec facilité; les récoltes sont maigres, souvent nulles, et des plantes spéciales, qui ont trouvé ces sortes de terres hospitalières, les signalent spontanément aux yeux du visiteur exercé. La prêle, le liseron des champs, les renoncules, les joncs, les laiches, les oseilles, le colchique d'automne, sont maîtres des champs humides ou frais, et très-souvent en chassent presque toute récolte productive; les sarclages ne peuvent les faire disparaître, mais le drainage leur ôtera l'humidité permanente nécessaire à leur existence.

Pour la pièce de terre qui a été drainée à l'ancien Institut agronomique de Versailles (ferme de la Ménagerie), et qui est formée d'argile verte de nature plastique un peu calcaire, M. Boitel a déterminé la nature de la végétation spontanée qui la recouvrait: cette détermination peut servir d'exemple, et nous allons en conséquence la reproduire. Le chiffre 100 représente, dans le tableau suivant, l'espèce la plus commune; les autres espèces ont des chiffres de plus en plus bas, à mesure qu'elles deviennent plus rares.

Chiffres proportionnels.	Noms latins des espèces.	Noms vulgaires.
100.	*Juncus communis.*	Jonc commun.
83.	*Plantago lanceolata.*	Plantain lancéolé.
67.	*Colchicum autumnale.*	Colchique d'automne.
50.	*Equisetum arvense.*	Prêle, queue de cheval, coude.
50.	*Ranonculus acris, bulbosus.*	Renoncule.
50.	*Carex riparia.*	Laiche.
50.	*Hypericum tetrapterum.*	Milleperfuis des marais.
33.	*Ajuga genevensis.*	Bugle.
33.	*Cirsium palustre.*	Chardon des marais.
33.	*Cardamine pratensis.*	Crsson fleuri.
33.	*Agrimonia eupatoria.*	Aigremoine.
17.	*Valeriana dioica.*	Valériane dioïque.
17.	*Caltha palustris.*	Populage des marais.
17.	*Rumex acetosa crispus.*	Oseille ordinaire, O. crépue.
1.2	*Trifolium pratense, T. repens.*	Trèfle ordinaire, blanc.
0.8	*Orchis latifolia.*	Orchis à larges feuilles.
0.4	*Anthoxanthum odoratum.*	Flouve odorante.

« La flouve odorante et les trèfles, dit M. Boitel, sont les seules plantes que les animaux mangent avec plaisir. On voit dans quelles faibles proportions elles entrent dans la composition de ces pâturages humides. Les autres espèces sont presque toutes mauvaises, et sont caractéristiques pour les terres humides. Le colchique d'automne est connu de tout le monde : de loin, ses feuilles ressemblent à celles d'un gros poireau; ses fleurs, d'un lilas tendre, longues d'environ un décimètre, apparaissent en automne après la destruction des feuilles; son fruit passe l'hiver en terre; au printemps le support du fruit s'allonge, et sort de terre entouré de feuilles larges et pressées. Le colchique est une plante très-vénéneuse, que les animaux se gardent bien de pâturer. Ils ne la mangent qu'à l'étable, lorsqu'elle leur est servie avec d'autres plantes; il en faut une très-petite quantité pour les empoisonner et les faire mourir.

« Cette mauvaise plante est très-commune dans les prairies humides; elle est dangereuse, et tient la place de beaucoup d'autres plantes qui seraient alimentaires. Pour la détruire, il suffit d'en extraire les bulbes ou oignons, et d'empêcher ses graines de mûrir et de se disséminer sur la prairie.

« Les bulbes, se trouvant à environ 25 centimètres de profondeur, seraient d'une extraction difficile et coûteuse; mais les frais seraient bientôt compensés par les avantages d'une végétation meilleure et plus abondante.

« Le colchique d'automne, si commun dans les prairies argileuses humides, est un indice certain de l'utilité du drainage. Il en est de même des joncs, des prêles, des renoncules, des laiches, du populage et des oseilles. Ces plantes se plaisent dans l'humidité; il est clair qu'en assainissant le terrain elles languiront, périront, et seront remplacées par des espèces de meilleure qualité. C'est par l'assainissement, et mieux encore par le drainage, dont les effets sont plus énergiques, que l'on parviendra à obtenir cette heureuse transformation. »

D'après M. Heuzé (1), les plantes qui caractérisent les terrains très-humides ou aquatiques sont les suivantes :

Noms latins.	Noms vulgaires.
Ranunculus lingua.	Renoncule grande douve.
— *flammula.*	— petite douve.
Poa aquatica.	Poa aquatique.
Festuca fluitans.	Fétuque flottante.
Alisma plantago.	Fluteau plantain.
Triglochin palustre.	Triglochin des marais.
Eriophorum polystachyum.	Linaigrette.
Cardamine pratensis.	Cresson des prés.
Scirpus palustris.	Scirpe des marais.
Juncus conglomeratus.	Jonc congloméré.
— *bufonius.*	— de crapaud.
Lychnis flos cuculi.	Lychnide des prés.
Pedicularis palustris.	Pédiculaire des marais.
Galium palustre.	Caille-lait des marais.
Pingnicula vulgaris.	Grassette commune.
Gratiola officinalis.	Gratiole officinale.
Mentha aquatica.	Menthe aquatique.
Scrophularia aquatica.	Scrophulaire aquatique.
Cirsium palustre.	Cirsé des marais.
Stachys palustris.	Épiaire des marais.
Polygonum amphibium.	Renouée amphibie.
— *hydropipes.*	— curage.
Veronica beccabunga.	Cresson de chien.
Erica tretralix.	Bruyère grisâtre.
Lotus siliquosus.	Lotier siliqueux.

(1) *Théâtre de l'Agriculture du XIXe siècle*, p. 60.

LIVRE IV

FABRICATION DES TUYAUX DE DRAINAGE

CHAPITRE PREMIER

Des diverses parties de la fabrication des tuyaux

Nous avons dit les raisons pour lesquelles nous regardons l'emploi des tuyaux comme le moyen le plus efficace de faire, dans le plus grand nombre des cas, le drainage le plus parfait et le plus économique.

Mais comment fabriquer de bons tuyaux de la manière la moins coûteuse? C'est là une question qui n'avait pas encore été traitée avec détail jusqu'au jour où nous avons fait paraître la première édition de notre ouvrage dans le *Journal d'Agriculture pratique*, en 1852 et 1853. Depuis cette époque, plusieurs auteurs d'écrits sur le drainage ont reproduit, le plus souvent sans nous citer, et cependant sans se donner même la peine de changer quelque chose à nos descriptions ou à nos dessins, une grande partie de nos explications. Nous ne mentionnerions pas ici ce mauvais procédé habituel des auteurs de second ordre, trop peu riches de leur propre fonds pour oser avouer qu'ils empruntent à leurs devanciers, si la position que font aux honnêtes gens ces corsaires intellectuels ne nous forçait à prier le lecteur de vouloir bien remarquer que, s'il trouve ici des choses qu'il a vues ailleurs, c'est qu'elles nous ont été prises à nous-même.

Pour nous, nous n'avons jamais emprunté un fait, un mot, à qui que ce soit, sans indiquer la source de notre citation.

Les développements dans lesquels nous allons entrer sont peut-être un peu longs. Nous ne leur avons consacré autant d'espace qu'afin que ce livre *de la Fabrication des tuyaux* fût un traité complet sur cette matière. Les agriculteurs qui veulent faire du drainage en achetant des tuyaux, sans en faire eux-mêmes, pourront le passer presque tout entier; ils liront seulement avec quelque fruit ce que nous disons des qualités des bons tuyaux, de leurs dimensions, de leur poids, de leur prix. Quant aux fabricants de tuyaux ou de tuiles, nous pensons qu'ils trouveront dans cette partie de notre ouvrage tous les détails qu'on peut rechercher dans un livre élémentaire.

Nous croyons donc qu'on nous saura gré des développements dans lesquels nous entrons :

1° Sur le choix, la préparation, le mélange des terres propres à former les tuyaux;

2° Sur les machines à fabriquer les tuyaux avec les terres appropriées;

3° Sur la dessiccation et la cuisson des tuyaux.

CHAPITRE II

Choix des matériaux destinés à la fabrication des tuyaux

Il s'agit d'obtenir une véritable poterie, qui présente assez de résistance pour subir des transports dans les champs, être maniée sans trop de soins, et ensuite être abandonnée durant des siècles à l'action de l'eau. Pour trouver ces conditions, il faut nécessairement avoir recours à une terre cuite qui soit moins poreuse, plus imperméable et d'un grain plus fin que les briques de qualité commune, mais qui soit analogue aux tuiles employées pour la couverture des toits de nos habitations. On peut donc poser en principe que les terres propres à faire des tuiles seront également convenables pour la fabrication des tuyaux de drainage, et que la préparation des matières premières doit être à peu près la même dans les deux cas. Cependant on ne doit pas perdre de vue que la fabrication des tuiles plates ou courbes a lieu à peu près exclusivement à la main, tandis que jusqu'à ce jour on trouve plus économique et plus rapide de faire les tuyaux à l'aide de machines. La pâte employée doit en conséquence avoir une ductilité et une fermeté qui ne sont pas exigées au même degré pour la pâte des tuiles, surtout des tuiles plates. D'un autre côté, on doit faire les tuyaux sur les lieux mêmes de leur emploi, afin d'éviter des frais de transport trop considérables, si on veut arriver à rendre générale l'application du drainage. Les matériaux employés doivent donc être tels qu'on puisse toujours, en les corrigeant les uns par les autres, arriver à obtenir économiquement de bons tuyaux en quelque endroit qu'on se trouve.

Comme dans toute espèce de poterie, il faut faire une distinction essentielle entre les matériaux employés à la préparation de la pâte et les éléments qui constitueront la pièce faite ou cuite.

Dans la pâte en préparation, des corps complexes, étrangers les uns aux autres, sont rapprochés physiquement, mais non pas combinés chimiquement. Ces corps complexes sont les matériaux de la fabrication; l'eau peut encore les désunir.

Dans la pâte cuite, il s'est formé, entre tous les éléments des matériaux primitifs, des combinaisons nouvelles sur lesquelles l'eau n'a plus d'action; ce sont des silicates multiples, c'est-à-dire des combinaisons d'acide silicique et de diverses bases, savoir : en très-grande partie de l'alumine, ensuite de la chaux; puis, secondairement et en petites proportions, de l'oxyde de fer, de la magnésie, de la potasse, de la soude, de l'oxyde de manganèse. Le feu, c'est-à-dire la cuisson, est le seul moyen que l'on ait d'obtenir ces combinaisons fixes, inaltérables par l'eau, par les acides, et d'autant plus inaltérables que le silicate sera plus exactement formé de ses éléments constitutifs sans mélange d'éléments étrangers.

Les éléments essentiels sont l'acide silicique et l'alumine; on obtient avec eux une poterie réfractaire, c'est-à-dire infusible aux feux les plus forts de nos forges et de nos hauts fourneaux. L'alumine, néanmoins, peut être quelquefois remplacée en partie par de la magnésie. Les proportions de ces éléments indispensables sont les suivantes :

Silice................	55 à 75	pour 100.
Alumine................	35 à 25	—

Quand il y a de la magnésie, ce n'est, en général, que de 1 à 5 pour 100; mais il pourrait s'en trouver de 35 à 25 pour 100.

Les principes accessoires sont plus variables encore en proportions que les précédents; ce sont :

Chaux................	0 à 19	pour 100.
Potasse................	0 à 5	—
Protoxyde de fer.......	0 à 19	—

Ces éléments accessoires donnent à la poterie de la fusibilité, et permettent en conséquence à ses principes constituants de se combiner de manière à former plus facilement un tout résistant, et cela à une température d'autant moins élevée qu'ils sont plus abondants. Dans quelques pâtes cuites, il y a de l'acide carbonique (0 à 16 pour 100), lorsque la chaux s'y trouve en assez forte proportion. Quant à l'eau, elle est presque toujours complétement chassée des pâtes par la chaleur; elle n'existe que dans la pâte en préparation; mais là elle joue un rôle essentiel, en servant à mêler entre eux les divers matériaux naturels qui apporteront dans la poterie les éléments que nous venons de signaler; à leur donner la mollesse nécessaire; à les doter d'une certaine force adhésive; à en développer les qualités plastiques.

On entend par *plasticité* la faculté qu'ont certaines matières molles de prendre, sous la main de l'ouvrier, toutes les formes qu'il veut produire. On appelle *pâtes longues* celles qui jouissent au plus haut degré de cette faculté, et *pâtes courtes* celles qui, au contraire, ne la possèdent que faiblement.

La plasticité n'est pas absolument indispensable au façonnage des pâtes céramiques : on peut mouler par pression des matières à l'état de poussière; mais une substance plastique se prête mieux au façonnage le plus facile et le plus ordinaire des pâtes, et, en conséquence, elle est très-recherchée. La plasticité est donnée aux pâtes des poteries par des matériaux naturels, qui sont les argiles et les marnes argileuses.

Si la plasticité est une condition de première importance pour faciliter le façonnage des pâtes, elle a de graves inconvénients lorsqu'elle est portée à un trop haut degré. Une pâte trop plastique sèche difficilement et inégalement; les pièces qui en sont faites éprouvent, par la dessiccation, une déformation considérable; elles sont très-sujettes à se fendre, tant pendant la dessiccation que pendant la cuisson. On corrige l'excès de plasticité par des matières *arides* ou *dégraissantes*, qui sont ou naturelles ou artificielles.

Les matières dégraissantes naturelles sont les sables.

Tous les sables sont composés d'acide silicique ou silice, et de quelques substances étrangères, depuis 1 jusqu'à 9 pour 100; ces matières étrangères sont l'alumine, la chaux, la magnésie, l'oxyde de fer, un peu de potasse, etc.

Les matières dégraissantes artificielles sont : 1° des pâtes déjà cuites et ensuite pulvérisées, auxquelles on donne improprement le nom de *ciment;* 2° des escarbilles, ou scories de forges ; 3° quelquefois de la sciure de bois.

Au point de vue de la fabrication des tuyaux de drainage, que nous considérons uniquement dans cet écrit, il n'y a pas lieu de tenir compte des autres matériaux qui fournissent les éléments de la composition de certaines poteries.

Toute espèce de sable pourra être employée pour la fabrication des tuyaux de drainage, pourvu qu'elle ne contienne pas de cailloux dont la grosseur approche de l'épaisseur de la paroi des tuyaux.

Quant aux matières plastiques, si elles peuvent toutes servir, leurs qualités ont besoin d'être appréciées pour savoir comment on les mélangera entre elles, et quelles proportions de matière dégraissante, c'est-à-dire de sable, on devra leur ajouter. Il pourrait se faire qu'on trouvât une terre susceptible d'être employée sans aucun mélange. Commençons donc par indiquer les propriétés dont une pareille terre devrait jouir :

1° La terre, à laquelle on a ajouté une quantité convenable d'eau, doit être assez ductile pour prendre toutes les formes qu'on veut lui donner, assez ferme pour conserver ces formes, composée de parties assez adhérentes pour qu'en passant à travers les filières des machines, celles-ci ne les séparent jamais.

2° La terre ne doit contenir *aucune* parcelle de craie pure, de la grosseur même de 1 millimètre; car la cuisson produirait alors de la chaux, et plus tard, en contact avec l'eau, cette chaux, en fusant, ferait éclater le tuyau. Il ne doit s'y trouver non plus aucune parcelle de pyrite ou sulfure de fer, qui produirait le même accident.

3° Il faut qu'elle sèche facilement et également.

4° La dessiccation nécessaire pour permettre de s'échapper à l'eau qui a servi à donner de l'adhérence aux parties doit s'effectuer sans que des fentes se produisent, sans qu'aucune déformation apparaisse, sans que les tuyaux gauchissent.

Cela posé, nous pouvons faire apprécier les diverses matières plastiques à employer dans la fabrication des tuyaux de drainage.

Les matières plastiques naturelles sont les argiles et les marnes.

L'argile est, pour les potiers, une terre qui fait pâte avec l'eau, qui se façonne aisément, et qui durcit au feu.

L'argile est dite *plastique* quand elle ne contient, pour ainsi dire, que de la silice et de l'alumine. Cette variété d'argile, qui porte souvent le nom de terre glaise, se laisse, en raison de sa ténacité, aussi difficilement pénétrer par l'eau que priver de ce liquide lorsqu'elle en est imbibée.

L'argile est dite *figuline* lorsqu'elle contient un peu de chaux, dans la proportion maximum de 5 à 6 pour 100, en partie à l'état de carbonate, en partie peut-être à l'état de silicate. Cette argile est encore liante, mais elle est un peu moins tenace que la précédente. Elle donne une légère effervescence avec les acides, mais cette effervescence, provenant d'un dégagement d'acide carbonique, cesse bientôt.

Ces deux espèces d'argile peuvent être souillées par de l'oxyde de fer, et quelquefois par un peu de gypse ou sulfate de chaux ou plâtre.

La première argile, quand elle n'est pas souillée par ces deux corps, est tout à fait réfractaire, c'est-à-dire ne fond à aucune des températures obtenues à l'aide de nos fourneaux; on la dégraisse, pour l'employer, avec du sable formé de silice pure, si on veut lui conserver ses qualités réfractaires.

Pour les tuyaux de drainage, les deux argiles doivent être dégraissées, mais par des matières communes.

Au point de vue spécial qui nous occupe uniquement dans ce travail, les argiles plastique et figuline ne seront employées que pour donner de la plasticité à d'autres matériaux dont nous allons maintenant parler. Ces matériaux sont les marnes.

Les marnes sont composées d'argile, de carbonate de chaux ou calcaire, et de sable, dans des proportions très-variables.

La marne est *argileuse* si l'argile y domine; elle est *limoneuse* si le sable y est en plus forte proportion; elle est *calcaire* si c'est le carbonate de chaux qui en forme la plus grande partie. La marne calcaire seule doit être exclue de la fabrication des tuyaux de drainage. Les deux autres marnes, au contraire, doivent former la masse la plus considérable de leur pâte. On reconnaît que la marne est argileuse quand elle est assez liante avec l'eau et donne une pâte un peu lourde; elle produit une vive effervescence avec les acides, qui laissent l'argile intacte. La marne limoneuse donne une pâte légère, friable, et, en faisant effervescence avec les acides, elle laisse un dépôt sableux.

Ce qu'on appelle vulgairement *terre franche*, ou encore *rougette*, n'est autre chose que de la terre végétale commune, jaunâtre ou rougeâtre, et qui est, ou bien de la marne argileuse, ou bien de la marne limoneuse. Dans le premier cas, on dégraisse avec du sable; dans le second, on doit rendre plus plastique la pâte par une addition d'argile. Quelquefois, on fait à la fois ces deux opérations. Ainsi, dans la fabrique de tuyaux de drainage de M. de Rothschild, à Ferrières (Seine-et-Marne), on emploie :

Terre franche (marne argileuse)................	3 parties.
Argile verte (argile figuline un peu sableuse).......	6 —
Sable..	1 —

Dans la fabrique de M. Vincent, située à côté de Lagny (Seine-et-Marne, également), on emploie :

Rougette (marne limoneuse).......................	1 parties.
Terre argileuse (argile plastique un peu sableuse)...	2 —

On voit que, quand la marne est plus argileuse, on ajoute moins d'argile et un peu de sable, et que, quand elle est limoneuse, c'est-à-dire sableuse, la proportion d'argile ajoutée augmente.

On donne aussi quelquefois le nom de terre forte ou de terre franche à une argile sableuse ferrugineuse ne contenant pas de calcaire, ne faisant aucune effervescence avec les acides; on dégraisse alors avec une marne limoneuse très-sableuse.

M. Thackeray fait ses tuyaux avec un mélange d'argile figuline et de sable siliceux.

M. de Rougé, au Charmel (Aisne), emploie :

Argile figuline...................	2 parties.
Terre franche....................	1 —

Dans la fabrique fondée par M. Gareau et dirigée actuellement par M. Lauret, géomètre draineur, maire de la Chapelle-Gauthier (Seine-et-Marne), on emploie une marne argilo-sableuse qui ne demande aucune addition d'autres éléments, et qui sert directement à la fabrication après une simple épuration qu'opère la machine de Clayton, comme nous l'expliquerons plus loin.

M. Vitard, fondateur de l'Association de Drainage du département de l'Oise, fait les tuyaux avec une argile ferrugineuse, à laquelle il ajoute seulement 2 pour 100 de sable.

Avec les définitions que nous venons de fournir, en se souvenant surtout que le limon des bords des rivières est une matière première qui peut être très-convenablement employée avec un peu d'argile ou de terre glaise, ou de terre forte, on arrivera facilement dans chaque localité à faire le mélange propre à l'obtention de bons tuyaux.

CHAPITRE III

Préparation des terres propres à fabriquer les tuyaux

Les moyens employés jusqu'à ce jour dans l'art du potier, pour la préparation des pâtes, ont toujours augmenté d'une manière notable le prix de la fabrication. En général, voici comment on opère :

On broie les matières sous des meules, et on les délaye dans l'eau à l'état de bouillie très-claire. On les jette ensuite sur des tamis métalliques, qui ne permettent le passage qu'aux parties les plus fines, et on les amène dans des bassins peu profonds, d'où on laisse écouler l'eau quand la terre s'est précipitée. On recueille le dépôt, et on le fait sécher sous des hangars, pour le mélanger plus tard, quand il est bien raffermi, avec les divers matériaux qui entrent dans les différentes pâtes, tous bien préparés par des procédés analogues qui se résument en ces quatre mots : broyage, lavage, tamisage et décantage.

Ces procédés de préparation doivent être repoussés d'une fabrication destinée à donner des objets à très-bon marché, et ne pouvant, par conséquent, supporter que très-peu de main-d'œuvre.

Lorsque les terres ont été extraites, on doit seulement les laisser au contact de l'air assez longtemps pour qu'elles s'émiettent facilement. La gelée les divise très-bien, et elles peuvent être alors passées à travers des claies, après avoir été piochées. Si on ne peut attendre longtemps, il faut battre les argiles sur une aire avec des battes. On pourrait aussi employer un procédé pratiqué à la manufacture de faïence de M. Villeroy, à Vaudrevange. Ce procédé consiste à placer les mottes d'argile à diviser sur une aire dure légèrement concave (fig. 36), où deux rouleaux de

Fig. 36. — Rouleaux pour malaxer les terres (élévation).

pierre A sont poussés et ramenés chacun par un ouvrier (fig. 37), à l'aide d'un long manche.

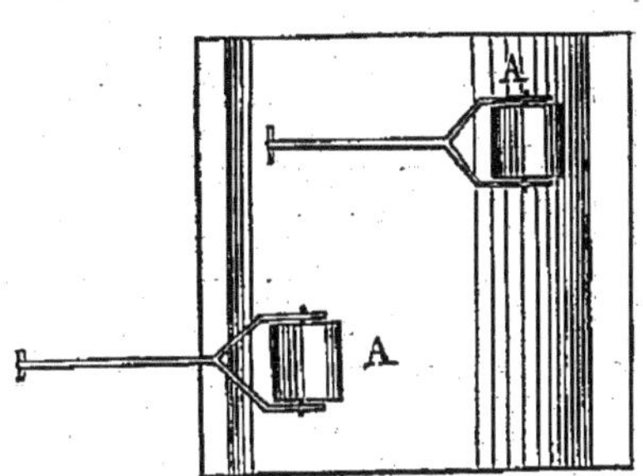

Fig. 37. — Rouleaux pour malaxer les terres (plan).

Chez M. de Rougé, au Charmel (Aisne), les terres sont

broyées entre deux cylindres ; c'est une méthode que conseille aussi l'Anglais Clayton, comme on le verra plus loin.

Le procédé le plus usité en Angleterre consiste à faire délayer l'argile dans un bassin creusé en terre, comme s'il s'agissait d'éteindre de la chaux, à remuer la boue obtenue pour la bien mélanger, et à la faire passer ensuite, au travers d'une grille dans un bassin inférieur, où elle arrive purgée de corps étrangers. Il n'y a plus qu'à laisser évaporer la masse dans ce second bassin ; quand la terre est arrivée à l'état de pâte assez ferme, elle est propre à être employée.

La terre exige tout au plus alors une trituration à la main, ou plus économiquement un passage dans un tonneau sans fond, au centre duquel est placé un arbre vertical armé de lames transversales et mû par un cheval attelé à un bras de levier, comme nous le décrirons plus loin.

Les terres divisées (argiles, marnes argileuses ou limoneuses, terres franches, rougettes, etc.) peuvent être mises aussi tout simplement à détremper dans des bassins, où on leur ajoute le cinquième ou le quart de leur volume d'eau.

Lorsque ce détrempage est arrivé à un point convenable, ce qui se reconnaît à ce que l'on peut former des mottes sans qu'elles présentent de difficulté pour être séparées, on peut procéder au mélange de la terre franche avec l'argile ou avec le sable dans les proportions voulues, selon les principes que nous avons donnés plus haut.

Ces divers matériaux sont placés par couches alternatives dans des cuves ou bassins quelconques, où on les laisse séjourner. Dans la tuilerie de M. de Rothschild, à Ferrières, telle qu'elle existait en 1852, il y avait quatre bassins, ayant chacun 5 mètres cubes de capacité. Le mélange des trois matériaux indiqués plus haut y séjournait douze heures. On y apportait les terres et le sable dans de petits tombereaux mobiles sur un petit chemin de fer, dans la proportion suivante : 3 tombereaux d'argile verte, 6 de terre franche et 1 de sable, le tout formant 1 mètre cube, de telle sorte qu'on faisait cinq fois ce chargement pour remplir un bassin.

Des bassins, la terre sort pour être intimement mélangée, malaxée et corroyée. A Ferrières, la machine à corroyer se composait d'une sorte de laminoir, entre les cylindres duquel la terre, tirée des bassins par un ouvrier travaillant à la pelle, était conduite sur une sorte de laminoir à cylindres par une toile sans fin. Au sortir des cylindres, la terre, qui constituait dès lors une pâte, était refoulée dans une machine de Hatcher ou dans une machine d'Ainslie, fonctionnant seulement comme épurateurs. Les filières à tuyaux étaient, dans ce but, remplacées par des grilles, ou mieux par des plaques percées de trous. L'écartement des barreaux des grilles, ou le diamètre des trous des plaques, étaient plus petits que l'épaisseur que devaient avoir les parois des tuyaux de drainage. Il en résultait que les cailloux, les petites pierres ou autres corps étrangers, ne pouvaient pas passer, et que la pâte en était purifiée. L'ensemble de ce système était mis en mouvement par un manége auquel huit chevaux étaient attelés lors de notre visite à Ferrières.

Ce moyen de corroyage n'est pas susceptible d'être employé pour une fabrication qui serait moins considérable que celle de M. de Rothschild. On peut imaginer quelque chose de plus simple et de tout aussi satisfaisant. La tine à malaxer, aujourd'hui bien connue, ou le tonneau broyeur à mortier, sont des appareils qui exécutent un bon travail plus économiquement que le marchage avec les pieds, usité dans beaucoup de fabriques de poteries, ou que le battage à l'aide de battes en bois à long manche, qui est employé par M. Vincent, à Lagny. Nous allons décrire ces appareils :

Dans la fabrique fondée par M. Vitard, à Beauvais (Oise), on se contente de jeter la terre extraite antérieure-

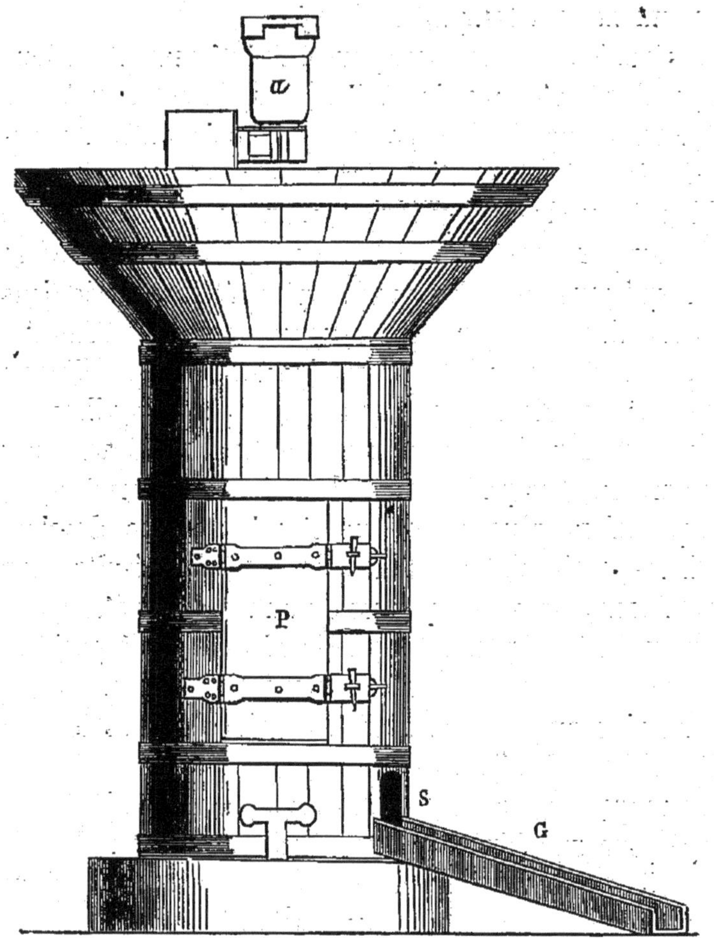

Fig. 38. — Tine à malaxer (élévation).

ment à l'hiver précédent dans une fosse pavée, où elle est retournée à la pelle avec addition d'un peu d'eau et de 2 pour 100 de sable ; on la relève ensuite sur les bords de cette fosse, et de là on la transporte dans un lieu clos, où elle est pilonée jusqu'à ce qu'on la trouve assez homogène et assez liante pour être employée. Dans la fabrique de M. Lauret, à la Chapelle-Gauthier (Seine-et-Marne), la terre, extraite avant l'hiver, est mise en tas devant la fabrique, où elle passe les mois les plus froids. La terre bonifiée par la gelée est ensuite directement portée dans l'épurateur au moment de la fabrication.

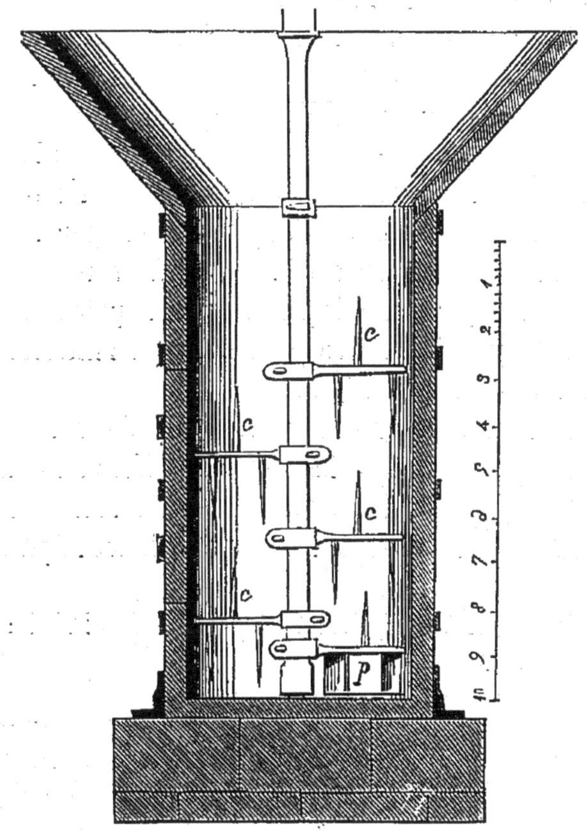

Fig. 39. — Tine à malaxer (coupe).

On comprend l'effet de la gelée sur les argiles. L'eau qu'elles contiennent toujours prend, en se congelant, un plus grand volume que celui qu'elle occupe à l'état liquide;

il arrive alors que les pores des argiles ne présentent plus un volume suffisant pour loger la glace, et que nécessairement les terres s'émiettent par la rupture de l'adhérence des diverses molécules.

Nous donnerons, d'après le *Traité des Arts céramiques* de Brongniart, la description de la tine à malaxer employée à la manufacture de porcelaine de Sèvres; elle pourrait très-bien être appliquée à corroyer les terres destinées à la fabrication des tuyaux de drainage.

La figure 38 représente l'élévation verticale de la tine; *a* est un arbre vertical en fer, portant les couteaux qui doivent malaxer la pâte; S est la petite porte par laquelle s'échappe la pâte au fur et à mesure de son broyage; G représente la rigole en bois par laquelle la pâte s'écoule; P est la porte que l'on ouvre pour nettoyer l'intérieur de la tine ou faire quelques réparations.

La figure 39 donne une coupe verticale de la tine passant par l'axe; on voit en *c* les couteaux effilés en carrelet destinés à diviser la pâte, et en *p* un couteau inférieur destiné à râcler le fond de la tine et à empêcher la pâte d'y séjourner.

Les deux dessins des figures 40 et 41 sont destinés à mon-

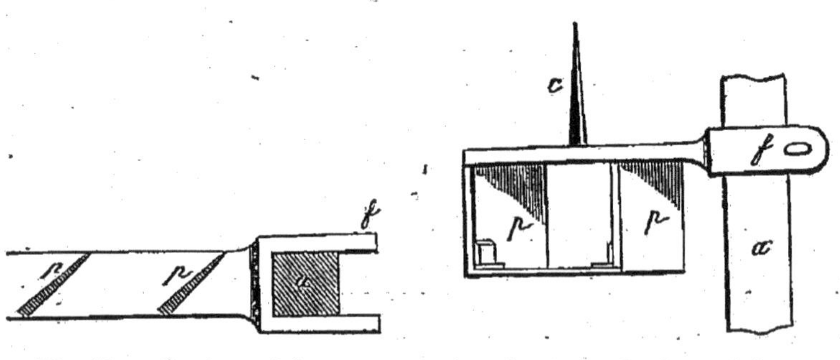

Fig. 40. — Couteau râcleur (plan).

Fig. 41. — Couteau râcleur (élévation).

trer le détail de l'agencement du couteau râcleur inférieur *p*.

sur l'arbre carré *a*, au moyen de l'étreinte *f*, d'une vis, et de deux écrous.

Les figures 42, 43 et 44 donnent les détails de l'agence-

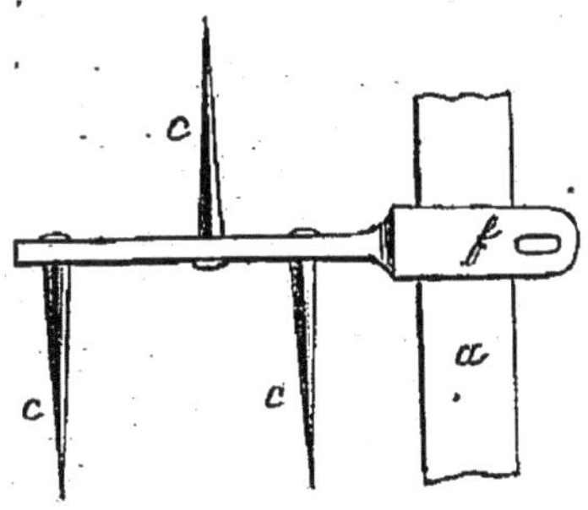

Fig. 42. — Élévation de l'agencement des couteaux sur l'axe de rotation.

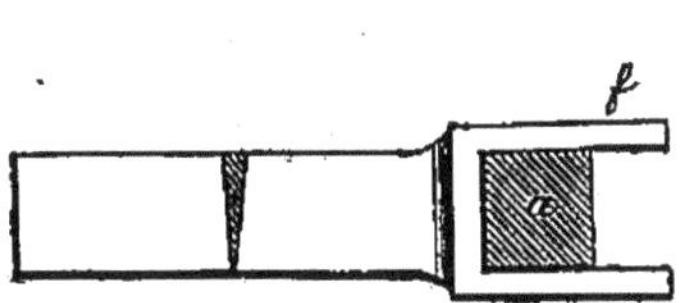

Fig. 43. — Plan de l'agencement des couteaux sur l'axe de la tine.

ment des couteaux en carrelet supérieurs *c* sur l'axe *a*, au moyen de l'étreinte *f*.

L'échelle de l'appareil est placée sur le côté de la figure 39; les dessins des détails (fig. 40, 41, 42, 43 et 44) sont au dixième de la grandeur naturelle.

Les couteaux *c* sont agencés de telle sorte qu'un couteau ayant la pointe en haut se meut toujours entre deux couteaux ayant la pointe en bas ; en outre, les couteaux *p* font le vide derrière eux en se mouvant sur le fond de la tine : il en résulte que le système agit à peu près comme

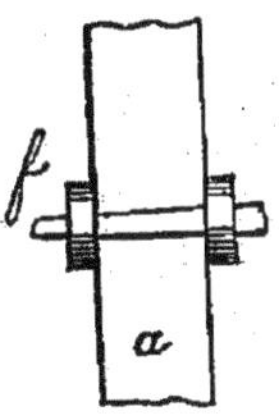

Fig. 44. — Vue de l'agencement des couteaux sur l'axe de la tine à malaxer.

une vis pour pousser la pâte de haut en bas, et la faire sortir par la porte S (fig. 38).

Si on armait cette porte S d'une grille ou d'une plaque perforée de petits trous, la tine pourrait en même temps servir d'épurateur.

Une tine semblable à celle que nous venons de décrire est construite, pour les fabricants de tuyaux de drainage, par M. Rouillier, constructeur de machines agricoles, à Chelles (Seine-et-Marne). Elle est de forme cylindrique, en fonte et en fer (fig. 45). Sa hauteur est de $1^m.10$ sur $0^m.65$ de diamètre intérieur. Mû par un cheval, ce malaxeur prépare 13 à 14 mètres cubes de terre en douze heures. Son poids est d'environ 600 kilogrammes, et son prix de 600 fr.

Au lieu de la tine à malaxer, on pourrait employer avec succès, pour la préparation et le mélange des terres destinées à la fabrication des tuyaux de drainage, des tonneaux semblables à ceux dont on se sert pour la confection du mortier. La figure 46 représente un tonneau à bras employé à la construction du pont de Lorient; des râteaux sont fixés sur un arbre vertical, et s'engrènent en quelque sorte dans les dents de râteaux fixes qui sont attachés aux parois du tonneau. Ces râteaux couperaient et recouperaient la pâte en la comprimant de haut en bas, de manière à la faire sortir à travers des grilles posées sur le fond; cette compression serait aussi efficace pour la bonne confection de la pâte qu'elle est convenable pour l'obtention d'un bon mortier.

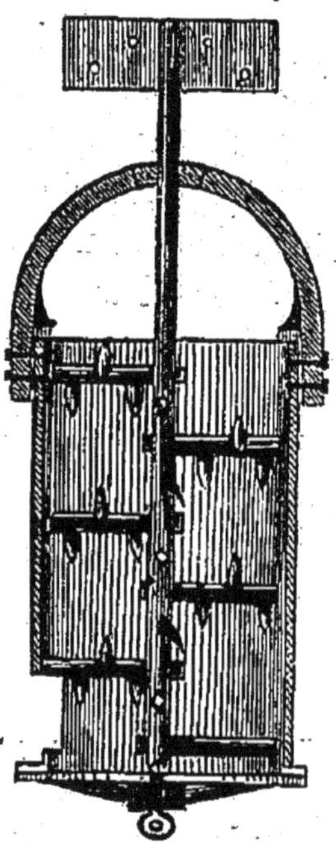

Fig. 45. — Machine de M. Rouillier.

Les dispositions à adopter dans des appareils de ce genre pourraient varier beaucoup; elles pourraient être

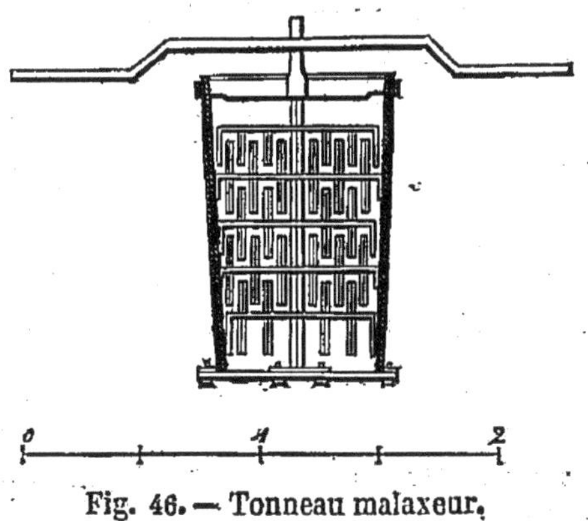

Fig. 46. — Tonneau malaxeur.

semblables, par exemple, à celles du tonneau broyeur à mortier de M. Roger, représenté en élévation (fig. 47), en

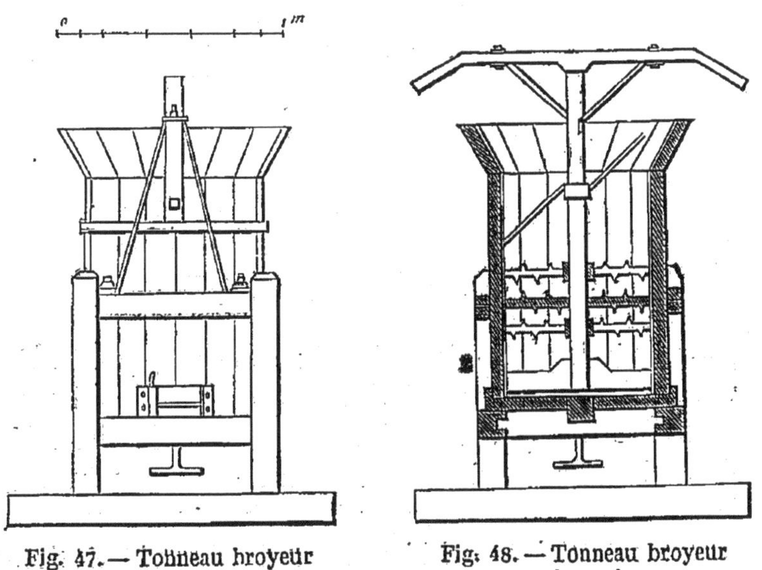

Fig. 47. — Tonneau broyeur (élévation).

Fig. 48. — Tonneau broyeur (coupe).

coupe (fig. 48). Ce tonneau se compose d'une forte enveloppe en douves de chêne, cerclées en fer. Un arbre vertical, également en fer, porte à sa partie supérieure un arbre horizontal (fig. 48) auquel des chevaux sont attelés. De distance en distance, sur la hauteur, se trouve agencée une série de râteaux dont l'un est représenté par la figure 49. L'arbre est armé, à sa partie inférieure, d'une pièce de fonte (fig. 50) qui broie les matières sur le fond du ton-

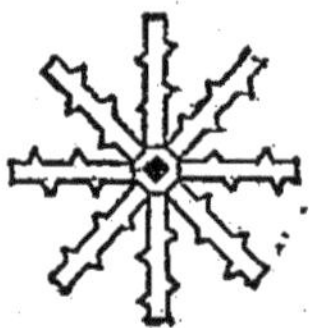

Fig. 49. — Râteau du tonneau broyeur.

Fig. 50. — Broyeur inférieur du tonneau broyeur.

neau. Ce fond (fig. 51) est percé d'ouvertures à travers lesquelles s'écoulerait la pâte, qui pourrait aussi sortir par la

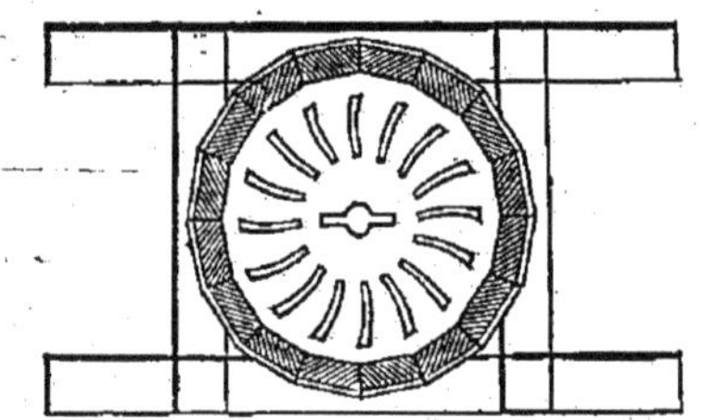

Fig. 51. — Fond du tonneau broyeur.

porte latérale pratiquée au bas du tonneau (fig. 47). Une vis, sur laquelle tourne l'arbre en fer, permet de l'élever ou de l'abaisser plus ou moins, et, par suite, de faire varier l'énergie de la pression exercée par le disque en fonte sur le fond du tonneau. A la partie supérieure se trouve un évasement destiné à faciliter l'introduction des matières.

La pâte, par ces appareils, serait à la fois suffisamment mélangée, comprimée et corroyée. Du reste, le passage entre deux cylindres broyeurs peut être avantageusement employé, si la machine à fabriquer les tuyaux ne se charge pas d'effectuer une très-forte compression.

La terre, au sortir du corroyage et des épurateurs, est mise en mottes, que l'ouvrier malaxe encore au moment de les placer dans des machines que nous décrirons plus loin. Les machines à faire les tuyaux sont, du reste, munies d'une plaque percée de trous que l'on substitue aux filières, afin de pouvoir convenablement nettoyer les pâtes avant de leur donner la forme de tuyaux. C'est une opération que recommandent tous les bons draineurs.

Le broyage de la terre à l'aide de battes ou de machines doit, dans beaucoup de cas, précéder le malaxage dans les tines. Ce corroyage a surtout pour but d'écraser et de pulvériser les parcelles de carbonate de chaux et les fragments concrétés argileux ou siliceux, qui ont besoin d'être divisés pour se bien mélanger dans le malaxage avec le reste des matériaux. M. Clayton, constructeur anglais d'appareils pour le drainage qui ont beaucoup de réputation, a pourvu à cette nécessité en imaginant de faire passer l'argile entre deux cylindres broyeurs, avant de la mettre dans un tonneau malaxeur. Les deux appareils sont rendus solidaires par un engrenage, et le tout est mû par un manége à cheval (fig. 52). Le système est établi par M. Clayton pour 875 à 1,125 fr. Le tonneau malaxeur est muni de couteaux qui décrivent une sorte d'hélice ou de spirale dans la rotation de l'arbre; pour cette raison, M. Clayton l'appelle tonneau d'Archimède.

Les cylindres broyeurs sont en fonte, et ont $0^m.5$ de diamètre; ils sont établis horizontalement l'un à côté de l'autre, et ils ne laissent entre eux qu'un intervalle d'environ $0^m.03$. Au-dessus de ces deux cylindres sont assujettis deux couteaux en fer dont le tranchant affleure leur surface, de manière à en détacher la terre qui y adhère. Une trémie en bois surmonte l'appareil, et reçoit la terre qu'on

Fig. 52. — Appareil à broyer et à malaxer de Clayton.

y apporte. Celle-ci, sortant des cylindres en minces feuillets, est jetée dans le pétrin, qui la corroie, la malaxe de manière à ce qu'elle devienne bien homogène, bien dense. Ce pétrin est un tonneau de 1m.30 de hauteur et de 0m.75 de diamètre. Il est élevé de 0m.30 au-dessus du sol. Au centre du tonneau est un arbre en fer carré de 0m.08 de côté, mobile sur un pivot inférieur à l'aide du manége. Des couteaux y sont fixés en étages, de manière à former une sorte de surface héliçoïdale dont l'angle avec l'axe vertical est de 20 degrés vers le bas du tonneau.

Les broyeurs, les tines à malaxer et les machines à fabriquer les tuyaux sont conduits avec avantage par des manéges à chevaux ou à bœufs. Nous ne parlerons qu'accessoirement de ces appareils, et seulement pour indiquer les idées mises à exécution en Angleterre, et dont pourront tirer parti les constructeurs français, dont les manéges laissent en général beaucoup à désirer.

Nous citerons d'abord le manége de MM. Barrett, Exall et Andrews, de Reading, que la figure 53 fait facilement

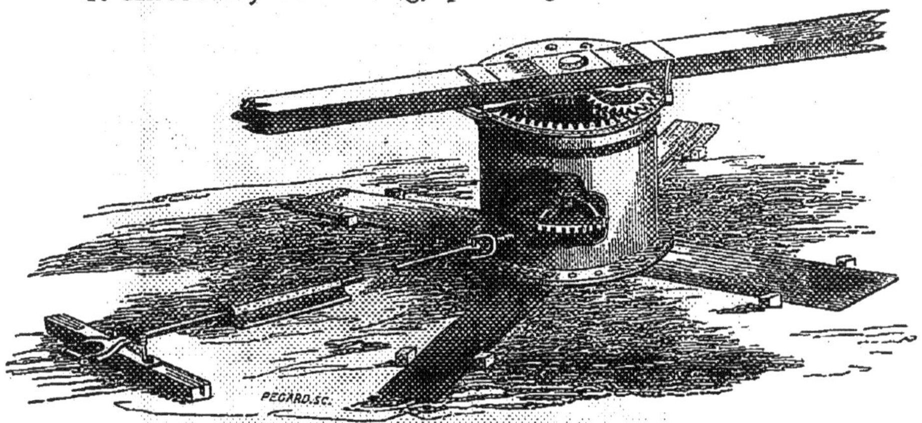

Fig. 53. — Manége de Barrett, Exall et Andrews.

comprendre. On voit que les bras de levier auxquels les chevaux sont attachés impriment le mouvement à un couvercle placé sur un cylindre vertical, et qui fait mouvoir trois petites roues dentées horizontales, également distantes du centre commun du cylindre et d'un axe intérieur muni d'un pignon. Ces trois petites roues reçoivent leur rotation des dents dont est armée la circonférence intérieure du couvercle. Le pignon central étant mis en mouvement, l'arbre vertical tourne et entraîne la grande roue horizontale inférieure, dont les dents, placées en dessous, font mouvoir le pignon de l'arbre de couche. Cet arbre donne le mouvement à tous les appareils qu'on veut faire marcher, et cela avec telle vitesse que l'on puisse désirer, en calculant convenablement les nombres des dents des trois petites roues supérieures, du pignon de l'arbre vertical, de la roue inférieure et du pignon de l'arbre de couche. Le cylindre enveloppant a pour but de protéger tous les engrenages contre les injures du temps; il est assujetti sur quatre traverses gisant sur le sol, ou cachées dans une cavité.

Fig. 54. — Manége à quatre chevaux de Barrett et compagnie.

Les trois roues supérieures qui donnent le mouvement à la roue motrice supérieure peuvent très-facilement être abaissées par une pression exercée sur le plan qui supporte leurs coussinets. Il en résulte qu'alors les chevaux n'exercent plus aucun effort de traction, que le mouvement de la machine s'amortit lentement, et qu'on peut les faire marcher en sens contraire, le système d'attache étant établi (fig. 54) de telle sorte que la rotation du manége s'effectue à volonté à droite ou à gauche. L'attelage est conduit par un jeune garçon assis dans un siége placé sur le cylindre.

Des dispositions analogues, à part toutefois le déclic qui permet d'empêcher l'effort de traction des chevaux d'agir sur le manége même, se retrouvent dans le manége de Crosskill (fig. 55), ou bien encore dans celui de Garrett

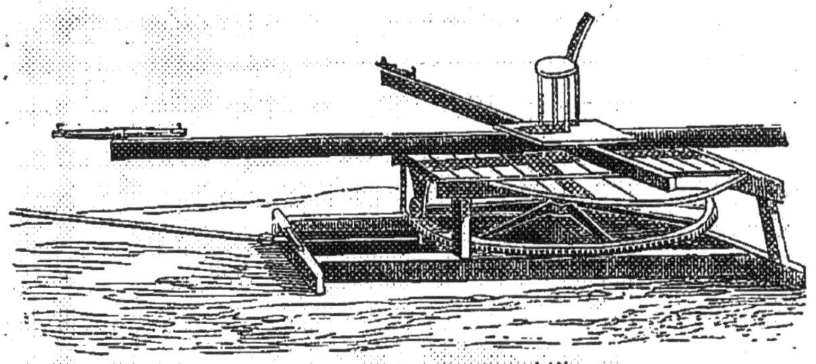

Fig. 55. — Manége de Crosskill.

(fig. 56). Ce dernier manége, extrêmement simple, a sur celui de Croskill l'avantage d'être muni en plus d'une roue

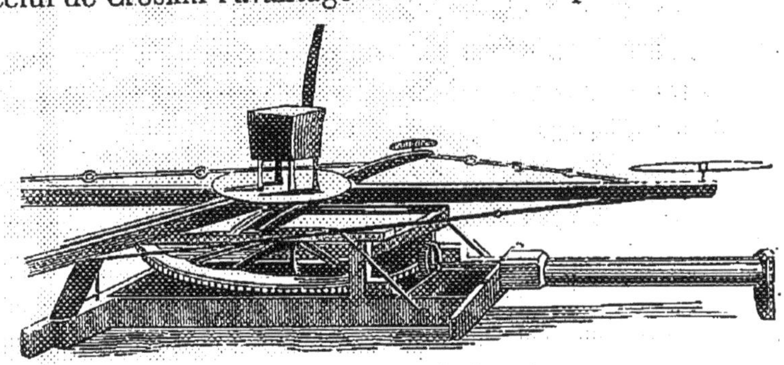

Fig. 56. — Manége de Garrett.

dentée et d'un pignon qui permettent d'augmenter de beaucoup la vitesse de rotation de l'arbre de couche. Ces manéges coûtent de 300 à 900 fr., selon qu'ils doivent fonctionner avec 2, 4 ou 6 chevaux.

CHAPITRE IV

De l'époque de la fabrication des tuyaux

A l'encontre de tous les auteurs qui ont écrit avant nous sur le drainage, nous faisons précéder la description des travaux à effectuer dans les champs de celle de la fabrication des tuyaux. Nous croyons avoir pour excuse une excellente raison. Les principales difficultés que l'on rencontre, lorsqu'on a résolu de faire drainer un champ, ne viennent pas du nivellement du terrain, du parti à prendre pour l'espacement des drains ordinaires et pour la position des drains collecteurs secondaires ou principaux, de l'écoulement définitif de toutes les eaux recueillies, du percement des tranchées et de la pose des drains. Les propriétaires ou les cultivateurs qui ont déjà effectué des travaux de drainage, et qui ont acquis dans la pratique de l'opération l'expérience des soucis qu'elle donne, des soins dont on doit se préoccuper, savent qu'ils ne sont en général arrêtés que parce qu'ils ne peuvent pas fabriquer ou trouver à acheter un nombre suffisant de tuyaux.

La fabrication de tuyaux en quantité telle qu'on puisse effectuer une opération de drainage de quelque importance, exige qu'on s'y prenne au moins huit mois à l'avance. Dès décembre ou janvier, il faut s'occuper de choisir la terre dont on devra se servir, de l'extraire, et de la disposer en tas qu'on laisse exposés à la pénétration de l'air, à l'action du froid de l'hiver, à celle des changements de température, aux alternatives d'humidité et de sécheresse du printemps. Ces influences diverses, mais surtout les gelées et les dégels successifs, la bonifieront en amenant peu à peu la division des parties les plus compactes, réunies par la plus grande force adhésive. Ce n'est qu'au bout d'une exposition à l'air de trois à quatre mois, de décembre à mars ou avril, que les argiles plastiques ou figulines, les marnes argileuses ou limoneuses, les terres franches, seront en état d'être triturées, malaxées avec succès. Quant au mélange de toutes ces matières, s'il y a lieu de l'effectuer et même d'employer du sable, il vaut mieux l'opérer avant l'hiver. Nous avons donné précédemment tous les détails nécessaires pour que ces opérations s'effectuent dans de bonnes conditions, et selon des règles qui mènent à de bons résultats.

Lorsque les terres seront prêtes, on pourra procéder à la fabrication des tuyaux à l'aide de l'une des machines que nous allons décrire, et dont on aura fait choix d'après les considérations dans lesquelles nous entrerons plus loin. La machine, en commençant à fabriquer en mars ou avril, fournira des tuyaux qu'on devra laisser sécher durant deux mois environ, avant de songer à les faire cuire dans un four convenable. Les premiers tuyaux qu'on obtiendra ne seront ainsi terminés que vers le mois de juillet. En septembre ou octobre, on en aura assez pour exécuter alors seulement les travaux d'ouverture des tranchées et de pose des drains dans les champs dépouillés de leurs récoltes, et qu'on mettra en état de recevoir les semailles de l'arrière-saison ou du commencement du printemps suivant. Ainsi, fabrication des tuyaux durant l'été, pose durant l'hiver, telle est la marche à suivre dans l'exécution des travaux de drainage. La fabrication des tuyaux ne peut ni être entreprise ni se poursuivre en hiver avec quelque chance de succès, à moins de temps bien exceptionnels, comme un hiver sans gelée. En effet, la gelée, saisissant les tuyaux sortant de la machine, les fait éclater, et cause un dommage irrémédiable. Cela est arrivé à l'Association de Drainage du département de l'Oise, à Beauvais, vers la fin de 1851. Un pareil accident n'a pas rebuté M. Vitard, qui met tant de zèle à faire adopter le drainage dans son département; mais il eût été de nature à nuire considérablement ailleurs à la vulgarisation du nouveau système d'assainissement.

Mais on a soulevé une objection dont il est nécessaire de dire quelques mots. Pourquoi, a-t-on écrit récemment, se servir de tuyaux pour lesquels il faut monter une fabrication toute spéciale? Pourquoi ne pas employer simplement des pierres, comme faisaient nos ancêtres dans leurs travaux d'assainissement des sols humides, à l'aide de fossés couverts dont le fond était rempli de pierres? Souvent celles-ci sont en très-grande quantité à la surface du champ ou dans le sous-sol; on est obligé de les enlever à grands frais. Pourquoi ne pas les employer, au lieu de tuyaux? Pourquoi aussi ne pas se servir de matériaux qu'on trouve en certains pays presque pour rien, de laitiers des hauts fournaux, par exemple?

Un des principaux avantages du drainage, tel qu'on l'exécute à l'aide des tuyaux, consiste surtout dans la diminution du prix de revient de cette opération. Ce prix est descendu en moyenne à 200 ou 250 francs l'hectare, au lieu de 700 ou 800 francs que coûtaient les travaux d'assainissement opérés selon les anciens errements. Un pareil résultat est dû surtout à l'emploi de tuyaux qui n'exigent que des tranchées très-étroites, exécutées avec un déblai *minimum*. On se sert, dans ce but, d'instruments spéciaux, dus aux draineurs anglais, et qui abaissent considérablement le prix de revient de la fouille du sol. Nous ne croyons pas qu'avec d'autres matériaux que les tuyaux on pourrait se contenter de tranchées aussi étroites que celles qui suffisent dans le système que nous défendons.

Certainement les instruments nouveaux pourraient aussi servir à creuser les drains destinés à être empierrés; mais il ne nous paraît pas démontré que les pierres mises à la place des tuyaux au fond des tranchées dussent produire un effet aussi durable et surtout aussi général. Dans la méthode actuelle de drainage, on a en vue un assainissement uniforme de tout un terrain, et on obtient ce résultat par la dépendance que l'on établit entre toutes les lignes de tuyaux parallèles et les lignes de tuyaux collecteurs qui ramassent les eaux partielles.

Les tuyaux bien établis ne se bouchent jamais; et, pour obtenir un ensemble aussi parfait avec des drains empierrés, dont l'obstruction fût impossible, il serait nécessaire de faire des frais de pose bien plus élevés que ceux d'achat et ensuite de placement des tuyaux. Les pierres, en effet, devraient être placées de manière à laisser un canal toujours bien ouvert; et la pratique démontre que, dans ce cas, le prix *minimum* d'un drainage avec des pierres est encore le prix *maximum* d'un drainage avec tuyaux dans les circonstances les plus difficiles. Dans tous les cas, on ne devrait employer les pierres qu'après les avoir laissées durant plusieurs mois exposées aux intempéries et à l'action de l'air; sans cette précaution, elles conservent à leur surface une couche de glaise qui fait que les drains empierrés construits avec des pierres fraîches s'obstruent avec une grande facilité.

CHAPITRE V

Des formes à donner aux tuyaux

Nous avons dit que c'est vers 1843 que M. John Read eut l'idée d'employer des machines pour fabriquer des tuyaux destinés à remplacer tous les autres matériaux dont on s'était servi jusqu'alors en France et en Angleterre pour garnir le fond des fossés de drainage. Les machines à faire les tuyaux ne furent pas, du reste, alors une invention nouvelle. Il ne faut pas croire qu'on doive à toute force, pour réussir, aller chercher des modèles en Angleterre, et recourir à des machines nouvellement brevetées. Tout en décrivant ces machines, afin d'éclairer, autant qu'il est en nous, les agriculteurs qui voudront drainer leurs champs, nous insisterons sur ce fait qu'on doit chercher à fabriquer les tuyaux par les procédés les plus faciles et les moins coûteux. Or, des appareils très-simples pourraient être employés à la fabrication des tuyaux de drainage; les grandes machines ne sont nécessaires que dans les fabriques où on se propose de faire des quantités très-considérables de tuyaux.

Le principe commun de toutes les machines à faire les tuyaux consiste à forcer la terre, par une forte pression, à passer à travers un trou pratiqué dans une plaque; au centre du trou se trouve maintenu, laissant un espace annulaire vide, un noyau; la terre pénètre entre ce noyau et les parois du trou, et elle en sort en se moulant selon la forme qu'on désire lui donner. On a beaucoup discuté à cet égard. On est tombé d'accord sur l'usage de donner à tous les tuyaux environ $0^m.33$ de longueur; mais on avait cru d'abord que la forme cylindrique (fig. 57) ne pouvait convenir que pour des tuyaux de petite dimension, n'ayant que 25 ou 30 millimètres de diamètre intérieur, et environ 50 millimètres à l'extérieur.

Fig. 57. — Tuyau cylindrique.

Dès que les dimensions devaient être plus considérables, on prétendait que la forme ovoïde (fig. 58) ou à section

Fig. 58. — Tuyau à section elliptique.

elliptique serait bien préférable. Les raisons alléguées en sa faveur consistaient en ce que l'on prétendait que l'eau y séjournerait moins que dans les tuyaux cylindriques, et qu'elle y conserverait, même lorsqu'elle ne serait qu'en petite quantité, une vitesse suffisante pour s'opposer à la formation de dépôts dans l'intérieur des conduits. Une difficulté seulement se présentait : c'est que, ces tuyaux ayant peu d'assiette au fond de la tranchée et se dérangeant facilement, la pose ne s'en effectuerait pas commodément. Pour éviter cet inconvénient, on proposa de conserver la section elliptique à l'intérieur du tuyau, mais de ménager un empâtement à l'extérieur. Dans les tuyaux moyens, ayant 60 millimètres de diamètre intérieur et 80 millimètres de diamètre extérieur, l'empâtement consistait en un rebord destiné à augmenter l'assise (fig. 59). Dans les gros tuyaux ayant 80 millimètres de diamètre intérieur et 110 millimètres de diamètre extérieur, l'épaisseur de la poterie était assez grande pour qu'il suffît de terminer en plan la partie inférieure (fig. 60).

Mais toutes ces formes doivent être reléguées parmi les inventions inutiles. Les travaux de drainage ne compor-

Fig. 59. — Tuyau avec empâtement.

tent aucune complication. C'est pourquoi nous ne croyons pas que, dans le plus grand nombre de cas, il soit absolu-

Fig. 60. — Gros tuyau ayant une base plane.

ment nécessaire, comme on l'a prétendu, d'engager les extrémités des tuyaux dans des colliers ou manchons en terre cuite, ainsi que le représente la figure 61, au lieu de

Fig. 61. — Tuyaux réunis par un manchon ou collier.

les placer simplement bout à bout. Ces colliers, qui ont été employés dans un certain nombre de grands drainages, ont de 0m.07 à 0m.10 de longueur, et un diamètre intérieur un peu supérieur au diamètre extérieur des tuyaux qu'ils sont destinés à embrasser, afin que ceux-ci y entrent facilement.

Pour éviter l'emploi des colliers, et afin de faire en sorte que les tuyaux placés bout à bout ne se dérangeassent pas et qu'ils restassent plus solidaires les uns des autres, on a aussi proposé de terminer leurs extrémités par des lignes courbes s'enchevêtrant les unes dans les autres (fig. 62). Ces sections en lignes courbes peuvent s'obtenir facilement par une légère modification dans les appareils qui sont destinés à couper les tubes de longueur, et que nous verrons

Fig. 62. — Tuyaux s'enchevêtrant par sections à diverses courbures.

plus loin. Mais nous ne regardons cette invention que comme une complication inutile lors de la pose des tuyaux, à cause de l'attention qu'elle exige des ouvriers.

L'emploi de tuyaux à renflements, ainsi que l'usage de tuyaux coniques, comme ceux que M. Hamoir nous a appris avoir été découverts aux environs de Maubeuge (1), ne nous semblent pas non plus présenter les avantages qu'on leur a attribués. On a pris récemment en Belgique et en France des brevets d'invention pour une machine fabriquant directement, à l'une des extrémités des tuyaux cylindriques, un renflement dont la figure 63 donne le dessin,

Fig. 63. — Tuyau à renflement.

et la figure 64 la coupe longitudinale. Ces tuyaux seraient destinés à amener la suppression des manchons. Le ren-

Fig. 64. — Coupe longitudinale d'un tuyau à renflement.

flement n'a qu'une longueur égale à la moitié seulement des manchons; il est par conséquent moins coûteux. Partout

(1) Voir p. 28.

où l'emploi des manchons est avantageux, celui de ces tuyaux nous paraît devoir être préféré.

Nous n'attachons aucune importance à l'idée de se servir de colliers criblés de trous, pour rendre plus facile l'introduction dans les tuyaux de l'eau dont il s'agit de se débarrasser. L'expérience a démontré que l'eau trouve assez d'issues entre les joints toujours imparfaits des tuyaux. Nous ne croyons donc pas qu'il y ait lieu de recommander d'autres tuyaux que les tuyaux cylindriques, placés bout à bout, et ayant des dimensions variant suivant la quantité d'eau qui doit s'en écouler. Les filières à travers lesquelles on fera passer la terre pour mouler les tuyaux de drainage devront donc être rondes, et analogues à celles employées depuis longues années déjà dans la fabrication des tuyaux de conduite d'eau.

CHAPITRE VI

Notions préliminaires sur les machines à fabriquer les tuyaux de drainage

Presque toutes les machines à fabriquer ou à mouler les tuyaux de drainage ont leur origine dans les anciennes presses employées en France, en Allemagne, et ailleurs, pour faire les tuyaux de grès qui sont usités en beaucoup de lieux pour conduire les eaux potables et le gaz d'éclairage. Alexandre Brongniart, dans son *Traité des Arts céramiques* (1), en donne une description que nous allons reproduire. On verra que les inventeurs de machines à faire les tuyaux de drainage n'ont pas eu réellement à faire de grands efforts d'imagination.

« Je prends pour exemple, dit l'illustre ancien directeur de la manufacture impériale de Sèvres, la presse de Voisin-

(1) T. II, p. 241 (1844).

lieu, à Beauvais, dont M. Ziegler me permit de prendre le dessin en 1842. Elle diffère peu de celle de M. Boch-Buchmann, de Mettlach (Meurthe), que j'avais vue et dessinée en 1835.

« Elle est représentée en coupe (fig. 65) et en plan

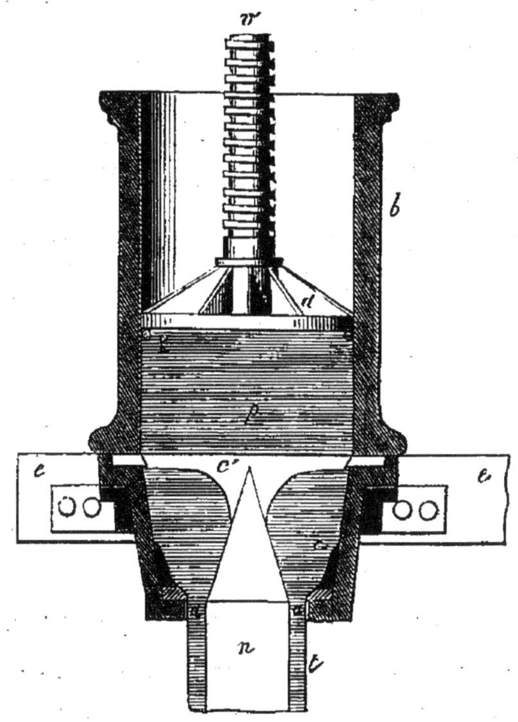

Fig. 65. — Ancienne presse à faire les tuyaux (coupe verticale).

(fig. 66). Elle consiste en une boîte cylindrique en fonte *b*, dans laquelle on met l'argile *p*. Un piston ou plateau circulaire *d*, également en fonte, est abaissé dans cette boîte par la vis *v*, et, comprimant fortement l'argile, il la force de sortir par l'espace *c* allant en se rétrécissant, et ensuite par l'espace annulaire *a* laissé entre les parois de la boîte et le noyau *n*. Ce noyau est tenu dans l'axe de la boîte au moyen d'une traverse en couteau à lame dentelée *c'*, qui coupe la masse d'argile descendante; mais les deux parties, d'abord séparées, se rapprochent par suite de la pression, et, se réunissant d'une manière très-intime, elles forment un tuyau cylindrique *t*, qui peut avoir une longueur indéfinie.

« Dans beaucoup de ces presses, lorsque la boîte est vide, il faut remonter le piston assez haut pour qu'on puisse charger la boîte d'argile par-dessus son bord supérieur sans être gêné par le piston. Ici, à l'aide de la poignée postérieure *q* (fig. 66), on la glisse sur la table *e*, on

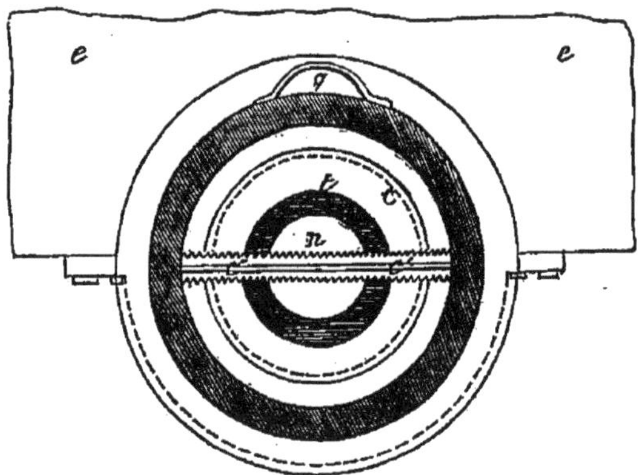

Fig. 66. — Ancienne presse à faire les tuyaux (plan).

la charge à l'aise, et on la repousse exactement à sa place, au moyen de repères qui l'empêchent de se déranger.

« Les tuyaux de grès frais, et par conséquent flexibles, sont reçus dans une gouttière de bois demi-cylindrique, qui est assez inclinée pour permettre au tuyau de s'avancer sans tiraillement ni frottement. Si on le laissait descendre verticalement, il s'allongerait aux dépens de son épaisseur, et se romprait.

« Ces mêmes procédés et ces mêmes précautions sont suivis dans la fabrique de M. Riechenecker, à Ottweilers (Haut-Rhin), si ce n'est que l'argile éprouve, pour sortir de la boîte, une très-forte compression par une presse hydraulique qui la comprime et la pousse. En outre, il y a deux boîtes à argile fixées sur un même chariot, qui peut aller et venir latéralement et faire sortir successivement chaque boîte vide de dessous le piston, tantôt d'un côté, tantôt de l'autre ; en sorte que, quand la boîte en service est vide, on la pousse à droite au moyen du chariot qui amène celle de gauche, pleine d'argile, sous le piston, pour être vidée à son tour. Pendant ce temps, l'ouvrier remplit la boîte vide de droite ; en la poussant sous le piston, il repousse à gauche, pour la remplir, la boîte qui vient de se vider, et ainsi de suite. Ainsi, le temps du remplissage n'est pas perdu.

« On place sur l'argile, au-dessous du bord d'application du piston contre les parois de la boîte, une petite corde de chanvre à peine tordue, qu'on voit en coupe en *k* (fig. 65), pour empêcher l'argile de remonter entre ce bord et ces parois ; cela permet de ne pas donner au piston une justesse précise, qui augmenterait d'autant plus les frottements qu'il serait bien difficile d'empêcher un peu d'argile de s'introduire entre les deux pièces.

« Le diamètre des tuyaux faits ainsi peut s'étendre de 75 millimètres à 3 décimètres. Leur longueur serait indéfinie, mais on ne donne ordinairement aux bouts que depuis 1 mètre jusqu'à 2 mètres... Ces tuyaux sont cuits, situés verticalement dans un four carré à voûte percée de carneaux. Il y a dans ce four plusieurs petits planchers qui permettent d'en placer plusieurs rangées les unes au-dessus des autres. »

Cette description peut s'appliquer, presque sans en changer un mot, à plusieurs des machines à mouler les tuyaux de drainage dont l'importation d'Angleterre en France a fait grand bruit. Mais ce n'est pas seulement dans le but peu important de revendiquer pour l'industrie nationale les principes de la construction des machines à faire les tuyaux de drainage que nous avons reproduit le passage précédent du *Traité des Arts céramiques*; nous avons surtout voulu faire comprendre qu'il n'est pas nécessaire, pour exécuter les travaux de drainage, de faire venir d'Angleterre des modèles de machines, et montrer que les Comices ou les Sociétés d'Agriculture pourraient, au lieu de consacrer leurs fonds à l'achat de machines étrangères, s'adresser aux fabriques de poteries de leurs localités et obtenir d'excellents tuyaux. En Lorraine, en Alsace, dans le Nivernais, dans le Sud-Ouest, à Toulouse, etc., il existe des manufactures où l'on fait des tuyaux de grès pour la conduite des eaux; à plus forte raison pourrait-on y fabriquer des tuyaux de drainage, qui exigent beaucoup moins de soins. Les subventions du Gouvernement en faveur du drainage seraient mieux placées, selon nous, si on les appliquait à récompenser l'exécution de travaux modèles plutôt qu'à acheter ou à distribuer des machines qui existent en beaucoup de lieux sans qu'on s'en doute.

On a fait une espèce d'obscurité autour de la question du drainage; on a, comme à plaisir, exagéré les difficultés; on a fait croire à quelque chose de tout nouveau, exigeant des ouvriers, des matériaux, des instruments, un outillage tout à fait spéciaux. Nous croyons rendre service à notre pays en dépouillant la question de tout son prestige, en montrant qu'il s'agit seulement de quelques perfectionnements dans des opérations dont nos pères avaient compris toute l'importance, puisqu'il n'y a pour ainsi dire pas de localité où on ne trouve des fossés d'assainissement couverts. Tout le mérite de l'époque actuelle est d'avoir rendu ces opérations moins coûteuses.

Les frais peuvent encore diminuer, si on cherche à réduire l'outillage à sa plus simple expression. Avant d'entrer dans la description des principales machines dont il a été question jusqu'à ce jour, nous dirons donc encore que l'on doit conseiller avant tout une machine peu coûteuse ; car il faut songer que, les travaux de drainage achevés, ces machines deviendront complétement inutiles, à moins qu'on ne les utilise à la fabrication des briques.

Ces préliminaires posés, on peut diviser les machines à fabriquer les tuyaux de drainage en deux catégories :

Les machines intermittentes ; dans presque toutes la terre est forcée de passer à travers des moules par un piston mobile dans une boîte ;

Les machines continues ; dans les principales la terre est poussée à travers les moules par deux cylindres lamineurs qui la compriment.

CHAPITRE VII

Principes des machines intermittentes

Le principe commun de toutes les machines intermittentes, de celles au moins qui sont le plus usitées, consiste à faire avancer, à l'aide d'une crémaillère mue par un engrenage convenable, un piston dans l'intérieur d'une boîte dont la face opposée à ce piston est munie de moules ou filières.

Ces machines à piston paraissent l'emporter de beaucoup en Angleterre sur toutes les autres. Ce sont d'ailleurs les plus anciennement employées. Elles sont fondées exactement sur les principes de la presse à fabriquer les tuyaux, dont nous avons donné la description page 147. En voyant plus loin la machine de Clayton, qui est la première de ces machines qui ait été introduite en France, il ne restera aucun doute à cet égard dans l'esprit du lecteur. Toutefois, il paraît aujourd'hui que les machines de Scragg et de Whitehead lui disputent avec succès le premier rang. Voici, en effet, ce que nous lisons dans le Rapport adressé par M. Pusey au Président du jury de l'exposition universelle de Londres en 1851, au nom de la section chargée de l'examen des instruments d'agriculture (1) : « La dernière classe des machines que nous avons à examiner, laquelle concerne les travaux de drainage, devrait peut-être occuper le premier rang, parce que le drainage est le seul moyen de faire une bonne culture sur les champs qui restent humides. Mais beaucoup de terrains ne réclament pas le drainage, et d'ailleurs il ne doit pas constituer un travail régulier de la part du fermier; c'est plutôt une opération que doit faire une fois pour toutes le propriétaire.

« Il y a douze ans que les rigoles de drainage étaient faites avec des tuiles courbes et des soles plates, fabriquées à la main, et coûtant respectivement 62f.50 et 31f.25 le 1000. On y a substitué des conduits fabriqués par des machines poussant, en la comprimant, l'argile à travers des orifices circulaires, exactement comme on fait le macaroni à Naples; le prix de ces tuyaux varie de 15 à 25 fr. le 1000. L'ancien prix était presque de nature à faire proscrire l'exécution du drainage sur une vaste échelle, excepté cependant pour le cas où on trouvait des pierres sous sa main.

« La nouvelle invention a réduit les frais de cette amélioration du sol, entreprise en grand, au taux de 185 à 250 fr. l'hectare, ce qui n'excède pas le prix d'une bonne fumure donnée à une simple récolte de turneps dans plusieurs

(1) *The Journal of the Royal agricultural Society of England*, t. XII, p. 638.

districts bien cultivés. Ce résultat a été obtenu par l'émulation de nos mécaniciens, émulation si ardente que, en 1848, il n'y avait pas moins de 34 machines différentes au meeting de York. Depuis lors, la lutte s'est restreinte dans la pratique à trois seulement, sur lesquelles je vous soumettrai le présent Rapport de M. A. Hamond.

« *Essai des machines à fabriquer les tuyaux.* — Je recommande spécialement à l'attention du jury les machines à faire les tuyaux et les briques de M. Clayton, de M. Scragg et de M. Whitehead.

« J'ai commencé d'abord par éprouver leur qualité à bien épurer la terre. Le résultat de l'expérience a été que, en cinq minutes,

		kil.	
La machine de Clayton	a épuré	148.4	avec 2 hommes et 1 enfant.
La machine de Whitehead	—	163.8	avec 2 hommes.
La machine de Scragg	—	91.6	avec 2 hommes.

« Je préfère l'épuration par la machine de M. Clayton en ce que la portion extraite consiste presque exclusivement en petites pierres, tandis que, dans la partie séparée par les machines de M. Whitehead et de M. Scragg, il restait une forte proportion d'argile.

« Dans la fabrication de larges tuyaux ayant 0m.229 de diamètre, à l'aide d'une décharge horizontale et d'un cylindre, la machine de M. Whitehead s'est montrée excellente.

« M. Scragg a beaucoup simplifié la disposition intérieure de sa machine par la substitution d'une chaîne à la roue et à son pignon; les tuyaux de cette machine ne peuvent pas être surpassés pour l'uniformité et la régularité de la forme.

« Après un examen attentif du travail de ces machines, nous recommandons la décharge *horizontale* de M. Scragg et de M. Whitehead, de préférence à la décharge *verticale* de M. Clayton; mais nous appelons spécialement votre attention sur le moule patenté de Robert, pour faire les briques creuses et à assemblage, dont est munie la machine de M. Clayton. A. HAMOND. »

La remarque qui termine cette citation prouve qu'en Angleterre on se préoccupe, avec raison, de la nécessité d'employer aussi les machines à faire les tuyaux de drainage à la fabrication des tuiles et des briques. Nous reviendrons plus loin sur ce point.

Dans la première partie de cette même citation de l'autorité la plus récente et la plus impartiale de l'Angleterre en fait de machines à faire les tuyaux de drainage, on voit aussi que chaque machine doit, selon les ingénieurs anglais, pouvoir épurer sa terre; c'est une condition dont on se préoccupe aussi en France, puisque nous avons vu, comme nous l'avons dit précédemment (1), la machine de M. Thackeray servir à cet usage dans la fabrique de M. de Rothschild, à Ferrières.

On a essayé, dans plusieurs machines, de nettoyer la terre en même temps qu'on fabriquait les tuyaux. Pour cela, on a imaginé de placer une grille derrière le moule ou filière, de manière à arrêter toutes les petites pierres et à ne laisser arriver à la filière qu'une terre très-propre. Mais cette opération retarde la marche et par suite le rendement de la machine. Il y a économie de temps et de main-d'œuvre, et exécution de meilleurs produits, quand on sépare les deux opérations, et quand d'abord on épure pour fabriquer ensuite.

(1) Voir p. 125.

CHAPITRE VIII

Principes des machines continues

Dans les machines à action continue, la terre est jetée à l'aide d'une trémie dans un véritable malaxeur qui la pousse à travers les moules, ou bien elle est placée au-dessus de deux cylindres engrenant l'un avec l'autre de manière à se mouvoir en sens contraire ; elle est alors entraînée dans l'espace resté libre entre les surfaces des deux cylindres, fortement corroyée et pressée du côté où les surfaces cylindriques, après s'être rapprochées, s'éloignent l'une de l'autre. La terre rencontre de ce côté les filières, qui seules lui offrent une issue ; elle se moule alors en tuyaux.

Ces machines ne paraissent pas devoir se répandre autant que celles de la catégorie précédente ; elles sont capricieuses, s'il est permis de parler ainsi, c'est-à-dire qu'elles ne peuvent pas travailler avec toute espèce de terre. Elles présenteraient sans cela l'avantage incontestable de fournir des tuyaux sans subir l'interruption que nécessite, dans les machines précédentes, le remplissage des boîtes à glaise, lorsque le piston est arrivé à la fin de sa course Il est vrai que l'emploi de deux pistons accouplés a beaucoup diminué la perte de temps que causaient ces dernières.

CHAPITRE IX

Étirage des tuyaux

Quelles que soient les machines dont on se serve pour l'étirage, la forme des tuyaux est obtenue à l'aide d'un moule ou d'une filière, organe identique dans tous ces appareils.

La filière est une plaque de fer que l'on visse en avant de la boîte à glaise. Cette plaque est percée d'autant de trous que l'on veut faire à la fois de lignes de tuyaux. Ces trous sont circulaires; ils ont le diamètre intérieur des tuyaux (fig. 67). Au centre de chaque trou se présente un petit cylindre ayant le diamètre intérieur des tuyaux. Ce cylindre de fer ou noyau *a* (fig. 68) est porté par une tra-

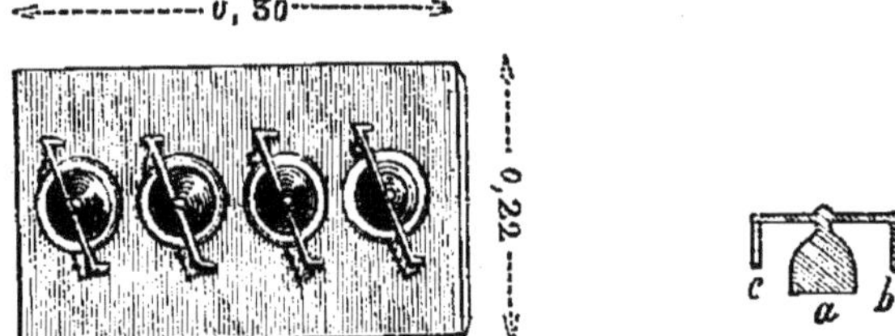

Fig. 67. — Filière pour mouler les tuyaux. Fig. 68. — Noyau de la filière.

verse horizontale et deux montants verticaux *b* et *c*, faisant corps avec la plaque. De cette façon, il reste un vide annulaire à travers lequel la terre sort en se moulant en tuyaux.

Pour ôter les tuyaux de dessus les tables sur lesquelles ils glissent au sortir des filières, on se sert de mandrins en bois attachés à un même manche, de manière à former comme les dents d'un peigne (fig. 69). Chacun de ces man-

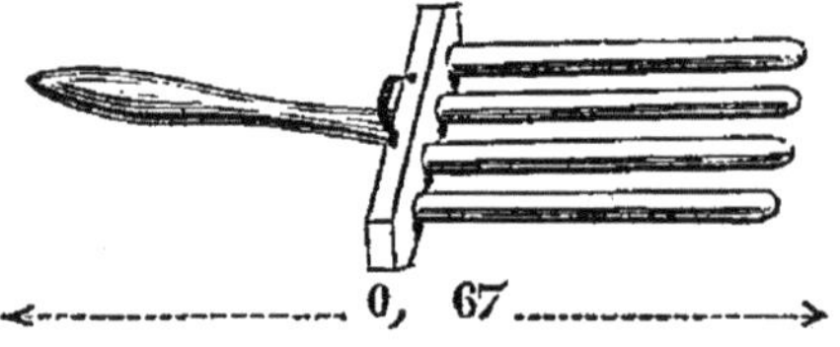

Fig. 69. — Mandrins pour saisir les tuyaux.

drins ou cylindres de bois pénètre dans les tuyaux, qu'on

porte alors, sans les déformer, sur les claies que nous décrirons quand nous parlerons du séchage. Les peignes ont autant de mandrins que l'on étire de tuyaux à la fois.

Une curette (fig. 70) sert à bien nettoyer les boîtes à glaise et les filières de tous les corps étrangers, et notamment de l'argile, provenant d'une opération précédente, afin d'éviter les défauts d'homogénéité dans les tuyaux.

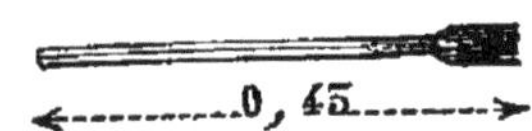

Fig. 70. — Curette pour nettoyer les machines.

Une qualité essentielle que l'on doit particulièrement rechercher dans une machine, c'est qu'elle puisse épurer elle-même la terre de toute matière étrangère, cailloux, pierres, etc. Les machines à piston de M. Clayton ou de M. Rouillier, dans lesquelles le cylindre s'enlève quand la terre a été chassée par le piston, en se séparant facilement alors de la filière, permettent seules une épuration facile. Dans les meilleures machines à boîte rectangulaire de Calla, de Whitehead, de Scragg, de Williams, etc., l'épuration n'est réellement pas possible. En effet, soit qu'on mette une plaque percée de trous en avant de la filière pour épurer en même temps qu'on fabrique, soit qu'on remplace la filière par cette plaque pour épurer avant de fabriquer, une difficulté se présente : comment enlever le gâteau qui reste contre la plaque épuratrice et en bouche les trous? On ne pourrait y arriver qu'en démontant la plaque et en nettoyant ensuite avec la curette. Cette opération demanderait un temps extrêmement long. Au contraire, dans les machines de Clayton, le cylindre vide s'enlève, sans aucune difficulté, pour céder la place au cylindre qu'on a rempli de terre pendant qu'on épurait une charge de pâte, et la curette nettoie immédiatement la plaque épuratrice restée en place. La terre épurée sort en filets analogues à du macaroni; l'ouvrier prend ces filets, en fait une motte de terre en pétrissant avec ses mains, et donne ensuite à la motte une densité suffisante en la jetant de haut sur une table solide (fig. 71), où il finit par en faire une sorte de

Fig. 71. — Pétrissage de la terre épurée.

pain prêt à être placé dans la machine lorsqu'on fabriquera. La table doit toujours être tenue parfaitement propre, afin qu'il ne se mélange jamais à la terre aucune partie dure qui lui ôterait son homogénéité. Dans la fabrique fondée par M. Gareau, et dirigée actuellement par M. Lauret, à la Chapelle-Gauthier (Seine-et-Marne), on épure la terre avec beaucoup de soin, et on obtient ainsi des tuyaux qui ne donnent qu'un déchet presque insignifiant, par rapport à celui que nous avons constaté dans les ateliers où on n'épure pas. Outre ce premier avantage, il y en a encore un autre très-important : c'est que, dans une journée de travail, les deux tiers du temps sont employés à l'épuration, et le tiers seulement à la fabrication. Eh bien ! la fabrication est alors si rapide qu'on fait dans un tiers de journée autant de tuyaux que dans les autres fabriques pendant la journée entière.

Si donc on avait trois machines, deux pour épurer la terre et une seule pour étirer les tuyaux, on fabriquerait en

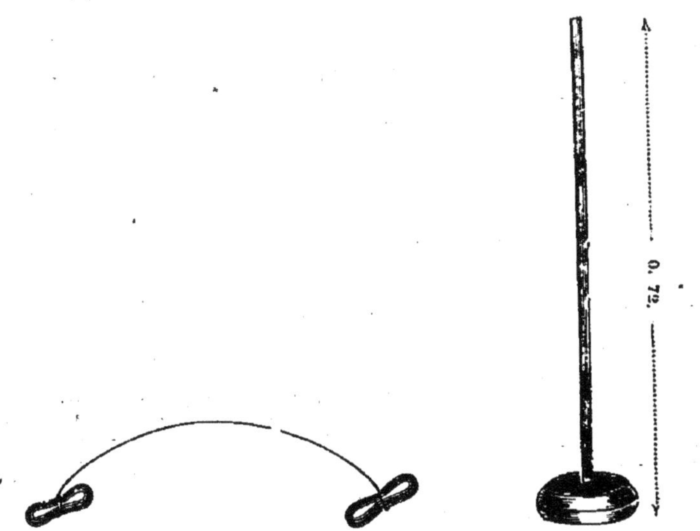

Fig. 72. — Fil de laiton pour couper la terre.

Fig. 73. — Pilon pour tasser la terre dans les boites à glaise.

un jour une quantité de tuyaux égale à celle que produisent les machines qui marchent avec un manége et un broyeur.

La terre bien malaxée, et mieux encore bien épurée, est mise en pains préparés autant que possible le jour même de l'étirage. Ces pains doivent être posés sur des aires extrêmement propres.

Un ouvrier coupe les pains en tranches minces, à l'aide d'un fil de laiton terminé aux deux extrémités par deux poignées (fig. 72). On tasse ensuite la terre à l'aide d'un pilon (fig. 73) dans la boîte qui doit la recevoir avant qu'un piston ou tout autre procédé la force à passer à travers les moules. On nettoie toujours soigneusement la boîte de la machine avec la curette, chaque fois qu'on la remplit. Les tuyaux sortant des moules ou filières sont coupés, à une longueur convenable, par un fil de laiton qui fait partie de la machine.

L'ouvrier qui fait mouvoir le fil coupeur de la machine saisit les tuyaux avec les mandrins, et les place sur des claies mises à sa portée par une femme ou un enfant.

CHAPITRE X

Machine verticale de Clayton

Dans la première machine verticle de M. Clayton (fig. 74), un piston, mû à bras d'homme par une manivelle M et un engrenage *a*, s'abaisse dans un cylindre A plein de la pâte à faire les tuyaux, et en comprimant cette pâte la force à traverser la filière placée à la partie inférieure. Les tuyaux sortent ainsi verticalement, et on les coupe de longueur en les recevant sur un plateau L, qui sert à les transporter au séchoir, et en faisant mouvoir horizontalement un fil de fer tendu entre deux guides D placés au-dessous de la filière.

Pendant que le piston s'abaisse dans ce premier cylindre,

on remplit de terre un second cylindre B, que l'on voit sur l'arrière du dessin, afin de pouvoir le mettre en place aussitôt que le premier est vidé. De cette façon, on ne perd pas de temps dans la fabrication. Pour opérer ce remplacement des cylindres, on relève le piston qui s'est abaissé, en ouvrant une petite soupape placée vers la partie inférieure de ces cylindres. L'air extérieur peut ainsi rentrer sans difficulté.

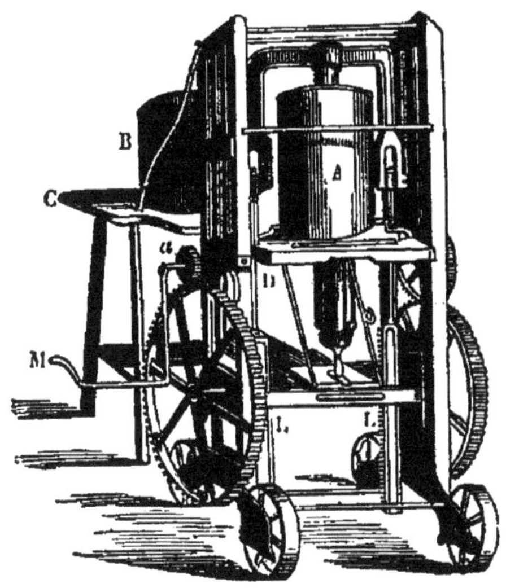

Fig. 74.— Machine verticale de Clayton, à décharge également verticale.

Le piston, étant arrivé au haut de sa course, sort du cylindre, que l'on fait tourner autour d'un axe vertical pour l'amener sur l'arrière de la machine; ce cylindre laisse en place la filière et vient se poser sur un fond, pour qu'on puisse y piloner la nouvelle charge de pâte. Un gâteau tout formé reste sur la surface de la filière, et la terre garnit toujours celle-ci, de sorte que l'opération marche très-régulièrement. Cette machine, non compris les moules, coûte 625 fr.

M. Clayton a placé plus tard les filières ou moules, non

plus sur le fond des cylindres, mais bien latéralement, en N, de telle sorte que les tuyaux pussent se décharger horizontalement (fig. 75), en glissant sur une table R, où des couteaux S, formés simplement par des arcs dont la corde est en fil de fer, s'abaissent et se relèvent pour les couper de longueur. Cette nouvelle machine ne peut être employée sans inconvénient que pour les tuyaux d'un petit diamètre. Sans les moules, elle coûte en Angleterre 750 fr. Elle

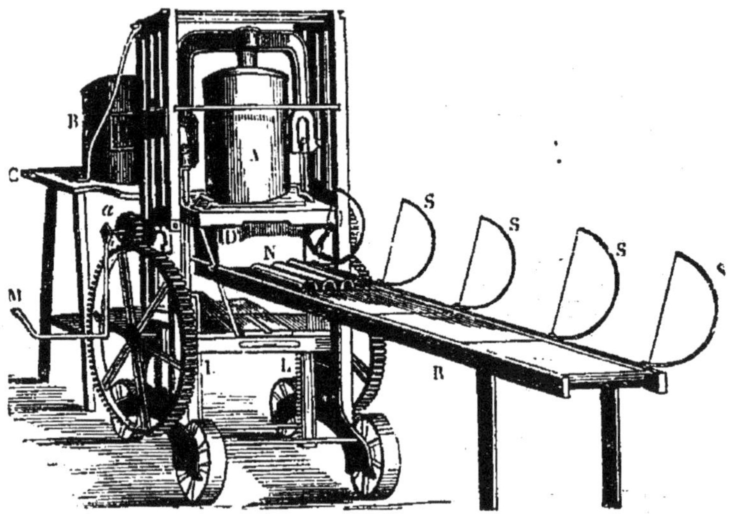

Fig. 75. — Machine verticale de Clayton, à décharge horizontale.

donne jusqu'à 1000 tuyaux à l'heure, mais elle exige cinq ouvriers.

En Belgique, à la fabrique de Haine-Saint-Pierre, la machine complète, avec la table pour charger les cylindres, la table à rouleaux pour couper les tuyaux, les mandrins pour les recevoir, huit moules et la plaque en fer pour épurer la terre, est du prix de 1050 fr. Son poids est de 1250 kilogrammes.

Nous entrerons pour les machines Clayton, à cause de

leur importance, dans quelques détails destinés à faire disparaître toute l'obscurité que pourrait laisser le simple énoncé de leur principe.

Les cylindres A et B (fig. 74 et 75) sont ouverts par les deux bouts, et reliés chacun par des oreilles à douille à une tige verticale autour de laquelle ils peuvent tourner. Un levier, mû par une pédale inférieure, agit sur les douilles qui glissent le long de la tige, et permet de soulever chaque cylindre séparément. Ces cylindres servent alternativement au travail : l'un repose sur une table C, fixée à l'arrière de la machine, tandis que l'autre s'appuie sur une plaque d'assise D, et y est maintenu au moyen de petits taquets mobiles. La tige du piston qui presse la terre est reliée en haut à une pièce, dont les branches verticales sont terminées inférieurement en crémaillères L, L. Sur celles-ci agissent des pignons auxquels le mouvement de la manivelle est transmis.

Une caisse en fonte N est établie au-dessous de la plaque d'assise du cylindre, et sa face antérieure reçoit le moule dans la machine à décharge horizontale (fig. 75). La table R, formée d'une toile sans fin, tendue sur des rouleaux en bois, supporte les tuyaux, qui sont coupés à la longueur voulue par les archets S.

Quand on emploie la décharge verticale (fig. 74), la caisse en fonte n'existe pas ; le moule est appliqué directement sur la table D, au fond du cylindre.

Pendant que l'ouvrier fait descendre le piston en tournant la manivelle, un second ouvrier, placé sur le marchepied de l'arrière, remplit le cylindre B (fig. 74 et 75) avec de l'argile qu'il tasse fortement ; il place sur la partie supérieure de celle-ci un disque en bois d'un diamètre un peu plus petit que celui du cylindre. Quand le piston est arrivé au bas de sa course, l'ouvrier qui fait mouvoir la machine, après avoir ouvert une petite ouverture percée vers le bas dans la paroi du cylindre pour permettre l'entrée de l'air, tire l'axe de la manivelle dans le sens de sa longueur, de manière à désengrener le pignon *a*, et à engrener un second pignon à une contre-roue située du côté opposé de la machine, et calculée de manière à ce que l'on puisse ramener le piston au haut de sa course en un temps court, au moyen de quatre tours de manivelle seulement.

L'ouvrier placé à l'arrière agit alors sur la pédale, soulève un peu le cylindre A, l'attire à lui, l'amène sur une table dans la même position que le cylindre B, et enlève le disque en bois qui est resté sur le haut de la caisse. Posant ensuite le pied sur la seconde pédale, il soulève le deuxième cylindre B, le pousse au-dessus de la plaque d'assise, le laisse descendre, et l'y assujettit à la place de A. Pendant que l'on fait de nouveau descendre le piston, l'ouvrier remplit le cylindre arrivé sur l'arrière pour le substituer de nouveau à celui qui est sur le devant lorsqu'il sera vide, et ainsi de suite. Des aides en nombre suffisant manœuvrent l'appareil à couper les tuyaux, enlèvent ceux-ci, et les transportent au séchoir.

Le travail marche presque sans interruption; car il ne faut qu'un temps très-court pour relever le piston et pour changer les cylindres. Dans les autres machines, il y a au contraire un temps d'arrêt considérable, nécessité par le remplissage de la caisse à argile.

M. Gareau, membre du Conseil général de Seine-et-Marne, a importé en France, dès 1848, les machines verticales de M. Clayton : cet agriculteur distingué, qui a fait faire un grand nombre de tuyaux et qui a une grande habitude des travaux de drainage, préfère, pour les tuyaux cylindriques, les seuls que l'on doive conseiller aujourd'hui, la décharge verticale. Ce mode de décharge a, selon lui, l'avantage de ne pas déformer les tuyaux, et de ne pas exiger, par la suite, autant de main-d'œuvre pour les rebattre ou les rouler. Nous devons dire que le plus grand nombre de draineurs n'adopte pas cette manière de voir, et que presque partout on se sert de décharges horizontales. Les raisons de M. Gareau en faveur de la décharge verticale nous ont paru déterminantes pour la facilité de l'épuration. Sur ce point, l'opinion des autres draineurs nous semble ne pas être aussi bien motivée; nous y reviendrons plus loin.

CHAPITRE XI

Machine de Cottam et Hallem

MM. Cottam et Hallem, de Londres, ont envoyé à l'exposition universelle de toutes les nations, en 1851, une petite machine du genre des machines à piston et à cylindre vertical de M. Clayton. Le mérite de cette nouvelle machine consiste surtout dans sa légèreté et dans la modicité de son prix. Elle ressemble beaucoup à la presse à faire des tuyaux dont nous avons donné la description (fig. 65 et 66). Nous croyons qu'on s'occupe de construire en France sur ce modèle des machines qui seraient appelées à y avoir du succès. Deux montants verticaux supportent deux paires d'engrenages qui font monter ou descendre un piston de $0^{m}.20$ environ de diamètre, comme cela a lieu pour les machines Clayton. Le cylindre qui contient la terre est en tôle mince; il repose sur un coffre carré, à l'un des côtés duquel s'adapte la filière ou le moule d'où sortent les tuyaux, qui sont reçus sur une table à rouleaux. Tout cet appareil est monté sur une forte brouette. Le cylindre porte deux oreilles au moyen desquelles on peut le soulever. Quand il est vide, et que le piston est relevé, on le remplace par un second cylindre que l'on a rempli pendant que le piston fonctionnait dans le premier.

CHAPITRE XII

Machine de Hatcher

La déformation qu'éprouvent les tuyaux dans les machines à décharge horizontale, semble provenir surtout de la fixité de la table sur laquelle ces tuyaux doivent glisser à leur sortie des filières ou moules. Cette difficulté a été vaincue en partie et en premier lieu par M. Hatcher, de Beneden, duché de Kent. La machine de ce fabricant est représentée par la figure 76; elle a été inventée en 1846, c'est-à-dire à peu près à la même époque que celle de M. Clayton. On voit qu'une toile sans fin vient aider le glissement des tuyaux à la sortie des filières. Cette machine a eu un succès mérité dans quelques contrées de l'Angleterre, à cause de la rapidité de sa production. Elle a été importée en France par M. de Rothschild. Elle donne par heure :

1000	tuyaux de	0m.025	de diamètre.
800	—	0m.031	—
580	—	0m.044	—
320	—	0m.034	—

CHAPITRE XIII

Machine de Webster

Au lieu de laisser le cylindre vertical, ainsi que cela a lieu dans la machine de M. Clayton, ce qui fait que le piston descend verticalement tandis que les tuyaux sortent horizontalement, on a eu l'idée de rendre aussi le cylindre hori-

Fig. 76. — Machine de Hatcher.

zontal. Cette idée est réalisée d'une manière heureuse dans la machine de M. Webster; la figure 77 en fait facilement

Fig. 77. — Machine de Webster.

comprendre les dispositions essentielles. L'emploi d'une roue à levier a permis de réduire un peu les engrenages, et la machine occupe très-peu de place. Cependant son poids est trop considérable; comme elle est entièrement en fonte et en fer, elle pèse huit tonnes, ce qui ferait qu'en France son prix serait assez élevé.

CHAPITRE XIV

Machine de Williams

La même disposition horizontale pour la boîte destinée à recevoir la terre est adoptée dans la machine de

M. Williams, de Bedford (fig. 78). La boîte qui contient l'argile a une capacité de 24 litres ; elle est rectan-

Fig. 78. — Machine de Williams.

gulaire, et fermée par un couvercle que l'on maintient à l'aide d'un levier qu'on aperçoit dans le dessin. Le piston est poussé par une crémaillère, et les tubes chassés par elle glissent, à leur sortie du moule, sur une table formée par des cylindres de bois roulant sur leur axe. Des fils de fer mobiles, comme dans la machine de Clayton, coupent les tuyaux de longueur. Un ouvrier et un enfant suffisent pour la faire manœuvrer, et elle produit 250 à 300 tuyaux à l'heure. Cette machine ne coûte, avec un seul moule, que 310 fr. en Angleterre. D'après un Rapport officiel de M. Lefour, inspecteur général de l'agriculture, elle se fabrique en Belgique moyennant 250 à 300 fr. Dans le catalogue de la fabrique belge de Haine-Saint-Pierre, elle est cotée 600 fr., mais avec douze moules pour tuyaux et manchons, sa table à rouleaux, et une table à trois couteaux pour couper à moitié épaisseur les tuyaux qui doivent former les manchons. Son poids est de 650 kilogrammes. En France, M. Laurent ne peut la livrer qu'au prix de 700 fr.

Pour donner une idée exacte du mode de travail des machines à caisses rectangulaires, avec pistons se mouvant

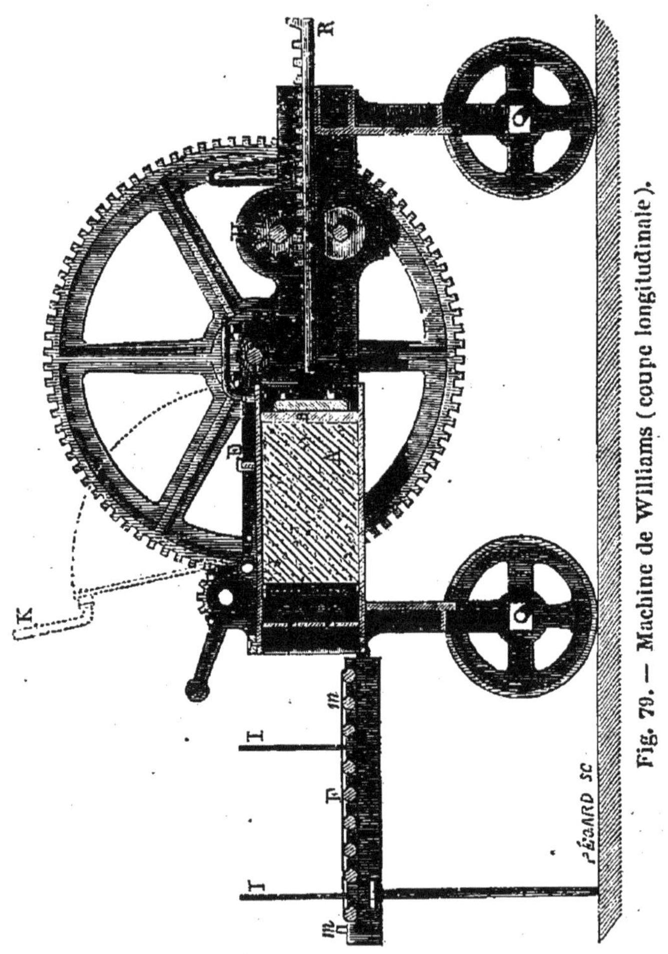

Fig. 79. — Machine de Williams (coupe longitudinale).

horizontalement, nous placerons ici (fig. 79) une coupe de la machine William, représentée en perspective fig. 78.

On voit en A la caisse à argile; elle est fermée à la partie supérieure par un couvercle. Un piston B s'y meut horizontalement. La paroi qui est en avant de la caisse est fermée par une plaque en fonte qui compose le moule, et que l'on peut changer à volonté selon les tuyaux que l'on doit fabriquer. Le piston est attaché à une crémaillère R, mise en mouvement par un pignon H, dont l'axe porte un second pignon mis en relation avec un système de roues et de pignons calculé de manière à multiplier la force de l'ouvrier qui met en mouvement la manivelle K. Un ressort T prévient cet ouvrier que le piston est au bout de sa course, par le bruit qu'il fait en passant au-dessus de l'une des dents R, plus élevée que les autres.

A l'avant de la caisse est une table F, composée d'une toile sans fin que portent de petits rouleaux en bois bien mobiles, et sur laquelle les tuyaux se placent d'eux-mêmes, au sortir du moule. En I, I sont des archets reliés à une charnière placée le long de la table; chacun de ces archets est muni d'un fil de cuivre tendu qui sert à couper les tuyaux.

Dans la caisse A, un peu en arrière du moule, est fixé un crible D, composé d'un cadre rempli par un grillage en forts fils de fer qui se croisent à angle droit, et qui ne laissent entre eux qu'un intervalle d'environ 4 millimètres de côté. Ce crible a pour objet de retenir les pierres et les racines que l'argile peut renfermer, c'est-à-dire de l'épurer.

La terre, divisée en minces feuillets, est projetée avec violence, puis tassée dans la caisse A, de façon à y laisser le moins d'air possible. Quand la caisse est pleine, on referme le couvercle et on l'assujettit au moyen d'une barre en fer E. La terre, poussée par le piston, sort en se moulant à travers la filière. Les tuyaux ainsi formés sont coupés et emportés de dessus la toile sans fin F. Quand la caisse est vide, on imprime au piston un mouvement rétrograde, en tournant la manivelle en sens inverse; on soulève le couvercle, on en nettoie le dessous, on enlève les pierres restées devant le crible, et on recharge à nouveau, pour continuer indéfiniment les mêmes manœuvres.

En Belgique on a beaucoup employé les machines de Williams; d'après le Rapport de M. Lefour, il y en avait à la fin de 1850 dans toutes les provinces de ce pays, à l'exception du Luxembourg; le Hainaut en possédait 4, la Flandre occidentale 2, le Brabant 2. M. de Maisons, agriculteur à Batilly par Écouché (Orne), a introduit dans son département la machine Williams; il l'a achetée en 1851 à la fabrique de Haine-Saint-Pierre.

CHAPITRE XV

Machine de Whitehead

La machine de M. Whitehead, de Preston (fig. 80), ne coûte en Angleterre que 525 fr. lorsqu'elle est à simple action. Cette machine est estimée; M. Josiah Parkes l'a conseillée longtemps comme la meilleure. Le dessin que nous donnons la représente fonctionnant dans les deux sens, à l'aide de deux caisses à argile opposées et de deux pistons reliés l'un à l'autre par deux crémaillères. Celles-ci sont commandées par deux pignons et deux couples d'engrenages. Les caisses à argile ou coffres ont 0^{m}.20 de profondeur et 0^{m}.40 de largeur. Il y a un mécanisme analogue à celui des machines à planer les métaux, au moyen duquel chaque piston, arrivé à l'extrémité de sa course, prend un mouvement en sens inverse et rétrograde. Les couvercles sont maintenus à l'aide de rochets à ressort, et sont attachés par des charnières sur le côté de la machine. C'est un moteur quelconque, manége, machine hydrauli-

Fig. 80. — Machine de Whitehead.

que ou machine à vapeur, qui lui donne le mouvement, à l'aide d'une courroie qu'on aperçoit dans la figure.

La machine à simple action est souvent employée ; elle consiste alors uniquement en une boîte rectangulaire en fonte, fermée par un couvercle à la partie supérieure. En arrière est un piston qui fait marcher un double engrenage, communiquant le mouvement à une crémaillère horizontale. Le piston chasse la terre renfermée dans la boîte à travers les filières placées en avant. Cette machine simple ne coûte en Angleterre que 525 fr. Quand la machine est double, ainsi que la représente la figure 80, la même crémaillère mène deux pistons, dont l'un se retire d'une boîte tandis qu'il entre dans l'autre. On remplit de terre l'une des boîtes, tandis que l'autre fournit des tuyaux. De cette façon le travail est à peu près continu, au lieu d'être intermittent. Les tuyaux glissent sur une table munie de rouleaux.

La machine à simple action de Whitehead a été introduite en France par la Société d'Agriculture de Bourges. On en fabrique maintenant à Fourchambault et chez M. Jullien, serrurier-mécanicien à Henrichemont (Cher).

Les Sociétés d'Agriculture de Nevers, d'Orléans, de Nancy, ont acheté cette machine. M. Julien, qui a vendu 810 fr., rendue à Orléans, la machine achetée par la Société d'Agriculture de cette ville, dit qu'il pourrait la livrer maintenant pour 650fr. Cette machine, à Orléans du moins, ne travaille pas rapidement, car elle ne fait que 200 tuyaux par heure, étant servie par 3 ouvriers, l'un pour tourner la manivelle, le second pour mettre la terre préparée dans la boîte, le troisième pour enlever les tuyaux.

CHAPITRE XVI

Machine de Scragg

La figure 81 donne une idée de la forme générale de la machine de M. Scragg, de Tarporley, qui est fort estimée.

Fig. 81. — Machine de Scragg.

En ce moment, M. Laurent, rue de Lancry, à Paris, en construit plusieurs, d'après les conseils de M. le général Morin, directeur du Conservatoire des Arts et Métiers; il les établit pour le prix de 1000 fr.; elles ne coûtent en Angleterre que 750 fr. La machine est montée sur un banc où sont placées deux boîtes rectangulaires, ayant chacune $0^m.25$ de profondeur, sur $0^m.50$ de longueur et $0^m.30$ de largeur, soit $37^{litr.}.05$ de capacité. Elles sont toutes deux fermées à leur partie supérieure par un couvercle à charnière, comme dans la machine de M. Williams; mais ces couvercles sont simplement maintenus par de forts taquets. Deux pistons rectangulaires en fonte sont attachés aux deux bouts d'une même crémaillère horizontale, conduite par un pignon *a* de vingt dents, monté sur le même arbre qu'une roue *b* qui en compte quatre-vingts. Cette roue, de son côté, est conduite par un pignon *c*, muni de douze dents. Cette roue *b*, la crémaillère et les deux pignons *a* et *c*, sont cachés par une boîte en bois mince A, qui recouvre ces parties de la machine.

Le pignon *c* est monté sur l'arbre de la grande roue extérieure *d* de quatre-vingts dents, que montre le dessin. Cette roue *d* est enfin conduite par un pignon *e* de quinze dents, que montre aussi le dessin, et qui est mû directement par la manivelle K. Lorsque la manivelle tourne dans un sens, elle entraîne le pignon *e*, qui à son tour fait tourner dans le même sens la roue extérieure *d*; en conséquence, le pignon *c* tourne encore dans le même sens et fait mouvoir la roue *b*, qui, en tournant, entraîne le pignon *a*. La crémaillère est donc entraînée, et enfonce un piston dans l'une des boîtes, tandis qu'elle retire le second piston de l'autre boîte.

Dans quelques-unes des machines de Scragg, la crémaillère est remplacée par deux chaînes qui s'enroulent sur un arbre placé au milieu de la machine et s'attachent à chacun des pistons. Cet arbre est encore commandé par deux engrenages et deux pignons. Lorsque l'arbre tourne dans un sens, il enroule une chaîne et fait dérouler l'autre. De cette façon, un piston rétrograde en appuyant sur une tige en fer horizontale qui pousse l'autre piston, comprimant alors la terre. Ces dispositions ne nous semblent présenter aucun avantage.

On met de l'argile dans l'une des boîtes tandis que le moule de l'autre débite des tuyaux qui glissent sur une table à rouleaux de bois, où ils sont coupés de longueur par des fils de fer. La seconde boîte se trouve chargée et prête à fournir des tuyaux juste au moment où la première est vidée, et on n'a plus alors qu'à faire tourner la manivelle en sens contraire. Le dessin ne montre que l'une des deux tables sur lesquelles glissent les tuyaux. On fait maintenant, dit-on, avec cette machine, 2000 tuyaux à l'heure, et il suffit pour la manœuvrer d'un homme pour tourner la manivelle, d'un enfant pour remplir l'une des boîtes, et d'un second enfant pour couper et enlever les tuyaux que débite l'autre boîte.

Les trois machines de Clayton, Scragg et Whitehead ont eu chacune une *prize-médaille* à l'exposition universelle de Londres, en 1851.

CHAPITRE XVII

Machine de Brodie

On sera frappé de la grande analogie qui existe entre les machines que nous venons de décrire. Chaque fabricant emploie des engrenages un peu différents, mais sans s'appuyer sur de nouveaux principes. Le nom des machines change, sans qu'on puisse apercevoir de grandes modifications dans leur construction. Quelquefois les légères modifications qu'on apporte sont loin de constituer des améliorations. C'est ainsi, par exemple, que nous trouvons les dispositions adoptées par M. William Brodie, d'Airdrie (Écosse), fort inférieures à celles auxquelles on s'est arrêté dans la machine de Scragg.

Les deux coffres à argile, en effet, sont à côté l'un de l'autre, comme les deux corps de pompe des machines pneumatiques. Les pistons sont commandés par un axe coudé dont les deux coudes sont opposés. L'un des tourillons de l'axe porte un engrenage dirigé par un pignon dont l'arbre reçoit aussi une roue dentée, commandée par un pignon que fait tourner une manivelle. En donnant à la manivelle un mouvement de rotation toujours dans le même sens, on obtient un mouvement alternatif de va-et-vient pour chaque piston, car l'un des coudes fait avancer l'un tandis que l'autre coude fait reculer l'autre. Afin d'éviter de remplir les coffres trop souvent, le constructeur a été obligé de faire des coudes trop prononcés; il en résulte que, lorsque ces coudes sont dans le plan vertical, la résistance, agissant sur un très-long bras de levier, est considérable. Pour obvier autant que possible à cet inconvénient, le constructeur a placé sur l'arbre de la manivelle un engrenage qui, par l'intermédiaire d'un pignon, fait tourner un petit volant chargé de conserver la vitesse acquise et de faire franchir les *points morts*. Mais toutes ces dispositions ne font que compliquer l'appareil, et elles ne lèvent pas la difficulté que l'on rencontre à remplir les coffres à temps pour qu'ils ne travaillent pas à demi-charge. Cette machine ne nous paraît donc pas devoir être recommandée. Elle a été importée pour être placée dans la galerie de l'Institut agronomique de Versailles. Lors de la destruction de cet établissement, on l'a transférée à l'école régionale de la Saulsaie. On l'a employée en Angleterre à cribler la terre dans l'une des boîtes, et à étirer les tuyaux dans l'autre seulement. On la faisait marcher à l'aide d'une machine à vapeur, et elle produisait 16,000 tuyaux par jour.

CHAPITRE XVIII

Machine de Dean

Un autre fabricant écossais, M. Dean, de Wishaw, a construit une machine à deux coffres, dont les deux pistons sont attachés l'un à l'autre par une vis. L'écrou de cette vis est placé à égale distance des deux coffres, et il ne peut que tourner sans changer de position. Il reçoit son mouvement de rotation d'un engrenage d'angle; en tournant, il fait avancer la vis longitudinalement, de façon à ce que l'un des pistons rétrograde pendant que l'autre avance.

Les tuyaux ne sont pas coupés perpendiculairement à leur axe dans la machine de M. Dean, mais en escalier, pour rendre plus facile leur juxtaposition et éviter l'emploi des manchons.

Dans ce but, un cadre plus large que la table à rouleaux porte plusieurs fils en cuivre pour couper les tuyaux. Ce cadre est équilibré par des contre-poids agissant sur des leviers dont les petits bras le soutiennent, et il peut recevoir un mouvement vertical combiné avec un mouvement longitudinal. En dehors du châssis est une barre de fer à peu près verticale, qui est calée sur un axe transversal aux deux extrémités duquel sont deux petits leviers égaux; cet axe est supporté par un bâti fixe placé sous le cadre. Les petits leviers commandent chacun une bielle, dont l'extrémité, sur laquelle le cadre s'appuie, est obligée de suivre une entaille, en forme d'escalier, pratiquée dans une garniture en tôle; il en résulte que l'ouvrier, en agissant sur la barre de fer, force la tête de la bielle à avancer, à s'élever ou à s'abaisser, puis à avancer encore. Le cadre, en suivant ces mouvements, coupe la pièce d'après la forme donnée à l'entaille qui guide la bielle.

Ces combinaisons sont fort ingénieuses; mais nous croyons qu'elles sont trop compliquées, et que les machines les plus simples sont celles qui doivent être préférées.

CHAPITRE XIX

Machine d'Ainslie

La machine de M. Ainslie, d'Alperton, est le type des machines à cylindres lamineurs. C'est la première qui ait été importée en France. Elle est la plus anciennement connue chez nous, et elle a figuré à toutes nos expositions; elle a acquis ainsi une grande réputation, que ne lui accordent cependant pas les draineurs anglais. M. Lupin l'a fait venir en 1846 pour commencer ses travaux de drainage, mais il l'a remplacée depuis par la machine de Whitehead, à cause des réparations fréquentes qu'elle nécessitait. M. Thackeray, de son côté, a aussi importé cette machine, et, à la date du 16 mai 1849, il s'est fait breveter pour divers perfectionnements qu'il pense y avoir apportés. Cette machine est parfaitement bien construite par M. Laurent, avec les perfectionnements qu'y a ajoutés M. Thackeray.

La figure 82 représente la coupe de la machine d'Ainslie. On aperçoit une grande roue portant une manivelle; cette roue, en tournant, entraîne un pignon concentrique avec elle; ce pignon fait mouvoir à son tour une grande roue d'engrenage concentrique d'une part avec le cylindre lamineur inférieur, qui tourne dans le même sens que la roue d'engrenage. Sur le bord opposé, ce cylindre inférieur porte une roue dentée qui s'engrène avec une autre roue dentée concentrique avec le cylindre lamineur inférieur; celui-ci alors marche en sens contraire. Il en résulte que de l'argile, placée sur une toile sans fin formant un plan incliné que l'on voit à la gauche du dessin, est entraînée par le laminoir, puis comprimée et poussée dans une boîte carrée. Cette boîte est constituée : latéralement, par deux plans verticaux fixes, faisant partie de la machine ; en haut et en bas, par les surfaces des cylindres ;

Fig. 82. — Machine d'Ainslie.

en avant, par la filière ; en arrière, par la terre elle-même. Bientôt la boîte est remplie, et, à mesure qu'une nouvelle quantité de terre arrive, il faut bien qu'une égale quantité s'en aille par la filière ou le moule. L'argile prend la forme de tuyaux, qui glissent, sans se déformer, sur une toile sans fin très-mobile, parce qu'elle est soutenue par des rouleaux. Pour couper les tuyaux de longueur, on emploie deux fils de laiton horizontaux portés par un châssis. Une manivelle, que l'on voit à la droite du dessin, fait monter l'un des fils et descendre l'autre, selon qu'on le pousse en avant ou en arrière. Le moule peut avoir de un à six trous, tous placés sur une même ligne horizontale; pour les tuyaux de plus grand diamètre, le nombre des trous est nécessairement moindre.

CHAPITRE XX

Machine de Thackeray

Les perfectionnements que M. Thackeray a apportés à la machine à cylindres d'Ainslie, et qu'il a fait breveter, consistent : 1° dans une sorte de cannelure dont il dit que peuvent être armés les cylindres, pour mordre sur certaines argiles ; 2° dans un nouveau découpoir, composé de quatre montants, dont deux fixés au bâti antérieur et deux au bâti postérieur ; ces montants servent de guide à un cadre tenu en équilibre par un contre-poids, et dont les différentes parties sont disposées comme les arêtes d'un cube. Les tiges verticales du cadre glissent dans les guides, et montent ou descendent de façon à faire couper les tuyaux par des fils de cuivre quand on agit par la main sur le cadre. L'écartement des fils coupeurs est réglé à volonté par l'allongement ou le raccourcissement du cadre.

M. Thackeray fait construire par M. Laurent deux modèles de sa machine. Le petit modèle (fig. 83), avec deux moules, coûte net 600 fr.; chaque moule supplémentaire coûte 12 fr. ; il fait par heure de 400 à 500 tuyaux, selon les dimensions; il exige un ouvrier et deux enfants. Le grand modèle de la machine de M. Thackeray (fig. 84) coûte net 1,000 fr., avec un moule; chaque moule de plus coûte 15 fr. Il fait de 700 à 1,500 tuyaux par heure, selon les dimensions. Il exige au moins un homme et trois enfants. Mais dans le cas où il s'agirait d'une grande fabri-

Fig. 83. — Petite machine de Thackeray.

cation, un seul homme ne pourrait pas tourner la manivelle sans une fatigue extrême; il faudrait au moins deux ouvriers pour cette besogne, un autre ouvrier en plus pour apprêter la terre; ce qui porterait à six le nombre des hommes nécessaires pour desservir la machine. Dès 1853,

Fig. 84. — Grande machine de Thackeray.

M. Thackeray avait livré en France plus de trente machines, dont quatre pour l'Association agricole de Drainage de Seine-et-Oise.

Le principal avantage que l'on ait indiqué dans les machines à cylindres lamineurs est la continuité de leur action. En effet, dans les machines à piston que nous avons décrites précédemment, on est obligé de rendre le travail intermittent, c'est-à-dire que, chaque fois que le piston est arrivé à l'extrémité de l'un des réservoirs contenant l'argile, il faut qu'il retourne à l'autre extrémité avant de recommencer à agir. Pour lui faire faire ce contre-chemin, on est obligé de tourner la manivelle en sens contraire. Ce second travail n'est pas perdu dans toutes les machines, par exemple dans celles de Scragg, de Whitehead, de Brodie, etc.; mais un manége ordinaire, dans lequel le moteur tourne toujours dans le même sens, n'est pas propre à l'effectuer. Aucune difficulté ne se présente, au contraire, dans l'emploi des machines à cylindres, où le travail peut avoir lieu sans intermittence. Ainsi l'on peut voir (fig. 85) un manége, mû à volonté par un cheval ou par deux chevaux, qui, à l'aide de deux communications de mouvement très-simples, fait fonctionner d'un côté la machine de M. Thackeray à faire les tuyaux de drainage, et de l'autre un moulin à triturer l'argile. Cette même figure montre le séchoir des tuyaux et les fours destinés à en opérer la cuisson.

Nous avons vu au Charmel (Aisne), dans la propriété de M. de Rougé, un manége à deux chevaux très-bien installé. Ce manége, du genre de celui de Garrett, conduit deux cylindres broyeurs, un tonneau malaxeur et une petite machine Thackeray. M. de Rougé se loue de l'emploi de cette machine. Les cylindres broyeurs sont placés au-dessus du tonneau malaxeur, ce qui offre une disposition meilleure que celle adoptée par M. Clayton, et que nous avons indiquée

Fig. 85. — Atelier complet d'une fabrique de tuyaux de drainage par M. Thackeray.

précédemment (fig. 51, p. 134). M. de Rougé fait faire sa pâte avec deux tiers d'argile et un tiers de terre franche ; le tout, après avoir été humecté de la quantité d'eau nécessaire, est versé dans une trémie placée au-dessus des cylindres. De là la pâte tombe dans le tonneau malaxeur, à la sortie duquel un ouvrier la prend pour la placer sur le plan incliné de la machine à étirer. C'est certainement à la bonne préparation qu'il a su faire donner à sa pâte que M. de Rougé doit d'avoir pu fabriquer d'une manière continue de bons tuyaux avec la machine de M. Thackeray. L'établissement du manége, des cylindres broyeurs, du tonneau malaxeur et de tous les organes nécessaires pour les faire marcher ensemble, en même temps que la machine, par les mêmes moteurs, n'a coûté à M. de Rougé que 2,300 fr.

Le brevet pris par M. Thackeray a empêché les inventeurs de machines à faire les tuyaux de drainage de le suivre dans la voie ouverte par M. Ainslie; aussi la plupart des autres machines à action continue que nous aurons à mentionner sont-elles à pétrin, c'est-à-dire qu'elles fonctionnent, soit comme les anciennes machines à faire les briques, soit comme les tines à malaxer ou les tonneaux broyeurs que nous avons décrits précédemment; mais, au lieu d'être poussée dans des moules à briques ou dans de simples récipients, l'argile est forcée de pénétrer dans des filières ou moules à tuyaux.

CHAPITRE XXI

Machine de Randell et Saunders

A l'exposition universelle de Londres, en 1851, il y avait une machine fort remarquable, à mouvement continu produit par deux vis sans fin; elle avait été construite par MM. Randell et Saunders, de Bath; elle était exposée sous le titre de presse à vis et à couteau, à action continue, pour fabriquer les briques, les tuiles, les tuyaux de drainage, etc. Les constructeurs se sont proposé de remplir deux conditions : d'avoir une presse qui forçât l'argile à s'engager et à s'avancer constamment à travers une filière, tant qu'on fournit de la matière à l'appareil, et d'avoir un couteau coupant cette argile, sans l'intervention de la main, à mesure que l'argile est moulée et qu'elle chemine.

La figure 86 représente une vue en élévation de la ma-

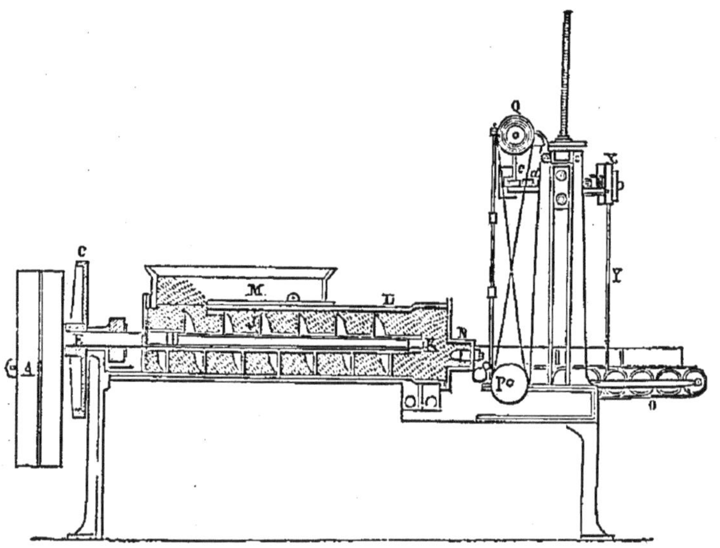

Fig. 86. — Élévation de la machine de Randell et Saunders, dans le sens de sa longueur.

chine suivant sa longueur, et en partie en coupe, pour montrer l'effet des vis dans le cylindre à pétrir.

La figure 87 donne le plan correspondant dans son entier.

La figure 88 fournit l'élévation de la machine vue par devant, et sans l'appareil continu de coupage.

La figure 89 représente la section verticale et transversale du cylindre à pétrir, avec les engrenages moteurs de a boîte.

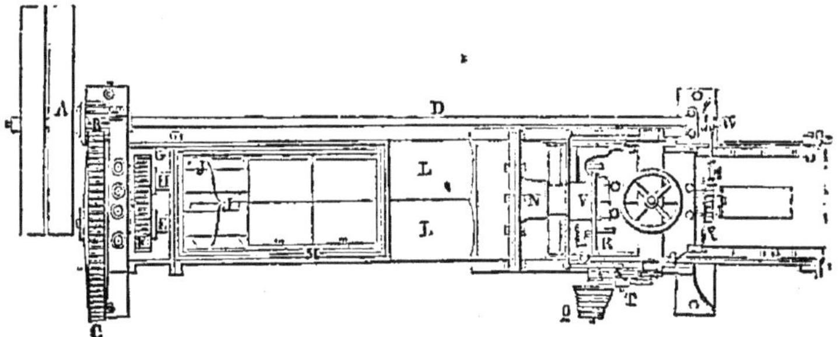

Fig. 87. — Plan de la machine de Randell et Saunders, dans le sens de la longueur.

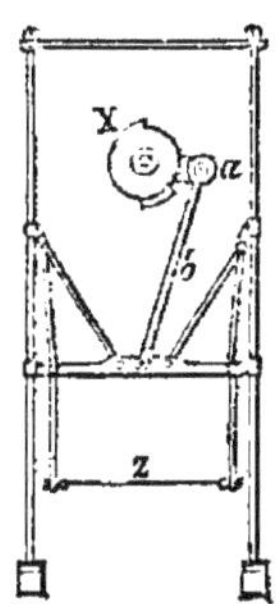

Fig. 88. — Élévation de la machine de Randell et Saunders, vue par devant.

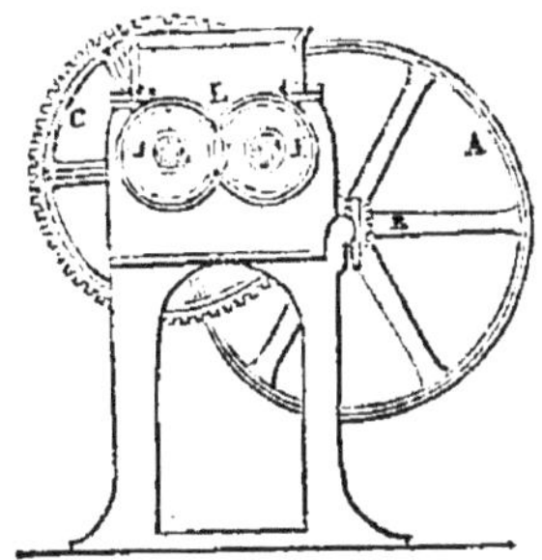

Fig. 89. — Section du cylindre à pétrir de la machine de Randell et Saunders.

Enfin la figure 90 donne l'élévation complète de la machine, du côté du moule.

Le moteur communique le mouvement à la machine par une poulie A (fig. 86). Quand on veut arrêter le mouvement, on fait passer la courroie sur une poulie folle placée à côté. La poulie A est montée sur le même axe qu'un pignon B (fig. 87), qui commande une grande roue dentée C; l'arbre du pignon se prolonge tout le long de la machine, comme on le voit en D, jusqu'à son extrémité opposée, pour faire marcher l'appareil de coupage. La roue C est calée sur un long arbre horizontal E, qui porte aussi un pignon F; ce dernier conduit un autre pignon

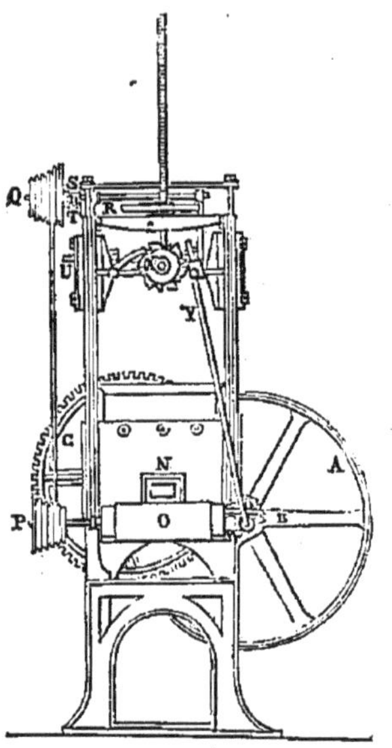

Fig. 90. — Élévation complète de la machine de Randell et Saunders du côté du moule.

semblable G, établi sur un second arbre H, parallèle au premier. Les arbres E et H portent chacun une vis J, J, qui sert à pétrir et à faire cheminer l'argile en avant. Le filet de chaque vis, d'une hauteur convenable, a été coulé d'une seule pièce sur un noyau ou manchon creux qu'on enfile sur les arbres moteurs. Ces arbres reposent à leurs extrémités opposées sur des appuis fixes K (fig. 86), placés à l'intérieur des cylindres. Les filets des vis courent l'un à droite et l'autre à gauche, et sont disposés de manière à se pénétrer l'un l'autre presque jusqu'au noyau, comme on le voit dans la fig. 87.

La chambre L (fig. 89), sur les parois de laquelle les deux filets de vis s'adaptent exactement, peut être considérée comme composée de deux cylindres qui se coupent réciproquement. Elle est formée de deux portions cylindriques moulées d'un seul jet et d'un couvercle correspondant, boulonné sur les côtés. On jette la terre dans une trémie M (fig. 86) ; de là elle descend par une ouverture percée dans la paroi supérieure de la chambre L, et elle est alors charriée en avant dans les cylindres par l'action combinée des vis à droite et à gauche, jusqu'au moment où elle en sort en filet continu par la filière ou buse N, qui lui donne la forme convenable.

Le filet continu d'argile sortant de la filière passe sur une toile sans fin tendue sur les rouleaux O, qui se mettent à tourner sous la seule pression de l'argile. On met à profit ce mouvement pour gouverner le mécanisme du coupage par le cône des poulies P (fig. 86 et 90), monté sur l'axe du premier de ces rouleaux. De ce cône part une corde sans fin croisée, qui s'élève sur un cône de poulies Q placé au-dessus et porté par un bout d'arbre horizontal R (fig. 90). Cet arbre est armé d'un levier S, pour relever à certains intervalles le marteau T, articulé librement sur ce même bout d'arbre. Lorsque le levier a franchi ce marteau, celui-ci tombe et vient frapper le levier U, en rendant libre le barillet V (fig. 87). Ce barillet renferme un ressort spiral maintenu constamment bandé par l'action du levier à manivelle W, placé à l'extrémité du prolongement du premier arbre moteur D, et par l'action de la roue à rochet X, que fait marcher un cliquet à l'extrémité supérieure de la bielle Y.

On aperçoit le fil coupeur en Z (fig. 88), attaché à son châssis-guide vertical. Lorsque le barillet à ressort V est rendu libre, il exécute un demi-tour, et le levier *a*, ainsi que la bielle *b*, contraignent ce fil à descendre et à couper la longueur de tuyau sortie de la filière. La roue à rochet motrice X peut être divisée en un nombre quelconque de parties, dont l'une doit être plus longue que les autres, et la bielle Y agit sur cette roue pour remonter le ressort, jusqu'à ce que la longue division se présente ; sur cette division, le cliquet n'a pas de prise. La roue à rochet et le ressort, qui sont montés sur le même arbre, attendent donc pour agir jusqu'à ce que le barillet V ait exécuté une demi-révolution.

Dans ce mouvement, le barillet fait marcher, au moyen du doigt *c*, un bras *d*, monté sur le même arbre que la roue à rochet. C'est par ce moyen que le cliquet est poussé en avant, et que le levier passe sur la longue division et met la roue à rochet Z en mouvement comme auparavant. En déplaçant la corde sans fin sur les cônes de poulie, l'argile moulée en tuyaux ou en briques peut être coupée de diverses longueurs.

Lorsqu'on veut que les extrémités des tuyaux aient une forme cannelée, on attache au barillet à ressort un couteau de cette forme, et ce couteau, en tournant avec le barillet, pénètre dans la pâte, à laquelle il donne dans sa section la forme voulue. La machine est ainsi automotrice, et les ouvriers n'ont rien à faire qu'à lui fournir la terre et à enlever les pièces moulées.

Quand cette machine fonctionne avec une force de deux chevaux, elle produit 1,800 tuyaux de 5 centimètres de diamètre par heure. La terre est en outre employée encore sèche, ce qui cause une économie dans les frais de cuisson ; mais son prix est en Angleterre de près de 1,000 francs. Elle a été importée en Belgique, mais nous ne croyons pas qu'on l'ait construite ailleurs qu'à Bath. Elle ne nous paraît pouvoir être employée avantageusement que dans une très-grande fabrique.

CHAPITRE XXII

Machine de Champion

Pétrir et malaxer la terre, et la mouler en même temps, telle est l'idée que l'on trouve appliquée dans les premières machines à faire des tuyaux de drainage, de Read et Tweddale; c'est celle aussi qui a été mise à profit, d'une manière heureuse, dans une machine (fig. 91 et 92) in-

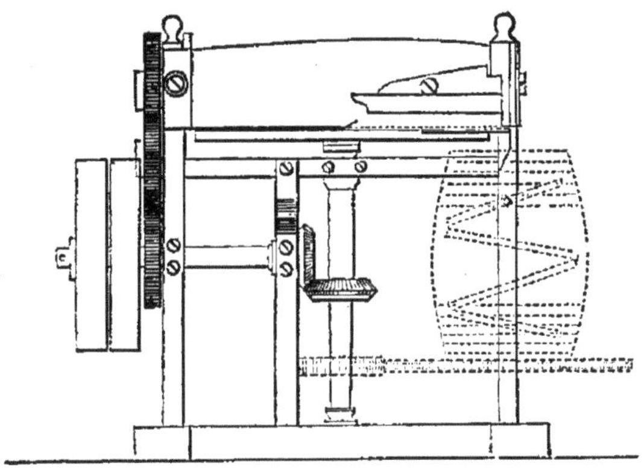

Fig. 91. — Projection verticale de la machine de Champion.

ventée dès 1846 par un fabricant français, aujourd'hui décédé, M. Champion.

L'argile est déposée sur un disque horizontal en fonte, de 1m.20 à 1m.50 de diamètre. Ce disque est porté par un arbre vertical qui reçoit son mouvement d'engrenages convenables mus par un manége à un cheval. Le disque tourne ainsi avec une assez grande vitesse et entraîne l'argile dans une boîte fixe, placée au-dessous. Cette boîte n'a pas de fond inférieur; une de ses parois verticales, dirigée à peu près suivant un rayon du disque, laisse entre sa base inférieure et la surface du disque un intervalle de quelques millimètres, tandis que le disque, en tournant, affleure toutes les autres parois verticales de la boîte. C'est par cet intervalle que l'argile s'introduit en se pétrissant, et s'accumule dans cette sorte de réservoir, d'où elle ne peut sortir qu'à travers des filières convenablement disposées pour la fabrication des tuyaux. Le manége imprime en même temps le mouvement à un tonneau broyeur que laisse apercevoir la figure 92. Le prix de cette machine est

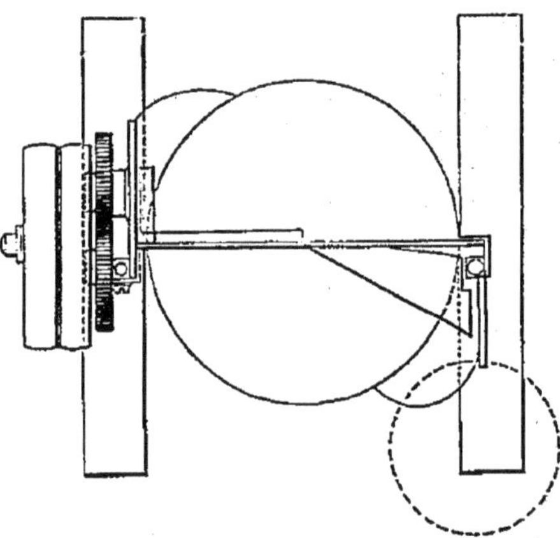

Fig. 92. — Projection horizontale de la machine Champion.

de 700 fr. M. de Villeneuve, rapporteur du jury des instruments au concours national de Versailles, en 1850, la juge ainsi : «Rien de plus simple que l'établissement de cette ingénieuse machine, qui n'est pas entravée même par des pierres mêlées à l'argile, ces pierres se trouvant arrêtées au passage étroit qui précède la matrice du tuyau. Mais le perfectionnement de l'idée conçue par M. Champion a été suspendu par sa mort. Il faut une argile malléable. Un ouvrier doit toujours être occupé à garnir d'argile la partie la plus voisine de la filière, et le frottement énorme ne permet qu'une marche assez lente. Serait-il possible de perfectionner le jeu de l'appareil sans le compliquer ? C'est une discussion que la Commission ne peut aborder.

« Mais une construction aussi simple, qui semble réduire à des proportions si modestes l'établissement d'un fabri-

Fig. 93. — Machine à malaxer de Mme veuve Champion.

cant de tuyaux, ne dût-elle utiliser qu'imparfaitement les moments perdus de nos paysans, pourra être considérée comme une précieuse conquête; et, si les difficultés de la cuisson venaient à être diminuées pour la confection des tuyaux en ciment, il y aurait, par cette machine française, un genre de fabrication de drains s'adaptant merveilleusement aux petits domaines qui morcellent la superficie du sol de notre patrie... M. Léger, maître ouvrier chez madame veuve Champion, à Jouars-Pontchartrain (Seine-et-Oise), bien loin de délaisser l'atelier de la veuve, loin de chercher à s'approprier les secrets auxquels son maître l'avait initié, a offert le concours de ses efforts dévoués à celle qui héritait d'une pensée qu'elle ne pouvait personnellement exploiter. »

Cette même machine était présentée à l'Exposition universelle de 1855 par madame veuve Champion pour l'épuration et le malaxage de la terre. Elle a parfaitement fonctionné dans les expériences faites à Trappes par le Jury international. La figure 93 représente le malaxeur tel qu'il se trouvait alors. Une poulie E fait tourner un pignon d'angle qui entraîne la roue horizontale D, et, par suite, le disque A. La terre placée sur ce disque passe sous le couteau diamétral B, qui peut être descendu plus ou moins par la coulisse C, appuyée sur la paroi verticale de la boîte, dans laquelle on jette tout simplement avec une pelle la terre à épurer.

CHAPITRE XXIII

Machine d'Exall

Nous allons examiner maintenant quelques machines dans lesquelles on a cherché à réunir les avantages du bon marché, de la facilité de la manœuvre et de la simplicité des organes mécaniques.

Parmi les machines de ce genre employées en Angleterre, nous citerons d'abord la machine de M. Exall, qui est représentée par la figure 94. Elle se compose de deux cylindres dans lesquels l'argile est successivement comprimée par un piston descendant ou remontant à l'aide d'une crémaillère que fait mouvoir un pignon concentrique avec une grande roue dentée verticale; celle-ci, à son tour, est mise en mouvement par un pignon concentrique avec une

Fig. 94. — Machine d'Exall.

roue garnie de leviers sur lesquels un ouvrier agit par les bras et les pieds. Les tuyaux sortent verticalement à travers une filière.

On dit qu'on peut faire de 300 à 400 tuyaux par heure, avec trois hommes et un enfant, à l'aide de cette machine, qui coûte 625 fr. Elle est, comme le montre la figure, à action intermittente; c'est une sorte de simplification de la machine verticale de Clayton (chap. X, p. 160 et suiv.).

CHAPITRE XXIV

Machine de Calla

On s'est beaucoup préoccupé en France de la nécessité d'avoir une machine d'un prix peu élevé et peu pesante, de manière à pouvoire la faire adopter dans tous nos départements. M. Calla fils, fondeur à la Chapelle, près Paris, 20, rue de Chabrol, s'est chargé de résoudre la question. M. Calla a choisi pour modèle la plus simple des machines anglaises, celle imaginée en dernier lieu par M. Henry Clayton, qui s'est mis aussi à fabriquer des machines à pistons mûs horizontalement. La petite machine que construit M. Calla est très-simple (fig. 95). Une manivelle *s* fait mouvoir un pignon *p*; celui-ci entraîne une grande roue dentée *g*, sur l'axe de laquelle est un pignon *k*, qui se meut en même temps. Ce pignon *k* entraîne enfin une roue dentée *r*, qui mène une crémaillère horizontale. Cette crémaillère conduit un piston qui pénètre dans une boîte carrée pleine de terre. La terre, poussée par le piston, sort à travers une filière contenant un nombre de trous *plus* ou *moins* grand selon que le diamètre des tuyaux doit être *moins* ou *plus* grand. Pour recevoir les tuyaux, on attache près de la filière une table horizontale portée de l'autre côté par deux pieds; la table est placée de façon à ce que les tuyaux n'aient qu'à glisser sans s'infléchir. Quatre toiles sans fin tournent sur des rouleaux, pour éviter un frottement qui déformerait les tuyaux. Ceux-ci sont coupés de longueur par des fils de fer attachés à une barre horizontale que l'on fait tourner sur deux charnières, de manière à la porter tantôt à droite, tantôt à gauche. Lorsque la boîte à glaise est vidée, on fait mouvoir la manivelle en sens contraire, et, faisant tourner autour du point *c* un double levier *a* et *b*, qui fermait le couvercle de la boîte, on soulève ce couvercle par le manche *m*, et on peut rem-

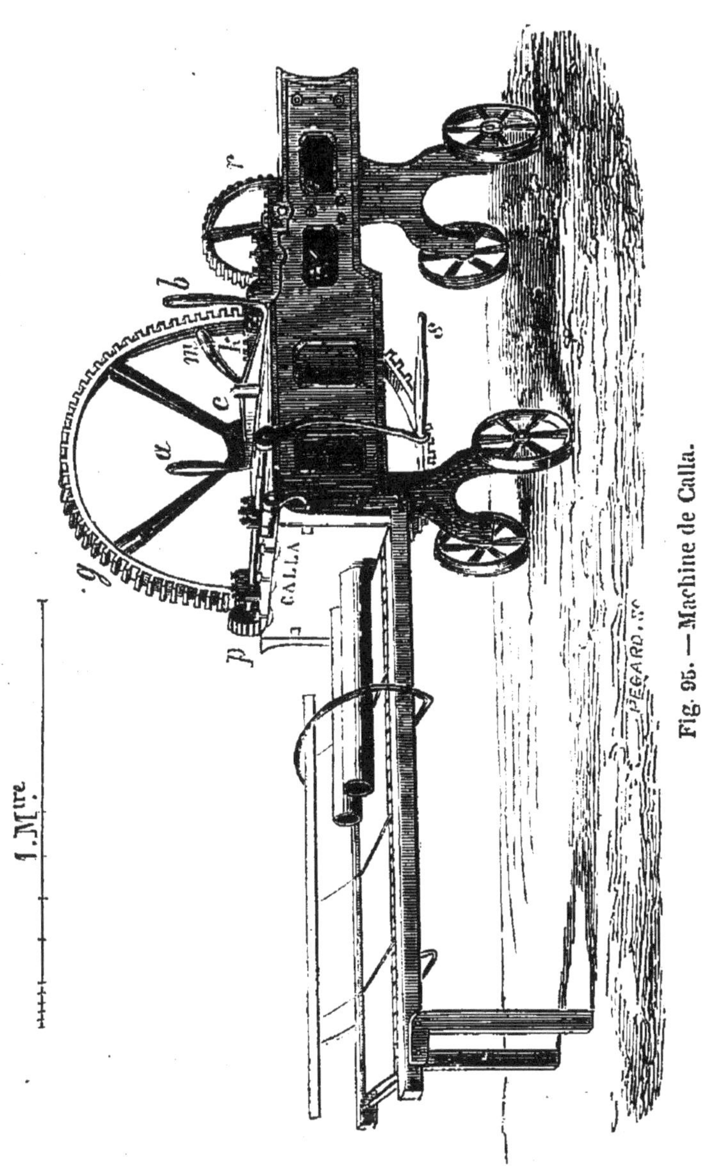

Fig. 95. — Machine de Calla.

plir la boîte de nouveau. La longueur totale de la machine est de 2m.50 et sa hauteur de 1m.25; l'échelle du dessin est de 0m.045 pour mètre.

La boîte à glaise, de forme parallélipipédique, a une longueur de 0m.49, ce qui représente la course du piston, une largeur de 0m.31 et une profondeur de 0m.24. Sa capacité est de 36lit.5. Remplie, la caisse contient 41 kilogr. de terre. Cette charge fournit de 27 à 29 tuyaux de 0m.03 de diamètre intérieur, à l'état frais. Il faut autant de temps pour rouvrir et remplir à nouveau la caisse que pour étirer ce nombre de tuyaux; le travail est donc à intermittences régulières. On fait par heure 450 à 500 tuyaux de 0m.03 de diamètre intérieur et 0m.33 de longueur.

La machine ne coûte que 450 fr., y compris un crible en fer forgé, deux filières à tuyaux, un pilon, deux mandrins, une truelle en fer et une curette. Déjà M. Calla en a livré un grand nombre. Nous recommandons d'exiger que la crémaillère soit en fer forgé et non pas en fonte; cet organe est celui qui supporte toute la résistance, et il est arrivé que beaucoup de crémaillères trop faibles se sont brisées dès les premiers temps de service des machines.

On reproche aux machines à piston de donner lieu à un déchet dans la fabrication des tuyaux, à cause de l'air qui, emprisonné dans les boîtes, se trouve comprimé par le piston et sort ensuite en bulles au milieu de la terre transformée en tuyaux. Les bulles d'air comprimé éclatent, et les tuyaux ont alors des trous; ces tuyaux doivent être réformés. On compte ainsi, avec la machine Calla, un déchet de 5 à 6 pour 100, ce qui est peu de chose, car, la terre étant encore fraîche, on prend les tuyaux troués et on les remet en mottes. Le principal inconvénient des machines qui ne broient pas fortement la terre est d'y laisser de petites pierres qui, après la cuisson, donnent lieu à la cassure des tuyaux. Cet inconvénient disparaît quand on peut laver l'argile et procéder par décantage. Ce procédé est suivi dans quelques fabriques.

CHAPITRE XXV

Machine de Rouillier

Depuis 1852, un nouveau fabricant, M. Rouillier, s'est mis à construire avec succès des machines à cylindres verticaux, analogues aux machines verticales de Clayton que nous avons décrites précédemment (chap. X, p. 160) ; il est établi à Chelles (Seine-et-Marne), à 19 kilomètres de Paris. C'est le même fabricant dont nous avons précédemment décrit le malaxeur (chap. III, p. 130).

M. Rouillier avait livré, au commencement de 1855, quinze machines, réparties dans sept départements. Ces machines sont disposées de manière à pouvoir donner des tuyaux depuis 0m.035 jusqu'à 0m.21 de diamètre intérieur. On y applique la décharge horizontale, que montre la figure 96, pour étirer les petits tuyaux, et la décharge verticale pour les gros tuyaux, ainsi que le fait voir la figure 97, qui donne une vue de face de l'appareil.

Le service de la machine est plus facile lorsqu'on fait l'étirage par la décharge horizontale; mais il en résulte toujours une détérioration des tuyaux qui devient très-grande dès que le diamètre de ceux-ci atteint 0m.10 ou 0m.15.

Le jeu de la machine se comprend facilement. Une manivelle A met en mouvement un pignon muni de 11 dents B, qui entraîne une roue C garnie de 41 dents. L'axe de cette roue porte un pignon D, armé de 10 dents, qui entraîne une grande roue E, sur laquelle on compte 67 dents. L'axe de cette dernière roue porte enfin un pignon qui entraîne la crémaillère verticale G, attachée au piston. On tourne dans un sens pour enfoncer le piston et étirer les tuyaux; on tourne en sens contraire pour retirer le piston et effectuer le remplacement du cylindre M, que l'on en-

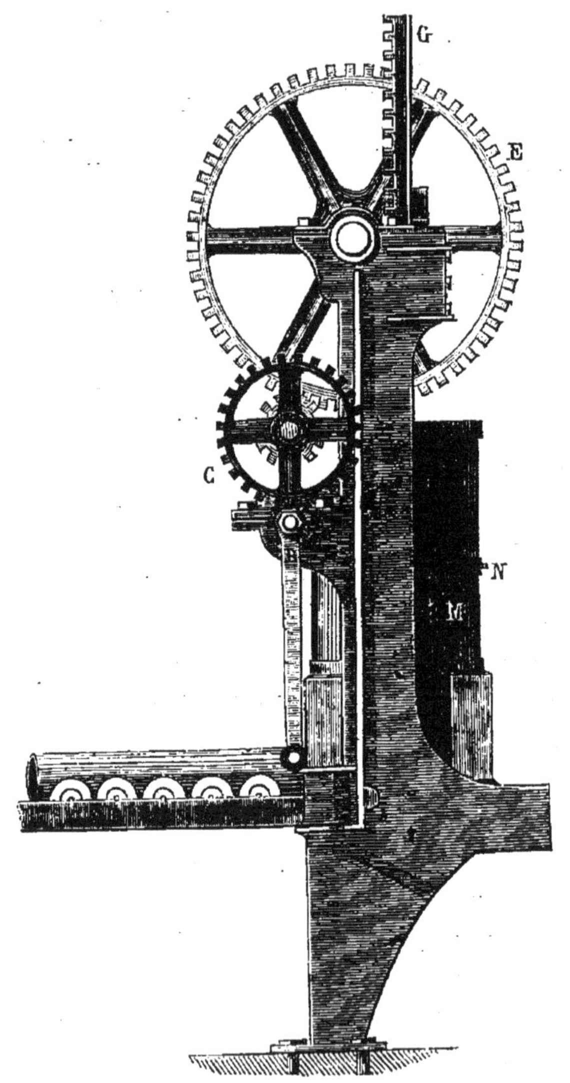

Fig. 96. — Machine de M. Rouillier, vue de profil, et munie de la décharge horizontale.

lève à l'aide d'oreilles N, par un autre cylindre identique que l'on a rempli de terre pendant l'étirage précédent.

Cette machine, comme la machine verticale de Clayton, permet de bien épurer la terre, ce que ne font que très-im-

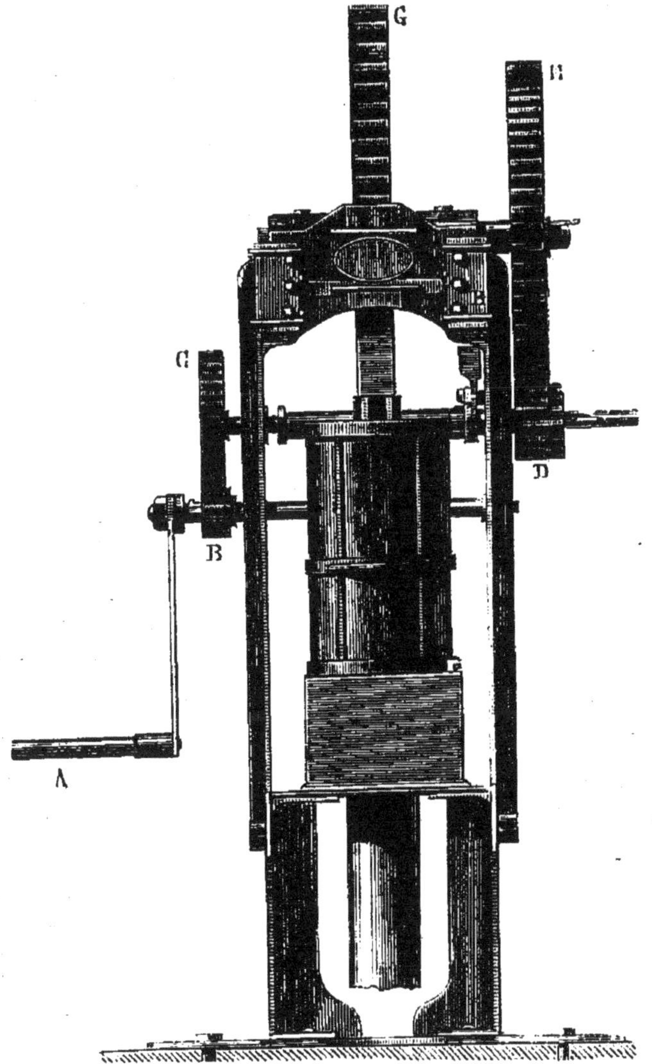

Fig. 97 — Machine de M. Rouillier, vue de face, et munie de décharge verticale.

parfaitement les machines à boîtes à glaise. Avec deux hommes pour la servir, et un enfant ou une femme pour le transport des tuyaux, elle produit par jour 8000 petits tuyaux de 0m.35 de long. Elle pèse environ 500 kilogr. Son prix, y compris le tablier garni de ses rouleaux pour la décharge horizontale et les filières à choisir parmi 15 modèles, est de 650 francs. La machine est faite pour travailler à poste fixe; on peut la rendre mobile au moyen d'un chariot en fonte et en fer, vendu à part 75 francs. Les deux tables sur lesquelles se fait le service de la machine, d'une surface d'environ 4 mètres, se vendent encore séparément 50 francs.

CHAPITRE XXVI

Machine de Bertin-Godot

Inventer une machine à étirer les tuyaux qui coûtera un prix aussi minime que possible, tel a été le vœu de beaucoup d'agriculteurs français, de beaucoup d'amis du progrès. On a pensé que la rapide propagation du drainage pourrait dépendre de la réalisation de cette condition. Peut-être n'était-ce pas voir la question de son côté le plus élevé; car il n'importe pas autant d'avoir beaucoup de machines travaillant très-peu que d'en avoir un moindre nombre faisant beaucoup de tuyaux. Cependant, dans les localités situées loin de toutes les voies de communication perfectionnées, de petites machines à très-bas prix, achetées par des cultivateurs forcés de faire eux-mêmes leurs tuyaux afin de drainer de petites étendues de terres, pourraient rendre des services réels.

M. Bertin-Godot, de Soissons, a cherché à résoudre le problème que nous venons de poser par l'invention de la petite machine dont nous donnons le dessin (fig. 98). Un fort bâti supporte une caisse rectangulaire en bois de chêne, solidement ferrée, en avant de laquelle se trouve la filière C. La boîte étant fermée par un couvercle également en bois, on assujettit celui-ci par un loquet à poignée A pénétrant dans une grosse griffe. Alors un homme saisit un long levier B, qui était jusqu'alors vertical, et l'amène à

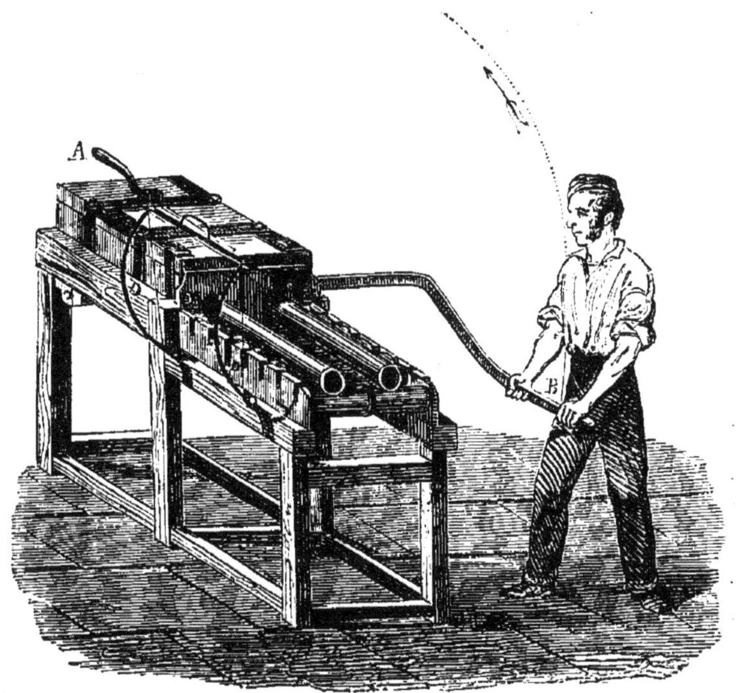

Fig. 98. — Machine de Bertin-Godot.

la position horizontale. Ce parcours d'un quart de cercle fait avancer un piston dans la boîte carrée, et la terre dont celle-ci est remplie sort en se moulant en deux tuyaux qui glissent sur une table à rouleaux. Des fils de laiton D, qu'on abat ensuite, coupent les tuyaux de longueur.

La figure 99 donne, sur une échelle plus grande, l'explication du mouvement du piston. On voit que le levier L, en faisant tourner, quand on l'abaisse, l'axe *aa*, fait passer de la position verticale à la position horizontale une bielle C articulée avec une tige qui elle-même est articulée à ses extrémités avec la tête du piston. Celui-ci est alors forcé de

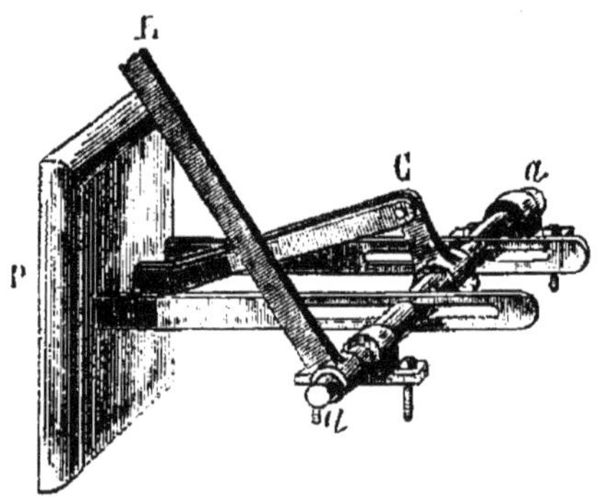

Fig. 99. — Mouvement du piston dans la machine de Bertin-Godot.

se mouvoir. Deux tiges échancrées font fonction de coulisses, qui, appuyées sur l'axe *aa*, maintiennent le piston dans une ligne droite avec la boîte à glaise. Le mouvement circulaire alternatif du levier L est ainsi changé en un mouvement rectiligne alternatif, ou de va-et-vient, du piston P.

Cette machine ne coûte que 250 francs; mais le bon marché n'est-il pas ici un appât trompeur, comme nous l'a écrit M. Laffiley, secrétaire du Comice agricole des arrondissements réunis de Melun, de Provins et de Fontainebleau (Seine-et-Marne)? Avec les terres extrêmement ductiles la machine fonctionne bien, et nous avons vu au concours de la Ferté-sous-Jouarre, en 1854, qu'un homme abattait le levier sans aucune peine. A la tuilerie de M. de Rothschild, située à Pont-Carré, près de Ferrières, M. Laffiley a reconnu que deux hommes vigoureux avaient au contraire beaucoup de peine à abaisser le levier, à cause de l'emploi d'une terre moins bien préparée. Le travail obtenu était cependant bon ; mais il se faisait si lentement qu'à frais de *main-d'œuvre égaux on* n'obtenait, avec la machine de M. Bertin-Godot, que la sixième partie des tuyaux fabriqués par les grandes machines dans la même tuilerie.

CHAPITRE XXVII

Machine de Dovie

Nous avons dit précédemment (chap. XIV, p. 166), d'après un rapport de M. Lefour, inspecteur général de l'agriculture, que la machine de Williams était très-employée en Belgique. M. Leclerc, dans son *Traité de Drainage* (1), annonce qu'on lui préfère maintenant les machines de Dovie, de Glasgow. « Tandis que la machine de Dovie fait 7,601 tuyaux, dit M. Leclerc, celle de Williams ne produit, avec un personnel sensiblement égal, que 5,676 tuyaux de même calibre; il y a donc, en faveur de la première, une différence de 33 pour 100. »

Une telle déclaration, due à un homme si compétent, nous impose le devoir de parler avec détail des machines de Dovie, qui sont ou à simple caisse ou à double caisse. La première coûte 600 francs et la seconde 750, avec les accessoires. Nous ferons un extrait de la description donnée par l'ingénieur belge.

La machine de Dovie à simple caisse est représenté par la figure 100. « Elle se compose, dit M. Leclerc, d'une caisse en fonte, parfaitement alésée à l'intérieur, d'une capacité d'environ 34 litres, dans laquelle se meut horizontalement un piston dont la tige est formée par une crémaillère en fer. Cette tige est mise en mouvement au moyen d'une manivelle, par l'intermédiaire d'un système

(1) P. 298.

de roues dentées et de pignons convenablement combinés pour grandir l'effort du moteur qui travaille sur la manivelle. La caisse est fermée en avant par un couvercle en fonte, qui peut glisser entre deux coulisses pratiquées dans le dessus des parois latérales de la caisse. Ce couvercle porte sur sa face supérieure une crémaillère. Quand on veut le faire glisser dans les rainures pour ouvrir la boîte, on pousse l'arbre de la manivelle dans le sens de sa longueur, de manière à faire engrener le petit pignon qu'on voit sur la figure avec la crémaillère qui surmonte le couvercle; puis on fait mouvoir celui-ci en agissant sur la ma-

Fig. 100. — Machine de Dovie à simple caisse.

nivelle. La paroi d'avant de la caisse est amovible et formée par une plaque en fonte qui compose le moule...

« En avant de la caisse est une table horizontale, composée de plusieurs toiles sans fin, que portent de petits rouleaux en bois bien mobiles, et sur lesquels les tuyaux se placent d'eux-mêmes au sortir de la machine. Des archets, reliés à une charnière qui règne sur toute la longueur de la toile, portent chacun un fil de laiton tendu fortement, qui coupe les tuyaux lorsqu'on rabat l'ensemble des archets sur la table. Un timbre indique aux ouvriers que le piston est parvenu au bout de sa course.

« La manœuvre de cette machine exige deux hommes et trois enfants, qui travaillent de la manière suivante. Supposons que la terre soit amenée près de la machine en blocs d'environ 0m.40 de longueur sur 0m.25 de largeur et 0.20 d'épaisseur, et que le coffre soit ouvert. Un homme prend la terre et la projette violemment dans la caisse, afin de la tasser fortement et d'expulser l'air aussi complétement que possible. Lorsque la boîte est remplie, on ferme le couvercle, qui, en glissant dans ses rainures, coupe toute la terre en excès sur ce que la caisse peut contenir. On enlève cette terre surabondante, qui gênerait le mouvement de l'arbre de la manivelle; puis l'homme dont nous avons parlé, aidé d'un autre ouvrier, met le piston en mouvement. A mesure que celui-ci avance, la terre qu'il comprime s'échappe par les ouvertures du moule; les tuyaux qui sortent, en nombre plus ou moins grand suivant leur diamètre, s'appuient sur les toiles sans fin qu'ils mettent d'eux-mêmes en mouvement, et ils s'avancent ainsi jusqu'au bout de la table sans se déformer sensiblement. Lorsque le bout de la rangée de tuyaux atteint l'extrémité de la table, l'un des ouvriers abandonne un instant la manivelle pour abaisser l'appareil qui doit couper les tuyaux de longueur et le relever immédiatement après. Puis le mouvement du piston recommence aussitôt, et l'on continue ainsi jusqu'à ce que le timbre indique que le piston est arrivé au bout de sa course. Un enfant, qui se tient devant la table, enlève successivement toutes les pièces moulées, et les dépose sur des rayons d'environ 1m.20 de longueur, placés à côté de la machine...

« Deux autres enfants prennent les rayons à mesure qu'ils sont remplis, et les transportent sous le hangar où doit se faire la dessiccation ; ils en rapportent chaque fois un ou plusieurs rayons vides, qu'ils placent à côté de la machine.

« Aussitôt que le piston est parvenu au bout de sa course, on ouvre le coffre comme il a été dit plus haut ; puis, en agissant avec les mains sur la grande roue que l'on voit sur le côté de la machine, on fait rétrograder le piston et on le ramène à son point de départ ; après quoi on procède au remplissage de la caisse, pour recommencer ensuite toute la série d'opérations que nous avons décrites...

« La machine de Dovie confectionne 4 tuyaux de $0^m.25$ de diamètre à la fois ; la caisse contient assez de terre pour 57 ou 58 tuyaux de ce calibre et de $0^m.32$ de longueur. Le temps nécessaire pour faire parcourir au piston toute sa course est d'environ $2^m\ 3^s$, et il faut $1^m\ 30^s$ pour reculer le couvercle, remplir la caisse, la refermer et enlever les bavures. Cette machine peut produire 9,770 petits tuyaux en 10 heures de travail ; en comptant 770 tuyaux pour les déchets de tous genres, qui n'atteignent jamais un chiffre aussi élevé, il reste encore une production de 9,000 tuyaux par jour. La main-d'œuvre pour mouler 1,000 tuyaux revient donc à $66^c.5$, en comptant la journée des hommes à $1^f.50$ et celle des enfants à 1^f. Toutefois cela suppose que la terre a été préalablement préparée ; si elle contient des pierres, il faudra employer la machine pendant la moitié du temps à peu près à épurer l'argile, et en tenant compte de ce travail préparatoire, qui exige le concours de trois hommes, la main-d'œuvre, par 1,000 tuyaux, sera portée à $1^f.65$.

« Le travail de cette machine est sujet à des pertes de

temps considérables, car on a vu qu'après avoir fonctionné durant 2m 3s le piston subit un repos forcé de 1m 30s, équivalant à peu près au tiers du temps total, et pendant lequel un ouvrier et trois enfants restent inoccupés. C'est dans le but de faire disparaître, ou du moins de réduire la durée de ces moments d'arrêt, que l'on a imaginé de construire une machine du même système que la précédente avec deux caisses et deux pistons (fig. 101).

Fig. 101. — Machine de Dovie à double caisse.

« Le travail de la machine de Dovie à double caisse est conduit à peu près comme celui de la machine simple, sauf qu'il exige un personnel plus nombreux. Deux hommes travaillent sur la manivelle, un troisième remplit alternativement chaque caisse; un enfant se tient à l'extrémité de l'une ou de l'autre table pour en enlever les tuyaux, et deux hommes transportent les rayons, qui, dans ce cas, doivent avoir une longueur d'environ 3 mètres, et qui seraient trop lourds pour des enfants.

« Quand l'un des pistons est parvenu au bout de sa

course, les ouvriers qui agissent sur la manivelle la font tourner en sens inverse; le premier piston rétrograde, tandis que l'autre est obligé d'agir sur la terre que contient la seconde caisse. Pendant ce temps, l'ouvrier chargé d'alimenter la machine recule le couvercle de la caisse vide, lequel est mû ici par une petite manivelle et un pignon indépendants. A mesure que le piston recule, l'ouvrier projette de la terre dans la caisse, en sorte que, quand ce piston revient à l'origine de sa course, et que celui qui a travaillé est au bout de la sienne, le coffre est à peu près plein de terre; il ne reste plus qu'à le refermer pour que les hommes qui sont à la manivelle puissent aussitôt recommencer leur travail. La perte de temps est réduite ainsi à 10 ou 12 secondes, c'est-à-dire au neuvième environ de ce qu'elle était dans la machine simple.

« Chacune des caisses peut contenir la terre nécessaire au moulage de 62 tuyaux de $0^{m}.025$ de diamètre, et la machine en fait 13,120 en 10 heures de travail. Déduction faite d'un déchet proportionnel à celui que nous avons admis plus haut, il reste une production d'au moins 12,086 tuyaux par jour.

« Si la terre qu'on met en œuvre n'a pas besoin d'être épurée, le moulage de 1,000 tuyaux reviendra à 70 cent. environ. Dans le cas contraire, on pourra procéder de deux manières différentes : ou bien on travaillera à l'épuration avec les deux caisses à la fois, ou bien l'on fera des tuyaux d'un côté, tandis que de l'autre on préparera la terre. Dans la première hypothèse, en admettant qu'on emploie un jour à passer la terre nécessaire au travail du lendemain, et en remarquant que l'opération demande le concours de quatre hommes, on trouve que la main-d'œuvre revient à $1^{f}.20$ par 1000 tuyaux. Dans la seconde hypothèse, il faut au moins quatre hommes et deux enfants pour la manœuvre complète de la machine, et on fera un peu plus de la moitié du nombre des tuyaux que l'on obtient quand les deux caisses concourent au moulage, soit 7000 tuyaux ; la main-d'œuvre pour 1,000 tuyaux reviendra alors à $1^{f}.14$. »

CHAPITRE XXVIII

Mémoire de M. Boyle relatif aux machines à étirer les tuyaux — Machines de l'Exposition universelle de Paris

Les machines à étirer les tuyaux sont, comme nous l'avons dit, des modifications plus ou moins profondes de celles d'abord inventées pour mouler les tuiles courbes. Nous croyons que les perfectionnements trouvés dans cette voie auront une réaction heureuse sur la fabrication des briques et des tuiles. Un simple changement dans la forme des moules ou filières peut résoudre le problème que nous indiquons. A ce point de vue, il nous a paru que nous ferions une chose utile en décrivant dans ce livre toutes les machines inventées jusqu'à ce jour et dont nous aurions connaissance. La Société d'Agriculture d'Édinburgh (*the Highland and agricultural Society of Scotland*) a compris, comme nous, l'importance de la question, et elle a proposé un prix de 10 livres sterlings (250 fr.) pour la rédaction du meilleur travail descriptif des machines à étirer les tuyaux ou les tuiles. Le prix a été remporté par M. Robert Boyle, d'Ayr, et le Mémoire de cet ingénieur a été publié dans les *Transactions* de la Société d'Agriculture d'Écosse (juillet 1853). Nous avons pensé devoir emprunter à ce Mémoire la description de toutes les machines dont nous n'avions pas une connaissance personnelle. L'Exposition universelle de Paris en 1855 présentait aussi un certain nombre de machines, ou nouvelles, ou ayant des détails de construction intéressants. Nous en avons fait faire les dessins. Les chapitres suivants sont donc extraits ou traduits de M. Boyle, ou bien renferment la description des machines de l'Exposition universelle

CHAPITRE XXIX

Machine de Murray

M. James Murray, administrateur de la Compagnie des charbons de Garnkirk, vers 1830, alors que la fabrication des tuiles était dans l'enfance, imagina que le mécanisme intérieur des malaxeurs pouvait en même temps mélanger l'argile et fournir des tuiles exactement moulées. C'est ce qu'il s'efforça de réaliser en mettant sur le côté du malaxeur des tablettes et au fond un moule ayant la forme des tuiles à obtenir. Mais les pierres dispersées dans la terre glaise et la pression inégale exercée par le mécanisme intérieur retardaient et gênaient la marche de l'argile à travers le moule. M. Murray apporta alors un perfectionnement ayant pour objet de purger la terre des cailloux qu'elle renfermait; mais les dépenses de cette fabrication étaient telles que le système fut abandonné.

CHAPITRE XXX

Machine de Tweddale

L'invention du marquis de Tweddale, de laquelle date l'industrie moderne de la fabrication des tuyaux par les machines, repose sur l'emploi de deux cylindres d'où l'argile sort laminée en feuilles. Le but que le marquis de Tweddale voulait atteindre était de perfectionner la fabrication des tuiles dans les moules à main, fabrication qu'il avait observée dans son voisinage. Trois ouvriers en général étaient employés au moulage, et leurs efforts réunis ne pouvaient aboutir qu'à produire 1,000 à 1,200 tuiles par jour. L'un de ces ouvriers était simplement employé à préparer des feuilles oblongues pour les adapter aux dimensions du moule. Ce fut d'abord ces feuilles que M. de Tweddale imagina qu'on pouvait obtenir d'une manière continue à l'aide des deux cylindres d'un laminoir. Lorsqu'il eut réussi dans cette première invention, il pensa que la feuille continue d'argile recevrait facilement la courbure nécessaire à l'aide de rouleaux et de poulies convenablement agencés. La taille des tuiles à la longueur voulue fut la dernière chose dont il s'occupa. Un cadre mobile dans des coulisses, et formant la partie inférieure d'une tige attachée à un levier, reçut un fil de laiton tendu. Le levier étant mis en mouvement par une roue attachée au moteur principal et munie d'une dent qui agissait à chaque tour, il arrivait qu'à chaque soulèvement du levier par cette dent une tuile était coupée. Mais comme la feuille moulée avançait d'une manière continue pendant le passage du fil du cadre à travers l'argile, il s'ensuivait que les tuiles étaient coupées obliquement, de sorte qu'elles ne pouvaient être mises bout à bout. Pour remédier à cet inconvénient, le marquis de Tweddale ôta trois dents à l'une des roues d'engrenage du laminoir, de manière à obtenir un temps d'arrêt pendant l'opération de la coupe des tuiles.

La machine était placée à l'extrémité des séchoirs, où elles étaient conduites par des toiles sans fin mobiles sur des poulies. Mais lorsque les séchoirs avaient une certaine étendue, ce mode de transport présentait des inconvénients ; les vibrations de la machine et les secousses des toiles sans fin aplatissaient les tuiles. On y a remédié en rendant la machine mobile sur un rail-way, la puissance motrice étant transmise à l'aide de poulies et de courroies. Les tuiles sont transportées d'un seul coup des moules de la machine sur les rayons des séchoirs. Un ouvrier, aidé de quatre enfants, peut faire alors de 6,000 à 8,000 tuiles par jour. Une machine à vapeur de la force de six chevaux est employée à faire mouvoir simultanément le malaxeur et la machine à étirer les tuiles.

Pour faire des tuyaux avec cette machine, on a imaginé, en 1846, de courber complétement les feuilles d'argile laminées, de souder ensuite les deux bords à l'aide de poulies et de rouleaux, puis enfin de polir les bords réunis en faisant arriver les tuyaux formés dans une sorte de lavoir. Mais pendant la dessiccation ou la cuisson les tuyaux se fendent très-souvent. Cependant, comme, dans le comté d'Ayr, les terres se prêtent difficilement à être comprimées dans les boîtes à glaise des machines à piston, cette machine est très-employée. Son prix est de 750 fr.

CHAPITRE XXXI

Machine de Ford

Cette machine consiste simplement dans un cylindre rempli de terre glaise qu'on y comprime à l'aide d'un piston mû par une roue. Au fond du cylindre se trouve un moule à travers lequel sortent les tuyaux ou les tuiles, qui restent suspendus verticalement jusqu'à ce qu'on les coupe à la longueur voulue. C'est exactement l'ancienne presse des potiers (chap. VI, p. 146). M. Ford a fait plusieurs tentatives pour substituer au mouvement vertical du piston un mouvement horizontal, mais sans obtenir de réels avantages.

La nécessité de jointures pour empêcher, dans certains terrains, le déplacement des tuyaux mis simplement bout à bout, a conduit M. Ford à imaginer un moule très-ingénieux pour produire des renflements à l'aide desquels les tuyaux s'emboîtent les uns dans les autres. Nous avons dit précédemment (chap. V, p. 145) qu'on avait pris en Belgique et en France des brevets pour des inventions analogues. Voici le principe du moule à emboîture de M. Ford.

L'ouvrier prend un tuyau à l'aide d'un mandrin ayant la forme qu'on veut obtenir; il place l'extrémité de ce tuyau contre un point d'arrêt dans la boîte du moule. Cette boîte est alors fermée. Elle est fixée à sa partie inférieure, pour faire résistance lorsqu'on enfonce complétement le mandrin qui pénètre dans la boîte. L'excès de longueur du tube est alors forcé de pénétrer dans le moule et de s'y épâter de manière à former l'emboîture. Cette opération ne se fait que quand les tuyaux sont déjà assez secs pour se tenir verticalement, et, en même temps qu'elle leur donne le renflement voulu, elle les polit, efface toutes les ébarbures, et prévient la perte que cause la déformation des tuyaux ordinaires lorsque la dessiccation s'achève.

CHAPITRE XXXII

Machine de Beart

M. Beart, de Godmanchester, a inventé une machine à étirer les tuyaux tout à fait analogue à celle de M. Scragg, dont nous avons donné précédemment la description

13

(chap. XVI, p. 175); ce n'est donc pas de cette machine que nous parlerons. Mais M. Beart a, en outre, imaginé pour les tuiles un moule à main qui présente de l'intérêt. Une boîte de section oblongue, identique pour la grandeur à la tuile à obtenir, est attachée à un cadre de fonte; elle a un fond mobile ou piston qui, au moyen d'une crémaillère, s'élève ou s'abaisse. La crémaillère est mise en mouvement par un pignon fixé sur un axe que fait mouvoir une roue verticale ayant huit rayons. L'ouvrier abaisse le piston au point le plus bas de sa course, prend une motte de terre glaise de volume suffisant, la jette dans la boîte et l'y tasse à l'aide d'un pilon (fig. 73, p. 159), de façon à ce que toute la boîte soit bien remplie. En faisant mouvoir un arc de cercle, l'ouvrier enlève ensuite facilement toute la terre en excès, et il la polit en dessus. On fait alors tourner la roue l'espace d'un rayon. Un crampon, que porte ce rayon, rencontre un ressort qui l'arrête. Par cette opération, le fond mobile du piston se lève, et la terre est sortie juste de l'épaisseur d'une tuile. L'arc de cercle coupe la feuille, et l'aide de l'ouvrier l'enlève pour la placer sur le chevalet, où on la courbe à la forme voulue, comme dans le moulage à la main. L'opération se poursuit jusqu'à ce que la boîte soit vide. On fait ainsi plus d'une douzaine de tuiles par un seul moulage.

CHAPITRE XXXIII

Machine d'Irvine

La machine d'Irvine est semblable à la précédente; seulement, lorsque la terre est bien tassée, les parois de la boîte s'abaissent, et on amène, par un demi-tour, une série de fils de laiton placés les uns au-dessous des autres, à travers la motte de terre, qui se trouve divisée en feuilles de l'épaisseur voulue. On les prend successivement alors pour les courber. La tuile ainsi obtenue est de médiocre qualité, à cause de l'insuffisance de la compression de la terre dans la boîte.

CHAPITRE XXXIV

Machine d'Aird

Beaucoup de terres glaises, en recevant la courbure sur un rouleau, ou bien en passant à travers la machine de Tweeddale, perdent de leur ductilité; il en résulte une inégale contraction des diverses parties, et on obtient des tuiles peu solides. M. Aird, de Muirkik, dans le comté d'Ayrshire, a imaginé une machine destinée à remédier à cet inconvénient. Qu'on imagine une auge ayant environ 3 mètres de long et offrant exactement la forme d'une tuile de drainage renversée, terminée par un rebord et fixée à un cadre. L'auge étant remplie d'argile, on presse celle-ci à l'aide d'un rouleau qui la force à se mouler selon la forme convenable. A l'aide d'une poignée, on renverse alors l'auge, et la feuille de terre glaise tombe sur une longue rangée de supports. Si on soulève alors le cadre, des fils de laiton, faits en forme d'arc de cercle et placés à intervalles égaux, coupent la feuille en tuiles d'égales longueurs.

Une telle machine donne de bons résultats pendant les premiers remplissages; mais bientôt l'humidité que le rouleau exprime de la terre glaise comprimée fait adhérer la tuile contre les rebords de l'auge, et il est impossible de continuer à travailler régulièrement.

CHAPITRE XXXV

Machine de White

Quelques-uns des organes de la machine de M. White, de Morpeth, sont identiques à ceux de la machine de lord Tweeddale, décrite précédemment (chap. XXX, p. 215). L'argile sort en feuille d'entre deux cylindres, reçoit la courbure convenable par des rouleaux, et passe à travers une auge pleine d'eau, comme dans la machine Tweeddale; mais les opérations subséquentes sont différentes. Un cylindre de 1m.22 de diamètre sert, en tournant, à diriger les tuiles hors de l'auge à eau. Sur ce cylindre sont placés, à des intervalles égaux, des arcs en fer mobiles, portant des fils de laiton tendus. Chaque arc est muni d'un manche qu'une barre d'arrêt appuie lorsque le cylindre tourne, de façon à ce que le fil de laiton coupe les tuiles à la longueur convenable.

Toutefois, il résulte évidemment de la convexité du cylindre, et de sa rotation pendant la taille des tuiles, que celles-ci sont coupées un peu obliquement. Pour remédier en partie à cet inconvénient, on reçoit les tuiles sortant du cylindre sur une planche présentant un rebord contre lequel les enfants qui enlèvent les tuiles les poussent avec une planchette. Les bords obliques se redressent par cette opération.

Quoique les tuiles courbes faites par cette machine, à cause des pressions en divers sens auxquelles elles sont soumises, aient le défaut de se dessécher en donnant lieu à des fentes sensibles pour les terres peu ductiles, on l'emploie beaucoup en Écosse. Un homme tourne la manivelle; un ouvrier alimente la machine de terre, et quatre enfants enlèvent les tuiles pour les porter au séchoir. On fait ainsi de 6,000 à 8,000 tuiles courbes par jour.

CHAPITRE XXXVI

Machine d'Etheridge

Fig. 102. — Machine de M. Etheridge.

La machine de M. Etheridge est fondée sur les mêmes principes que celle de M. Murray, précédemment décrite (chap. XXIX, p. 214); mais elle a donné d'assez bons résultats pour produire quelque sensation. Cette machine (fig. 102) se compose d'un tonneau malaxeur, au centre duquel tourne un arbre vertical directement mis en mouvement par un cheval marchant comme dans un manége. Cet arbre porte des bras inclinés sous un angle de 40 degrés; ces bras glissent sur des madriers et forcent la terre glaise à descendre et à pénétrer dans quatre boîtes portant les moules, d'où elle s'échappe sous forme de tuiles ou de tuyaux. M. Boyle conteste fortement qu'avec cette machine la terre puisse être immédiatement moulée au sortir de la carrière, comme l'affirmait M. Etheridge. En tout cas, lors même qu'on prend le soin d'épierrer à la main l'argile coupée à la bêche en tranches minces, on n'obtient que des produits de qualité médiocre, même avec les meilleures terres à poterie.

CHAPITRE XXXVII

Machine de Franklin

La machine de M. Franklin peut être regardée comme offrant la réalisation heureuse des principes dont l'application avait été essayée par MM. Murray et Etheridge. Elle a été introduite en 1849, d'Angleterre en France, par M. Mergez, agriculteur distingué, dont nous citerons les travaux lorsque nous dirons quel est l'état actuel du drainage dans les divers pays.

Les figures 103 et 104 représentent en perspective et en coupe la machine Franklin sur une échelle d'un quarantième environ.

La terre, bien préparée afin d'avoir la consistance voulue, est jetée dans la partie supérieure du cylindre A; elle se trouve d'abord broyée par les couteaux *bb* comme dans les malaxeurs; elle est prise ensuite par le pas de l'hélice double CC, qui la force à descendre; au-dessous de ce pas d'hélice elle rencontre une grille DD, à travers

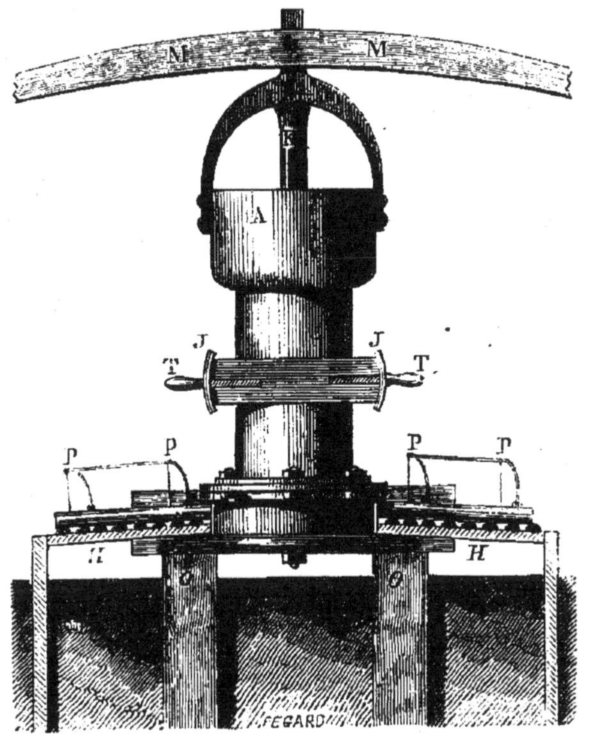

Fig. 102. — Vue extérieure de la machine Franklin.

laquelle la pression de l'hélice la force à passer. Elle est reprise alors par un nouveau pas d'hélice EE, semblable au premier, et arrive dans l'espace vide FF, où elle se comprime. Elle n'a pas d'autres issues que les filières GG, à travers lesquelles elle sort en tuyaux sur les rouleaux HH. Des fils de fer sont tendus sur les arcs PP, qui se meuvent comme un couvercle de malle au moyen de deux charnières; ces fils coupent les tuyaux à la longueur voulue. Deux couteaux épais, construits en forme d'S et fixés dans l'arbre, rasent continuellement la surface supérieure de la grille et poussent vers ses extrémités

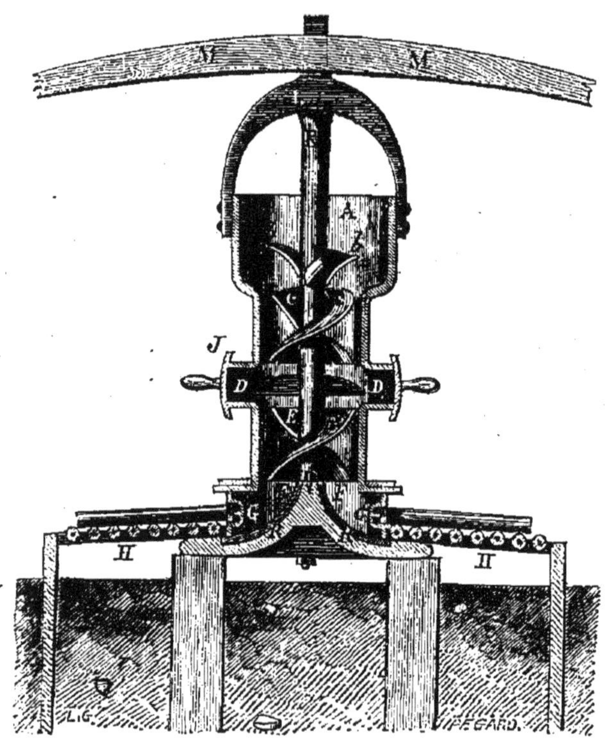

Fig. 104. — Coupe et vue de l'arbre à hélice de la machine Franklin.

DD les corps étrangers, les pierres, etc. De temps en temps on enlève les obturateurs JJ en les tirant par les poignées TT, afin de laisser sortir les pierres repoussées par les tuyaux.

Toute la machine est fixée solidement sur un cadre en bois et des tréteaux OO, engagés dans la terre, ou même dans une maçonnerie dans laquelle on ménage des fosses où se mettent les ouvriers qui enlèvent les tuyaux.

Lorsqu'on doit faire des tuyaux d'un gros diamètre, de $0^m.15$ à $0^m.40$, on enlève les fonds RR, et on les remplace par une cuvette au bas de laquelle est la nouvelle filière. Le gros tuyau sort alors verticalement au-dessous de la machine.

Le système est mis en mouvement par un ou deux chevaux attelés aux extrémités des brancards MM comme à un manége ordinaire.

D'après M. Mergez, on peut faire avec cette machine de 10,000 à 12,000 tuyaux par jour; mais, quand on n'a pas l'habitude de son emploi, on est astreint à quelques tâtonnements pour le degré d'humidité de la terre et pour les diverses manœuvres, ce qui réduit la fabrication. Dans sa propriété du Plessis, avec des terres de qualités variables, M. Mergez a fait de 2,500 à 6,000 tuyaux.

M. Blanchard, propriétaire près de Cinq-Mars, a fait construire une machine sur le modèle importé par M. Mergez, et on peut aujourd'hui s'en procurer chez M. Brethon, serrurier-mécanicien à Tours, rue du Gazomètre, pour le prix de 800 fr., y compris les barres d'attelage, les tréteaux de support et dix moules. La même machine avec cuvette en dessous pour gros tuyaux, et 16 moules de plus, coûte 1,000 fr. Chaque moule séparément est du prix de 20 fr.

CHAPITRE XXXVIII

Machine de Charnock

La machine de Charnock est semblable aux machines à deux boîtes oblongues dont nous avons déjà parlé, telles que celles de Whitehead (chap. XV, p. 172), de Scragg (chap. XVI, p. 175), de Dean (chap. XVIII, p. 178), de Dovie (chap. XXVII, p. 211). Deux pistons manœuvrés par une double manivelle agissent alternativement dans chacune des deux boîtes fermées par des tiroirs que les manivelles ouvrent et ferment successivement. L'ouvrier qui alimente la machine place une motte de terre glaise dans l'une des boîtes, qui se ferme aussitôt par le mouvement même de la machine; la terre est alors poussée à travers la filière par l'un des pistons. Pendant ce temps, l'autre boîte s'est ouverte d'elle-même, de façon que l'ouvrier peut la remplir.

Les tuyaux sont coupés de longueur régulière par un arc en fer tenant tendu un fil de métal; cet arc est mû par une poignée que manœuvre l'ouvrier chargé d'enlever les tuyaux de dessus la table où ils sont poussés. Comme cette coupure s'effectue pendant le mouvement même des tuyaux, il en résulte que leurs extrémités sont irrégulières. En outre, on ne peut prendre tout le temps nécessaire pour bien tasser la terre glaise dans les boîtes, et les bulles d'air qui viennent crever les tuyaux sont plus nombreuses que dans les machines intermittentes.

Deux ouvriers et trois enfants fabriquent par jour 3,000 à 4,000 tuyaux, lorsque la terre est de bonne qualité.

La machine est traînée à bras le long du séchoir, pour que l'on place immédiatement, sans de longs transports, les tuyaux fraîchement étirés.

CHAPITRE XXXIX

Machine de Whaley

La machine de Whaley est fixe au lieu d'être mobile, comme la précédente, et les tuyaux sont conduits sur les séchoirs par un chemin de fer. Elle fait toute la besogne, malaxe, comprime, crible l'argile et la moule en tuyaux. Elle est de l'invention de M. Thomas Whaley, de Chorlay (Lancashire). Le malaxeur est vertical, et composé de bras et de couteaux comme dans tous les appareils de ce genre; il force la terre à tomber dans un cylindre où elle s'entasse. Un piston mû par une roue et un pignon fait alors avancer la terre à travers une première grille dont les barreaux sont verticaux, puis à travers une seconde grille dont les barreaux sont horizontaux. Cette seconde grille a l'avantage de retenir toutes les petites pierres qui se sont échappées à travers la première; on doit l'enlever assez souvent pour la nettoyer. Les tuyaux sortent ensuite à travers le moule, et, comme la terre est très-pure, on peut les fabriquer d'un petit diamètre. Sous le moule viennent se placer de petits charriots qui reçoivent les files de tuyaux et les emmènent sur un chemin de fer.

Cette machine est mue par une machine à vapeur ou par un manége. Elle passe pour très-bien exécuter les tuyaux, dont elle fabrique chaque jour une grande quantité.

CHAPITRE XL

Machine de West

M. George West, de Riccarton (Linlithgow), s'est proposé de faire que la terre tirée de la carrière et jetée dans sa machine sortît moulée en tuyaux. Un cylindre horizontal reçoit la terre, la malaxe et la pousse dans un récipient à l'extrémité duquel se trouve une grille pour servir de crible. Un mouvement spécial force l'argile à passer à travers cette grille, d'où elle pénètre dans une boîte où se meut un piston qui la force à passer à travers les filières

C'est une tentative assez heureuse d'une fabrication absolument continue, dont nous aurons encore à citer quelques exemples. Toutefois, nous dirons, avec M. Boyle, que nous ne savons pas encore s'il n'est pas plus avantageux de faire marcher par un manége une machine fixe pour malaxer et cribler, et ensuite à bras une machine locomobile pour étirer les tuyaux.

CHAPITRE XLI

Machine de Schlosser

Parmi les machines qui figuraient à l'Exposition uniververselle de Paris, en 1855, on remarquait d'une manière toute particulière celle fabriquée par M. Schlosser, à Paris, rue de la Roquette, n° 51. Cette machine est locomobile, et est annexée à un malaxeur fixe, selon les principes qui viennent d'être rappelés à la fin du chapitre précédent.

Le malaxeur (fig. 105) est un tonneau broyeur analogue aux appareils de ce genre que nous avons déjà décrits (chap. III, p. 128 à 133, fig. 38 à 51); mais il a une supériorité d'action incontestable à cause de la multiplicité et de la bonne disposition de ses couteaux. Un arbre vertical BDD repose en bas sur une crapaudine E, et est maintenu vers sa partie haute B dans un collet porté par des arcs C solidement vissés sur les parois du tonneau. Cet arbre est monté pour être mû directement par un manége AA; on pourrait le mettre en mouvement de toute autre manière. La partie intérieure DD est armée de huit bras garnis de couteaux F légèrement inclinés par rapport à l'horizon, comme le montre le dessin, et de telle façon que l'ensemble constitue une véritable hélice que l'on suit facilement sur la figure en partant d'en haut, et qu'on voit tourner de l'avant à l'arrière de la coupe que donne le dessin. Deux couteaux râcleurs G forcent en bas la terre malaxée à sortir par les orifices HH. Le prix dè cet appareil est de 400 francs.

La machine à étirer les tuyaux de M. Schlosser (fig. 106)

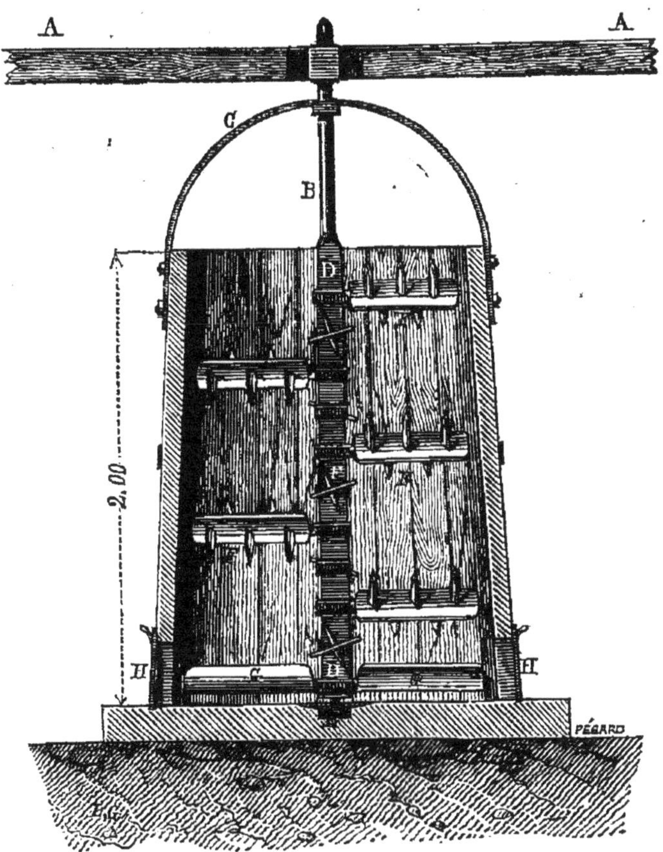

Fig. 105. — Malaxeur de M. Schlosser.

est une transformation heureuse de la machine verticale de Clayton, précédemment décrite (chap. X, p. 160 à 165, fig. 74 et 75) ; l'idée de cette dernière machine est rendue plus pratique. M. Schlosser a imaginé de placer horizon-

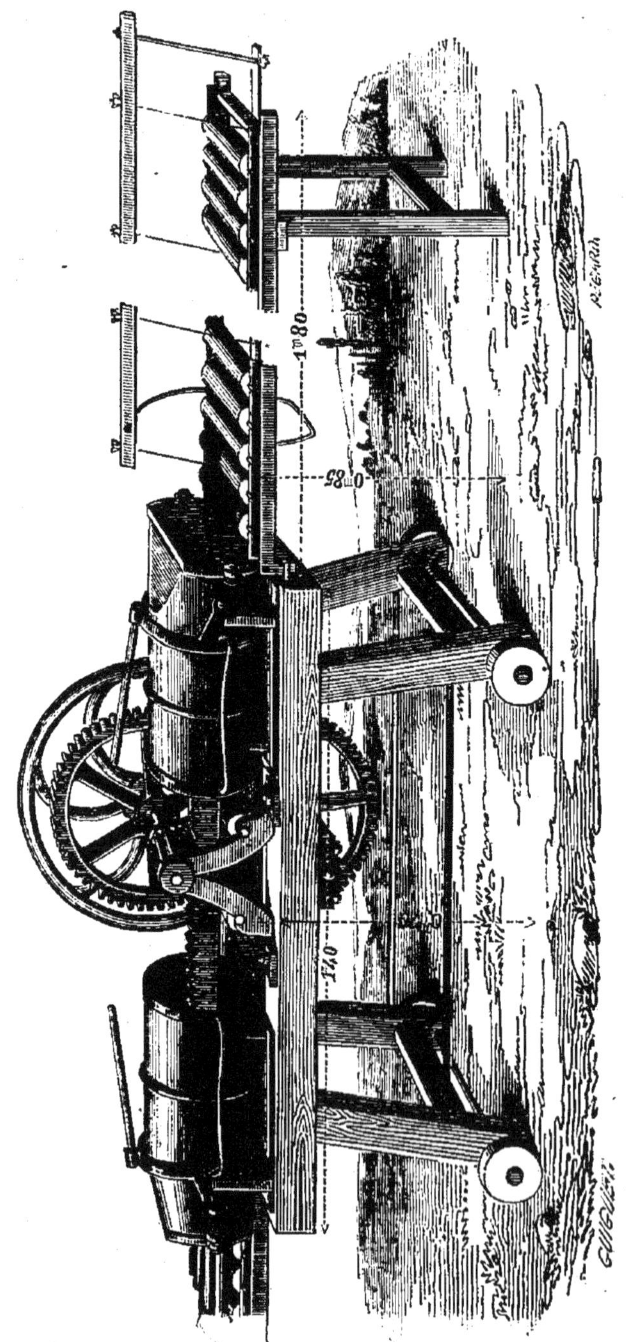

Fig. 106. — Machine de M. Schlosser pour étirer les tuyaux de drainage.

talement les cylindres verticaux de la machine primitive de Clayton. Ces cylindres en tôle, nommés boisseaux, sont munis de deux anses qui permettent de les enlever facilement pour les remplir de terre. Afin qu'il n'y ait pas d'intermittence dans la marche du travail, on emploie trois cylindres; deux sont placés sur la machine qui fonctionne, et le troisième est entre les mains de l'ouvrier qui le garnit. Tandis que la manivelle fait avancer le piston A par une crémaillère B (fig. 107), de manière à comprimer la terre C dans l'un des cylindres, l'autre piston, placé à l'autre extrémité de la même crémaillère, se dégage du

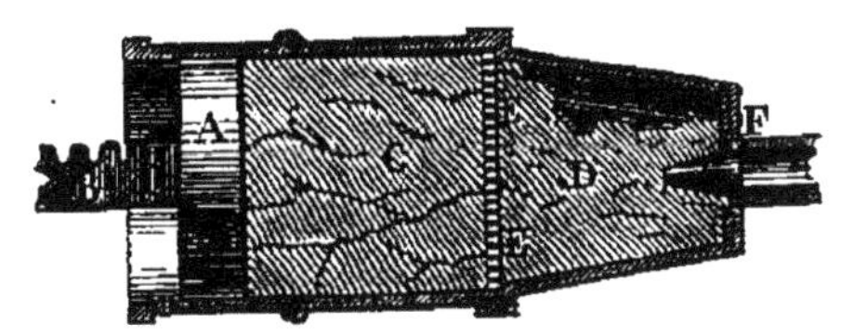

Fig. 107. — Coupe du cylindre de la machine de M. Schlosser.

cylindre qui vient de fonctionner. La terre comprimée passe dans un compartiment fixe D, légèrement conique, où elle se tasse fortement; avant d'y arriver, elle s'est criblée en traversant la grille EE; elle est ainsi parfaitement purgée de petites pierres et même d'air, et elle se moule en tuyaux, sans donner sensiblement de déchets, en passant à travers la filière F. Comme dans les machines ordinaires, les tuyaux glissent sur une table à rouleaux mobiles où ils sont coupés de longueur par des fils de fer tendus dans un châssis qu'on rabat et relève tour à tour. L'agencement de chaque cylindre se fait très-facilement à l'aide d'une embrasse qu'on manœuvre avec un levier, comme le montre la figure 106. En même temps qu'on enlève un cylindre, on nettoye la grille cribleuse par un simple coup de râcloir, et on empêche l'accumulation d'un gâteau pierreux qui absorberait de la force en pure perte. Cette machine, à double effet et locomobile, coûte 750 fr.; pour ce prix on a trois cylindres, quatre filières de différentes grandeurs, deux grilles-cribleuses, deux tabliers garnis de rouleaux mobiles et trois fourchettes en bois servant à enlever les tuyaux.

CHAPITRE XLII

Machine horizontale de Clayton

En parlant de la machine française de M. Calla (chap. XXIV, p. 198, fig. 95), nous avons dit que M. Henry Clayton s'est mis à fabriquer des machines à piston mues horizontalement. Une excellente machine de ce genre (fig. 108) avait été envoyée à l'Exposition universelle de Paris. On voit qu'elle est locomobile; elle est destinée à aller faire les tuyaux successivement le long des séchoirs. La terre, apportée dans une brouette, est mise en provision à l'arrière de la machine, dans une boîte d'où l'ouvrier la tire pour remplir la caisse dans laquelle se meut le piston. Cette caisse est fermée par un couvercle qui tourne facilement autour d'une charnière que montre le dessin, et qui se verrouille très-commodément. La filière s'attache aussi avec plus de rapidité que dans les anciennes machines. Les tuyaux sortent sur un tablier muni de rouleaux mobiles, entourés de bandes de drap feutré, et ils sont coupés de longueur par des fils de fer tendus sur un cadre et glissant dans les intervalles laissés entre les bandes de drap. Les filières ordinaires ne peuvent pas étirer de tuyaux ayant un calibre de plus de $0^m.15$ de calibre. En adaptant une bouche expansive vendue séparément, on parvient à mouler des tuyaux de $0^m.30$ de diamètre.

Fig. 108. — Machine horizontale de Clayton.

Le prix de la machine à simple effet est de 525 fr.; celle à double effet coûte 700 fr.

Ces machines peuvent être munies de cribles formés de plaques métalliques perforées pour nettoyer la terre des petites pierres calcaires ou siliceuses, des pyrites de fer, des petites racines, etc. Ces cribles coûtent 18f.75.

L'adresse de M. Henry Clayton est à Londres, Upper-Park-place, Dorset-square.

CHAPITRE XLIII

Nouvelle machine de Whitehead

Nous avons déjà consacré un chapitre (chap. XV, p. 172, fig. 80) à la machine très-célèbre de M. John Whitehead, de Preston, Lancashire (Angleterre). Cette machine était à l'Exposition universelle de Paris, avec des modifications et simplifications heureuses (fig. 109). Son prix est de 370 à 525 fr., selon les dimensions, mais dans la forme que représente la figure; lorsqu'elle est à double effet, elle coûte 700 fr.

Cette machine est entièrement en fonte et en fer forgé; elle consiste en un bâtis en fonte portant une caisse parallélipipédique. Une manivelle fait tourner un pignon de 0m.15 de diamètre, qui entraîne une roue dentée dont le diamètre est de 0m.75. Cette roue est concentrique avec deux pignons qui dirigent deux tiges attachées au piston. Ces derniers organes sont placés à couvert dans une boîte dont le couvercle reçoit la terre destinée à être pilonée dans la caisse placée en avant, et où se meut le piston compresseur. Le couvercle de cette dernière caisse est en fer forgé et très-fort; il tourne autour de charnières et se manœuvre à l'aide d'un manche qui sert aussi à obtenir une

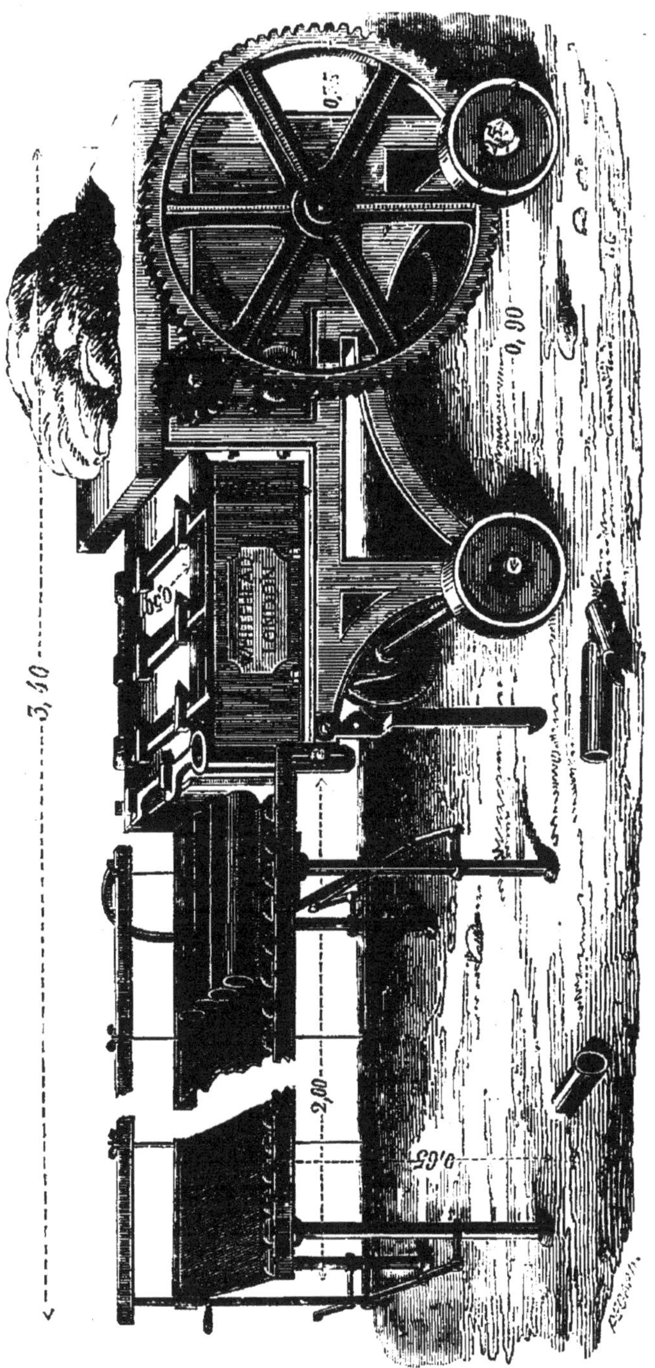

Fig. 169. — Nouvelle machine de Whitehead.

fermeture solide, à l'aide de trois grosses griffes qui s'accrochent au bord supérieur. Pour opérer l'étirage, on place d'abord la filière sur la face d'avant, qui est à cet effet garnie en bas d'une rainure dans laquelle glisse la filière, et en haut d'un loquet qui ferme et assujettit l'appareil. On attache ensuite le tablier, qui se compose d'un rectangle en fer forgé portant des rouleaux mobiles recouverts de bandes d'un drap imperméable à l'eau. La caisse étant remplie de terre, on tourne la manivelle, et alors le piston force la terre à se mouler en tuyaux. Lorsque les tuyaux ou les autres produits de la fabrication, si on employait des moules à faire des briques creuses ou des tuiles, sont arrivés à l'extrémité du tablier, on arrête un instant la machine; on coupe de longueur en faisant mouvoir le châssis qui porte des fils de fer tendus, et on continue le travail en remplissant la caisse de terre chaque fois qu'on l'a vidée.

On ne peut fabriquer avec cette machine que des tuyaux ayant au plus $0^m.18$ de diamètre. Pour obtenir des tuyaux d'un plus fort calibre, par exemple, jusqu'à $0^m.38$, on doit employer une bouche expansive que M. Whitehead vend de 22 à 28 fr., selon la grandeur de la machine à laquelle elle doit être adaptée. Pour les grands diamètres, il est bon de se servir d'un tablier spécial, dont le prix est de 40 fr., afin de pouvoir couper plus droit et plus long. Il faut avoir un tablier spécial du même prix si l'on veut mouler des briques.

La crémaillère présente une disposition ingénieuse que M. Mangon, dans son rapport sur les machines à tuyaux de l'Exposition universelle, décrit dans ces termes : « La dernière dent de chaque extrémité de la crémaillère qui conduit le piston est articulée de telle sorte qu'elle ne puisse engrener, avec le pignon qui la mène, que par le mouvement en sens inverse de celui qui vient d'avoir lieu. Il résulte de cette disposition que l'action de l'ouvrier qui met la machine en jeu ne peut jamais faire dé-*passer au piston* l'extrémité de sa course dans un sens ou dans l'autre. Dans les machines ordinairement employées, un bruit, produit à la fin de la course du piston, avertit l'ouvrier qu'il doit cesser de tourner la manivelle; mais on conçoit que la moindre distraction suffit pour empêcher ce signal d'être entendu, et, par suite, que des ruptures peuvent se produire souvent dans les engrenages. La disposition qui nous occupe constitue donc un véritable perfectionnement sur le procédé suivi antérieurement. »

Dans les machines à caisses rectangulaires, telles que celles de Whitehead, de Scragg, de Calla, de Williams, de Dovie, etc., il est impossible de débarrasser la terre des pierres, racines et autres matières étrangères à l'aide d'un crible, en même temps qu'on étire les tuyaux. M. Whitehead vend, au prix de 29 à 32 fr., des cribles qui s'adaptent à la place de la filière avec le même loquet. On relève seulement, après avoir ôté le tablier, deux bras en fer qu'on aperçoit dans la figure au bas de la face d'avant de la machine. Lorsque, en tournant la manivelle, on a fait sortir la terre à travers les petits trous du crible, on retire le loquet, et le crible retombe sur les bras relevés horizontalement; on peut alors enlever avec un râcloir les pierres accumulées sur la face intérieure.

La machine que nous venons de décrire est locomobile, et par conséquent elle est mise en mouvement par des hommes qui tournent la manivelle. Lorsqu'on la laisse fixe, il est préférable de la faire marcher avec un manége, une machine à vapeur ou même la force du vent. Alors la machine est à double effet et dans le genre de celle dont la description a été donnée dans le chapitre XV (p. 172, fig. 80). On l'emploie avec avantage. On peut mettre un crible à l'une des caisses et une filière à étirer à l'autre, ou bien cribler ou étirer avec les deux caisses à la fois. M. Whitehead vend, au prix de 135 fr., un appareil de transmission de la force motrice pour remplacer la manivelle. Cet appareil se compose de trois poulies, dont l'une est folle, et dont les deux autres conduisent, l'une le piston d'avant, l'autre le piston d'arrière. Les poulies tournent toutes dans le même sens; mais les engrenages avec lesquels elles se combinent sont disposés de façon que l'une des poulies guide la tige des pistons d'avant en arrière, tandis que l'autre la conduit d'arrière en avant. Une fourche fait passer facilement la courroie de dessus l'une des poulies conductrices sur la poulie folle. Lorsque les pistons sont arrivés à l'extrémité de leur course, la machine s'arrête d'elle-même au moyen d'un déclic intérieur qui pousse la fourche, et fait ainsi passer la courroie de dessus l'une des poulies conductrices sur la poulie folle. Lorsque la dernière caisse est remplie, l'ouvrier fait lui-même passer la courroie sur la poulie conductrice opposée, ce qui fait mouvoir les pistons en sens contraire.

CHAPITRE LXIV

Machine de Tussaud

M. Tussaud, demeurant à Paris, rue Neuve de Lappe, n° 6, a mis à l'Exposition universelle de 1855 une machine pour la fabrication des briques creuses et des tuyaux de drainage fondée sur les principes de celle de Franklin (chap. XXXVII, p. 222). A ce sujet M. Mangon, rapporteur du jury, s'exprime ainsi : «Cette machine se compose d'un cône en tôle dans lequel se meut une double hélice en fer. L'arbre de cette hélice porte, à sa partie inférieure, une vis sans fin, qui forme la petite base du tronc du cône et pousse la terre vers les filières placées au-dessous. Cet appareil est compliqué, mais il paraît ntelligemment combiné. »

CHAPITRE XLV

Machine de Clamageran et Roberty

La nécessité de bien épurer la terre destinée à faire les tuyaux est aujourd'hui bien comprise. Nous avons vu que les procédés qu'on a employés dans ce but consistent tous à appliquer à l'épuration les machines elles-mêmes qui servent à l'étirage. Pour cela on a eu recours à divers systèmes.

Ainsi on met une grille cribleuse en avant de la filière, afin d'épurer en même temps qu'on étire. Cela n'est bien praticable que dans la machine de M. Schlosser.

On épure aussi d'un côté tandis que, de l'autre, on étire; cette manière d'opérer n'est possible que dans les machines à double effet, du genre de celle de Whitehead, décrite dans le chapitre XLIII.

Enfin on partage l'opération en deux; on épure durant la moitié de la journée et on étire pendant l'autre moitié, à moins qu'on ne possède deux machines, l'une qu'on consacre spécialement à l'épuration, l'autre qu'on emploie exclusivement à l'étirage.

On comprend que, dans le cas où on prend ce dernier parti, il puisse paraître avantageux de substituer à l'achat d'une seconde machine à étirer celui d'une machine moins coûteuse, construite spécialement en vue d'épurer. C'est ce problème qu'ont cherché à résoudre MM. Clamageran et Roberty, au château de la Lambertie, près Sainte-Foix

(Gironde). La figure 110 représente l'appareil qu'ils ont imaginé, et qui fonctionne avec succès dans leur fabrique, pour épurer la terre employée par deux ateliers d'étirage. Une manivelle conduit un pignon qui engrène avec une

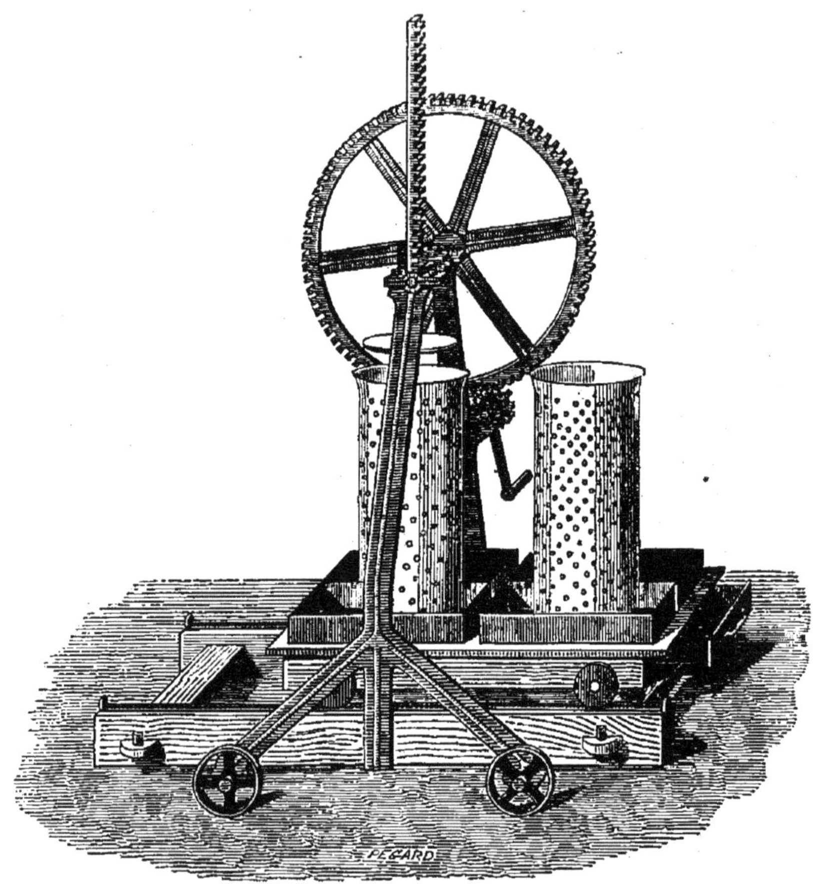

Fig. 110. — Machine de MM. Clamargeran et Roberty pour l'épuration de la terre.

grande roue dentée concentrique avec un pignon; celui-ci fait descendre ou monter une crémaillère à laquelle est attaché un piston. Au-dessous de ce piston on amène un cylindre percé de petits trous et rempli de la terre à épurer. La terre se tamise, par la pression, à travers les trous et tombe dans une boîte. Pendant que cette opération s'effectue, on nettoie un cylindre qui a servi précédemment et on le remplit d'une nouvelle quantité de terre à épurer.

Les cylindres, et les boîtes dans lesquelles ils sont posés, se trouvent placés sur un petit chariot mis lui-même sur un chemin de fer, de manière à rendre très-rapide le mouvement de va et vient qui amène successivement chaque cylindre au-dessous du piston.

CHAPITRE XLVI

Machine de Blot et Leperdrieux

MM. Blot et Leperdrieux, fabricants de tuyaux de drainage à Pont-Carré, par Tournan (Seine-et-Marne), ont cherché à avoir une machine dont une extrémité épurerait la terre tandis que l'autre étirerait les tuyaux. La machine qu'ils ont inventée dans ce but est représentée par les figures 111 et 112. Les inventeurs annoncent qu'elle permet de fabriquer avec les terres les plus chargées de matières étrangères, qu'elle épure facilement des terres contenant jusqu'à 50 pour 100 de pierres, qu'elle peut, par conséquent, être employée dans toutes les localités.

Les pistons, attachés à une crémaillère horizontale, se meuvent dans une caisse formée d'un demi-cylindre prolongé par deux faces latérales verticales. La moitié F, consacrée à l'étirage, reçoit à son extrémité la filière, qui est disposée de manière à s'ouvrir très-facilement, pour qu'on la nettoie quand elle se trouve engorgée par des corps étrangers. L'autre moitié, consacrée à l'épuration, est percée d'un grand nombre de petits trous sur toute sa

14

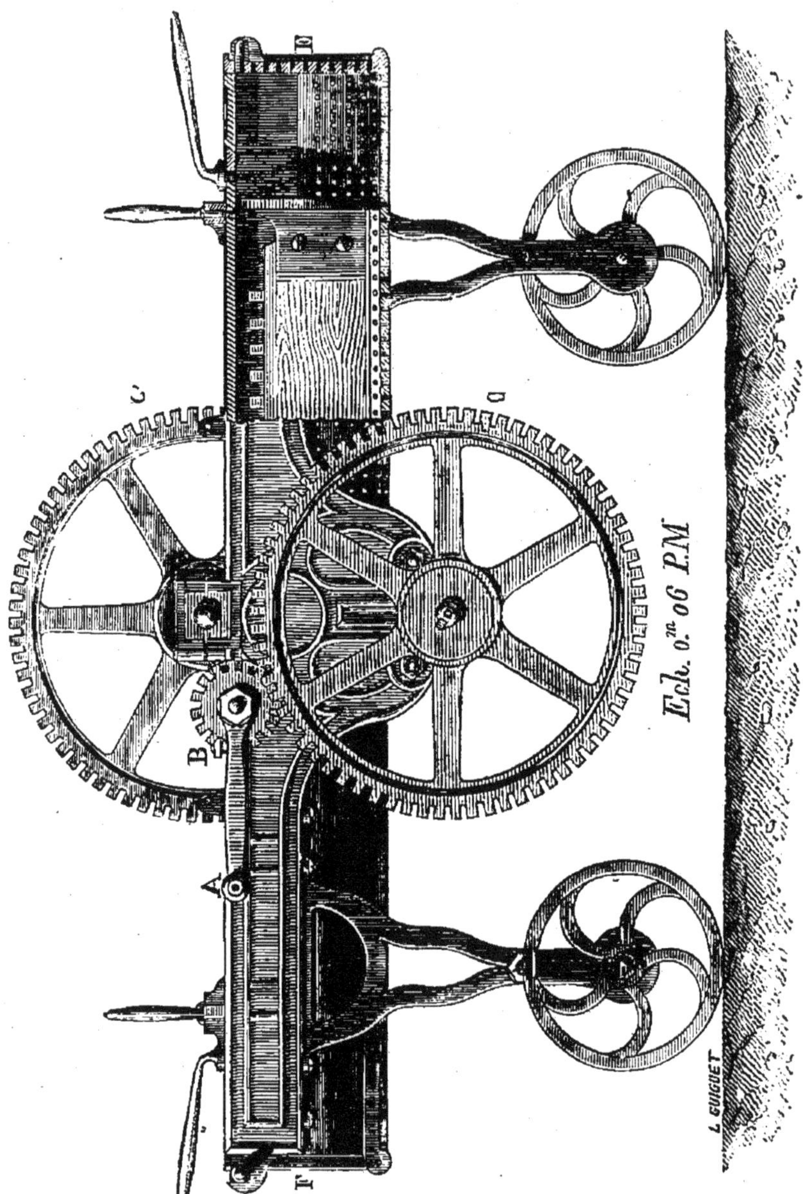

Fig. 111. — Vue longitudinale de la machine de MM. Blot et Leperdrieux.

surface. C'est ce que montrent les figures, qui ont été dessinées partie en perspective et partie en coupe, de manière à laisser voir l'intérieur de l'appareil.

Le mouvement est donné par un engrenage ABC, A'B'C', et deux manivelles A et A'. Des couvercles qui se manœu-

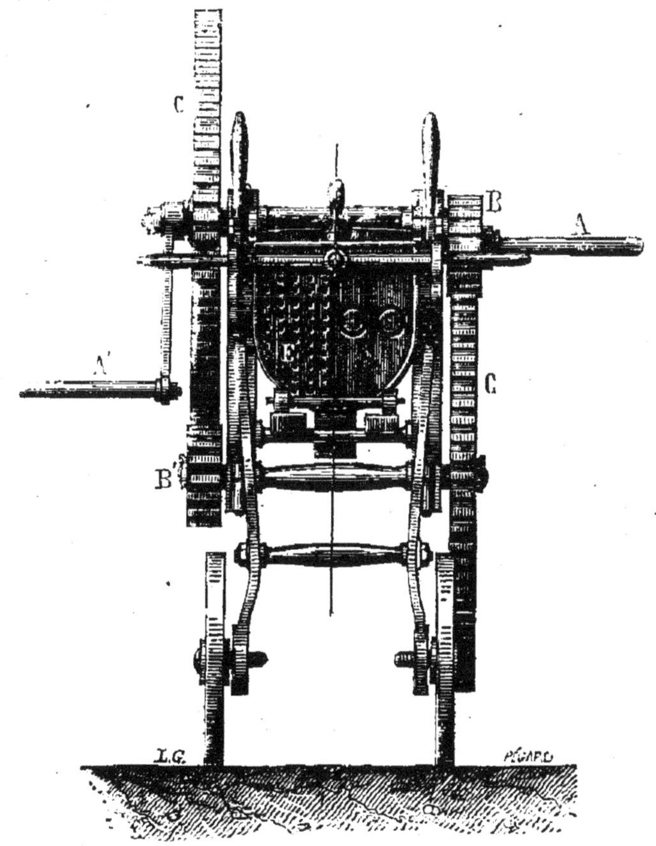

Fig. 112. — Vue de face de la machine de MM. Blot et Leperdrieux.

vrent facilement permettent de charger les deux compartiments avec facilité. On peut en juger d'après la quantité de travail relativement considérable qu'on obtient en douze heures avec un homme et une femme ou un enfant. Pendant ce temps, on fait l'épuration et l'étirage de

4,000 à 4,500 tuyaux	de 0^m.034	de diamètre intérieur.
4,000 à 4,200 —	0 .040	—
3,800 à 4,000 —	0 .045	—
3,000 à 3,500 —	0 .055	—
2,000 à 2,500 —	0 .070	—
1,500 à 2,000 —	0 .085	—

MM. Blot et Leperdrieux ont, en outre, imaginé une modification intéressante pour les tabliers sur lesquels les tuyaux s'appuyent et glissent à la sortie des moules. Nous reviendrons sur ce sujet dans un chapitre spécial.

Les fabricants emploient un broyeur qui ne diffère pas des malaxeurs que nous avons déjà décrits, et qui est mû par un cheval; son prix varie de 120 à 200 fr.

La machine que nous venons de décrire coûte 575 fr.; chaque filière en plus se vend 25 fr.

CHAPITRE XLVII

Machine de Jordan

Il est arrivé souvent que l'on a faussé des crémaillères et cassé des dents d'engrenage pour avoir continué à tourner la manivelle lorsque les pistons étaient arrivés au bout de leur course. Il n'est donc pas sans intérêt de prévenir les ouvriers de s'arrêter, et même d'empêcher la rotation de s'effectuer, en douant les machines d'un organe spécial qui remplace cette fonction. Parmi les différents systèmes imaginés dans ce but, nous avons distingué à l'Exposition universelle de Paris, en 1855, celui employé dans la machine envoyée par M. Jordan, à Darmstadt, dans le grand duché de Hesse. Le principe de ce système est représenté par la figure 113.

La manivelle A donne le mouvement au pignon B, qui engrène avec la roue C, et par conséquent entraîne le second pignon D monté sur l'axe de cette roue. Le pignon D, engrenant avec la roue E, conduit le pignon F, qui fait marcher la crémaillère GG, à l'extrémité de laquelle se trouve le piston P. Celui-ci pénètre dans une caisse rectangulaire tout à fait analogue à la caisse des machines Whitehead, Scragg, Calla, etc. Vers l'extrémité de la crémaillère, une saillie K, placée sur l'une des dents, presse contre une lame mince J montée sur la machine ; cette lame, sautant pardessus la saillie, fait entendre un bruit de timbre qui avertit les ouvriers. En outre, une petite manivelle H, montée sur l'arbre du pignon F, tourne avec lui et vient butter contre un ressort que l'on voit en pointillé sur le levier II. Ce levier, mobile autour du point *i*, est ainsi soulevé peu à

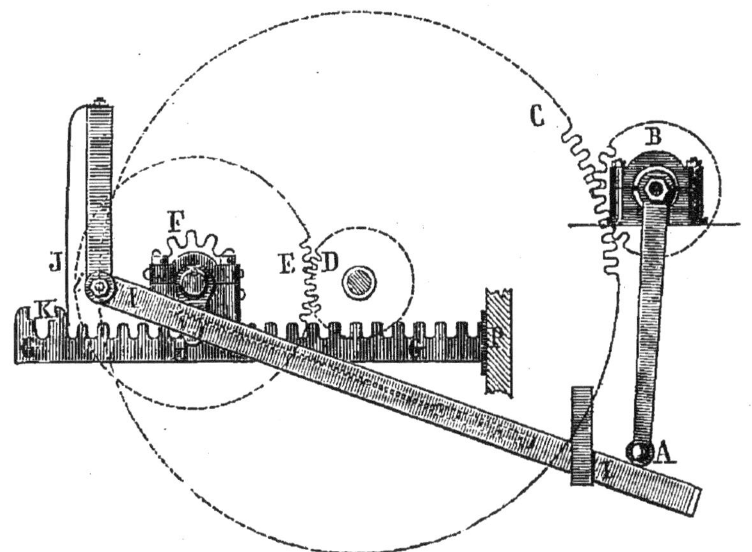

Fig. 113. — Machine de M. Jordan.

peu, et vient s'accrocher dans un loquet de manière à arrêter la manivelle A, qui alors butte contre un obstacle fixe insurmontable. On tourne la manivelle A en sens contraire ; le ressort du levier II cesse d'être serré ; on le décroche, et alors on remplit de terre la caisse que le piston P avait vidée pendant son premier mouvement.

La machine de MM. Jordan coûte 850 fr.; c'est un prix très-élevé pour une machine à simple effet. Il est vrai de dire que toutes les parties en sont exécutées avec un soin extrême.

CHAPITRE XLVIII

Machine de Virebent

Pour ce qui concerne la fabrication des tuyaux de drainage, on peut dire que le rôle des constructeurs français a surtout consisté dans une grande simplification. C'est déjà ce que nous avons pu constater dans les machine que nous avons décrites précédamment; c'est encore ce que nous voyons dans la machine de MM. Virebent frères, de Toulouse (Haute-Garonne), et dans l'organe d'avertissement dont elle est munie. Cette machine est représentée dans la figure 114.

Trois ouvriers sont nécessaires pour le service; nous les désignerons par les numéros 1, 2 et 3.

L'ouvrier n° 1 ouvre la caisse B en faisant tourner le couvercle A autour de sa charnière, et y juxta-pose, en les serrant fortement les unes contre les autres, les mottes de terre bien battues à l'avance, comme nous l'avons indiqué précédemment (chap. IX, p. 158). Lorsque cet ouvrier referme la caisse, les deux autres, n°s 2 et 3, agissant par des poignées à la circonférence de la roue motrice D, font avancer une vis C, qui pousse le piston et force la terre à se mouler en tuyaux E. Les tuyaux glissent sur les rouleaux F, revêtus de drap et placés sur un tablier H, accroché au bâtis locomobile qui porte la ma-

Fig. 114. — Machine de MM. Virebent frères.

chine. L'ouvrier n° 1, lorsqu'une file de tuyaux est arrivée à l'extrémité des rouleaux, ordonne l'arrêt, et, en abaissant ou relevant l'appareil sécateur C, qui porte des fils de fer tendus, il coupe de longueur. Les ouvriers nos 2 et 3 saisissent alors les tuyaux avec des mandrins pour les porter au séchoir, tandis que le n° 1, pendant cette opération, prépare les mottes de terre avec lesquelles il remplira la caisse lorsqu'elle sera vide.

Suivant que la filière fait des tuyaux d'un plus ou moins grand diamètre, c'est-à-dire selon qu'elle est percée d'un plus grand ou d'un plus petit nombre de trous, la machine peut fonctionner une, ou deux, ou trois fois sans être chargée de nouveau. On est averti que le piston est à la fin de sa course par le timbre I, qui sonne à l'arrivée et au départ.

Dans le modèle dont nous donnons le dessin, et qui est à simple effet, on ramène le piston à vide; on conçoit qu'on pourrait avoir une seconde caisse et un second tablier pour ne point perdre de temps. Un quatrième ouvrier est nécessaire pour la manœuvre de la machine à double effet de MM. Virebent frères.

CHAPITRE XLIX

Machine de Cairns

Partout où on ne doit fabriquer des tuyaux que pour satisfaire des besoins locaux très-circonscrits, des machines simples, manœuvrées seulement à bras d'homme, comme la précédente, doivent être conseillées. C'est ce que l'on a compris, par exemple, en Écosse, où une machine construite par M. Cairns, de Denny, moulant et criblant 2,000 à 3,000 tuyaux par jour avec un homme et deux enfants, et coûtant 523 fr. avec tous les accessoires, a été beaucoup employée. Cette machine n'a qu'une caisse à travers laquelle se meut un piston mû par une seule *roue et un pignon.*

CHAPITRE L

De la fabrication des tuiles, des briques ordinaires et des briques creuses

Les machines à étirer les tuyaux de drainage ont vivement excité le zèle des mécaniciens, comme on le voit par les détails dans lesquels nous sommes entré, comme on le reconnaîtra mieux encore par les descriptions qu'il nous reste à donner. On pourrait même trouver que le but a été dépassé, si les nombreuses machines qui vont être répandues dans toutes les contrées devaient cesser de fonctionner dès que le drainage des champs aura été effectué. Mais il faut considérer que les tuiles et les briques peuvent être fabriquées avec avantage par plusieurs des machines à étirer les tuyaux; que, de plus, certains matériaux, que la main de l'homme ne façonnerait que difficilement, s'obtiennent sans peine avec ces mêmes machines.

En Angleterre, où toutes les constructions sont en briques, on tient en haute estime la propriété qu'ont les machines, armées de filières convenables, de fabriquer des briques et des tuiles de diverses formes. Dans les pays dépourvus de pierres et trop pauvres encore pour fabriquer des briques cuites, on fait les maisons en pisé. Ce système très-économique, mais peu durable, et qui se prête difficilement à donner des habitations disposées suivant les règles d'une bonne hygiène, doit disparaître devant une agriculture plus avancée, et par conséquent plus riche, et être remplacé par des constructions en briques cuites. La suppression des toitures en chaume et leur remplacement par des couvertures en tuiles, dans tous les pays où on ne peut pas se procurer des ardoises à un prix assez bas, doivent aussi être la conséquence du progrès agricole. La propagation des machines à étirer les tuyaux de drainage viendra puissamment en aide à ce mouvement. Elle donnera l'habitude de façonner la terre; elle apprendra à se servir des fours; elle répandra dans beaucoup de campagnes le goût de l'usage d'objets en terre cuite qui peuvent être obtenus sans beaucoup de dépenses, et qui apporteront dans les ménages ruraux des jouissances qu'on a tort de chercher à introduire seulement dans les habitations des ouvriers des villes. Là où une tuilerie ou une briqueterie s'établissent, les conditions de la vie s'améliorent.

Ces motifs s'ajoutent aux avantages directs que donne le drainage pour qu'on désire que les machines à tuyaux puissent aider à fonder d'autres fabrications d'objets en terre cuite; ils nous décident à donner sur la fabrication des briques et des tuiles quelques détails destinés à compléter ceux plus étendus que nous avons consacrés à la fabrication des tuyaux.

Voici d'abord comment Alexandre Brongniart, dans son beau *Traité des Arts céramiques,* définit les briques; on verra qu'elles rendent des services même dans les pays où la pierre naturelle abonde.

« Les briques, dit l'illustre ancien directeur de la manufacture de porcelaine de Sèvres, sont des espèces de pierres artificielles destinées à remplacer la pierre naturelle dans la construction des bâtiments, et notamment dans celle des fours, fourneaux et cheminées.

« Dans le premier cas, elles doivent être solides, plus ou moins poreuses et tendres, suivant leur destination spéciale, mais alors par composition appropriée et jamais par défaut de cuisson, car elles se dégraderaient par l'action des météores atmosphériques. Enfin, quelles que soient leur dureté ou leur tendreté, elles doivent se laisser tailler nettement, c'est-à-dire donner, sous le coup de la hachette du maçon, l'éclat qu'il veut détacher, sans se briser au delà, et sans exiger plusieurs coups inutilement répétés.

« Leur homogénéité de texture, quelle que soit cette texture, est la condition essentielle pour qu'elles jouissent de la qualité d'être facilement taillées.

« Les secondes sortes de briques doivent réunir à toutes les qualités précédentes celle d'être infusibles à de très-hautes températures, lors même que la fusibilité est facilitée par l'action des cendres. Cette infusibilité a cependant des limites très-différentes. On sait qu'il n'est pas nécessaire que les briques d'un four de boulanger aient l'infusibilité de celles d'une forge, du fourneau de fusion d'un laboratoire de chimie ou d'un fourneau, soit à réverbère, soit à faire de l'acier fondu. »

Dans un autre passage de son ouvrage, Brongniart indique qu'on doit considérer une troisième classe de briques, celle des briques légères, employées dans les constructions de fourneaux placés sur les navires ou pour faire les voûtes, ou bien, à cause de leur mauvaise conductibilité pour la chaleur, pour enfermer les objets que l'on veut garantir de l'action du feu, telles que des archives, et surtout pour entourer la soute aux poudres des navires. Ces briques légères ne se fabriquaient autrefois que par la combinaison de matériaux assez rares. Aujourd'hui les briques creuses les remplacent avec avantage, et, en outre, peuvent fournir des carneaux pour la circulation des gaz, qui présentent beaucoup de facilités, soit pour chauffer, soit pour ventiler.

Les moules à briques creuses peuvent être placés à la place des filières dans toutes les machines à étirer les tuyaux de drainage. Nous devons dire toutefois que, en France, M. Collas, si connu pour l'invention des procédés de réduction des statues et des bustes, puis MM. Borie frères, et, en Angleterre, M. Roberts, ont pris des brevets d'invention pour des moules se prêtant plus ou moins facilement à une bonne répartition de la matière et à l'obtention de briques solides. Le principe de ces moules à briques creuses est, du reste, tout à fait le même que celui des filières à tuyaux que nous avons indiqué précédemment (chap. IX, p. 156, fig. 67 et 68).

M. le général Morin, directeur du Conservatoire des Arts et Métiers, membre de l'Académie des Sciences et de la Société centrale d'Agriculture, a montré tous les avantages que les briques creuses présentent dans les constructions par leur légèreté et par la présence de conduits dans lesquels on peut faire circuler l'air extérieur, de manière à assécher les murailles placées dans les lieux humides, résultats précieux pour la conservation des denrées agricoles.

La figure 115 représente une brique creuse ordinaire, ayant $0^m.108$ de largeur, $0^m.065$ de hauteur et $0^m.220$ de longueur ; ces briques ont huit conduits creux carrés de $0^m.020$ de côté chacun.

Dans la figure 116 on voit une brique double, dite *carreau*, ayant même longueur que la précédente, mais une section carrée de $0^m.105$ de côté ; on y aperçoit 16 conduits tubulaires.

La figure 117 représente une brique quadruple, dite *boutisse*, provenant de la réunion de deux briques de la forme précédente, et ayant $0^m.220$ de longueur, $0^m.210$ de largeur et $0^m.105$ de hauteur. On y aperçoit 32 conduits tubulaires.

Enfin la figure 118 donne le dessin d'une autre brique octuple, dite de *soutènement*, et ayant même section que la dernière, avec 32 conduits tubulaires, mais d'une longueur double, 0^{m}.440.

On conçoit que l'on puisse donner aux filières les formes les plus compliquées, et en outre couper l'argile moulée

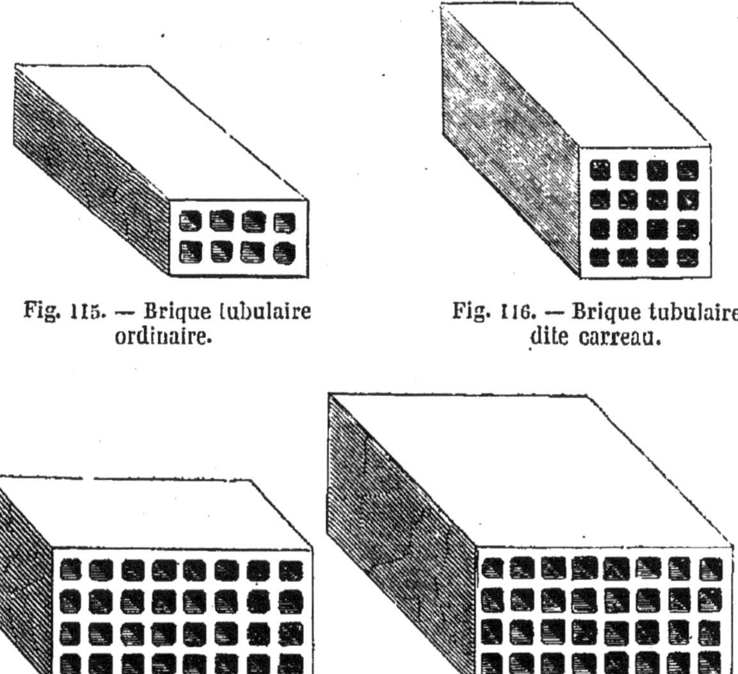

Fig. 115. — Brique tubulaire ordinaire.

Fig. 116. — Brique tubulaire dite carreau.

Fig. 117. — Brique tubulaire dite boutisse.

Fig. 118. — Brique tubulaire dite de soutènement.

qui s'en échappe à toute longueur. Presque tous les modes d'assemblage pourront donc être obtenus par cette méthode, avec un poids moindre de 40 à 50 pour 100 que par l'emploi de briques pleines.

Le moulage à la main des briques ordinaires continuera à être plus économique que le moulage mécanique par la plupart des machines à filières que nous avons décrites jusqu'à présent. On ne pourrait donc pas tirer parti de ces machines pour les produits communs. C'est ce que professent toutes les personnes qui ont étudié ces matières. Pour que le moulage mécanique des briques ordinaires soit avantageux, il faut des machines ayant un débit très-considérable et travaillant avec une très-grande perfection. Brongniart doutait qu'on pût arriver à bien résoudre cette question, et n'admettait guère que la possibilité d'appliquer fructueusement la mécanique à des briques de choix, pouvant supporter, à cause de leur prix de vente plus élevé, des frais de fabrication un peu plus forts. Peut-être aujourd'hui les très-belles machines dont il nous reste à donner la description modifieraient-elles l'opinion de l'ancien directeur de la manufacture de Sèvres, qui a jeté tant d'éclat sur les arts céramiques. En tout cas, la fabrication des briques creuses n'était pas encore connue de son temps, et celle-là, à coup sûr, est une entreprise qui n'a rien à craindre de la concurrence du travail à la main; les machines à tuyaux les moins parfaites peuvent produire des briques creuses d'une manière avantageuse.

Afin que l'on comprenne les bases de la discussion à laquelle nous venons de nous livrer, nous donnerons en quelques mots la description du moulage des briques à la main, et nous placerons ensuite le moulage des tuiles. Les tuiles creuses posées sur une semelle plane, comme nous l'avons indiqué précédemment (livre I, chap. III, p. 18, fig. 3), sont encore employées pour le drainage dans beaucoup de parties de la Grande-Bretagne; les travaux ainsi effectués fonctionnent d'une manière satisfaisante. Comme elles se font à assez bon marché, sans le secours d'aucun outillage mécanique, on comprend qu'elles remplissent le but de l'agriculteur, qui, sachant tout l'avantage du drainage, ne veut pas renoncer à cette importante amélioration de son sol parce qu'on ne fait pas de tuyaux dans son pays et qu'il n'est pas dans des conditions qui lui permettent d'importer une machine. Aussi, quoique nous regardions le drainage effectué avec des tuyaux comme préférable à celui fait avec des tuiles, nous donnerons la description du moulage à la main des tuiles courbes. Nous ajoutons qu'on verra plus loin comment, avec des tuiles courbes fabriquées à la main, on peut arriver à obtenir des tuyaux par le travail manuel seulement, sans le secours des machines. Nous n'avons pas d'ailleurs besoin de dire que la substitution de filières en fer à cheval aux filières rondes dans les machines donne immédiatement des tuiles de drainage, mais, presque partout où on se sert de ces tuiles, on les fait à la main.

CHAPITRE LI

Moulage à la main des tuiles courbes

La terre étant préparée est apportée en mottes sur une table où des enfants la façonnent en galettes rectangulaires ayant une grandeur proportionnée aux tuiles à obtenir. Un enfant pose ces galettes sur un petit banc placé à côté de la table de moulage (fig. 119). Le mouleur prend les galettes une à une et successivement les met dans le moule, consistant en un cadre en bois ou en fer dont la surface intérieure est égale à celle de la tuile développée, et dont les bords ont l'épaisseur même de cette tuile avant le retrait. Ce cadre est posé sur une pièce de bois ou sur une pierre bien dressée.

Le mouleur saupoudre de sable sec l'intérieur du moule et la pierre qui lui sert de fond, afin d'éviter les adhérences; il y applique ensuite une des galettes en la prenant avec ses mains de manière à régulariser la surface. Alors, avec un rouleau mouillé, dont les extrémités s'appuient sur le cadre, il achève la compression de la tuile et en polit la surface supérieure; pour enlever les parties en saillies il se sert d'un fil de fer tendu entre deux poignées (fig. 120). Lorsque la surface est bien unie, le mou-

Fig. 119. — Roulage d'une tuile dans son moule.

leur enlève le cadre, et soulève avec précaution la tuile avec ses mains pour aller l'appliquer (fig. 121) sur le chevalet où elle prendra la courbure voulue.

Ce chevalet (fig. 122) est en bois; il a été à l'avance saupoudré de sable. Il consiste en deux parties, en une semelle B ayant deux entailles, et en un mandrin courbe A muni d'une poignée C, qui repose sur la première entaille de la semelle. Le mouleur pose la tuile et l'applique en D sur le mandrin. On voit deux chevalets, l'un garni de sa tuile, l'autre prêt à la recevoir, dans la figure 121.

Fig. 120. — Ébarbage des tuiles dans le moule.

Fig. 121. — Application des tuiles sur les chevalets.

Un enfant saisit la poignée du mandrin et l'emporte garni de la tuile sur le séchoir. A cause de la double entaille de la semelle dont nous venons de parler, la tuile est un peu plus grande que le mandrin, et par conséquent il y a un jeu suffisant, lorsque la tuile est placée, pour qu'on puisse retirer le mandrin et le rapporter pour le poser de nouveau sur la semelle et le saupoudrer de manière à ce qu'il soit prêt à recevoir une nouvelle tuile. Il ne faut qu'une ou deux semelles pour chaque mouleur, mais il doit y avoir un nombre de mandrins suffisant pour que le transport n'apporte jamais d'interruption dans le travail.

Les tuiles ont généralement 0m.30 de longueur. On les désigne par la grandeur de leurs ouvertures. M. Mangon rapporte (1) qu'un bon ouvrier mouleur, activement servi, peut fabriquer par jour :

1,000	tuiles de	0m.076	d'ouverture.
900	—	0 .101	—
800	—	0 .152	—
300	—	0 .203	—

Cette fabrication est à peu près la même que celle des tuiles faîtières. Quant aux soles plates sur lesquelles les tuiles doivent être posées au fond des tranchées, elles s'obtiennent par le simple moulage dans un cadre de grandeur appropriée. C'est aussi ce que l'on fait pour la tuile ordinaire employée pour couvrir les toits; seulement, dans ce dernier cas, le cadre présente une échancrure carrée dans l'une des quatre règles qui le constituent. La tuile, après le moulage, est glissée sur une palette de bois que présente un apprenti. La saillie produite à l'un des bouts par l'échancrure du moule est relevée avec le doigt par l'apprenti, et elle devient le crochet qui sert à attacher les tuiles aux lattes des toitures. « La porosité des tuiles ordinaires, dit Brongniart, en les rendant faci-

(1) *Instructions pratiques sur le Drainage*, p. 194.

lement pénétrables à l'eau, et en permettant aux mousses d'y croître facilement, accélère leur altération et leur destruction. » Parmi les moyens employés pour éviter ce grave inconvénient, nous conseillons surtout la compression, qui donne une grande dureté à la tuile. « J'en ai remarqué, dit encore Brongniart, un des plus simples dans la tuilerie du prince Clary, à Tœplitz. Lorsque la masse a été préparée et bien battue à la main, on en forme de gros parallélipipèdes qu'on divise, avec le fil de

Fig. 122. — Chevalet pour la courbure des tuiles.

laiton, en tranches de l'épaisseur qu'on veut donner aux tuiles. On place ces lames presque carrées dans un moule de fer placé au fond d'une fosse évasée, sur le fond de laquelle se tient un ouvrier, les jambes écartées. Elles y sont fortement comprimées et moulées par un volumineux et puissant balancier semblable à celui avec lequel on frappe la monnaie. Un ouvrier fait mouvoir ce balancier, celui qui est dans la fosse place la lame d'argile dans le moule et la retire comprimée et moulée en tuile. Deux ouvriers açonnent ainsi 5,000 tuiles en un jour. »

CHAPITRE LII

Moulage à la main des briques pleines

Le moulage à la main des briques pleines est une opération simple, qui n'entraîne, dans les briqueteries, aucun matériel coûteux; les moules sont des rectangles en bois dont les quatre côtés déterminent, par leur hauteur, l'épaisseur ou la hauteur de la brique; quelquefois ils

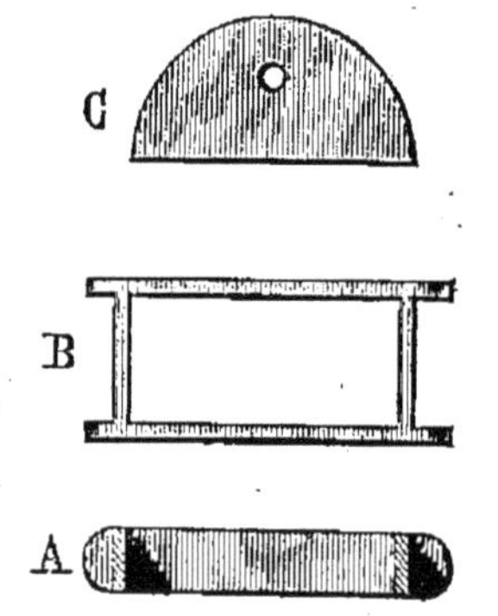

Fig. 123. — Moulage des briques.

sont assez longs pour qu'on puisse y mouler deux briques à la fois; alors une traverse de bois sépare les deux briques. On conçoit que les moules ont des formes et des dimensions variables, suivant les pays et suivant les usages auxquels les briques sont destinées; il faut que les briques s'appliquent à tous les cintres, à toutes les voûtes, à toutes les formes de mur usitées dans les constructions et demandées par l'industrie.

L'ouvrier mouleur sable les moules et les place sur une table dont il couvre également la surface de sable, afin que l'argile ne s'y attache pas. Il remplit chaque moule d'une masse de pâte qu'il comprime et dont il enlève l'excédant avec la main, et il unit la surface supérieure avec une sorte de couteau de bois qu'on appelle une plane. La figure 123 représente le profil du moule en A, sa projection horizontale en B et la plane en C.

Lorsque les briques sont faites, un apprenti, nommé *porteur*, les transporte encore garnies des moules sur une aire très-unie, solide, battue et sablée. Le porteur tient les moules de champ, afin que les briques ne glissent pas, et il les fait sortir par un mouvement assez régulier pour qu'elles ne gauchissent pas, en retournant les moules de manière à poser les briques à plat et en rangs bien alignés. C'est sur cette aire que s'effectue le premier degré de dessiccation. Plus tard on les rebat et les accumule en haies.

On porte depuis 2,500 jusqu'à 10,000 le nombre de briques qu'un ouvrier mouleur peut faire en une journée de 12 heures de travail. Brongniart (*Traité des Arts céramiques*, t. I, p. 331) admet qu'une *table de brique* peut faire 7,000 briques en moyenne, et que la main-d'œuvre coûte les prix suivants :

Un mouleur	4f.00
Deux batteurs	4.00
Un brouetteur	2.00
Un porteur	1.50
Total	11.50

Le prix du moulage à la main serait donc de 1f.64 pour 1,000 briques. Dans ce prix ne se trouvent compris ni les frais de préparation de la terre, ni ceux du séchage, de la cuisson, etc., qu'exige aussi le moulage par les machines.

CHAPITRE LIII

Sur les machines à laver et à broyer les terres

La bonne préparation des terres est aussi essentielle pour les briques et les tuiles que pour les tuyaux de drai-

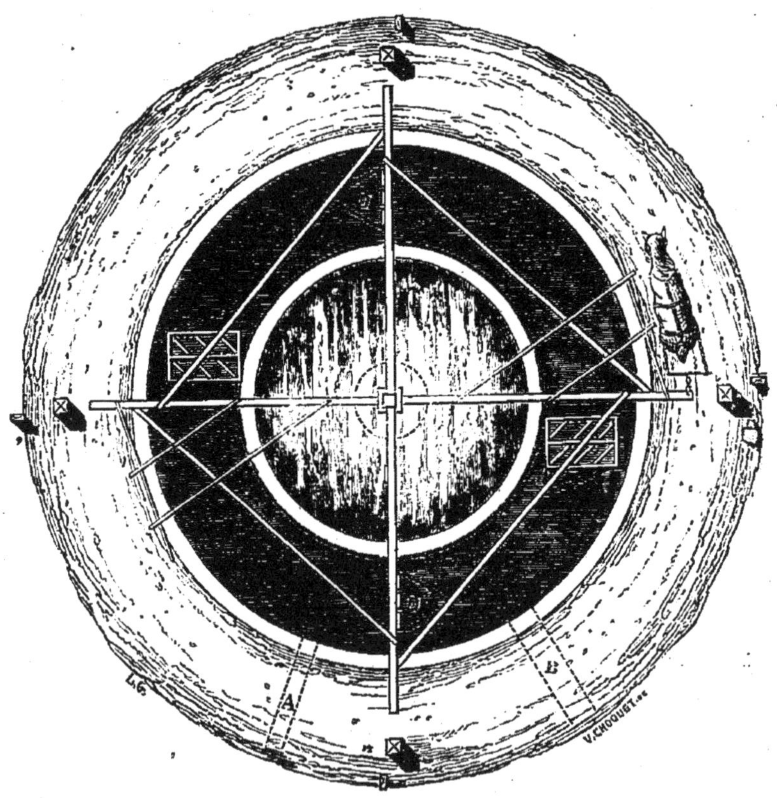

Échelle de 0m.0055 pour un mètre.

Fig. 124. — Lavage de l'argile dans les briqueteries de Londres (plan).

nage. Les procédés divers que nous avons décrits dans le chapitre III de ce livre (p. 122 à 135) sont applicables à la

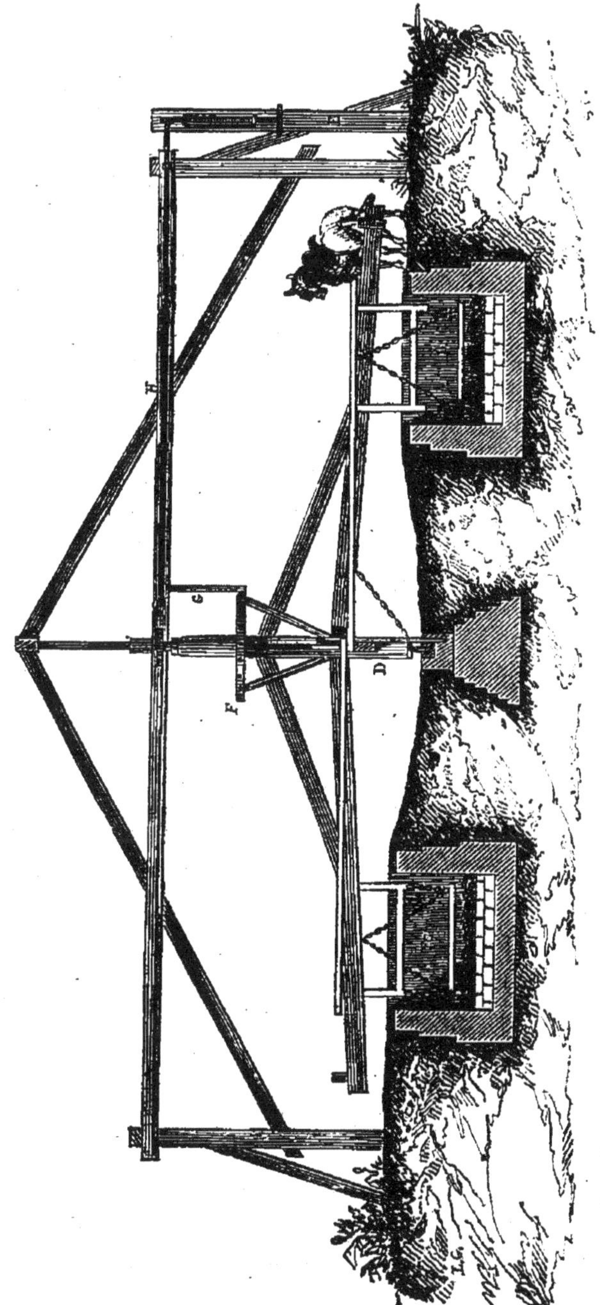

Échelle de $0^m,008$ pour 1 mètre.

Fig. 125. — Lavage de l'argile dans les briqueteries de Londres (coupe).

fabrication de tous ces objets. Ainsi, l'exposition de l'argile à l'air et au soleil, et surtout à la gelée, le broyage, le corroyage par le marchage ou par des machines à malaxer, sont indispensables pour l'obtention de produits solides et durables.

Lorsque l'argile est mélangée de trop grosses pierres, il faut la passer à la claie, et pour cela la soumettre à l'avance à un lavage. Parmi les appareils à laver, un des préférables est celui employé dans les briqueteries des environs de Londres, et qui est représenté en plan par la figure 124 et en coupe par la figure 125.

Cet appareil doit être établi sur une petite élévation dans la briqueterie, de manière à ce que le liquide qui en sortira puisse s'écouler dans des bassins où on laissera se déposer l'argile lavée.

L'argile est versée par des brouettes dans un canal circulaire maçonné. Au centre repose sur une crapaudine et se trouve maintenu dans un collier un arbre vertical mû par un manége auquel on peut n'attacher qu'un cheval ou un bœuf. Cet arbre fait tourner une roue horizontale F, qui, à l'aide d'une manivelle G et d'un bras de levier H, mène une pompe E qui alimente d'eau le canal. L'eau arrive par le conduit A, et l'argile délayée s'échappe par le conduit B. A deux des bras du manége sont attachées par des chaînes deux herses CC, qui portent deux rangées de quatre dents pour mélanger la masse. Les deux autres bras du manége sont armés chacun de quatre couteaux verticaux qui coupent l'argile. Le conduit de sortie B est barré par une grille, et on le ferme en outre facilement avec une vanne. L'argile délayée est reçue dans un bassin, où on la laisse se déposer et ensuite se dessécher à une consistance convenable.

Nous avons dit que la terre à briques ou à tuyaux avait

besoin d'être amenée, par addition d'une certaine quantité d'eau, à l'état d'une pâte ductile, mais non coulante. La figure 126 représente la machine employée à cet effet par M. Borie, dont nous avons déjà parlé, pour la fabrication des briques creuses, et dont nous décrirons plus loin la belle usine, sise à Paris, rue de la Muette, n°s 35 et 37. Un arbre de couche conduit par l'intermédiaire de la poulie D, par la machine à vapeur qui fait marcher toutes les machines de l'établissement, porte une poulie C, qui, par une courroie, transmet le mouvement à une poulie B concentrique avec deux roues A armées de couteaux. Ces couteaux coupent les mottes d'argile jetées dans les conduits inclinés EE, FF. En même temps deux petits tuyaux JJ, dont l'écoulement est réglé par deux robinets, et qui sont en communication par K avec un réservoir supérieur, laissent tomber sur l'argile la quantité d'eau convenable. L'argile, ainsi coupée et humectée, glisse dans des gaînes inclinées GG, qui la conduisent dans une fosse HH. Là, la terre trempe pendant un ou deux jours, et elle est ensuite portée dans des tines à malaxer, telles que celles fabriquées par M. Schlosser (fig. 105, p. 229) ou par M. Rouillier (fig. 45, p. 130).

Lorsque l'argile que l'on a à sa disposition contient une grande quantité de très-petites pierres carbonatées qui passeraient à travers le crible, le meilleur moyen de s'en débarrasser est certainement le lavage. Lorsqu'on ne veut pas avoir recours à un procédé qui entraîne des lenteurs, qui exige beaucoup d'espace et qui ne laisse pas d'être coûteux à cause de la construction des bassins appropriés, on a recours au broyage à l'aide de cylindres tels que ceux de Clayton, déjà décrits précédemment (chap. III, p. 135, fig. 52). Nous placerons encore ici le dessin avec cotes d'un broyeur à cylindres (fig. 127) dont nous trouvons la description dans les *Instructions* rédigées par M. Mangon par ordre du ministre de l'agriculture. Ces cylindres A, fondus dans des moules d'argile cuite, n'ont pas besoin d'être tournés. On les place ordinairement sur une charpente, à $1^{m}.80$ ou 2 mètres au-dessus du sol, pour faciliter e service de l'enlèvement des terres, qui tombent en F. Ils sont surmontés d'une trémie en bois D, dans laquelle on

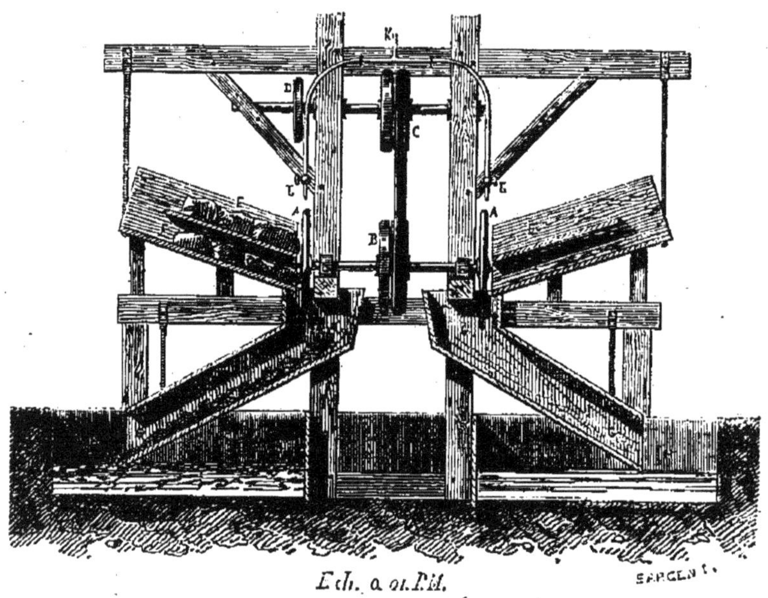

Fig. 126. — Machine à couper et à humecter l'argile.

jette l'argile à broyer. Leur surface est débarrassée de la terre qu'ils entraînent dans leur mouvement par deux forts couteaux en fer placés à leur partie inférieure.

Le cylindre A porte à ses extrémités deux rebords saillants qui s'opposent au déplacement longitudinal de l'autre cylindre. Ils reposent tous deux sur un bâti en fonte I, placé sur la charpente J. Leurs axes tournent dans des coussinets G, que l'on peut éloigner ou rapprocher à l'aide de vis H. Le mouvement est donné à l'axe du cylindre A soit par des manivelles C, conduites par quatre hommes, soit en mettant cet axe en communication, par un genou à

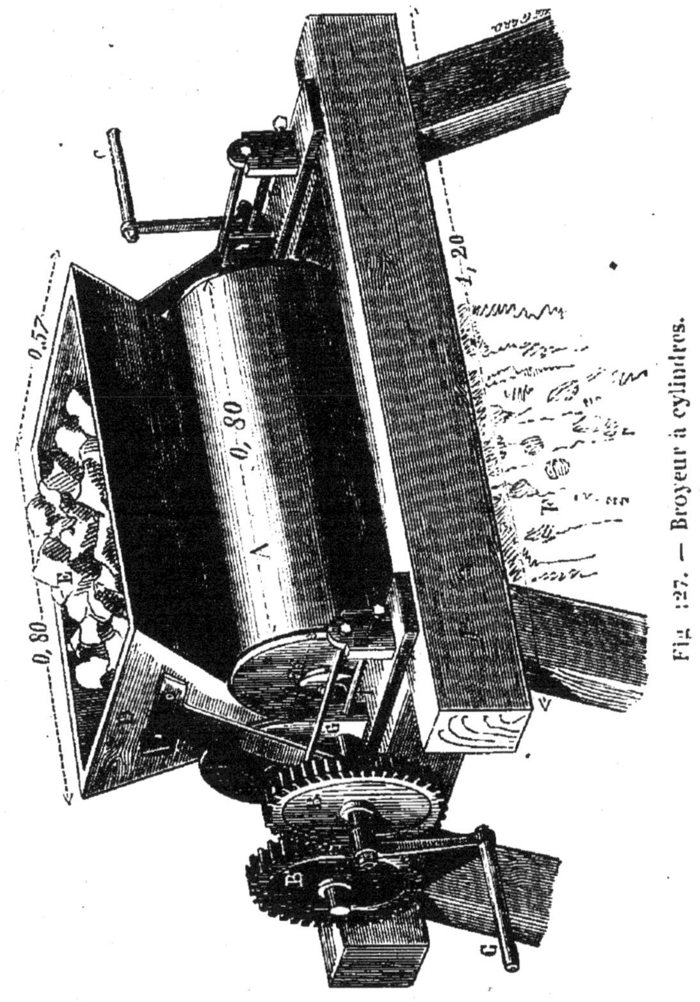

Fig. 127. — Broyeur à cylindres.

la Cardan, avec l'arbre moteur d'un manége à un cheval. La roue dentée B transmet le mouvement à la seconde roue B′, et par conséquent les deux cylindres tournent en sens contraire avec des vitesses égales. Les cylindres font deux tours pendant que le cheval attelé à un manége de 7m.5 de diamètre fait un seul tour.

Le produit journalier de ce broyeur dépend de l'écartement des cylindres et de la nature de la terre. D'après M. Mangon, dans les circonstances ordinaires, un broyeur à un cheval fournit par jour l'argile nécessaire à la fabrication de 18,000 à 20,000 petits tuyaux.

CHAPITRE LIV

Marchage des terres

Les malaxeurs de Clayton, de Schlosser, de Rouillier, etc., que nous avons décrits précédemment, sont surtout destinés aux grandes fabrications. Lorsqu'une tuilerie ne doit faire qu'une petite quantité de tuyaux, de tuiles ou de briques, on fait *marcher* la terre pour la rendre propre à être moulée soit à la main, soit par les machines. Nous ne devons pas négliger dans cet ouvrage les fabriques établies sur une très-petite échelle, car ces fabriques sont pour beaucoup dans l'adoption du drainage. Ainsi nous emprunterons avec plaisir, à une brochure publiée par MM. Virebent frères, sous les auspices de M. le préfet de la Haute-Garonne, une très-bonne description de la conduite d'une opération de marchage, opération surtout importante quand on n'a pas une terre naturellement propre à être employée sans subir les mélanges dont nous avons indiqué les principes et les proportions (chap. II, p. 114 à 122).

La terre, bien pulvérisée par son exposition et sa dessiccation à l'air, et après son passage à la claie, est déposée sur une aire aplanie. La quantité à préparer étant mesurée, on y ajoute par tiers, par quart, par cinquième, etc., la proportion de sable ou d'argile qu'un essai préalable a fait connaître nécessaire.

« Cela fait, disent MM. Virebent, on mélange autant que possible la masse, de manière à ce qu'elle n'offre à l'œil qu'une même poussière. On jette alors le tout peu à peu dans une fosse semblable à celle où l'on éteint la chaux, ou dans des baquets assez grands, dans lesquels on a versé de l'eau en quantité suffisante pour qu'elle soit absorbée par la terre à préparer. On doit jeter la terre de manière à ce qu'il ne reste pas de partie sans être pénétrée. La terre est jetée et éparpillée jusqu'à ce que l'eau ne paraisse plus à la surface. On laisse tremper le mélange, sans le remuer, durant sept ou huit heures, s'il est nécessaire, jusqu'à ce qu'il soit assez ramolli pour se laisser mêler et marcher facilement.

« Le marchage est une opération essentielle qui a pour but de compléter le mélange de la pâte, en lui donnant une telle homogénéité que les divers éléments qui la composent ne forment plus qu'un corps par l'exacte répartition dans toute la masse des diverses natures d'argile, de sable ou de terre. Cette condition, on le conçoit sans peine, est la plus importante à remplir dans la manipulation de la terre; car l'opération mal exécutée donne des pertes considérables.

« Le marchage de la terre exige plus de force que d'adresse, et cette force doit exister plutôt dans les pieds que dans les mains, attendu que ce sont particulièrement les extrémités inférieures du corps qui sont mises en jeu. Voici comment on agit.

« On place un plancher carré mobile près de la fosse; on le saupoudre de sable, afin d'éviter que la terre ne s'y colle. On y dépose, au moyen d'une pelle, la terre de la fosse, en formant un tas conique que l'on saupoudre également de sable. Le marcheur, les pieds nus, commence par fouler la circonférence du tas, en s'aidant d'un bâton sur lequel il s'appuie, tantôt d'une main, tantôt de l'autre, ce qui le soulage beaucoup et augmente la pression qu'il peut exercer.

« Après avoir fait le tour de la circonférence du tas, l'ouvrier continue sa marche en remontant vers le sommet. Arrivé au centre, il relève la terre avec la pelle, la dispose de nouveau en tas conique comme précédemment, et, si elle paraît un peu sèche, il fait une aspersion d'eau selon le besoin; il saupoudre avec du sable et opère un second marchage.

« Après cette opération, il prend un peu de pâte, en fait un colombin (petite corde), voit si elle est tenace, si le mélange est parfait, si le sable est bien disséminé également dans toute la masse, et enfin il termine l'opération par un troisième marchage.

« On reconnaît que la pâte est bien marchée lorsqu'elle ne présente pas de *durillons* ou morceaux d'argile entiers échappés aux pieds du marcheur. Afin de le savoir plus certainement, on coupe la masse avec un fil de laiton ou autre, et l'on examine attentivement le plan de la coupe. Si la pâte est mal marchée, elle paraît marbrée, et l'œil distingue facilement des parties luisantes et soyeuses, qui indiquent les parties de terre dans l'état naturel; alors un quatrième marchage est nécessaire.

« Dans le cas contraire, la pâte offre une parfaite égalité de teinte, un sable bien répandu, enfin une grande homogénéité; alors le marchage a été bien exécuté, et l'opération est terminée. »

CHAPITRE LV.

De la pourriture de la terre

Pour la plupart des produits céramiques on trouve utile de laisser reposer plus ou moins longtemps la terre qui provient du marchage. Dans ce but, on la rassemble en masses compactes bien tapées à l'aide de battes en bois, et on dépose ces masses dans des lieux frais; c'est ce qu'on appelle, en terme de fabrique, laisser pourrir la terre. Que se passe-t-il pendant le repos, qui paraît plus efficace lorsqu'on le laisse se prolonger pendant quelques mois? C'est ce qui n'a pas encore été bien expliqué. Pour les argiles pyriteuses, on conçoit qu'il doit se produire une sulfatisation par l'action de l'oxygène de l'air, en présence de l'humidité, sur le soufre et le fer. Quant aux argiles qui contiennent des matières organiques, elles peuvent aussi subir une fermentation et dégager de l'acide carbonique. Il est certain que la pâte à poterie s'en trouve améliorée, qu'elle donne lieu à moins de déchets par gauchissement, que la dessiccation s'en fait mieux, qu'elle acquiert plus de compacité par la cuisson, et que, plus tard, l'absorption de l'eau ne donne pas lieu à des casses aussi nombreuses.

CHAPITRE LVI

Moyen de reconnaître si la terre a atteint un degré suffisant de dureté

La pourriture de la terre n'est guère employée pour les tuyaux de drainage; cependant, dans les localités où on pourrait rassembler à l'avance une assez grande quantité de pâte, elle améliorerait notablement les produits. Après un séjour plus ou moins long dans le lieu de dépôt, il faut prendre la terre par ballons carrés de 0m.40 environ de côté, du poids de 20 à 25 kilogrammes. Un homme place ce ballon sur un banc en pierre, et, armé d'une barre de fer de 1 mètre de longueur sur 0m.02 à 0m.03 de largeur et d'épaisseur, il le frappe en le coupant à coups très-rapprochés, de manière que la terre battue se détache par feuilles jusqu'à l'extrémité opposée à celle par laquelle on a commencé. L'ouvrier croise ses coups à angle droit, relève la terre, en forme un nouveau ballon carré, et la pâte doit être prête alors à être employée et bonne à être introduite dans la machine à étirer les tuyaux.

D'après MM. Virebent, à qui nous empruntons ces détails pratiques, le degré essentiel de dureté que doit offrir la terre à ce moment, pour donner de bons résultats et éviter l'affaissement des tuyaux, peut être reconnu ainsi : « Une balle de calibre en plomb, du poids de 35 grammes, tombant d'une hauteur de 1m.50, ne doit s'enfoncer dans la pâte que de la moitié de son diamètre. »

CHAPITRE LVII

Façonnage des briques à la mécanique

Nous avons dit quel intérêt il y a à ce que les machines à faire les tuyaux de drainage puissent servir aussi à la fabrication des briques, de manière à importer les briques dans les pays encore dépourvus de briqueteries, ou bien de façon à donner des produits doués de qualités spéciales qui soient préférables aux briques ordinaires dans les contrées où la brique à la main se fait très-économiquement. Nous avons encore à examiner les tentatives diverses qui ont été faites pour substituer le façonnage mécanique au façonnage à la main ; nous verrons que ces tentatives ont été loin d'être toujours heureuses. Brongniart en a déduit les principaux motifs. Nous laisserons la parole à cet illustre maître.

« Le façonnage des briques, dit-il, et surtout de celles qui sont destinées aux constructions, s'opère principalement par la main de deux ouvriers, un mouleur et un petit porteur ; il se fait avec une si grande rapidité, les imperfections qui résultent de cette célérité sont, dans le plus grand nombre de cas, si peu importantes, et les frais de façonnage, dans lesquels sont compris ceux de transport, de retournage, de mise en haie, sont si peu élevés, quoique très-nombreux, qu'une machine ne peut exécuter toutes les simples opérations de la main qu'étant fort compliquée, et par conséquent dispendieuse d'établissement, de réparation et même de manutention. Deux ouvriers peuvent faire en un jour, comme je l'ai dit, 6,000 à 7,000 briques. Or, il est difficile qu'une machine, fît-elle dix fois plus de briques dans le même temps, n'égale pas les frais qu'entraîneraient les vingt ouvriers qu'elle remplacerait, et même qu'elle ne les surpasse pas bientôt pour produire dans le même temps une si grande quantité de briques.

« Les briques, à moins qu'elles ne se fabriquent dans un port de mer, sur les bords d'un cours d'eau navigable ou d'un canal, ne peuvent être transportées fort loin sans que les frais de transport ne viennent augmenter leur prix au delà des limites admissibles. Le voisinage à 3 ou 5 myriamètres est le seul rayon qu'elles puissent parcourir par les voies de transport ordinaires dans les pays les plus favorisés.

« Une machine bien faite et bien complète doit, pour payer les frais d'établissement, d'entretien, etc., fabriquer considérablement, et alors il faut une immense exploitation de terre, des aires ou hangars immenses pour mettre au séchage, à l'abri de la pluie, ces innombrables produits. Or, supposons qu'elle surmonte tous ces embarras; alors elle a tant produit qu'elle aura bientôt encombré tous ses canaux d'écoulement. Le chômage devient nécessaire, et on sait toutes les pertes qui en résultent.

« Il faut donc une réunion rare de circonstances favorables pour qu'une briqueterie, fondée sur l'emploi d'une grande et bonne machine applicable en même temps à la fabrication des tuiles et des carreaux, soutienne la concurrence d'un briquetier, qui, sans presque aucun frais, avec sa femme, ses enfants et le secours de quelques ouvriers ambulants qui viennent lui offrir leurs bras dans le temps convenable, peut faire, dans la saison, près de 2 millions de briques.

« Cela m'explique le très-petit nombre de briqueteries à la mécanique qui ont eu une existence prolongée au delà des années de l'emploi des fonds d'établissement. Néanmoins, il est telles circonstances favorables qui peuvent donner à une machine bien calculée et bien faite une supériorité économique réelle et durable sur la fabrication à la main. Tels sont des établissements d'usines nombreuses dans un pays où il n'y en avait pas, une ouverture particulière d'écoulement dans un port de mer, par des canaux ou des routes qui n'existaient pas encore, enfin des constructions immenses en briques près d'une ville où la main-d'œuvre est chère. »

Nous ajouterons à ces considérations que le façonnage mécanique n'est assuré du succès que quand il s'adresse à des produits d'une qualité non ordinaire, tels que des briques réfractaires, ou mieux encore à des produits que ne peut faire économiquement la main de l'homme, comme sont les briques creuses. Enfin une machine qui donnera indifféremment soit des tuyaux, soit des tuiles, soit des briques creuses, soit enfin des briques ordinaires, aura un avantage marqué. Or il est arrivé que beaucoup d'inventeurs de machines à faire des briques n'ont imaginé que des systèmes propres à donner uniquement des briques ordinaires. C'est ce que nous allons reconnaître par le résumé rédigé par Brongniart des quatre sortes de machines à briques qu'il distingue.

I. *Machines qui imitent le moulage à la main.* « Les machines qui imitent le moulage à la main se composent d'un cadre en fonte auquel on imprime un mouvement continu ou un mouvement de va-et-vient par des combinaisons mécaniques plus ou moins ingénieuses. Dans la première partie de sa course, le moule se remplit en passant sous la trémie qui contient la terre; dans la seconde partie, il passe sous une pièce qui exerce la pression nécessaire; et dans la troisième partie il déborde la plaque qui fait le fond pour arriver sous un *poussoir* qui fait sortir la brique du moule; puis l'opération se renouvelle et se répète indéfiniment. »

Parmi les machines de cette espèce, Brongniart cite celle de M. Kinsley, publiée, en 1813, dans le 12e volume du *Bulletin de la Société d'Encouragement*, p. 177; celle de M. Delamorinière, brevetée en 1825; celle de M. Thierrion, d'Amiens, brevetée en 1829; celle de M. Carville, à Issy, près Paris, brevetée en 1840. Nous donnerons plus loin le dessin et la description de la machine de M. Carvillle.

II. *Machines qui font le moulage par un mouvement de rotation continu.* « Les machines qui font le moulage par un mouvement de rotation continu sont tout à fait analogues aux précédentes; seulement, au lieu d'un moule, on en emploie plusieurs qui sont disposés tantôt sur un plateau circulaire tournant autour d'un axe vertical, tantôt sur la face d'un cylindre tournant autour d'un axe horizontal. Lorsqu'on se sert des plateaux tournants, c'est en général par des systèmes de leviers ou de plans inclinés que la brique est pressée et chassée hors du moule. Lorsqu'on se sert de cylindres, les moules ont un fond muni d'une queue, et un mécanisme particulier pousse la queue pour chasser la brique hors du moule lorsqu'elle arrive au point le plus bas de sa course. »

Brongniart ne pense pas qu'il soit possible de combiner ces mécanismes excessivement compliqués d'une manière réellement pratique. Il cite, parmi les machines de cette espèce, celle des environs de Washington, publiée en 1817 dans le volume XVIII du *Bulletin de la Société d'Encouragement*, p. 361; celle de M. Levasseur-Précourt, brevetée en 1826, et dont nous donnerons une courte description plus loin; celle de MM. Champion, Fabre et Janier-Dubry, de Besançon, brevetée en 1830. Ces trois machines sont à plateau. Brongniart en cite trois autres à cylindre : celle de Mme la baronne Govedel-Geanny, brevetée en 1826; celle de M. Naudot, à Sainte-Colombe, près Provins, brevetée en 1828; celle de M. Cartereau, brevetée en 1829.

III. *Machines qui découpent une nappe de pâte.* Ces machines préparent la terre en une nappe d'une épaisseur convenable, dans laquelle les briques sont découpées soit par un moule qui tombe avec une pression convenable pour agir comme un emporte-pièce, soit par un système de sécateurs particuliers. Parmi ces machines nous citerons : celle de M. Cundy, brevetée en Angleterre et publiée en 1827 dans le 26e volume du *Bulletin de la Société d'Encouragement* (p. 348); celle de MM. Bosq, Giraud et Taxil, brevetée en 1829; celle de MM. Virebent, de Toulouse, brevetée en 1831, mais plus spécialement pour exécuter par pression divers ornements d'architecture celle de M. Terrasson-Fougères, de Teil (Ardèche), que nous décrirons plus loin.

IV. *Machines qui font le moulage par une filière.* « Ces machines, dit Brongniart, sont en général composées, ou d'un piston qui pousse la terre par petites portions, qui la presse et qui l'oblige à se mouler en passant par le trou de la filière, ou d'un piston qui pousse la terre en bloc et la fait sortir de la filière en prisme d'une forme voulue. Dans les deux cas, il faut un couteau ou un fil de fer pour couper les briques d'épaisseur et une à une. »

Brongniart cite deux machines de cette espèce : celle de M. Hottemberg, conseiller de l'empereur de Russie : elle était en activité à Saint-Pétersbourg en 1807, et la description en a été publiée dans le 12e volume du *Bulletin de la Société d'Encouragement*, p. 173; celle de M. George, de Lyon, brevetée en 1828.

C'est sur ce dernier principe que sont établies toutes les machines à étirer les tuyaux de drainage employés jusqu'à présent, et nous ajouterons qu'il en est de même des machines à briques pleines, creuses ou tubulaires, qui ont été imaginées dans ces dernières années, et dont nous aurons à donner plus loin la description. Des machines dans lesquelles il n'y a qu'à changer la filière pour obtenir les produits les plus variés sont évidemment préférables à toutes celles qui ne peuvent donner qu'un objet toujours identique à lui-même. Il se présente du reste cette particularité extrêmement remarquable : c'est que les machines à filière sont à la fois et les plus simples et celles qui permettent le mieux de concentrer toutes les opérations de la fabrication, depuis le mélange et le malaxage des pâtes jusqu'au transport des produits dans les séchoirs.

CHAPITRE LVIII

Machine de Carville

La machine de M. Carville, sur laquelle l'Académie des Sciences et la Société d'Encouragement ont fait des rapports très-favorables, est mue par un cheval, et moule environ 1,500 briques par heure, ou 18,000 briques dans une journée de 12 heures de travail. Le prix de revient s'établit alors de la manière suivante :

Un cheval	4 fr.
Deux ouvriers pour humecter et pétrir la terre, et la porter à la tine à malaxer	5
Quatre enfants	4
Quatre adolescents ou femmes	6
Un ouvrier surveillant	3
Total	22

Ce qui donne 1f.22 par 1,000 briques, et constitue une économie assez notable et plus que suffisante pour couvrir les frais d'intérêt du capital, l'entretien de la machine et les déchets de la fabrication.

Les figures 128 et 129 représentent cette machine, dont le mécanisme est porté par la charpente A A. Le mouvement est transmis par le manége au bras de levier *k*, qui entraîne les roues d'angle, les roues dentées, les courroies, etc. On met la pâte dans la tonne cylindrique B, où des bras *a a* la mélangent, et des palettes *b b*, *e e* la compriment fortement; ces bras et ces palettes sont attachés sur un axe central *c*. La pâte, mélangée et comprimée, s'échappe par l'orifice *j*, dont la grandeur est réglée par une vanne; elle tombe dans les moules placés sur la chaîne sans fin V, mue par les moulinets Q Q, et qui se lavent dans le bassin plein d'eau I, après avoir quitté la brique. Chaque chaînon, relié au précédent et au suivant par des articulations, se compose de quatre moules. Aussitôt après son entrée dans les moules, la pâte est comprimée par un lourd cylindre, sur lequel une bâche *m* verse constamment un mince filet d'eau pour empêcher son adhérence avec les briques. Des trémies *n* et *n'* versent constamment, par des rouleaux cannelés *t* et *t'*, qui en occupent le fond, du sable sec, l'une sur le fond des moules, l'autre sur la surface des briques, pour empêcher l'adhérence de l'argile. Les moules sont d'ailleurs tenus bien horizontaux par les rouleaux *r r*, sur lesquels repose une chaîne sans fin mue par les moulinets *q q*, et rivés à des plaques de tôle articulées entre elles et formant le fond des moules, qui par eux-mêmes sont à jour.

Les briques sont repoussées des moules par un repoussoir S, animé d'un mouvement vertical de va-et-vient; ce repoussoir porte à son extrémité une double partie plane *s'*, ayant exactement les dimensions de l'aire d'une brique et devant pénétrer dans les moules pour chasser les briques sur un plancher mobile K K, qui les entraîne dans une direction perpendiculaire à celle des moules. Un arbre vertical *h* reçoit un mouvement de rotation à l'aide d'un petit bras qu'entraînent des mentonnets placés latéralement sur le milieu de chaque moule. De cette façon la poulie *x* communique, conjointement avec X X', et par l'intermédiaire de la chaîne U et du bras pendant *p*, un mouvement d'oscillation au levier T. Un contre-poids M relève d'ailleurs la tige S quand les mentonnets ont lâché le bras que porte l'arbre *h*, et un système de poulies E ramène vers la tonne B le repoussoir que la chaîne sans fin tendrait à entraîner dans sa rotation, lorsque les briques sont sorties des moules.

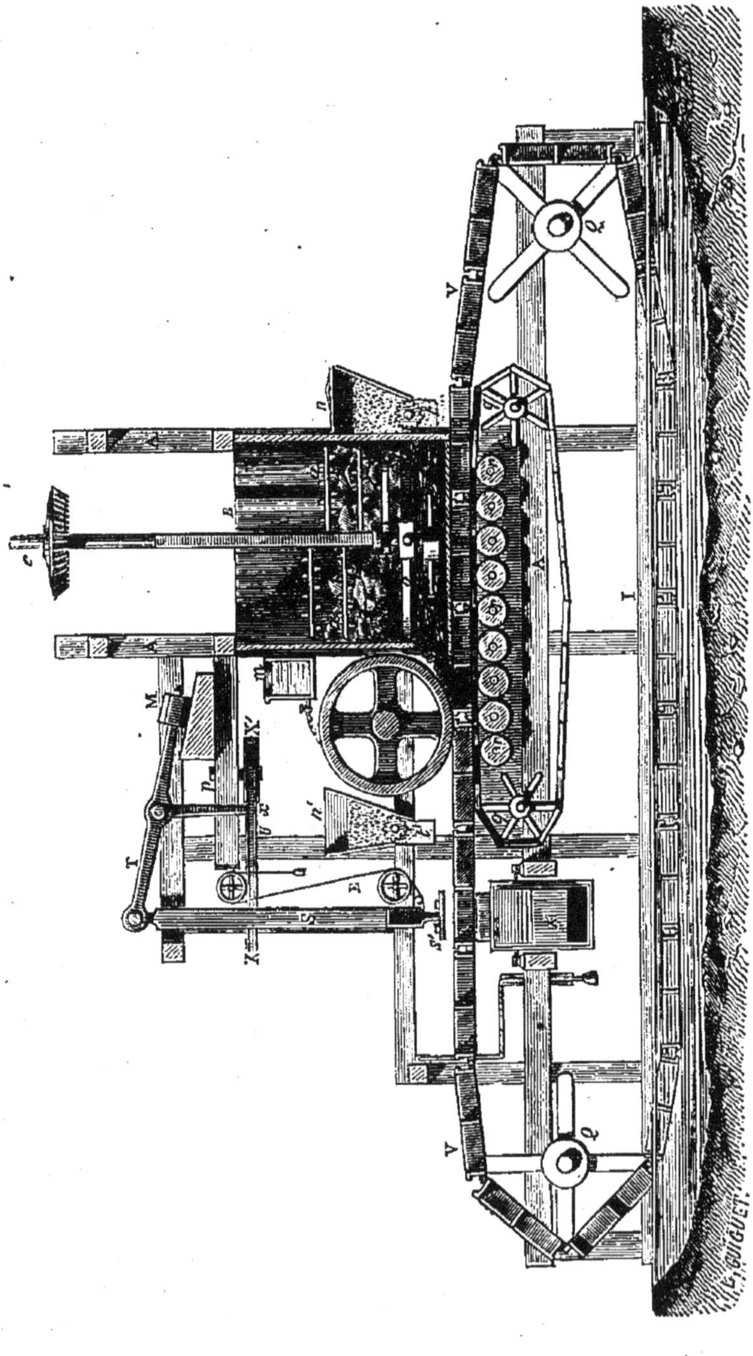

Fig. 128. — Coupe longitudinale de la machine de M. Carville.

Cette machine présente une grande perfection, mais on peut remarquer qu'elle n'est applicable qu'à une seule

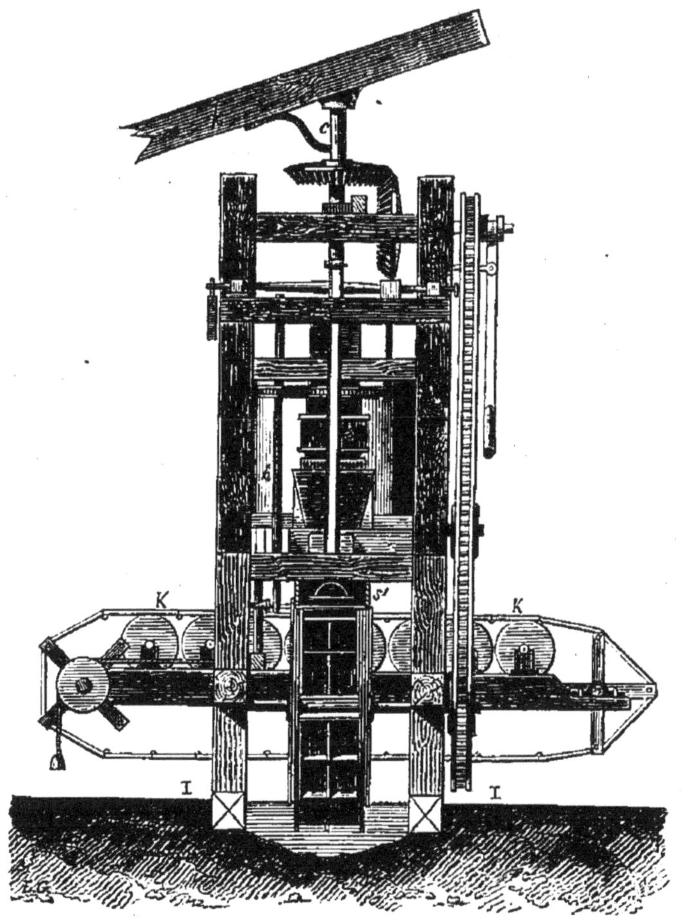

Fig. 129. — Vue de face de la machine de M. Carville.

sorte de produits, les briques pleines d'un calibre déterminé.

CHAPITRE LIX

Machine de Levasseur-Précourt

La machine de M. Levasseur-Précourt, brevetée dès 1826, présente dans une partie de sa marche une grande analogie avec celle de M. Carville. Nous en donnerons la description succincte d'après Brongniart. Un lourd rouleau de fonte commence la compression, qui s'achève lorsque les moules remplis de terre passent entre deux plaques de tôle qui ne sont pas tout à fait parallèles. Le démoulage s'exécute immédiatement après la compression à l'aide d'un refouloir qui agit de haut en bas, et dont le mouvement doit coïncider exactement avec le passage des moules au-dessous de lui. Les briques sont reçues à mesure de leur démoulage sur des planchettes conduites par des plans articulés formant une chaîne sans fin dont l'axe est perpendiculaire à celui de la machine, en sorte que les briques sont conduites jusque sur la brouette de l'ouvrier qui les porte au séchoir.

Des organes particuliers saupoudrent de sable les surfaces métalliques des parties de la machine qui compriment et moulent les briques. La chaîne sans fin, chargée des moules vidés par le démoulage, traverse, avant d'aller se charger d'autre terre, un bac rempli d'eau où se trouve un balai de bouleau qui nettoie toutes les parties des moules sur lesquelles l'argile des briques aurait pu adhérer. Les détails donnés sur la machine de M. Carville nous dispensent d'entrer, à cet égard, dans d'autres explications.

CHAPITRE LX

Machine de Terrasson-Fougères

La machine de M. Terrasson-Fougères est employée dans plusieurs briqueteries du midi de la France. Sa construction est assez simple pour qu'elle soit facilement réparée par des ouvriers d'une habileté médiocre.

Un bâti en bois A, monté sur des roues B, supporte toute la machine. Des planches F sont mises bout à bout et conduites d'une extrémité à l'autre de la machine par des galets G. C'est sur ces planches que la terre est posée, que les briques sont moulées et découpées, et qu'elles arrivent jusqu'à la brouette qui doit les porter au séchoir.

Une manivelle E fait mouvoir un pignon qui conduit une roue dentée concentrique avec un rouleau D. Sur ce rouleau et un autre de renvoi s'enroule une chaîne sans fin portant les faces latérales des godets C, qui reçoivent, pour former les fonds, les planches F. On charge ces godets en I avec la terre à brique. Cette terre se trouve comprimée par le lourd cylindre H, dont la surface reçoit une couche de sable par la trémie K, et qu'on rapproche plus ou moins de la surface des moules par les vis de pression *f*.

La pâte sort de dessous le cylindre H en bandes continues, que des fils L, tendus par des poids, ébarbent de chaque côté des planches. Au lieu de ces fils on peut employer, pour obtenir le même effet, des rouleaux C (fig. 131) revêtus de drap grossier continuellement humecté; ces rouleaux refoulent et polissent l'argile latéralement.

Les bandes continues, toujours soutenues par les planches, viennent passer sous un découpoir formé de fils de

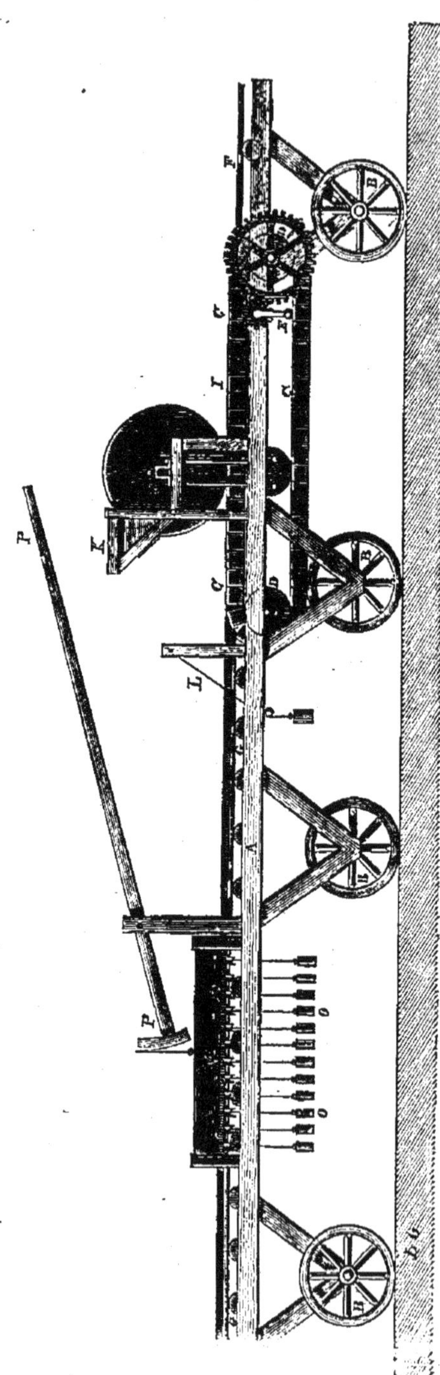

Fig. 130. — Coupe longitudinale de la machine à briques et à tuiles de M. Terrasson-Fougères.

laiton tendus par des poids O (fig. 130), passant sur des poulies MNM, et qu'un levier PP abaisse ou relève. L'ensemble de tous ces fils forme une série de droites parallèles entre elles, mais perpendiculaires aux planches, et

Fig. 131. — Refouloir de la machine de M. Terrasson.

par conséquent ils coupent les briques de longueur par un seul mouvement du levier qui abaisse ensemble tous les fils tendus dans le cadre M.

Afin d'obtenir des tuiles, on peut placer à la suite un découpoir (fig. 132) composé de fils C tendus horizontalement entre deux bras d'un cadre BBB, dont un côté forme un axe horizontal mobile, mais qu'un poids E maintient convenablement en tendant un fil D qui s'enroule sur des poulies.

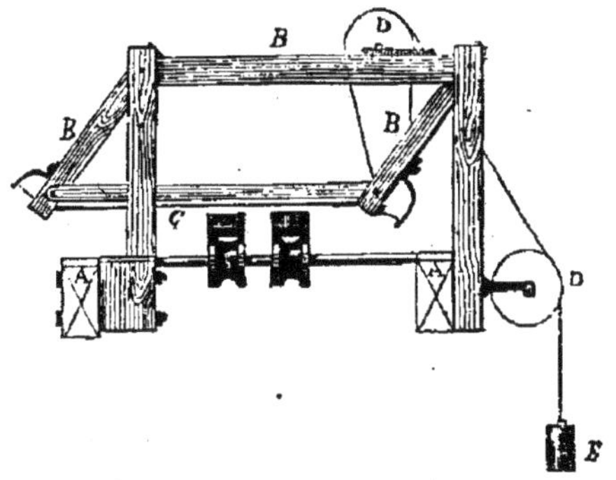

Fig. 132. — Découpoir à tuiles de la machine de M. Terrasson.

La machine de M. Terrasson, dont le principe est extrêmement simple, donne de 15,000 à 25,000 briques par jour, deux chevaux faisant marcher le tonneau-broyeur pour la préparation de la terre, et huit hommes desservant la machine et faisant toutes les opérations nécessaires. Elle coûte de 700 à 900 francs.

CHAPITRE LXI

Machine de Jones

A l'Exposition universelle de Londres, on voyait une machine imaginée par M. Jones, et qui rentre dans la seconde des classes des machines à briques que nous avons distinguées dans le chapitre LVII (p. 275). Cette machine présente un malaxeur vertical, ayant les bras et les couteaux des malaxeurs ordinaires; il s'y trouve en plus un double fond. Le fond supérieur est à environ 23 centimètres au-dessus du fond inférieur. La terre qui sort du fond supérieur par un trou vertical est obligée de se comprimer avant de sortir par le trou vertical du fond inférieur, trou qui donne un débit moindre que le premier. Au-dessous de cet orifice tourne une vaste roue horizontale qui porte sur sa surface, et à des intervalles égaux, les moules à briques. Ces moules sont à fonds mobiles, recouverts de velours, pour éviter l'adhérence de l'argile. Ces fonds s'abaissent à l'arrière du malaxeur, mais se relèvent aussitôt après avoir passé au-dessous, ce qui soulève la brique. Un cylindre d'un grand diamètre, placé au-dessous de la table portant les moules, effectue le soulèvement des fonds mobiles avec une grande facilité.

CHAPITRE LXII

Machine de Caldwell

Nous allons maintenant dire quelques mots d'une machine à mouler les tuiles courbes, inventée par un mouleur de tuiles du nom de Caldwell, qui était employé par le duc de Portland dans une de ses tuileries du comté d'Ayr. Cette machine, quoique ingénieuse, ne facilitait pas beaucoup le moulage, et son auteur l'abandonna pour aller diriger une tuilerie de l'Aberdeenshire. M. Kerrow, fabricant d'instruments agricoles à Beansbrun (Kilmarnock), reprit l'invention première, la modifia, et fit une machine qui a obtenu quelques succès aux expositions de la Société d'Agriculture d'Écosse. Qu'on imagine une table ordinaire à mouler la tuile. Le mouleur opère d'abord comme dans le travail à la main; seulement, après le passage du rouleau, au lieu d'enlever la feuille d'argile avec ses mains pour la placer sur le mandrin que nous avons décrit précédemment (chap. LI, p. 259, fig. 122), il appuie avec son pied sur un levier qui communique avec un pignon denté, et dont l'action était équilibrée par un contrepoids. La table immédiatement se partage en deux moitiés; la feuille d'argile tombe sur le mandrin du chevalet placé au-dessous, et le mouleur, cessant d'appuyer avec son pied sur le levier, la table se referme. Un enfant servant enlève aussitôt le mandrin, lave la tuile, la porte au séchoir; il rapporte ensuite le mandrin pour recevoir une nouvelle tuile. Cette machine est évidemment très-simple, et son prix ne dépasse pas 75 francs.

CHAPITRE LXIII

Machine d'Emslie

La machine d'Emslie est une des nombreuses tentatives qui ont été faites pour fabriquer les tuiles ou les tuyaux en employant la terre à son état naturel et en la soumettant tout d'un coup au moulage. Un cylindre vertical porte un axe armé de couteaux comme dans les machines ordinaires; à la partie inférieure de l'axe se trouve une hélice qui comprime la terre et la force à passer à travers un orifice garni d'une grille pour retirer les pierres et les parties concrétées. A l'extrémité inférieure de l'axe du cylindre se trouve une roue horizontale, qui a pour but de faire sortir les tuiles ou les tuyaux à travers la filière et de faire marcher l'appareil sécateur.

On assure que cette machine produit, avec la terre telle qu'elle se trouve naturellement, de 30,000 à 40,000 tuiles ou tuyaux par journée de 10 heures, avec un cheval, deux ouvriers et six adolescents, ce qui donne le prix de revient suivant :

Un cheval à 5 shillings par jour..........	6f.25
Deux hommes à 2 shillings..............	5.00
Six adolescents à 1 shilling..............	7.50
	18.75

Soit 0f.50 à 0f.60 pour 1,000 tuiles ou tuyaux. M. Boyle, à qui nous empruntons ces détails, doute que jamais de pareils avantages aient été réellement obtenus dans la pratique.

CHAPITRE LXIV

Machine de Lang

La machine dite tubulaire, imaginée par M. James Lang, ingénieur à Dalrymple, dans le comté d'Ayr, est construite d'après les principes fondamentaux de celle du marquis de Tweddale (chap. XXX, p. 214), mais elle présente plusieurs parties nouvelles et originales; on la regarde comme étant simple et efficace. Les cylindres sont garnis d'une bande de cuir maintenue par des lisières qui glissent dans des rainures, de manière à éviter tout déplacement de la bande d'argile qui sort d'entre les deux cylindres du laminoir constituant l'organe principal de la machine du marquis de Tweddale. La bande moulée chemine avec précision sur les rouleaux qui la reçoivent. Latéralement, de petites poulies à axe vertical, équidistantes, placées de chaque côté du ruban de terre glaise et se rapprochant de manière à laisser entre elles un écartement qui va en diminuant, polissent et courbent le ruban jusqu'à ce que ses deux bords se touchent. A ce moment le ruban d'argile pénètre dans un organe nouveau, que M. Lang appelle un turban, et qui est composé de divers rouleaux formant un cercle complet, de grandeur proportionnée au diamètre du tuyau qu'on veut produire, et travaillant continuellement sous la seule impulsion combinée d'une corde de chanvre et du ruban de terre glaise qui se trouve comprimé. Les bords du tuyau se soudent ainsi dans un état de siccité comparative, ce qui est important pour empêcher que les tuyaux ne s'ouvrent plus tard, soit pendant le séchage, soit pendant la cuisson. En sortant du turban le tuyau passe dans un lavoir, reçoit le dernier poli et arrive au sécateur, qui le coupe de longueur. Deux hommes, servis par quatre adolescents, étirent de 6,000 à 7,000 tuyaux par jour. La machine coûte 375 fr. Son sécateur présente quelques dispositions particulières que nous signalerons dans le chapitre consacré à cet organe des machines à briques, tuiles ou tuyaux.

CHAPITRE LXV

Machine de Burton

La machine inventée par M. Burton, de Londres, a de l'analogie dans quelques-unes de ses parties avec la précédente. M. Burton s'est proposé de rouler les tuyaux immédiatement après leur sortie de la filière. Sa machine présente, comme la machine verticale de Clayton (chap. X, p. 160, fig. 74 et 75), deux cylindres verticaux que l'on amène successivement sous un piston que fait descendre une vis. Tandis que l'un est soumis à la pression, on remplit l'autre de terre. Au centre de chaque trou de la filière se trouve fixé un mandrin qui fait saillie extérieurement, de telle sorte que les tuyaux sortent étant maintenus intérieurement, tandis que sur leur pourtour quatre rouleaux sont disposés de manière à former des cercles dans lesquels passent les tuyaux. L'un de ces rouleaux reçoit son mouvement par un pignon denté et le communique aux trois autres. Les tuyaux qui sortent de la filière se trouvent comprimés par la double action du mandrin et des rouleaux. De cette façon on évite, dans une certaine mesure, le gauchissement qu'éprouvent, pendant la dessiccation, les tuyaux étirés avec les machines à piston, gauchissement qui provient de ce que l'argile, qui est rarement d'une homogénéité parfaite, est uniformément pressée dans l'intérieur des boîtes par les pistons. Elle sort alors à travers les filières avec une sorte de crépitation et en se disposant quelque peu irrégulièrement. Les irrégularités du moulage engendrent des irrégularités de retrait pendant le séchage, et le tuyau cesse d'être rectiligne. Nous parlerons plus loin du roulage qu'on doit effectuer lorsque les tuyaux sont arrivés à un certain point de siccité, et qui produit d'une autre manière l'effet cherché par M. Burton.

CHAPITRE LXVI

Machine de Robert Boyle

La Société d'Agriculture d'Écosse (*the Highland and agricultural Society of Scotland*) a proposé un prix de 500 fr. « pour la meilleure machine construite afin de produire en une seule opération, ou par une série non interrompue d'opérations, des tuyaux ou des tuiles en poterie. » Le prix a été remporté par M. Robert Boyle, du comté d'Ayr.

Le Mémoire descriptif de M. Boyle a été publié dans le cahier de janvier 1856 des *Transactions* de cette savante Société; nous croyons utile d'en donner ici la traduction.

« On a tant parlé, dit M. Boyle, dans les années précédentes, de ce qui est relatif aux propriétés des machines à étirer les tuyaux et les tuiles, on a tant fait d'essais pour de nouvelles inventions ou pour l'amélioration des anciennes machines, que tout ce qu'on tentera désormais pour simplifier les procédés actuels pourra sembler superflu à beaucoup de personnes. Cependant, pour l'observateur attentif, il reste beaucoup à faire avant que les machines destinées à la fabrication des tuyaux ou des tuiles puissent être considérées comme parfaites ou seulement comme ayant reçu un perfectionnement capital. Depuis l'ingénieuse invention du marquis de Tweddale jusqu'à ce jour, il a paru peu de machines qui eussent un cachet complet d'originalité. La plupart sont des copies, avec de légères modifications dans les détails accessoires, des premières machines employées.

« A la récente exposition de la Société royale d'Agriculture d'Angleterre (1854), le prix a été remporté par la machine de Scragg (chap. XVI, p. 175, fig. 81) ; cette machine est restée à peu près dans l'état où elle était lors de sa première apparition, il y a plusieurs années. La même remarque est applicable à la machine primée au Concours tenu par la *Highland Society* à Berwick (celle de Dovie, chap. XXVII, p. 207, fig. 100 et 101).

« Je suis bien loin de vouloir dénigrer aucune de ces machines en faisant ces observations ; je veux seulement montrer qu'il n'y a pas eu de progrès remarquable effectué, et qu'il reste beaucoup à faire.

« La Société agricole des Highlands et d'Écosse a, d'année en année, persévéramment offert un prix pour une machine qui rendît plus simple, plus économique, plus rapide la fabrication des matériaux de drainage, tant pour la trituration de l'argile que pour son épuration et pour le moulage simultané soit des tuyaux, soit des tuiles. Les directeurs de cette Société savaient bien que, tant que ces conditions ne seraient pas remplies, la perfection ne serait pas atteinte.

« J'ai pensé remplir le vœu de la Société des Highlands en décrivant une machine fabriquant simplement et à bon marché.

« Qu'on imagine d'abord une caisse en bois, oblongue, ayant $2^{m}.28$ de long, $0^{m}.76$ de large et $0^{m}.76$ de profondeur. Cette caisse est placée horizontalement à l'extrémité des séchoirs, près de la machine à vapeur destinée à donner la force motrice, ou bien elle est mise sur un bâti en bois porté par des roues, de manière à être locomobile le long des séchoirs, et alors on fera mouvoir la machine par la force des bras. A l'une des extrémités de cette caisse, et intérieurement, se trouve fixé un malaxeur de $1^{m}.22$ de long, ayant la forme ordinaire, et dont les couteaux sont attachés à un arbre horizontal qui est mû par un système de roues dentées convenable, mis en mouvement par le moteur.

« A l'extrémité de cet arbre de $1^{m}.22$ se trouve une forte pièce de bois qui le maintient, et la caisse est percée d'un orifice à travers lequel l'argile est forcée de passer en vertu de l'inclinaison des couteaux du malaxeur. Immédiatement après cet orifice, deux cylindres métalliques, de $0^{m}.30$ de diamètre chacun, tournent en sens contraire et laminent l'argile, qui vient s'amonceler dans une petite chambre fermée par une grille cribleuse. Le mouvement continu des cylindres force l'argile à se cribler régulièrement, ce qui n'arrive pas dans les machines à piston ordinaires. La terre sort du crible parfaitement épurée, tandis que le gâteau pierreux, accumulé en avant entre la grille et les cylindres, est facilement enlevé. Pour cela, à la partie supérieure de la boîte se trouve, au-dessus de la charnière antérieure à la grille, un couvercle à charnière qu'on soulève sans difficulté, et au-dessous un couvercle semblable qu'on abaisse. Ces deux couvercles s'ouvrent rapidement et facilement; le gâteau de pierres, racines, etc., tombe à la suite d'un coup de râcloir, et les couvercles se referment par deux fortes barres et un crochet d'arrêt. Cette opération ne demande que quelques instants.

« En avant de la grille à cribler sont placés deux cylindres, semblables aux deux premiers, tournant également en sens contraire, et qui reçoivent dans leur étreinte la terre glaise à mesure qu'elle passe à travers les trous du crible. La terre, ainsi poussée en avant par les cylindres, est reçue dans une petite chambre où elle se tasse avant d'être forcée de passer à travers les filières pour se mouler en tuyaux ou en tuiles de drainage.

« On voit comment la terre glaise, prise à la fosse d'où on l'extrait, étant placée à l'état brut dans la boîte qui se trouve à l'une des extrémités de la machine, en sort à l'autre extrémité sous la forme de tubes parfaits, que l'on coupe à la longueur convenable par les méthodes ordinaires, pour les porter ensuite dans les séchoirs.

« L'originalité de cette machine est tout entière dans l'application de cylindres pour forcer la terre à passer à travers le crible et ensuite à travers les filières. Quelques personnes peuvent penser qu'il n'y a pas assez d'espace consacré au malaxage pour obtenir un mélange parfait des divers éléments de la terre, le malaxeur étant plus petit que les appareils de ce genre ordinairement employés. Mais l'expérience a montré qu'une longueur d'axe de $1^{m}.22$, très-fortement armée de couteaux, est très-suffisante, que la terre est bien mélangée, et qu'étant énergiquement pulvérisée plus loin, par la grande compression qu'elle reçoit en passant entre les deux premiers cylindres, puis criblée et de nouveau comprimée par la seconde paire de cylindres, elle a acquis une grande densité et une grande régularité, dénotées par son aspect soyeux.

« La longueur de la caisse contenant tout l'appareil est de $2^{m}.28$; elle est ainsi subdivisée : $1^{m}.22$ pour la longueur de l'arbre armé des couteaux, $0^{m}.10$ pour le fond du malaxeur, $0^{m}.30$ pour la première paire de cylindres, $0^{m}.15$ pour la première chambre à glaise, $0^{m}.03$ pour l'épaisseur du crible, 0m.30 pour la seconde chambre à glaise, 0m.03 pour la filière, 0m.15 de jeu. La caisse entière est, comme nous l'avons dit, placée sur un bâti qu'on peut garnir de roues pour rendre la machine locomobile le long des séchoirs.

« Le prix total est compris entre 500 et 625 francs. Le mouvement peut être donné par 2 chevaux ; avec 2 hommes et 3 adolescents pour le service, on obtient 10,000 tuyaux par jour de 10 heures de travail. »

CHAPITRE LXVII

Machine de Porter

Il y avait, à l'Exposition universelle de 1855, une machine très-remarquablement construite, produisant beaucoup, qui était évidemment établie d'après les principes que l'on vient de lire dans le chapitre précédent. Cette machine, disposée de manière à pouvoir fabriquer, soit des briques creuses, soit des briques pleines, soit des tuyaux de drainage, était exposée par M. Porter, à Oldfoundry, près de Carlisle. Elle est représentée en élévation par la figure 133 et en plan par la figure 134. Elle est mise en mouvement par une machine à vapeur ; une courroie M transmet le mouvement en s'enroulant sur la poulie motrice, et on arrête facilement la marche en faisant passer cette courroie sur une poulie folle placée à côté. Sur l'une des poulies se trouvent montés une grande roue dentée L et un pignon *p*, d'où partent toutes les transmissions de mouvements destinés à faire marcher les divers organes de l'appareil.

On place la terre dans la caisse en fonte A B par l'orifice A ; dans cette caisse tournent deux arbres horizontaux,

Fig. 133. — Machine de M. Porter.

garnis de couteaux disposés en hélice; ces arbres sont menés par les deux roues dentées *o o*, que conduit le pignon *p*. La terre, parfaitement pétrie et mélangée, se trouve accumulée dans la chambre C, fermée par une grille épuratrice, à travers laquelle elle passe pour être reprise par deux gros cylindres de laminoir D, analogues à ceux des machines d'Ainslie et de Thackeray (chap. XIX et XX, p. 180 à 185, fig. 82, 83 et 84). Ces deux cylindres se meuvent en sens contraire et se commandent naturellement par les roues dentées E et E'; on les rapproche plus ou moins par les vis de rappel I I. Le cylindre supé-

Fig. 134. — Plan de la machine de M. Porter.

rieur reçoit son mouvement par la route dentée L, qui fait marcher le pignon *l*, la tige *n* et les roues d'angles N.

La terre laminée est forcée de sortir sous forme de briques et de tuyaux à travers la filière F. Les produits glissent sur les rouleaux G G, qui sont mis en mouvement par une courroie sans fin J J, s'enroulant sur deux poulies K et E. Des fils de fer verticaux *h h h*, tendus dans un cadre, les coupent à la longueur voulue, ce cadre recevant un mouvement de va-et-vient par la poignée H.

Cette machine répond bien aux besoins d'une grande fabrication ; elle fonctionne dans l'une des briqueteries les plus importantes de Londres. On peut lui imprimer des vitesses assez grandes et faire varier sa production dans des limites étendues. Elle consomme, en moyenne, une force de 6 chevaux-vapeur par millier de briques fabriquées par heure. Elle coûte, suivant sa grandeur, de 3,625 à 4,000 francs.

CHAPITRE LXVIII

Grande machine de Clayton

Nous avons déjà décrit deux systèmes de machines à faire les tuyaux de drainage dus à M. Henri Clayton, de Londres. Cet habile fabricant de machines appropriées à l'art du briquetier et du tuilier, dont les efforts ont été justement récompensés par la médaille d'honneur, avait encore envoyé à l'Exposition universelle de Paris, en 1855, une autre machine qui mérite d'attirer l'attention. Cette machine est surtout recommandable pour la fabrication des briques pleines. Elle donne de 10,000 à 15,000, et même 20,000 briques par jour de 10 heures de travail, et des hommes considérables, tels que M. Évelyn Denison, membre du parlement et vice-président du Jury d'agriculture à l'Exposition de Paris, affirment qu'elle résout le problème de la fabrication économique des briques par les machines. A Amsterdam, c'est-à-dire dans un pays briquetier par excellence, elle a remporté également le grand prix en 1853.

Cette machine (fig. 135) est essentiellement un tonneau malaxeur A, portant deux filières à sa partie inférieure. L'argile trempée est versée en haut dans la machine; elle sort en bas moulée en briques, comme dans la machine d'Etheridge (chap. XXXVI, pag. 224, fig. 102).

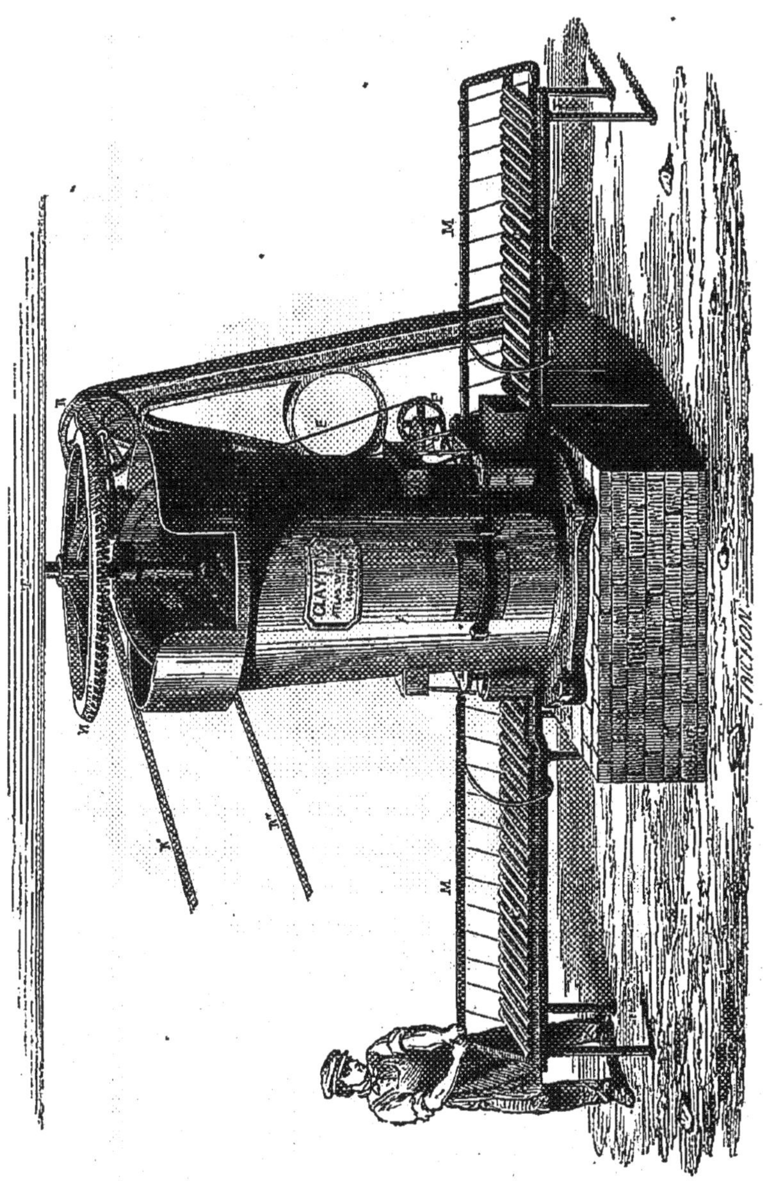

Fig. 135. — Grande machine de M. Clayton.

L'arbre vertical *o*, qui porte les couteaux, repose en bas dans une maçonnerie U, et tourne en haut dans une pièce de charpente T et dans le collier que porte l'axe P, reposant sur les parois du malaxeur. Il est mis en mouvement par une grande roue d'angle N, menée par un pignon Q, concentrique avec une poulie de transmission R, que fait tourner la courroie R'R", communiquant avec l'arbre de couche d'un manége, ou mieux d'une machine à vapeur. Cet arbre de couche est porté par le chevalet S.

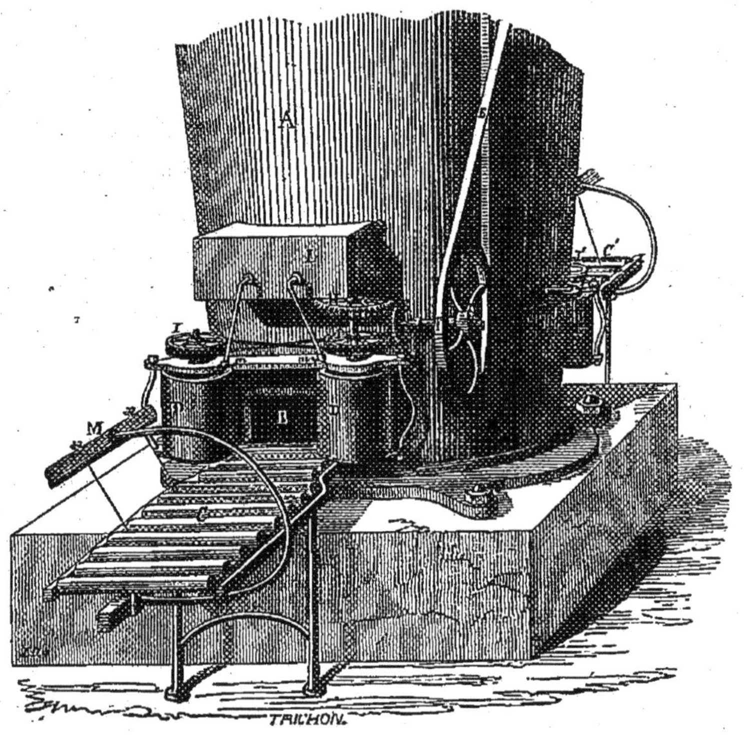

Fig. 136. — Vue de la filière de la grande machine de M. Clayton.

Les briques sortent en B sur des tables à rouleaux C, où elles sont coupées de longueur par les fils de laiton du châssis mobile M. Elles sont polies et comprimées latéralement par les rouleaux verticaux D, garnis de cuir ou de gutta-percha, tournant à l'aide des poulies et des courroies sans fin E et F, et tenus constamment humides par de minces filets d'eau qui tombent du réservoir supérieur L.

On nettoie facilement le tonneau en ouvrant la porte latérale V.

L'organe principal de cette machine, celui qui détermine le succès de son emploi, est formé (fig. 136) des rouleaux compresseurs D D D', qui saisissent la bande de terre à sa sortie de la filière B, au moment où elle glisse sur la table garnie des rouleaux CC'.

Le mouvement est transmis de l'arbre de couche à la poulie F par la courroie E. Le pignon d'angle G, monté sur l'axe de la poulie F, fait tourner la roue dentée H, et, par suite, entraîne les deux poulies I I I', rendues solidaires par une corde sans fin, soutenue d'ailleurs par un galet K pour empêcher le frottement contre les parois du malaxeur. Les robinets *m m'* laissent tomber du réservoir L la quantité d'eau nécessaire pour lubréfier la surface des rouleaux compresseurs D D D'.

Cette machine coûte de 2,500 à 3,000 francs, selon le nombre des objets accessoires dont on juge à propos de faire l'acquisition, tels que moules, châssis à couper, poulies de renvoi, etc.

CHAPITRE LXIX

Machine de Borie

Parmi les machines de grande puissance productive, mais dont le prix élevé doit limiter l'usage, il faut placer à un rang distingué celle de M. Borie, à Paris, rue de la Muette, n°s 35 et 37. Elle coûte de 2,500 à 3,000 fr.; elle fournit 400 briques tubulaires ou 1,000 tuyaux à l'heure. La terre est fortement comprimée en passant à

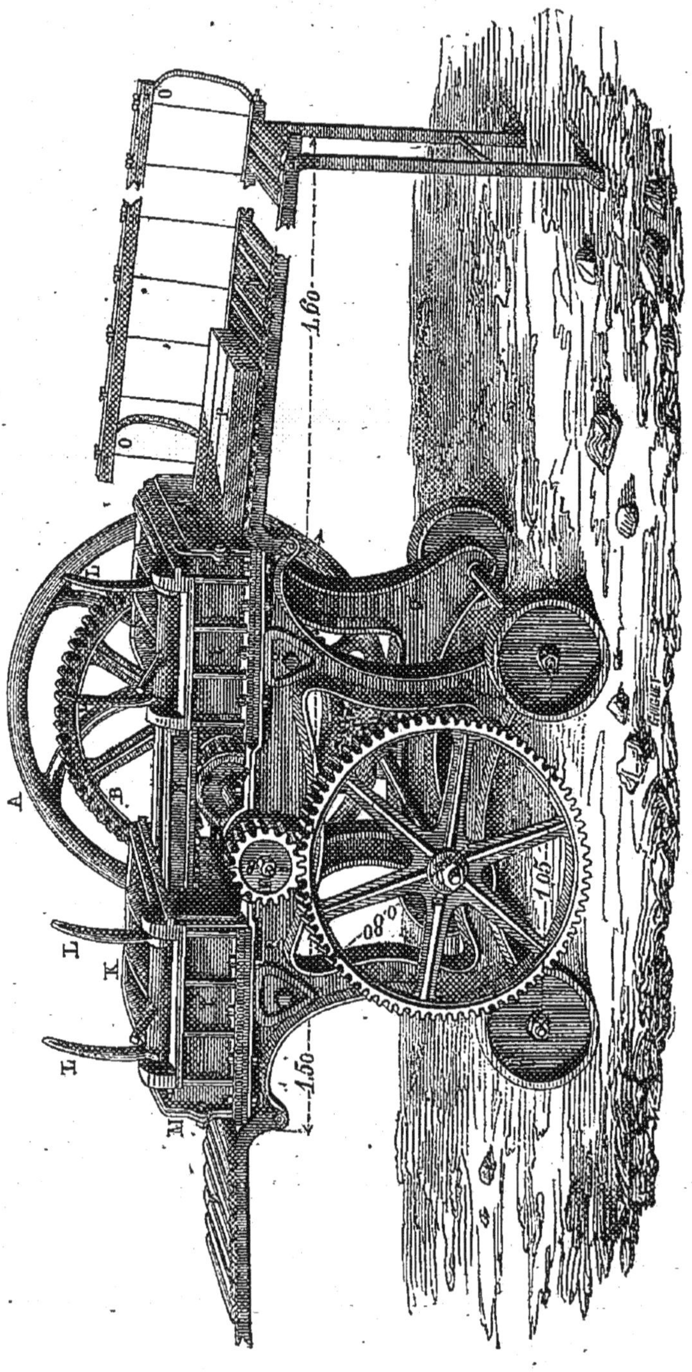

Fig. 137. — Machine de M. Borie.

travers la filière, et il en résulte des produits d'une excellente qualité.

La force motrice est appliquée à un volant A (fig. 137), si la machine marche par la force des bras; ce volant est remplacé par une poulie lorsque l'on emploie la vapeur. La roue dentée, mise en mouvement par le volant ou par la poulie, fait tourner le pignon C, qui est monté sur le même arbre D que la roue E; celle-ci, étant entraînée, fait tourner à son tour le pignon F, et, par suite, le pignon central G, qui conduit alternativement dans les deux sens la crémaillère H, à laquelle sont attachés les pistons I mobiles dans les boîtes à glaise JJ. Ces boîtes sont fermées

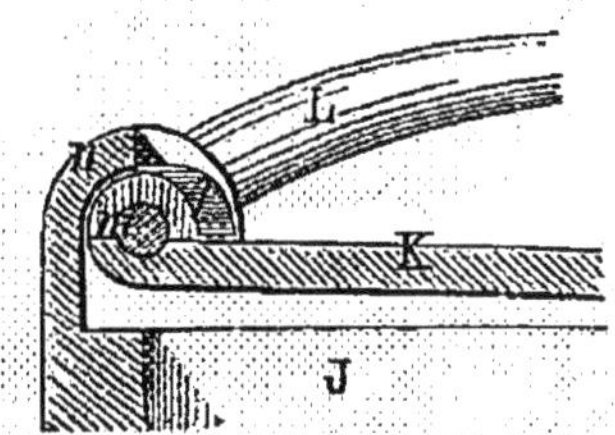

Fig. 138. — Fermeture des boîtes de la machine de M. Borie.

par des couvercles K, solidement fermés par des leviers L. Les briques ou les tuyaux, passant à travers les filières M, glissent sur les tables à rouleaux N et sont coupés de longueur par les fils tendus sur le châssis mobile OO. Les briques creuses P sortent sur trois rangs, lorsqu'elles présentent six tubes intérieurs; elles sortent six à la fois, posées de champ, lorsqu'elles ne sont percées que de trois tubes. La machine est portée sur un bâti en fonte K, muni de galets également en fonte, lorsqu'elle est destinée à être locomobile.

Le croquis que donne la figure 138 fait comprendre le mode de fermeture des couvercles K, déjà appliqués sur les boîtes I. On relève les leviers L, et alors on fait tourner autour de l'axe *m* des cames *l*, qui viennent s'engager dans la partie pleine *n*, où elles sont loquetées.

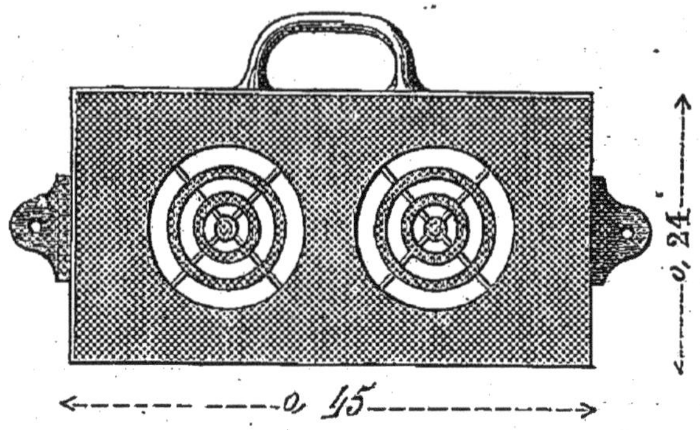

Fig. 139. — Vue antérieure de la filière à tuyaux concentriques de M. Borie.

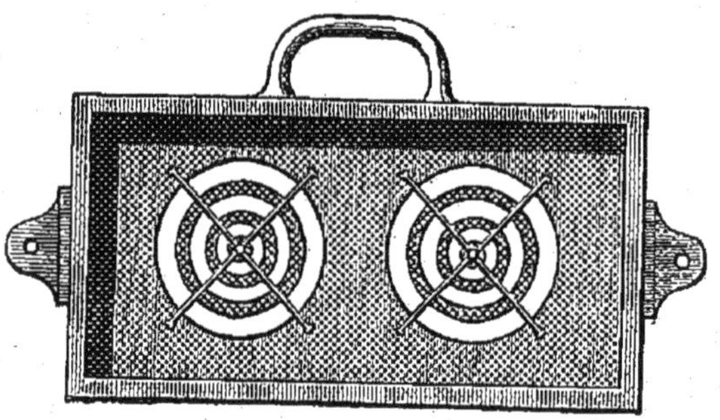

Fig. 140. — Vue postérieure de la filière à tuyaux concentriques de M. Borie.

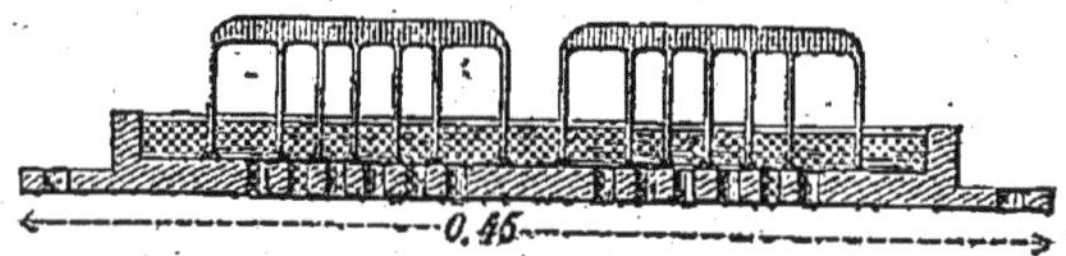

Fig. 141. — Coupe longitudinale de la filière à tuyaux concentriques de M. Borie.

Cette machine, remarquable par sa résistance, est utilement appliquée à des terres très-peu mouillées et qu'on veut mouler en briques creuses tubulaires. Nous ne croyons pas qu'elle puisse servir économiquement pour les tuyaux de drainage. Cependant, afin de pouvoir l'employer sans perte à cet usage, M. Borie a eu l'ingénieuse idée d'étirer plusieurs tuyaux concentriquement. Les figures 139, 140 et 141, font comprendre quelle disposition il a adoptée pour les filières, qui sont représentées en coupe, en projection antérieure et en projection postérieure. Trois tuyaux placés l'un dans l'autre sortent à la fois d'un même trou de filière. La seule objection que ce système comporte, c'est que la consommation n'exige pas, à beaucoup près, autant de tuyaux des diamètres élevés que de ceux des diamètres plus petits.

CHAPITRE LXX

Machine à quarante francs

Nous avons dit plusieurs fois combien il serait intéressant qu'on pût se procurer une machine à étirer les tuyaux qui fût d'un prix économique. Nous avons décrit (chap. XXVI, p. 204, fig. 98 et 99) l'instrument imaginé par Bertin-Godot pour résoudre ce problème, mais nous avons dû faire quelques réserves, le prix de 250 fr. que coûte la machine de ce fabricant n'étant pas suffisamment bas, vu les imperfections du travail, pour entraîner une approbation complète. Dans la première édition de cet ouvrage nous disions : « Nous avons l'espoir qu'on imaginera des machines plus simples, coûtant de 50 à 100 fr. Ce serait un véritable service à rendre ; car si l'on ne peut pas engager beaucoup de personnes à dépenser 1200 fr. pour une machine et ses accessoires, sans compter les séchoirs et les fours, on arrivera facilement à faire placer

Fig. 142. — Vue de la machine à quarante francs pendant l'étirage des tuyaux.

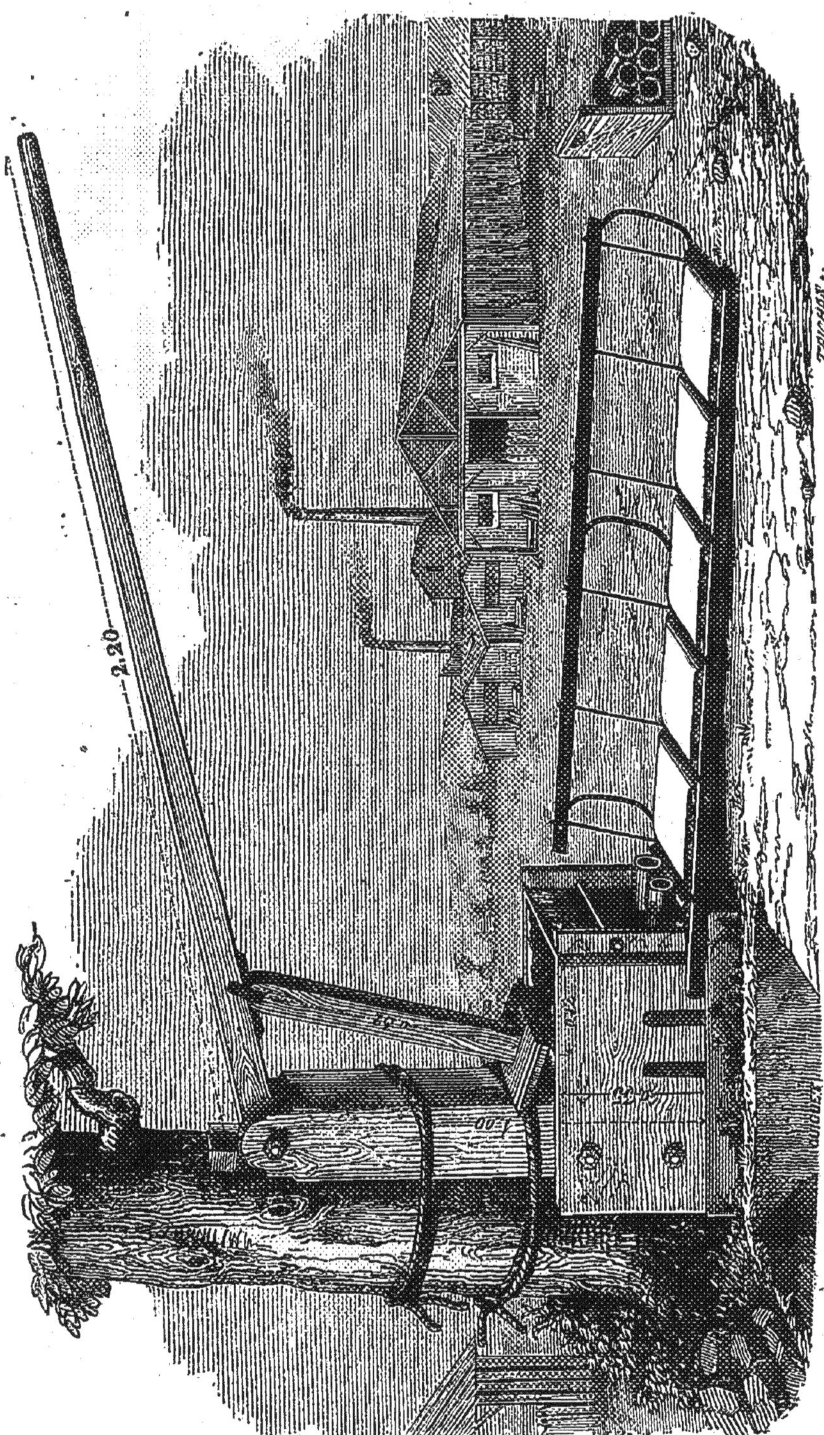

Fig. 143. — Vue de la machine à quarante francs pendant le remplissage de la caisse à argile.

chez tous les tuiliers ou briquetiers de petites machines où la fabrication se ferait par un seul homme. Dans beaucoup de nos cantons ruraux, le drainage ne pourra pas s'exécuter économiquement par d'autres moyens; car il importe que non seulement les tuyaux reviennent à très-bas prix, mais encore qu'ils soient faits, pour ainsi dire, sur le terrain même, afin de restreindre autant que possible les frais de transport. » Nous donnons ci-contre (fig. 142 et 143) le dessin d'une machine qui, si elle fournit, comme nous le croyons, de bons produits, formera le véritable outil du petit tuilier, du petit draineur. Nous n'affirmons pas que la question de l'excellence de cette machine soit complétement résolue : nous avons besoin, pour nous prononcer, d'avoir l'expérience d'un usage de quelque durée; mais nous avons confiance dans le succès.

Une personne qui s'est beaucoup occupée de littérature agricole allemande, M. Hombourg, est venue nous dire au commencement de ce mois (mars 1856) qu'il se trouvait déposée à son adresse, aux docks Napoléon, une petite machine à faire les tuyaux de drainage dont le prix serait extrêmement réduit. M. Hombourg ajoutait que depuis plus d'un an cette machine était arrivée à l'entrepôt; que la douane avait demandé des droits relativement exorbitants pour en permettre l'entrée; qu'il n'avait pas obtenu la remise de ces droits, parce qu'il n'avait pas satisfait à des dépôts de dessins et autres pièces exigées pour que la demande de l'entrée en franchise fût examinée; qu'il n'avait trouvé personne s'intéressant assez à la question pour donner suite à l'introduction de la machine, et qu'il avait renoncé à peu près à l'idée d'en tirer parti. M. Hombourg nous montra enfin la lettre d'envoi que lui écrivait M. Kielmann, directeur de l'école agricole de Hassenfelde, dans la province de Brandebourg (Prusse), premier inventeur de la machine. M. Kielmann affirmait que cette machine, fabriquée et perfectionnée à Berlin par MM. Eckert et Vœlker, ne valait que 10 thalers (37f.50), et qu'elle faisait cependant 3,000 tuyaux par jour.

On comprend que nous n'hésitâmes pas à nous rendre aux docks Napoléon, et à payer tous les droits et frais que réclama la douane. Nous dirons dans un autre chapitre à combien le tout s'est élevé et quelles sont les exigences de l'administration douanière.

La machine n'était pas en très-bon état; elle avait subi plusieurs avaries; nous avons dû la faire monter et la munir de quelques organes qui lui manquaient. Nous pensons que, y compris trois filières, après les modifications que nous lui avons fait subir, son prix ne s'élèvera réellement pas au delà de 40 fr., et peut-être sera-t-il moindre.

Qu'on imagine une simple caisse en bois divisée en deux compartiments. Dans le compartiment d'arrière s'élève un montant vertical traversé par deux barres boulonnées à une extrémité et serrées à l'autre extrémité par des écrous. La caisse est ainsi fixée sur le bâti qui doit la supporter. Nous plaçons simplement ce bâti par terre, et nous attachons par une corde le montant d'arrière à un arbre, à un pieu, à un pilier. Le compartiment d'avant est le réservoir à glaise, présentant sur la face antérieure un orifice dans lequel on assujettit la filière voulue avec un simple boulon. Un piston de bois, dont la tige est articulée avec un levier dont l'extrémité tourne autour d'un axe fixé en haut du montant d'arrière, doit exercer la pression nécessaire. Lorsque la caisse est pleine d'argile, on enfonce le piston en appuyant (fig. 142) à l'autre extrémité du levier, et les tuyaux sortent moulés sur une table garnie de rouleaux. On relève le piston, on le fait sortir de la boîte (fig. 143), on tasse de nouveau de l'argile, on replace le piston à l'orifice de la boîte, on appuie de nouveau sur le levier, et ainsi de suite. Lorsque la file des tuyaux est arrivée à l'extrémité de la table, on abat un châssis qui tient tendus des fils de laiton, et on la coupe en bouts de la longueur usuelle.

Rien n'est évidemment plus simple. Quelles raisons peuvent s'opposer à la propagation d'une pareille machine? Peut-être son prix minime. Les fabricants n'auront pas suffisamment de profit à construire un si modeste outil. N'est-il pas préférable pour eux de faire des machines qui coûtent plusieurs centaines de francs? Pour nous, nous tâcherons, si l'outil est réellement très-bon, de faire en sorte que l'agriculture puisse se le procurer. Nous en faisons fabriquer plusieurs, que nous donnerons à prix coûtant; dès qu'il y en aura quelques-unes répandues en divers lieux, tout le monde pourra en obtenir, puisque la machine est assez peu compliquée pour être construite par tout charron de village. Nous les ferons figurer en outre dans les Concours universels de Paris.

Le défaut de cette machine-outil est de ne pas cribler la terre. Nous pensons qu'en la dotant d'une grille cribleuse agencée à peu près comme dans la machine de Whitehead, nous ferons disparaître cet inconvénient. Il est bien entendu que le malaxage de la terre, soit par le marchage, soit par des machines appropriées, continuera à être nécessaire.

CHAPITRE LXXI

Des tables à rouleaux pour le glissement des tuyaux

La première idée de la table à rouleaux sur laquelle glissent les tuyaux, les tuiles ou les briques à leur sortie des filières, appartient au marquis de Tweddale. Cette ingénieuse invention n'a guère été modifiée depuis son origine. Dans toutes les machines dont le lecteur a les dessins sous les yeux on retrouve à peu près les mêmes dispositions. Les machines les plus récentes présentent cinq ou six rouleaux entourés ensemble d'un drap ou d'une toile sans fin, de manière à diminuer la résistance au glissement sans trop multiplier la dépense. Dans quelques machines on fait tourner directement la toile sans fin sur les rouleaux qui la supportent au lieu d'attendre que le glissement des files de tuyaux engendre cette rotation. Rien ne prouve qu'il y ait là un avantage réel, c'est-à-dire qu'il en résulte moins de déformation que quand le tuyau, poussé à travers la filière, marche sur des rouleaux qui ne reçoivent leur impulsion que de lui-même.

Dans tous les cas, malgré la mobilité du plan sur lequel s'opère le glissement de la file des tuyaux, ils perdent une

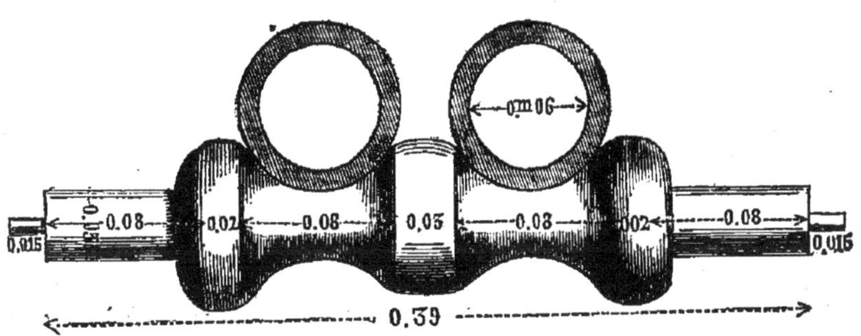

Fig. 144. — Rouleau mobile de M. Vincent.

partie de l'exactitude de leur forme cylindrique; ils s'affaissent d'autant plus sur eux-mêmes qu'ils ont un plus grand diamètre et que la pâte dont ils sont faits est moins ferme. Cette déformation se manifeste dès la sortie des tuyaux de la filière. Pour obvier à cet inconvénient, M. Vincent, de Lagny (Seine-et-Marne), a remplacé les toiles sans fin par des rouleaux isolément mobiles, dont l'un, supportant des tuyaux de 0m.06 de diamètre intérieur et 0m.08 de diamètre extérieur, est représenté par la figure 144. Ces rouleaux sont en bois tourné, présentant autant de cavités que la filière peut donner de tuyaux sur un même plan horizontal. Ils sont recouverts en peau, et tournent, sous la pression du poids des tuyaux émis par la filière, sur leurs tourillons, dans des coussinets que portent les deux brancards du tablier de la machine. Le prix de chaque rouleau s'établit ainsi qu'il suit :

Bois	1f.00
2 tourillons	0.30
Peau	0.50
Façon	0.70
Total	2.50

Une table de machine ordinaire doit être armée de 15 rouleaux pareils.

Un certain nombre de fabricants ont jugé utile de faire passer les tuyaux dans un bassin où ils se lavent et se polissent à leur sortie des filières. C'est, par exemple, ce que font MM. Blot et Leperdrieux, de Pont-Carré (Seine-et-Marne), dont nous avons déjà décrit la machine (chap. XLVI, p. 241, fig. 111 et 112). En outre, MM. Blot et Leperdrieux ont des rouleaux indépendants pour chaque file de tuyaux. Ils avaient remarqué que, dans toutes les machines, les tuyaux du milieu sortent plus vite que ceux des côtés, et qu'il arrive, quand la terre est trop molle, que les tuyaux du milieu éprouvent de la résistance à avancer, se ploient et font casser les rangées latérales. Si la terre est trop ferme, les files de côté se déchirent. MM. Blot et Leperdrieux ont employé en conséquence des rouleaux à gorge tournant chacun sous chaque file. Ils parviennent, disent-ils, à obtenir par les décharges horizontales des tuyaux de 0m.16 de diamètre intérieur.

CHAPITRE LXXII

Des sécateurs

Dès que l'on renonça aux moules pour la fabrication des tuiles et des briques, et qu'on imagina d'obtenir préalablement une bande de terre continue, les sécateurs mécaniques furent inventés. On a pu voir, par les figures ou par les descriptions des machines de Tweddale (chap. XXX, p. 215), de Terrasson-Fougères (chap. LX, p. 283), de Clayton (chap. X et XLII, p. 162 et 233), de Hatcher (chap. XII, p. 167), de Webster (chap. XIII, p. 168), d'Ainslie (chap. XIX, p. 181), de Porter (chap. LXVII, p. 295), que les divers systèmes employés pour effectuer une section droite, perpendiculairement aux largeurs des tuiles, des briques ou des tuyaux, consistent tous à faire passer à travers l'argile moulée des fils de fer ou de laiton tendus entre deux points d'attache, et qui se meuvent soit à la main, soit plus souvent mécaniquement. Dans ce dernier cas, ils sont placés dans des cadres qui reçoivent ou un mouvement de rotation autour d'une charnière, ou bien un mouvement de va-et-vient, soit verticalement de haut en bas, soit transversalement de droite à gauche et de gauche à droite. L'agencement le plus simple et le moins coûteux nous paraît le meilleur : c'est celui qui opère par un demi-mouvement de rotation, à la manière d'une porte qu'on ouvre ou ferme; il est adopté dans la petite machine que nous avons importée d'Allemagne et dans toutes les machines réellement pratiques (Schlosser, Whitehead, Virebent, etc.). Toutefois il est certain qu'il présente l'inconvénient de ne point couper droit dans les machines qui étirent sans aucun temps d'arrêt. La section des tuyaux est alors faite un peu obliquement, ce qui s'oppose à un bon ajustement bout à bout sur le terrain; tous les tuyaux ainsi faits doivent être placés dans des manchons dont nous donnerons plus loin le mode de fabrication.

Dans tous les cas, il résulte du passage du fil sécateur à travers les tuyaux des irrégularités, des espèces de barbes intérieures. Pour réparer l'orifice des tuyaux ainsi avariés, on se sert du doigt, ou mieux encore d'un petit mandrin représenté par la figure 145. Ce défaut n'est pas

Fig. 145. — Mandrin pour reformer l'orifice des tuyaux avariés.

le seul qui se présente; outre les crevasses que causent parfois les bulles d'air renfermées dans les caisses à piston, les tuyaux présentent des fentes dans toute leur longueur. Ces fentes proviennent des petites pierres arrêtées devant l'une des ouvertures des filières. On doit enlever ces pierres en se servant d'un petit crochet en gros fil de fer (fig. 146), qu'on introduit dans les filières pendant une courte suspension du mouvement des machines.

Fig. 146. — Crochet pour dégorger les filières.

Nous avons dit précédemment (chap. V, p. 144) que l'on avait imaginé de rendre les files des tuyaux mises au fond des tranchées de drainage plus solides en terminant les extrémités des tuyaux par des lignes courbes s'enchevêtrant les unes dans les autres. Ces tuyaux, dits à cannelures, ont été imaginés d'abord par feu M. Smith, de Deanston, qui exposa son appareil sécateur au concours de la Société des Highlands, en 1848, à Édinburgh. Quoique cet appareil ne soit pas très-employé dans la pratique, on peut dire cependant qu'il résout parfaitement le problème posé. Il est adapté à la fourchette qui sert à ôter les tuyaux de dessus la table à rouleaux, ou plutôt il remplace la fourchette elle-même. Chaque mandrin de cette fourchette est formé, dans l'appareil de M. Smith, d'un tube de cuivre creux d'environ 0m.025 de diamètre extérieur. A travers ce tube passe une tige qui peut s'y mouvoir d'un mouvement de rotation. Cette tige porte à son extrémité un petit trou dans lequel passe une aiguille qui d'abord est rentrée dans un petit disque qui termine le tube de cuivre de ce côté. Du côté de la poignée de la fourchette se trouve une petite manivelle qui sert à donner à la tige un mouvement de rotation et un mouvement d'oscillation. D'abord la tige est poussée de manière à faire sortir l'aiguille de sa gaîne et à la forcer à traverser l'argile qui forme l'épaisseur du tuyau; ensuite elle tourne sur elle-même, ce qui fait que l'aiguille produit une section droite; mais bientôt elle reçoit un mouvement d'avance ou de recul à l'aide d'une espèce de came. De la combinaison des deux mouvements de rotation et d'oscillation il résulte que l'aiguille découpe successivement les tuyaux suivant trois saillies ou trois dents qui s'engrènent exactement les unes dans les autres.

Une légère modification à l'invention de M. Smith a été brevetée en 1849 par M. Villiam Wilson, de Campbellfield, Glasgow. Elle consiste tout simplement à faire découper suivant une courbe convexe l'une des extrémités de chaque tuyau, et suivant une courbe concave l'autre extrémité, les deux courbes pouvant exactement s'enchevêtrer l'une dans l'autre. Cet effet s'obtient par un simple mouvement de rotation des tiges placées dans chaque mandrin de la fourchette, ce mouvement étant donné par une manivelle adaptée à une spirale faisant un tour complet.

Dans la description que nous avons faite de la machine de MM. Randell et Saunders, nous avons vu (chap. XXI, p. 192) qu'on peut donner aux fils des sécateurs ordinaires un mouvement d'oscillation tel qu'il en résulte très-facilement des cannelures. Ce mouvement d'oscillation est surtout facilement obtenu avec les sécateurs que l'on porte à la main le long des files de tuyaux sorties sur les tables à rouleaux, comme on peut voir que cela a lieu dans la machine de M. Hatcher, de Beneden (chap. XII, p. 167, fig. 76). M. John Todd, de Newfield Tilework, près de Kelmarnock, obtient le résultat voulu en guidant le fil sécateur, qui est vertical, de manière à le faire marcher d'abord perpendiculairemet à l'axe des tuyaux, puis dans le sens des arêtes, et de nouveau perpendiculairement à leur axe.

On comprend, sans que nous ayons besoin d'insister, combien on peut faire varier les dispositions de ce genre, qui ont toutes pour principe de laisser à l'un des tuyaux ce que l'on enlève à l'autre. Mais il est évident que, lors de la pose des tuyaux dans les tranchées, on rencontre, dans l'assemblage des tuyaux cannelés, des difficultés qui diminuent beaucoup l'importance de cette invention.

Dans la plupart des sécateurs ordinaires on fait passer deux fois le fil coupant à travers l'argile; il en résulte que quelquefois le fil ne repasse pas exactement dans la même entaille et qu'on a des saillies défectueuses. M. Lang, dont nous avons précédemment (chap. LXIV, p. 289) décrit la machine, ne fait passer qu'une fois le sécateur à travers les tuyaux, et coupe alternativement de bas en haut et de haut en bas. C'est là l'avantage des sécateurs qui tranchent sans tourner autour d'une charnière.

CHAPITRE LXXIII

Emploi de la vapeur pour l'étirage des tuyaux

Nous avons dit que les machines à étirer les tuyaux peuvent être mues à bras d'homme, par des manéges, ou enfin par des machines à vapeur.

La vapeur n'est guère employée que dans les fabriques montées sur une grande échelle, et alors elle fait marcher tout un ensemble de malaxeurs, d'appareils à cribler et de machines à étirer, qui prennent leurs mouvements spéciaux à l'aide de poulies et de courroies sans fin sur un même arbre de couche. Cependant la vapeur a été directement appliquée à faire marcher les pistons des machines à cylindres de M. Clayton. A Haine-Saint-Pierre, en Belgique, on a construit plusieurs appareils de ce genre. La vapeur arrive dans un cylindre spécial, tantôt au-dessus, tantôt au-dessous d'un piston à la tige duquel est attaché un autre piston qui entre et sort successivement dans les cylindres remplis de terre que l'on vient placer au-dessous. La vapeur agit ainsi directement, sans transmissions de mouvements multiples, comme dans les machines à river des grands ateliers de chaudronnerie ou de locomotives de chemin de fer.

CHAPITRE LXXIV

Comparaison, choix, achat et importation des machines à étirer les tuyaux

Le prix de l'étirage n'entre que pour un septième ou un dixième dans le prix de revient total des tuyaux; mais on ne peut juger de l'utilité réelle des machines à étirer d'après le faible chiffre qui représente la dépense du travail qu'elles produisent. En effet, elles effectuent une opération essentielle sans laquelle il n'y a pas de tuyaux : elles donnent la forme. Dans les tuileries et les briqueteries, on trouve des terres malaxées et convenablement préparées, des séchoirs, des fours à cuire ; il faut encore y apporter une machine à étirer, pour que les tuyaux soient. Cependant on verra qu'à la rigueur on peut faire des tuyaux à la main ; mais ces tuyaux sont défectueux, et nous n'en conseillons pas l'emploi.

L'influence des machines à fabriquer les tuyaux pour la propagation du drainage est donc beaucoup plus grande que ne semble l'indiquer le chiffre de la dépense de l'opération qu'elles effectuent. Il faut ajouter, avec M. Mangon (Rapport sur les machines de l'Exposition universelle de 1855), « qu'une mauvaise machine, qui se dérange à chaque instant, rend impossible une fabrication économique, et suffit souvent, ce qui est plus grave encore aujourd'hui, pour décourager un fabricant ou un propriétaire, lui faire abandonner la pensée d'entreprendre du drainage et ajourner quelquefois pour longtemps dans un pays les bienfaits de travaux importants d'assainissement. Une bonne machine, au contraire, facilite l'organisation des fabriques de tuyaux, et l'expérience apprend que, partout où l'on trouve des tuyaux, les cultivateurs des environs ne tardent pas à les utiliser. Aussi l'administration supérieure, persuadée avec raison que le principal encouragement au drainage consiste, quant à présent, répandre les machines à tuyaux, s'empresse-t-elle d'en distribuer un grand nombre dans les départements. Le perfectionnement des machines à tuyaux est intimement lié à la vulgarisation des procédés de drainage. »

Il est très-bien de donner des machines aux sociétés d'agriculture, d'en placer entre les mains des ingénieurs des ponts et chaussées, etc. Cependant il faut bien se garder de croire qu'on a fait faire de cette façon un très-grand pas à la question. L'initiative individuelle a une puissance dont l'action est d'une énergie qui fait des miracles, lorsqu'elle n'est pas étouffée dès sa naissance, et nous croyons qu'il s'est fondé plus de fabriques de tuyaux par la propre volonté de propriétaires, de fermiers, de tuiliers, que par l'envoi gouvernemental de machines. C'est pour les personnes qui ne sont pas sous l'impulsion directe de l'administration que nous avons rédigé ce chapitre. L'administration achète aujourd'hui les machines de M. Schlosser, et les fait essayer à l'école des ponts et chaussées avant de les expédier dans les départements; ce choix est très-bon, mais les motifs de la décision de l'administration en faveur de cette machine ne doivent pas nécessairement entraîner les particuliers. En outre, lorsqu'une fabrique possède déjà une machine de Schlosser envoyée par le gouvernement, elle peut avoir besoin de s'étendre, de varier ses opérations, et d'acheter de nouvelles machines. Faut-il qu'elle ait recours au même modèle? On voit que la question du choix de la machine ne peut être résolue par une décision administrative.

Les machines entre lesquelles on a à choisir, lorsqu'on veut établir une fabrique de tuyaux, sont nombreuses, comme on l'a vu par les descriptions que nous avons données. Et cependant nous n'avons pas cité tous les fabricants; nous n'avons pas indiqué toutes les inventions existantes; nous avons dû nous borner aux principales, quoiqu'il nous ait été impossible de ne pas faire quelques répétitions. M. Boyle cite encore, dans le mémoire auquel nous avons beaucoup emprunté pour la rédaction de plusieurs des chapitres de ce livre, les inventeurs suivants :

Richard Roe, Everton, Yorkshire, 1837;
James Forsyth, Lancaster, 1843;
Joseph Kirkland, Banbury, 1843;
Henry Holmes, Derby, 1844;
Richard Weller, Dorking, 1845;
John Anderson, Durham, 1845;
Ransomes, Ipswich, 1846;
William Swain, Hereford, 1846;
Thomas Martin, Deptford, 1847;
Brown, Northampton, 1849;
James Kean, Sunderland, 1849;
Gair, Auchterarder, 1848;
James Hart, Bermondsey, 1848;
William Brown, Nottingham, 1848;
Thomas Spencer, Prescot, 1848;
Blackwood et Gordon, Paisley, 1848;
Michael James Brown, Oundle, 1849;
W. Morris, Middlesex, 1849;
Grimsby, Oxford, 1849;
Roberts, Londres, 1849.

« Ces machines, dit M. Boyle, sont, les unes à piston, les autres à cylindres tournant, les autres à tonneau malaxeur; et elles ne se différencient que par des détails tout à fait secondaires. »

Les machines entre lesquelles on a à choisir, lorsqu'on veut établir une fabrique de tuyaux, sont, comme on voit, très-nombreuses. Cependant quelques considérations assez simples peuvent permettre de se décider rapidement sur le parti à prendre.

Pour comparer des machines à faire les tuyaux de drainage il faut s'enquérir :

1° De la manière dont elles épurent la terre;

2° De la quantité des tuyaux qu'elles fournissent dans le même temps;

3° De la force motrice employée;

4° Du prix des machines.

Aux différents concours de la Société d'Agriculture d'Angleterre, concours qui exercent de l'autre côté du détroit une si haute influence sur les progrès de la culture, sur le perfectionnement des instruments et sur l'amélioration des races d'animaux domestiques, les jurys ont eu soin de tenir compte de ces divers éléments de tout bon jugement. Nous allons rapporter succinctement les résultats de ces examens consciencieux; ils pourront servir en France, car nous sommes à l'époque où le drainage va prendre chez nous une véritable extension : c'est au moins ce que nous espérons.

Au concours de Norwich, tenu en 1849, l'essai devant le jury a donné les résultats suivants pour un travail fait, pendant 5 minutes, avec la même terre, que les fabricants avaient reçue à l'avance pour la préparer selon leur convenance (1) :

Noms.	Longueur des tuyaux. m.	Nombre de tuyaux étirés ayant 0m.03 de diam.	Hommes.	Enfants.	Cheval.	Prix. fr.
Whitehead..........	0.343	185	2	1	"	575
Scragg.............	0.330	134	2	"	"	550
Clayton (cylindres verticaux)...........	0.340	110	2	1	"	738
Williams...........	0.330	54	1	1	"	341
Ainslie (Thackeray)...	0.381	40	1	2	"	875
Franklin............	0.330	24	1	2	1	625

Le prix, consistant en 20 livres sterling, ou 500 fr., fut décerné à la machine de Whitehead.

(1) *Journal of the Royal agricultural Society of England*, t. X, p. 548.

Au concours tenu à Exeter en 1850 (1), après un examen de toutes les machines exposées, ainsi que cela a toujours lieu dans les concours, le jury désigna pour l'essai les cinq machines de Whitehead, Clayton, Scragg, Williams et Ainslie. Mais une première condition du concours étant que les machines épureraient la terre, la machine d'Ainslie, n'ayant aucun appareil destiné à cet usage, dut être repoussée.

Dans un essai dont la durée fut de 5 minutes, on obtint, pour l'épuration, les résultats suivants : les ouvertures de de la grille épuratrice de Clayton étaient circulaires; les grilles des autres machines étaient formées de barreaux en fer rond parallèles :

Noms.	Surface des orifices des grilles épuratrices.	Terre épurée.	Hommes.	Enfants.	Qualité du travail.
	mètre carré.	kil.			
Clayton.......	0.0275	324.6	2	2	très-bon.
Scragg.......	0.0346	268.3	2	"	id.
Whitehead....	0.0449	254.7	2	1	id.
Williams.....	0.0588	127.6	1	1	passable.

La machine Clayton s'est encore montrée supérieure à toutes les autres pour l'épuration des terres, lors de l'Exposition universelle de Londres, en 1851, ainsi que nous l'avons précédemment rapporté (2).

Ces machines furent admises ensuite à faire, durant 10 minutes, des tuyaux de $0^{m}.38$ de diamètre intérieur; elles donnèrent les résultats suivants :

Noms.	Longueur des tuyaux.	Diamètre des tuyaux.	Nombre des tuyaux étirés.	Hommes.	Enfants.	Qualité du travail.
	m.	m.				
Whitehead..	0.343	0.038	724	2	2	excellent.
Clayton.....	0.333	0.038	539	2	2	bon.
Scragg.....	0.343	0.042	350	2	"	bon.
Williams...	0.317	0.038	180	1	1	passable.

(1) *Ibid.*, t. XI, p, 476.
(2) Voir chap. VII, p. 153.

Les machines furent appelées à faire *des tuyaux d'un* diamètre considérable, 0m.229; on obtint en 5 minutes :

Noms.	Diamètre des tuyaux.	Longueur totale étirée.	Hommes.	Enfants.	Qualité du travail.
	m.	m.			
Clayton.......	0.216	5.94	2	1	bon.
Whitehead.....	0.241	2.69	1	1	assez bon.
Scragg........	0.229	1.98	2	〃	bon.

Comme la précédente machine de Whitehead n'était pas munie d'un appareil convenable pour couper des tuyaux aussi larges que ceux fabriqués, on soumit à un nouvel essai comparatif une petite machine de Whitehead et la machine verticale de Clayton. On obtint en 10 minutes les résultats suivants :

Noms.	Longueur des tuyaux.	Diamètre des tuyaux.	Nombre de tuyaux étirés.	Hommes.	Enfants.	Qualité du travail.
	m.	m.				
Clayton.....	0.343	0.083	195	2	1	très-bon.
Whitehead..	0.343	0.076	170	1	1	id.

Enfin, pour se rendre compte de la force motrice exigée par chaque machine, on fit, avec le dynanomètre, deux essais qui donnèrent les résultats suivants :

PREMIER ESSAI.

Noms.	Diamètre des tuyaux.	Longueur des tuyaux.	Tours de la manivelle.	Efforts sur la manivelle à charge pleine.	Efforts sur la manivelle à vide.	Qualité du travail.
	m.	m.		kil.	kil.	
Whitehead.	0.038	22.56	32	11.8	1.7	très-bon.
Clayton....	0.038	17.42	20	8.6	1.6	bon.
Scragg.....	0.042	21.87	37	10.4	1.7	très-bon.

DEUXIÈME ESSAI.

Noms.	Diamètre des tuyaux.	Longueur des tuyaux.	Tours de la manivelle.	Efforts sur la manivelle à charge pleine.	Efforts sur la manivelle à vide.	Qualité du travail.
Whitehead.	0.076	7.34	32.5	10.0	1.7	très-bon.
Clayton....	0.083	6.86	21	8.6	1.9	id.
Scragg.....	0.086	6.35	36	8.2	1.7	id.

De ces résultats on conclut, pour le travail moteur exigé dans ces trois machines afin de faire 1,000 bouts de tuyaux ayant 0m.343 de longueur, et environ pour diamètre intérieur 0m.038, les nombres suivants :

	Diamètre des tuyaux.	Travail moteur pour étirer 1000 tuyaux.	Prix des machines.
	m.	kilogrammètres.	fr.
Clayton.........	0.038	3,404	725
Whitehead......	0.038	5,814	700
Scragg..........	0.042	6,067	875

On comprend qu'après la constatation de pareils résultats le prix, consistant en 500 fr., a dû être décerné à la machine Clayton.

Nous ajouterons qu'il résulte d'expériences dynamométriques faites en 1850, au Conservatoire des Arts et Métiers de Paris, sur la machine Thackeray (importation de la machine Ainslie), que cette machine exige un travail moteur de 18.6 kilogrammètres pour produire 1 mètre de tuyau ayant 0m.038 de diamètre intérieur et 0m.045 de diamètre extérieur. Ces chiffres correspondent à un travail moteur de 6,380 kilogrammètres pour l'étirage de 1,000 bouts de tuyaux ayant chacun une longueur de 0m.343 et les autres dimensions ci-dessus.

En 1852, au concours tenu à Lewes par la Société royale d'Agriculture d'Angleterre, la machine de M. Scragg remporta le prix après un essai où furent engagées 4 machines. Le tableau suivant rend compte de cet essai :

Noms des machines.	Hommes employés.	Nombre de tours de la manivelle pendant lesquels la fabrication a eu lieu.	Diamètre intérieur des tuyaux.	Longueurs des tuyaux étirés.	Prix des machines.
			m.	m	fr.
Scragg.....	2	155	0.051	36.4	400
Williams...	2	155	0.057	22.1	420
Armitage...	2	155	0.051	18.4	350
Kearsby....	2	155	0.053	32.4	725

Au concours de Gloucester, en 1853, le prix fut remporté par la machine de M. Whitehead, après un essai où parurent trois machines. Les tableaux suivants rendent compte des expériences effectuées :

Nom des machines.	Durée de l'essai. minutes.	Pression sur la manivelle. kilogr.	Nombre de tours de la manivelle dynamométrique.	Longueur des tuyaux étirés. m.
Scragg......	5	11.3	122	53.2
Whitehead..	5	9.5	125	57.5
Williams....	5	6.2	114	32.6

	Travail moteur pour étirer 1.000 tuyaux de 0m.315 de long. kilogrammètres.	Nombre de tuyaux étirés.	Tuyaux défectueux.	Diamètre des tuyaux. m.	Prix des machines. fr.
Scragg.....	8,887	158	29	0.051	400
Whitehead.	6,909	175	5	0.051	525
Williams...	7,437	95	8	0.051	425

En 1854, au concours de Lincoln, c'est à la machine de Scragg que le prix fut décerné après un essai dont les éléments sont réunis dans les tableaux suivants :

Nom des machines.	Durée effective du travail. minutes.	Durée du remplissage des machines. minutes.	Tuyaux parfaits étirés.	Tuyaux imparfaits étirés.	Longueur de chaque tuyau. m.
Burgess et Key...	5	1 1/2	56	46	0.337
Scragg..........	5	2	220	14	0.343
Whitehead.....	5	1 1/2	227	34	0.337

	Longueur totale des tuyaux parfaits. m.	Longueur totale des tuyaux imparfaits. m.	Nombre de tours de la manivelle.	Pression sur la manivelle. kil.	Travail moteur pour étirer 1,000 bouts de 0m.315. kilogrammètres
Burgess et Key...	20.60	12.93	160	9.32	8,705
Scragg	76.05	4.80	160	7.70	5,224
Whitehead......	76.85	11.53	160	6.57	4,099

C'est à cause de la trop forte proportion de tuyaux défectueux fournis dans cette expérience par la machine de Whitehead que le prix fut décerné à la machine de Scragg. Ce jugement a été réformé en 1855; au concours tenu à Carlisle, la Société d'Agriculture d'Angleterre attribua le prix à la machine de Whitehead, après l'essai dont voici les pricipaux éléments. Deux machines seulement furent engagées, et on obtint ces résultats :

Nom des machines.	Longueur des tuyaux.	Nombre de tuyaux étirés.	Travail moteur pour étirer 1,000 tuyaux.
	m.	m.	kilogrammètres.
Scragg........	0.343	197.3	3,782
Whitehead....	0.343	197.5	3,703

On voit que, depuis que M. H. Clayton s'est retiré des concours de la Société royale d'Agriculture d'Angleterre, la victoire est restée sans conteste, et tour à tour, aux deux machines de M. Scragg et de M. Whitehead. Il y a toutefois lieu de remarquer que toujours les machines de M. Whitehead ont demandé un peu moins de travail moteur. Nous n'avons pas besoin d'avertir que, si les chiffres qui représentent la puissance motrice employée ont varié d'une année à l'autre, cela doit tenir particulièrement à ce qu'on n'a pas expérimenté sur la même terre, dont l'état exerce une grande influence sur la production des machines pour une dépense de force donnée. On comprend aussi que le diamètre des tuyaux change la quantité de travail à obtenir.

Les chiffres que l'on a sous les yeux ne concernent malheureusement qu'un nombre trop restreint de machines, ce qui diminue considérablement leur utilité directe pour les personnes qui, en France, veulent faire un choix entre toutes les machines connues. Ils serviront toutefois de renseignement important pour fixer les idées sur la puissance nécessaire pour étirer un certain nombre de tuyaux. Nous rappellerons, par exemple, qu'un homme faisant tourner une manivelle peut, dans huit heures de travail par jour, produire 172,800 kilogrammètres, c'est-à-dire l'effort suffisant pour étirer 25,000 à 30,000 tuyaux moyens, s'il n'y avait pas les pertes de temps nécessaires pour remplir les boîtes des machines à piston, pour couper et enlever les tuyaux, etc. La puissance motrice est donc très-mal employée dans les machines actuelles; on n'utilise pas le cinquième de ce qui est disponible.

Mais la considération de la force n'est pas, à beaucoup près, la seule sur laquelle nous avons à appeler l'attention. Au point de vue du principe de leur construction, les machines sanctionnées par la pratique se divisent : 1° en machines continues qui malaxent, criblent et étirent; 2° en machines continues qui ne malaxent pas; 3° en machines intermittentes.

Les premières machines ont pour types les machines d'Etheridge, de Franklin, de Porter (chap. XXXVI, XXXVII et LXVII, p. 221, 223 et 296, fig. 102, 103 et 133); elles fabriquent avec la terre naturelle ou avec les proportions convenables des divers matériaux propres à donner une bonne pâte de poterie, avant que ces matériaux ne soient ni mélangés ni broyés. Mais elles fournissent des produits généralement d'une qualité assez médiocre, à moins de coûter très-cher et d'être alors une combinaison de deux ou même de trois espèces de machines.

Les secondes machines, dont le type est la machine d'Ainslie, importée en France par M. Thackeray (chap. XIX et XX, p. 180 et 182, fig. 82, 83 et 84), fournissent de bons tuyaux, quand la terre a été convenablement préparée et que les cylindres de l'espèce de laminoir qui sert à pousser cette terre à travers les filières peuvent agir efficacement. Cette condition n'est pas toujours remplie; certaines terres, trop courtes, trop douces ou trop molles, échappent à cette action des cylindres et refusent de se laisser étirer, malgré les rainures dont M. Thackeray a armé les surfaces de ses cylindres. En outre, l'acheteur n'aura pas à se mouvoir entre de bien larges limites, car son choix se trouvera restreint entre la petite et la grande machine de M. Thackeray, et toutes deux sont d'un prix assez élevé, tant par elles-mêmes que par leurs accessoires. Mais, d'un autre côté, les tuyaux qu'elles fournissent, faits avec une terre bien préparée, purgée de toute espèce de matières étrangères, ayant une consistance suffisamment ferme, présentent peut-être l'avantage de sécher plus facilement sans donner lieu à autant de déchet, par suite des fissures causées par l'évaporation d'une forte proportion d'eau.

Les machines du troisième genre, c'est-à-dire à piston, peuvent travailler avec toute sorte de terre, courte, longue, douce, rugueuse, molle ou ferme; elles ne fournissent certes pas, dans tous les cas, des produits d'une égale qualité; mais, en s'en servant, le fabricant est sûr de toujours pouvoir employer les terres de sa localité, sans recherches délicates sur des proportions nécessaires à mélanger, afin d'arriver à mouler les tuyaux. Il y a cependant à faire remarquer que la plupart des machines à piston présentent une grande complication d'engrenages, qui ont certainement un but utile à un certain point de vue. En effet, avec un ou deux hommes tournant la manivelle, on obtient, par les transformations de mouvement que donnent ces engrenages, une très-grande puissance qui permet d'opérer sur une pâte très-ferme, et par conséquent d'employer très-peu d'eau, avantage important pour une dessiccation prompte et régulière et une cuisson rapide. Mais il arrive souvent qu'un obstacle se présente dans la filière, ou bien que, le piston étant arrivé au bout de sa course, les ouvriers placés à la manivelle n'entendent pas le signal d'arrêt; dans les deux cas ils continuent à tourner et font un effort plus grand pour vaincre la résistance présentée. Alors une ou deux dents cassent, et la machine se trouve hors de service. Le raccommodage n'est pas facile dans beaucoup de localités, et il s'ensuit des chômages forcés très-préjudiciables. Cet inconvénient grave, qui s'est présenté très-souvent, et contre lequel on a lutté en partie par des systèmes d'arrêt tels que celui de la machine Jordan (chap. XLVII, p. 245, fig. 113), ou par des dispositions spéciales de la crémaillère, telles que celles de la nouvelle machine de M. Whitehead (chap. LXIII, p. 236), nous fait attacher beaucoup de prix aux machines simples. Il est un nouveau motif pour que nous désirions le plein succès de la petite machine si peu coûteuse dont nous avons donné la description précédemment (chap. LXX, p. 305, fig. 142 et 143), et qui pourra être fabriquée par les ouvriers les moins habiles.

Pour bien apprécier les machines, il faut considérer aussi le mode de décharge des tuyaux. La direction de cette décharge est ou verticale, ou horizontale. Dans la plupart des machines habituelles, et notamment dans les plus estimées aujourd'hui, qu'elles soient continues ou intermittentes, la décharge est horizontale. Cette disposition n'offre des avantages que pour l'étirage des tuyaux de petites dimensions. En outre, elle permet d'armer les machines de filières convenables pour fabriquer également des briques de diverses formes, ce qui est un mérite dont on doit tenir grand compte. Mais s'il s'agit de fabriquer des tuyaux d'un fort calibre, ayant des diamètres de 0m.15 à 0m.20 et au-dessus, il n'en est plus de même. Le glissement sur les rouleaux des tables, même lorsque ces rouleaux présentent des courbures appropriées, selon le système de M. Vincent (chap. LXXI, p. 311, fig. 144), cause l'affaissement du cylindre étiré et une déformation à peu près irréparable. Les fabricants qui voudront faire des tuyaux d'un grand diamètre devront donc avoir recours aux machines à décharge verticale de Clayton, de Rouillier, de Franklin (chap. X, XXV et XXXVII, p. 161, 203 et 225, fig. 74, 97 et 104).

Nous ajouterons qu'en employant la décharge verticale on n'a pas à redouter les effets de l'air comprimé sous le piston. Cet air, en arrivant, entouré d'argile, au contact de l'atmosphère, fait éclater les parois de sa prison. Il en résulte un trou, et, par suite, un tuyau perdu dans les machines à décharge horizontale. Mais si on se sert d'une machine à décharge verticale, comme le mandrin est placé à l'avance dans le tuyau, l'ouvrier appuie avec le doigt et bouche immédiatement le trou formé lorsqu'une bulle d'air comprimé vient à éclater.

Il est indispensable pour beaucoup de terres de leur faire subir une préparation par le passage à travers une grille cribleuse, avant de s'en servir pour l'étirage. Toutes les machines ne sont pas propres à permettre cette opération, quoiqu'on ait dit d'une manière générale qu'il n'y avait qu'à remplacer la filière par un crible ou même à placer une grille en avant de la filière. Mais cela n'est guère praticable dans la plupart des machines, à cause de la difficulté d'enlever le gâteau pierreux amoncelé en avant de la plaque semée de trous qui effectue le criblage. Il n'y a guère que de très-grandes machines, comme celle de Porter (chap. LXVII, p. 295), coûtant très-cher, mue par une force très-considérable et présentant des dispositions tout à fait spéciales, qui permettent d'exécuter à la fois et l'épuration et l'étirage. Si on a une machine disposée de façon à ce qu'on puisse placer facilement une plaque épuratrice, comme sont les machines verticales de Clayton et de Rouillier, la machine de Schlosser et la nouvelle machine de Whitehead (chap. X, XXV, XLI et XLIII, p. 160, 201, 228 et 234), il convient d'épurer pendant une partie de la journée et d'étirer pendant le reste du temps. On peut aussi avoir une machine consacrée à l'épuration et une autre à l'étirage. Si on se résout à cette méthode, on peut avoir recours à un appareil d'épuration spécial, tel que celui de MM. Clamajeran et Roberty, ou à la machine de MM. Blot et Leperdrieux (chap. LXV et LXVI, p. 238 et 241). Nous avons dit que la machine à quarante francs (chap. LXX, p. 310) pourrait aussi devenir facilement une machine d'épuration très-commode.

Il faut compter, en général, pour un service actif et bien fait de l'étirage des tuyaux, un ouvrier chargeur, un ouvrier tournant la manivelle, un ouvrier coupeur, un ou deux enfants ou femmes pour porter les claies. Dans la machine verticale de Clayton, chez M. Lauret, il faut six hommes pour l'épuration et cinq hommes pour l'étirage et le rangement sur les claies. L'épuration, comme nous l'avons déjà dit, dure les deux tiers de la journée, et l'étirage l'autre tiers; on fait 2,500 à 3,000 tuyaux en moyenne. Ce nombre correspondrait à une fabrication de 7,500 à 9,000 pour une journée totale, si la terre était épurée par une seconde machine, c'est-à-dire de 1,250 à 1,500 tuyaux par ouvrier.

La plupart des fabricants regardent comme un maximum une fabrication de 1,000 bouts de tuyaux par jour et par homme. Dans ces rapprochements, il est bien entendu qu'on compte tous les ouvriers, et non pas seulement ceux qui tournent la manivelle et chargent la machine de terre; autrement on arrive aux conséquences les plus erronées. Il faut aussi avoir bien soin de ne comparer le travail des machines qu'indépendamment de la préparation de la terre. Dans des prospectus de marchands ou fabricants de machines, afin de favoriser certaines machines, on lit des comparaisons où on ne tient compte que des hommes qui tournent la manivelle, tandis que, pour les machines mises en regard, on a soin de supputer tous les ouvriers. Nous notons le fait, pour que nos lecteurs se tiennent en garde contre des promesses peu véridiques.

Nous pensons qu'avec les détails que nous avons donnés, en montrant, autant que nous avons pu, le pour et le contre de chaque parti à prendre, le lecteur pourra facilement se décider, d'après les conditions spéciales dans lesquelles il se trouve placé, pour telle ou telle machine. Il nous reste à donner les adresses mêmes des principaux fabricants de machines que nous connaissons; les voici à peu près par ordre d'ancienneté :

M. Calla, rue Chabrol, nº 20, à la Chapelle, près Paris. — Machine horizontale et à piston mue par une crémaillère (chap. XXIV, p. 198). Cette machine joint à un bon marché relatif une solidité suffisante, lorsque les crémaillères et les pignons sont en fer forgé.

M. Laurent, rue du Château-d'Eau, nº 26, à Paris. — Machines Williams, Scragg et Ainslie, de différents modèles.

M. Julien, à Henrichemont (Cher). — Machine imitée de la première machine de Whitehead.

M. Rouillier, à Chelles (Seine-et-Marne). — Machines verticales bien faites et bons malaxeurs (chap. XXV, p. 201).

L'usine de Fourchambault (Nièvre). — Machines à piston et à caisses horizontales.

L'École des Arts et Métiers d'Angers. — M. Beauregard, qui possède la briqueterie mécanique dite de la *Maison-Blanche*, à Louris, sur la route d'Orléans à Pithiviers, à

14 kilomètres d'Orléans, dit du bien de la machine que lui a fournie l'École des Arts et Métiers d'Angers ; elle a été faite sur un modèle vertical de Clayton que le Gouvernement a fait venir d'Angleterre ; elle a coûté 550 fr. avec cinq moules à tuyaux et un moule à briques. M. Beauregard pense que ce prix pourrait être diminué si l'on supprimait le système d'engrenage secondaire qui, dans la machine Clayton, sert à faire remonter le piston lorsqu'on veut remplir les cylindres de terre ; il pense aussi qu'on pourrait employer un mode meilleur et plus simple de couper les tuyaux.

M. Schlösser, rue de la Roquette, n° 51, à Paris. — Très-bonne machine à étirer les tuyaux, pouvant épurer facilement ; bons malaxeurs (chap. XLI, p. 228).

M. Bertin-Godot, rue de l'Hôtel-Dieu, à Soissons (Aisne). — Machine à levier (chap. XXVI, p. 204).

M. Brethon, serrurier-mécanicien à Tours, rue du Gazomètre. — Machine du système Franklin (chap. XXXVII, p. 222).

MM. Blot et Leperdrieux, à Pont-Carré, par Tournan (Seine-et-Marne). — Machine spéciale, convenable particulièrement pour l'épuration (chap. XLVI, p. 241). Broyeur, 120 à 200 fr. ; machine à épurer et à fabriquer les tuyaux, 575 fr. ; chaque filière additionnelle, 25 fr. ; tablier à rouleaux droits sans bassin, 35 fr. ; petit tablier à rouleaux à gorge et à bassin, 45 fr. ; chaque garniture de rouleaux à gorge pour le petit tablier, 15 fr. ; grand tablier à rouleaux à gorge et à bassin, 75 fr. ; chaque garniture de rouleaux à gorge pour le grand tablier, 35 fr.

MM. Raynaud et Cie, rue Fourbastard, n° 7, à Toulouse (Haute-Garonne). — Machine Virebent (chap. XVLIII, p. 246), fabriquant par jour, avec 3 ouvriers, 3,000 tuyaux de 0m.035 de diamètre et coûtant 400 fr., y compris trois filières de différents calibres, au choix des demandeurs, depuis 0m.020 jusqu'à 0m.100 de diamètre. Afin que les tuyaux d'un diamètre supérieur puissent servir de manchons à ceux d'un diamètre immédiatement inférieur, et qu'en outre les tuyaux puissent se placer les uns dans les autres pour diminuer le prix de la cuisson en économisant la place au four, MM. Raynaud et Cie ont établi deux jeux de filière ainsi qu'il suit : 1er jeu, 0m.020, 0m.042 et 0m.080 de calibre intérieur ; 2e jeu, 0m.035, 0m.062 et 0m.095. On pourrait, au besoin, ajouter au premier jeu une filière donnant des tuyaux de 0m.110 de diamètre intérieur.

M. Whitehead, à Preston (Angleterre). — Machine excellente, simple et à bras, nº 0, 370 fr.; simple et à bras, nº 1, 525 fr.; à double effet et à bras, nº 2, 700 fr.; appareil pour faire fonctionner la précédente à la vapeur, 135 fr.; chaque filière, 12 fr.; chaque fourchette pour emporter les tuyaux, 4f.50 à 12f.50; tablier pour les tuyaux de grand diamètre, 40 fr.; crible pour la machine nº 0, 29 fr.; crible pour les machines nos 1 et 2, 32 fr.; malaxeur, 250 à 350 fr.

M. H. Clayton, Atlas-Works, Upper-Park-place, Dorset-square, Londres. — Machine verticale à décharge verticale, 625 fr.; machine verticale à double décharge horizontale et verticale, 750 fr.; machine horizontale à double effet, nº 3, 700 fr.; machine horizontale à simple effet, nº 4, 525 fr.; machine horizontale à simple effet, nº 5, 362 fr.; machine horizontale à double effet, nº 6, pour les plus gros tuyaux, 1,000 fr.; malaxeur simple, 375 fr.; malaxeur et broyeur, 875 fr. à 1,875 fr.

M. Hochereau, directeur de la Société de Haine-Saint-Pierre, à Haine-Saint-Pierre, province du Hainaut (Belgique). — Machine verticale de Clayton avec tables et huit filières, 1,050 fr.; machine simple de Dovie (chap. XXVII,

p. 207), avec 8 filières, 600 fr.; machine double de Dovie, avec doubles tables et 16 filières, 750 fr.

Le lecteur a, nous le pensons, sous les yeux tous les renseignements utiles pour l'aider à faire son choix et ses achats. Il nous reste cependant à dire quels sont les droits d'entrée que payent les machines importées de l'étranger. A cette question qui nous a été souvent posée nous répondrons par quelques faits.

En 1849, un agriculteur ayant voulu introduire une machine Clayton, à décharge verticale, avec une collection d'outils, le tout d'une valeur de 900 fr., et pesant environ 1,000 kilogrammes, a dû payer à la douane 435 fr. Peut-être eût-il été bien alors que le Gouvernement, dans le but d'encourager le drainage, déchargeât de ce surcroît de dépense un homme qui, par son initiative, allait faire entrer l'agriculture française dans une voie où l'agriculture anglaise avait trouvé tant de bénéfices. Il n'en a rien été; au contraire, il a été dit alors qu'il n'y avait rien de nouveau dans l'idée de faire des tuyaux de poterie en poussant la terre à travers des moules avec un piston. Ainsi agissent trop souvent les bureaux des administrations publiques en France! On y prend des mesures contraires à l'intérêt général, opposées aux intentions mêmes de l'autorité supérieure, afin de se conformer à des règlements rédigés pour des circonstances qui ne sont plus.

Nous avons raconté précédemment comment nous avons été conduit à payer les droits de la machine que nous nommons *Machine à quarante francs* (chap. LXX, p. 309). Il nous reste à dire quelles ont été, dans cette occasion, les exigences de la douane, et à détailler tous les embarras que rencontrent les importations. Nous parlons pièces en main.

La machine, telle qu'elle avait été envoyée, était renfermée dans trois colis, pesant ensemble 37^{k}.50. La douane l'a classée parmi les appareils complets autres qu'à vapeur, taxés à 70f.70 les 100 kil., ce qui a donné :

Droits du tarif pour 37k.50..............	26f.52
Double décime de guerre................	5.32
Total....	31.84
A cela il faut ajouter un timbre de 0f.25 (les objets payant moins de 10 fr. acquittent seulement un droit de timbre de 0f.05); ci..............	0.25
La quittance porte sur.....	32.09

Mais la douane a exigé que je fisse faire un dessin de la machine; que, par conséquent, j'amenasse un dessinateur, et, en outre, que je servisse de caution à M. Hombourg, au nom duquel était fait l'envoi de la machine.

Il résulte de ces exigences que toute machine qui n'est pas envoyée accompagnée d'un dessin, et qu'on ne vient pas chercher avec une personne pouvant servir de caution solvable, doit entrer en entrepôt. Cette conséquence entraîne les frais suivants :

Déclaration et bulletin d'entrée à l'entrepôt..................	1f.50
Pouvoir en douane..	1.00
Droits de manutentions ordinaires..........................	1.00
Pesage...	0.50
Prime d'assurance..	1.00
Droit de visite (le dessinateur doit voir la machine)...........	0.75
Droit de sortie..	1.50
Total....................	7.25

Il faut ajouter que la machine paye plus ou moins de frais d'emmagasinage, selon qu'elle reste plus ou moins longtemps à l'entrepôt. Dans le cas actuel, on a fait payer 4f.15 pour 5 mois et 1/2.

Le dessin que demande la douane, et dont le prix a été de 20 fr., a pour but de permettre à une commission de révision de vérifier si le droit a été bien appliqué, et, dans le cas où le fisc trouverait qu'il n'a pas été demandé le taux maximum, la caution est responsable de l'excédant à payer.

N'a-t-on pas bien raison de dire que les douanes sont des barrières presque infranchissables pour les agriculteurs, dont le temps est si précieux et qui ne peuvent, durant cinq à six heures, courir de bureau en bureau pour recueillir jusqu'à 18 signatures avant d'entrer en possession d'une machine qui doit bien plutôt servir d'exemple à leur contrée que leur être directement profitable?

En restant dans la question du drainage, ne pouvons-nous pas conclure des faits précédents que les machines à étirer les tuyaux étant essentielles pour que le drainage, opération éminemment agricole, soit possible, on devrait ne leur faire payer que ce qu'on demande aux machines et instruments d'agriculture, c'est-à-dire 15 fr. pour 100 kilogrammes? Nous avons l'espoir que le récit que nous venons de faire amènera une réforme qui sera accueillie avec reconnaissance par l'agriculture.

CHAPITRE LXXV

Description d'une fabrique de tuyaux

L'emplacement d'une fabrique de tuyaux a son importance parce qu'il peut influer sur le prix de revient des produits. Il faut s'arranger de façon qu'on ait autant que possible sur les lieux les terres qui doivent servir à la fabrication. Il faut avoir de l'eau en quantité convenable pour humecter la pâte à pétrir. On fera bien aussi d'utiliser une roue hydraulique si on a un cours d'eau, car c'est la force motrice la plus économique. A défaut de roue hydraulique on devra employer un manége à un ou à deux chevaux, à un ou à deux bœufs, ou une machine à vapeur pour faire fonctionner le broyeur et le malaxeur, à moins qu'on n'opère sur une très-petite échelle; alors le marchage peut parfaitement suffire.

D'après ce que nous avons vu précédemment, la terre destinée à être transformée en tuyaux est apportée près de la machine qui doit la mouler. A ce moment même il est bon qu'elle soit épurée. L'épuration ne peut pas être faite à l'avance, parce que la terre sécherait inégalement, et que, placée ensuite dans la machine, elle fournirait des tuyaux qui se briseraient à coup sûr. Lorsque les tuyaux sortent de la machine, ils viennent d'être coupés à l'aide d'un fil de cuivre qui a agi perpendiculairement à leur longueur, et qui, par conséquent, a déchiré la pâte en produisant des aspérités intérieures, des espèces de barbes qui s'opposeraient à l'écoulement de l'eau. En outre, la terre a trop peu de consistance pour que l'on n'ait pas à craindre que les tuyaux ne cessent pas d'être parfaitement cylindriques, ne s'affaissent pas sur eux-mêmes en prenant une section plus ou moins elliptique. Pour éviter ces inconvénients, on procède à un *roulage* ou *rebattage*, quand une première dessiccation a eu lieu et a donné des produits déjà suffisamment résistants. Les tuyaux, après cette opération, peuvent être empilés pour achever de sécher, car on ne craint plus que des poids assez considérables les écrasent. Quand ils sont suffisamment secs, on les porte au four pour les transformer en une véritable poterie. Après le défournement, on peut les empiler dans toute espèce d'endroit couvert.

Une fabrique de tuyaux de drainage se composera donc, outre l'atelier des mélanges, quand ces mélanges seront nécessaires, de l'atelier de malaxage et de fabrication, du premier séchoir où on effectuera le roulage, du second sé-

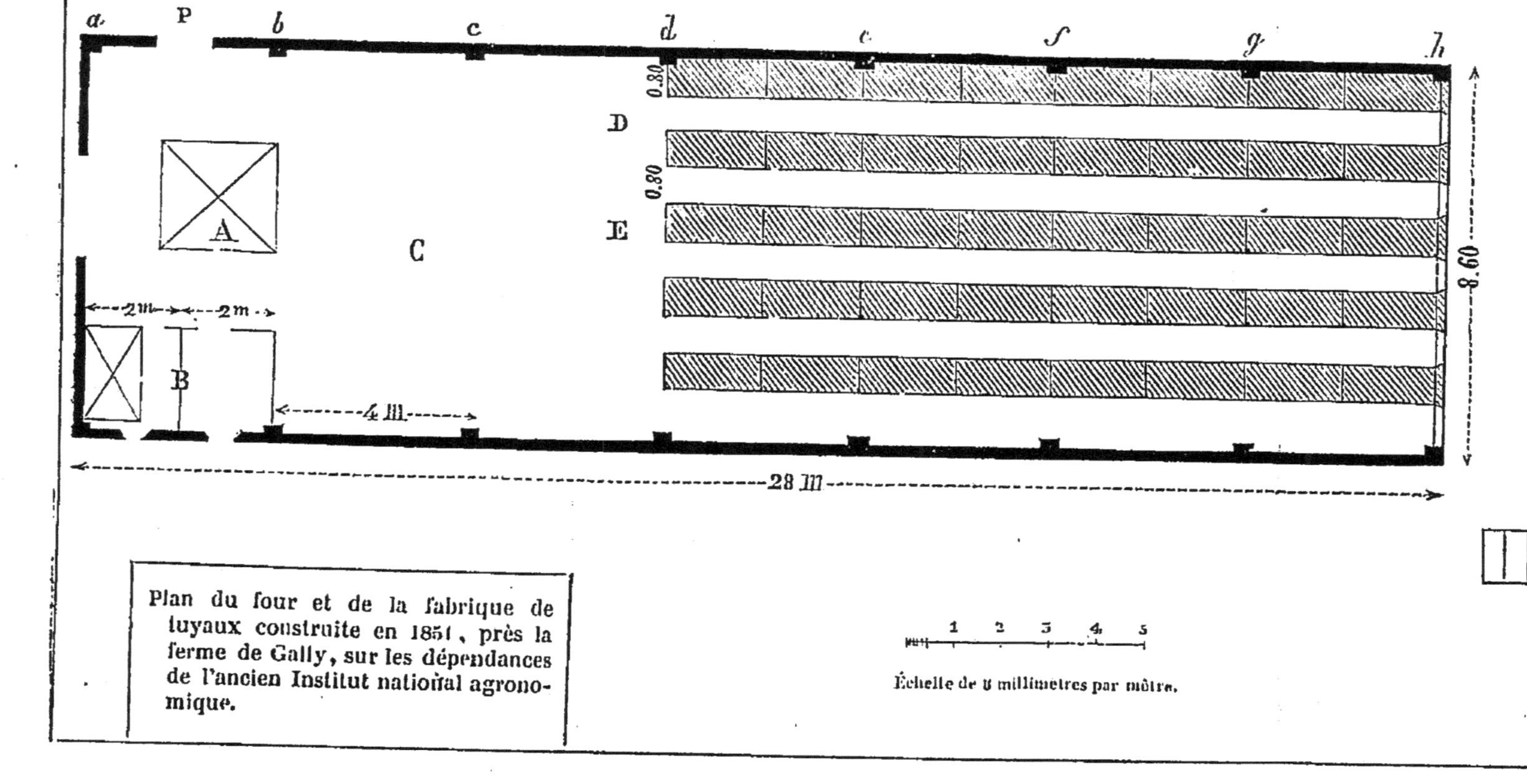

Plan du four et de la fabrique de tuyaux construite en 1851, près la ferme de Gally, sur les dépendances de l'ancien Institut national agronomique.

choir, du four. Il est important que ces diverses parties de *la fabrique soient* convenablement disposées les unes par rapport aux autres, de telle sorte que les différentes manipulations s'effectuent facilement, sans perte de temps, sans transports et sans main-d'œuvre inutiles.

Nous allons successivement donner plusieurs exemples de dispositions correspondant à des fabrications de diverses importances.

La planche I représente le plan de la fabrique de tuyaux qui avait été construite à l'Institut agronomique de Versailles, lorsqu'on comptait que cet établissement vivrait et que ses élèves devraient y apprendre la pratique du drainage, en même temps que la contrée y trouverait un exemple et pourrait y acheter des tuyaux. Cette fabrique était établie sur des proportions moyennes, mais peut-être plus vastes encore qu'il n'est convenable d'en conseiller l'exécution à des propriétaires ou à des agriculteurs. Nous n'en avons pas le devis très-détaillé, mais nous savons qu'elle avait coûté en masse la somme de 8,598 fr. 65 c. ainsi répartie :

Travaux de terrassement.....	1,105f.41
Maçonnerie................	3,353.31
Charpente..................	3,141.51
Serrurerie..................	360.49
Menuiserie..................	404.86
Zinc.......................	82.10
Peinture....................	150.97
Total................	8,598f.65

M. Lauret, géomètre-draineur à la Chapelle-Gauthier (Seine-et-Marne), est l'auteur du plan sur lequel la construction du four et de la fabrique a été exécutée.

Le bâtiment *a h* se compose de 7 travées de 4 mètres de longueur chacune; il a ainsi une longueur totale de

28 mètres; sa largeur est de 8m.60. Il est construit en bois sur poteaux, *a*, *b*, *c*, *d*, *e*, *f*, *g*, *h*, couvert en planches et clos en planches à claires voies. Dans la première travée se trouvent l'atelier, contenant la machine A pour étirer les tuyaux, et deux cabinets B pour coucher le contre-maître et serrer les outils et objets divers. Viennent ensuite deux travées libres C, disposées pour ranger les claies chargées de tuyaux sortant de l'étirage, et dans les 4 travées suivantes sont des casiers ou rayons E, de 0m.80 de large, pour recevoir deux rangs de tuyaux.

Ces casiers ont 2 mètres de long sur 2 mètres de haut; ils présentent ainsi un volume de $2 \times 2 \times 0^{m}.80 = 3.20$ mètres cubes, où on peut loger 2,400 petits tuyaux. Comme il y a 40 casiers semblables, on voit que le nombre total des tuyaux que peut recevoir le séchoir s'élève à 96,000; ce nombre est porté jusqu'à 115,000, parce que l'on empile les tuyaux secs vers les extrémités. Les 5 rangs de casiers E sont séparés d'ailleurs par 5 corridors D, larges de 0m.80, pour que les ouvriers puissent facilement empiler les tuyaux dans les cases et les conduire au four quand ils sont secs.

Le travail s'effectue progressivement de l'entrée de la fabrique en avançant vers la sortie située du côté du four. En P se trouve une porte par laquelle entre la terre mise en tas en F devant la porte. Cette terre, composée à Versailles de 3 parties d'argile verte et de 1 partie de terre franche, devait être mélangée avant l'hiver pour servir au printemps après avoir été améliorée par les gelées.

Les tuyaux secs sont portés au four, dont on aperçoit le plan de l'autre côté de la fabrique, non loin de l'endroit K, d'où s'extrait l'argile verte. En G on voit l'intérieur du four pris sous les arceaux et la bombarde; on descend par un escalier J en pierre dans la chambre H, ayant 2m.60

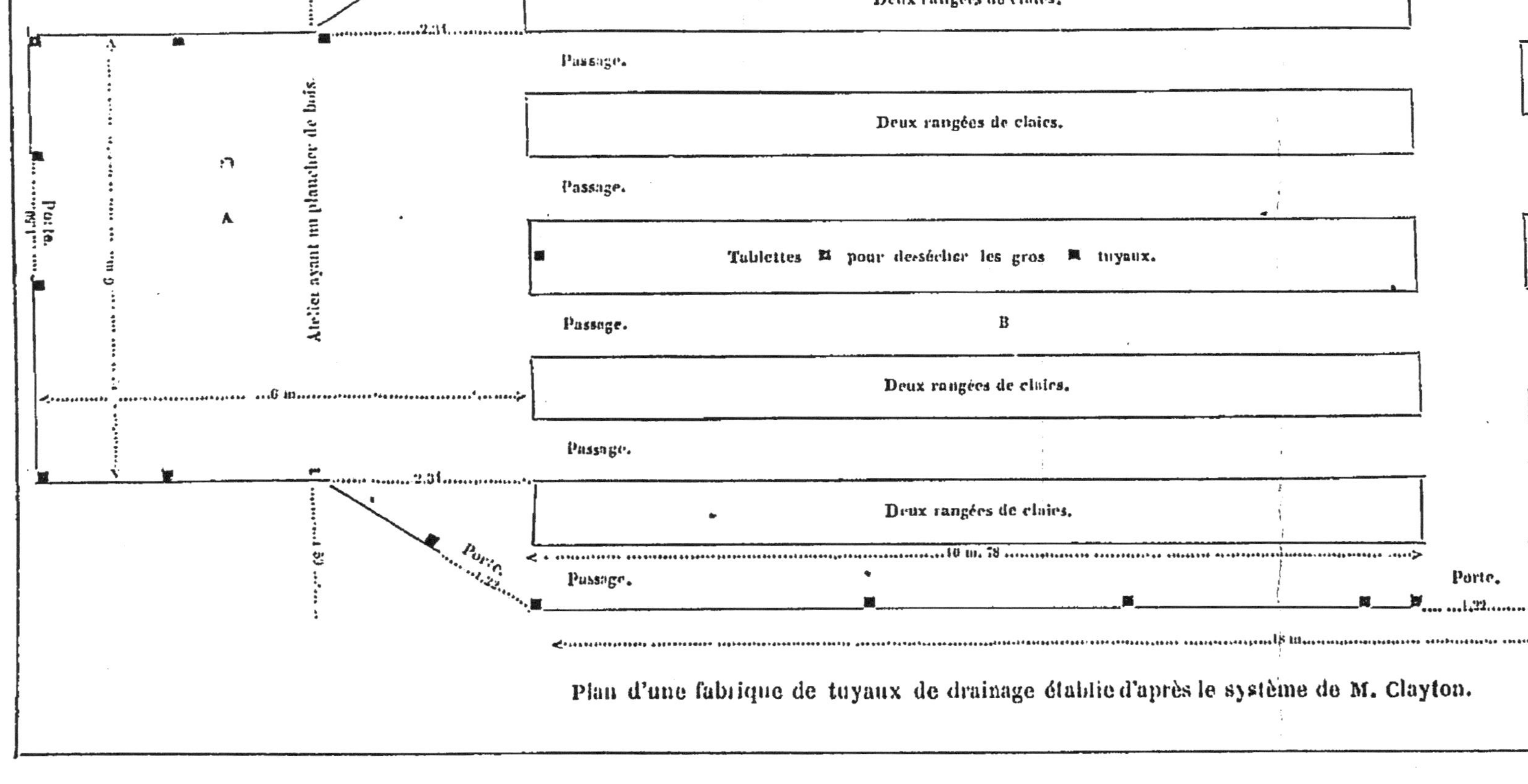

Plan d'une fabrique de tuyaux de drainage établie d'après le système de M. Clayton.

de profondeur, afin d'alimenter le foyer; durant l'entretien en grand feu, les ouvriers se tiennent dans l'endroit voûté I. On charge et décharge le four par la porte L, située en face du séchoir. Le four a les dimensions suivantes : 3m.50 de long sur 3m.20 de large et 3m.80 de hauteur; la capacité est de $3.50 \times 3.20 \times 3.80 = 42.56$ mètres cubes; il peut contenir 32,000 petits tuyaux. Dans les angles, les tuyaux ne cuisent pas suffisamment; on bouche ces angles par des briques placées en travers.

On peut, bien entendu, adopter des dispositions un peu différentes de celles que nous venons d'expliquer et que représente la planche I. Nous donnerons comme exemple très-simple et très-bon à imiter le plan de fabrique proposé par l'ingénieur anglais Clayton. La planche II représente le plan de l'usine. En avant se trouve l'atelier A de fabrication des tuyaux; plus loin on voit le séchoir, qui se compose de deux parties ou chambrées distinctes B et C.

La première chambrée B reçoit les claies chargées de

Fig. 147. — Claie portative de Clayton pour placer les tuyaux.

tuyaux. Ces claies en bois blanc, telles que les emploient M. Clayton en Angleterre et M. Lauret en France, ont la forme que représente la figure 147. Elles proviennent de l'assemblage de 4 tringles en bois non rabotées et clouées aux deux poignées; elles peuvent s'établir à 1 fr. chaque. Leur longueur est de 1 mètre et leur largeur de $0^m.37$; la hauteur de chacune des deux poignées est de $0^m.16$; l'épaisseur des tringles est de $0^m.03$. Quand on fabrique à l'aide de la machine verticale de Clayton, on enlève six tuyaux avec le mandrin, et on dépose sur les claies deux rangs horizontaux de tuyaux; chaque rang en reçoit 16, ce qui fait 32 tuyaux par claie. On place les claies les unes sur les autres au nombre de 7, ce qui fait une hauteur de $1^m.13$. On voit cette disposition représentée dans la fig. *a* de la planche III, qui donne une coupe du séchoir perpendiculairement à la longueur, et fait connaître les dispositions adoptées pour l'établissement des fermes en charpente. Ces fermes, posées à une hauteur de $1^m.82$ sur les piliers pour soutenir la toiture, sont à des distances de $3^m.60$. Des poteaux placés au milieu soutiennent le *tirant*; le poinçon a $2^m.28$ de haut. Les arbalétriers sont formés par de simples chevrons soutenus par des contre-fiches, et ayant $5^m.50$ de long.

Le nombre des claies qui peut tenir dans la longueur du séchoir ($10^m.88$) est de 10 sur 4 doubles rângées, ce qui fait, à 7 de hauteur, un total de 560 claies, pouvant porter 17,920 petits tuyaux. Des couloirs ayant $0^m.90$ de largeur séparent les rangées de claies chargées de tuyaux. Dans le milieu se trouvent placées des tablettes ou casiers à poste fixe pour faire sécher les tuyaux de plus grande dimension, ainsi que le montrent la planche II et la fig. *a* de la planche III.

On voit, d'après ces dispositions, que le travail consistera à faire passer les tuyaux, aussitôt après leur étirage par la machine, de l'atelier dans le séchoir. L'atelier a une largeur un peu moindre, mais une hauteur sous la char-

Fig. *a*. — Coupe transversale du séchoir Clayton.

Fig. *b*. — Coupe transversale de

Fig. *c*. — Élévation latérale de la fabrique de Mr Clayton pour étirer et dessécher les tuyaux de drainage.

pente plus grande que le séchoir. C'est ce que montre la fig. *b* de la planche III, donnant une coupe de l'atelier perpendiculairement à la longueur du bâtiment, et représentant par conséquent une ferme de charpente pour soutenir la toiture. On voit que la hauteur des piliers ou poteaux dans l'atelier est de 2m.60, celle du tirant 1m.50. La hauteur totale de l'atelier est du reste de 4m.10, c'est-à-dire la même que celle du séchoir. La largeur seule est moindre, 6 mètres au lieu de 9 mètres, ce qui dispense des poteaux du milieu.

La fig. *c* de la planche II, représentant une élévation latérale de toute l'usine, achève d'en donner une idée exacte et suffisante pour qu'on puisse la construire d'après les 4 dessins des planches II et III. On voit que le séchoir est suivi d'une seconde chambrée C. Comme cela est indiqué sur le plan (planche II), cette chambrée est destinée à empiler les uns sur les autres les tuyaux dont la pâte s'est déjà assez raffermie pour que l'on n'ait plus à craindre la déformation des tuyaux inférieurs par le poids des supérieurs, mais qui ne sont pas encore assez secs pour être portés au four. On les dispose comme cela est indiqué par la figure 148, en les appuyant contre des planches montantes constituant des sortes de casiers. D'après les dimensions des travées que dans le plan de l'usine (pl. II) on a disposées à cet effet, on a un volume de $6 \times 4 \times 0.92 \times 1.82 = 40.19$ mètres cubes, pouvant, à 750 par mètre cube, contenir 30,000 tuyaux. Ce n'est pas toujours suffisant pour la fabrication d'une machine de M. Clayton; aussi cet ingénieur fait-il maintenant porter à 12 mètres, au lieu de 6, la longueur de la seconde chambrée destinée à empiler les tuyaux dejà raffermis, sans changer la chambrée destinée aux claies.

Un corridor assez large de 1m.22 sépare les deux

chambrées B et C, et coupe transversalement les corridors longitudinaux qui séparent les piles de claies ou de tuyaux. Tous ces passages sont nécessaires pour les mou-

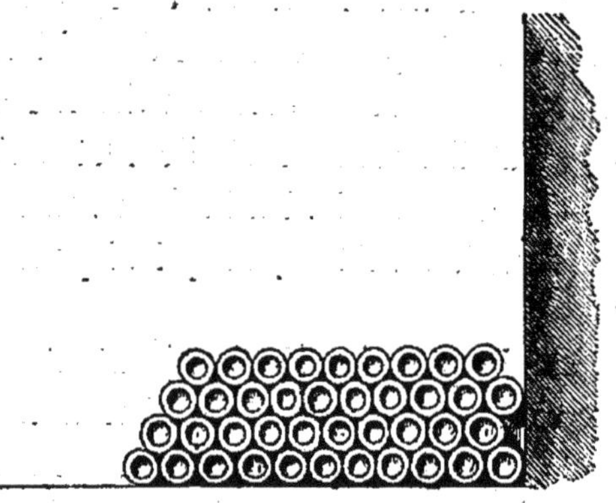

Fig. 148. — Tuyaux empilés en masse achevant de sécher.

vements des ouvriers, qui ont à soumettre les tuyaux à diverses manipulations dont nous allons parler. Peut-être, dans le plan du séchoir de Versailles (pl. I), les corridors, réduits à 0m.80, sont-ils un peu étroits; mais ils ont été établis sur ces dimensions pour ménager l'espace, qui n'est jamais trop considérable pour placer les tuyaux.

Il faut que, dans les deux parties du séchoir, l'air puisse facilement circuler; nous avons dit que, dans ce but, on pouvait clore par des planches à claires voies ou par des paillassons portatifs. Dans les localités exposées à de grands coups de vents, au lieu d'employer des planches, on peut donner plus de solidité à l'édifice en se servant de briques assemblées avec du plâtre de manière à laisser des jours, comme le représente la figure 149. Cette disposition est excellente; mais il y a plusieurs manières de la remplir, et il est bon de l'exécuter au plus bas prix de revient possible.

D'après les détails qui nous ont été fournis par M. Lauret, de la Chapelle-Gauthier, en employant des briques ayant 0m.21 de longueur, 0m.11 de hauteur et 0m.045 d'épaisseur, de la fabrique de M. Gareau, il faut, par mètre

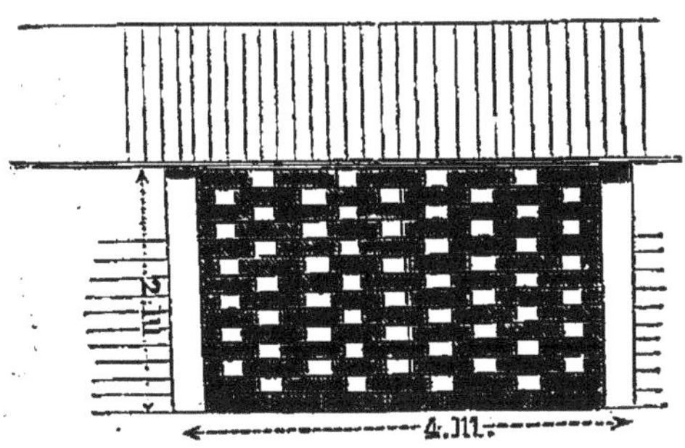

Fig. 149. — Vue latérale d'une travée de séchoir close avec des briques à jour.

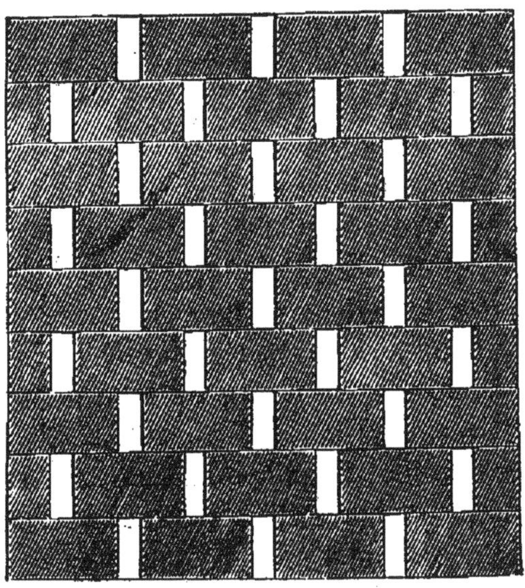

Fig. 150. — Mur à jour pour séchoir avec briques à section de rectangle.

carré, les briques étant posées de champ, 9 briques comme hauteur et 4 briques comme base (fig. 150), en tout 36 briques. Le nombre des jours est alors de 31, ayant chacun

$0.03 \times 0.11 = 0.0033$ mètre carré; ce qui donne, pour le passage de l'air à travers la muraille, du nord vers le midi, une surface de 0.023 mètre carré. Le prix du mètre superficiel de ce mur s'établit ainsi :

36 briques à 40 fr. le mille.......	1f.44
Plâtre et main-d'œuvre..........	0.51
Total...............	1.95

En employant des briques à section carrée, de la même fabrique de M. Gareau, on arrive aux résultats que représente la figure 151. Ces briques ont 0m.21 de longueur,

Fig. 151. — Mur à jour pour séchoir avec briques à section carrée.

0m.07 de hauteur et d'épaisseur. Il faut alors, par mètre superficiel, 3 briques et demie comme base et 14 briques en hauteur, c'est-à-dire en tout 49 briques. Le nombre des jours est de 42, ayant chacun une surface de $0.088 \times 0.07 = 0.0062$ mètre carré, ce qui donne pour le passage de l'air à travers la muraille, du nord vers le midi, une surface de $0.0062 \times 42 = 0.2604$ mètre carré, ou le double de ce qu'on obtient avec les briques précédentes. Le prix du mètre superficiel s'établit ainsi :

49 briques à 50 fr. le mille.......	2f.45
Plâtre et main-d'œuvre..........	0.60
Total.......	3.05

Ce prix n'est que d'un tiers plus élevé que le précédent, et donne un écoulement d'air qui s'élève au double.

Nous ajouterons, en terminant ce qui concerne l'établissement général d'une fabrique de tuyaux de drainage, qu'il n'est pas indispensable de faire la dépense d'un atelier aussi complet que celui que nous venons de décrire. On peut se contenter des premiers hangars venus et s'installer d'une façon tout à fait simple, s'il ne s'agit pas de procéder à une fabrication de plusieurs millions de bouts de tuyaux. Nous donnerons dans le chapitre suivant quelques détails à cet égard.

Dans les exemples précédents, les machines à étirer les tuyaux sont supposées fixes, et on transporte les claies au séchoir. Nous avons dit plusieurs fois que beaucoup de fabricants préfèrent conduire les machines le long des séchoirs, de manière à n'avoir pas à transporter les tuyaux à de longues distances. La figure 152 représente une disposition de ce genre adoptée par M. Mangon, pour l'usine que la Compagnie générale de Drainage et d'Irrigation, fondée par M. Liron d'Airoles, avait établie à Bavinckove, près Cassel (Nord). En A A A on voit trois fours placés en face de trois broyeurs B B B. Les ateliers d'étirage et les séchoirs C sont disposés de manière à présenter toutes les facilités possibles pour le service des machines circulant à travers les galeries, construites pour recevoir 2,000

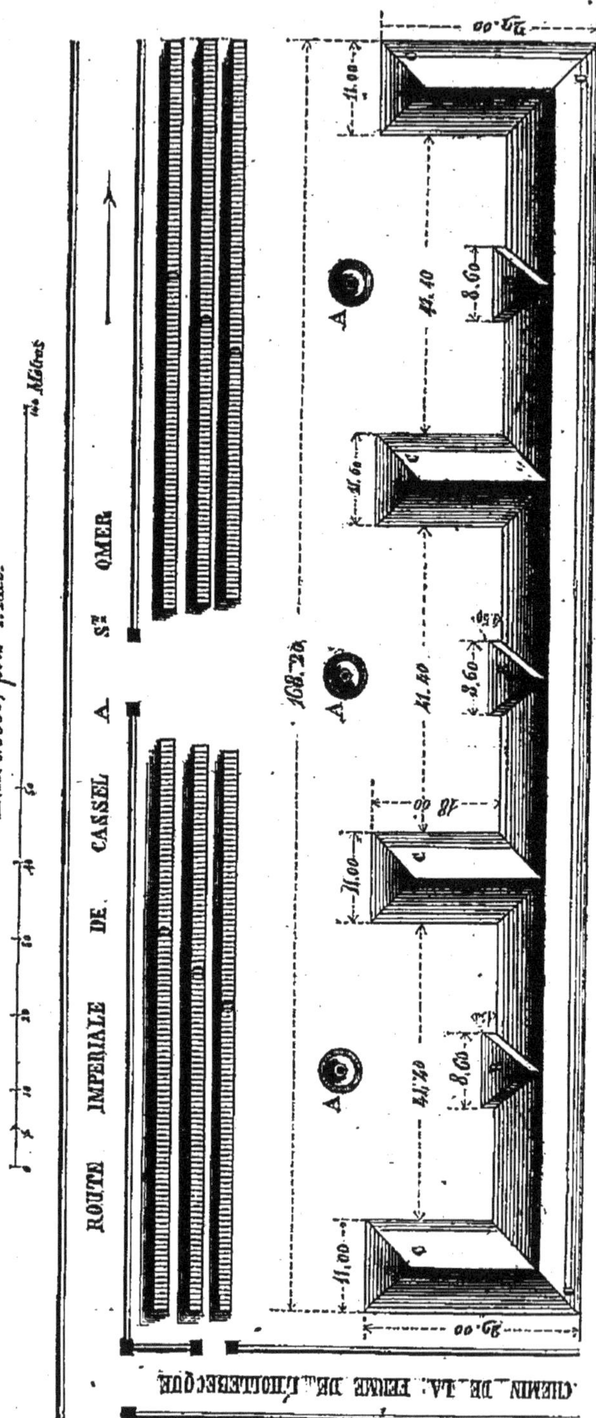

Fig. 152. — Plan de la fabrique établie par M. Hervé-Mangon, à Baxinckove (Nord).

tuyaux par mètre carré du bâtiment. Les tuyaux cuits sont entassés en D à leur sortie des fours.

Les tuyaux de drainage sont des produits encombrants et fragiles; pour ces deux raisons il est très-coûteux de leur faire subir de longs transports. Aussi un propriétaire qui a de 100 à 150 hectares à faire drainer peut-il, dans certains cas, trouver de l'économie à construire une petite fabrique passagère. MM. Blot et Leperdrieux ont établi plusieurs fabriques de cette espèce, en employant, bien entendu, leur système de fabrication, que nous avons fait connaître (chap. XLVI et LXXI, p. 241 et 312). Voici les devis des dépenses d'établissement que nous ont remis les fabricants, qui entreprennent la fabrication des tuyaux sur le terrain à forfait :

Fabrique faisant de 300,000 à 500,000 tuyaux, du 1er mars au 1er octobre.

	Fr.
1 broyeur	200
1 machine	575
5 filières additionnelles, à 25 fr. chaque	125
1 grand tablier	75
3 grandes garnitures de rouleaux, à 35 fr	105
4 fourchettes, à 3f.50	14
16 rouleaux à rouler, à 2 fr	32
2 tables à rouler, à 15 fr	30
2 grands seaux, à 3f.50	7
2 brouettes à civières, à 15 fr	30
1,000 petites claies, à 0f.50 chacune	500
500 grandes claies, à 0f.80	400
3,000 bouts de bois pour caler les tuyaux, à 15 fr. le 1,000	45
1 tablette à fabriquer les manchons	10
Pose du broyeur	20
Total du matériel	2,168
Four et halle pour séchoir	3,000
Total général	5,168

En faisant cette dépense on est outillé pour fabriquer durant dix années et obtenir en tout 4 millions de tuyaux.

Fabrique faisant de 700,000 *à* 1,000,000 *de tuyaux, du* 1er *mars au* 1er *octobre.*

	Fr.
1 broyeur	200
2 machines, à 575 fr. l'une	1,150
5 filières additionnelles, à 25 fr	125
1 grand tablier	75
1 petit tablier	45
1 grande garniture de rouleaux	35
3 petites garnitures de rouleaux, à 15 fr	45
4 fourchettes, à 3f.50	14
16 rouleaux à rouler, à 2 fr	32
2 tables à rouler, à 15 fr	30
2 grands seaux, à 3f.50	7
2 brouettes à civières, à 15 fr	30
1,000 petites claies, à 0f.50	500
500 grandes claies, à 0f.80	400
3,000 bouts de bois pour caler les tuyaux, à 15 fr. le 1,000	45
1 tablette à fabriquer les manchons	10
Pose du broyeur	20
Total pour le matériel	2,763
Four et halle pour séchoir	6,794
Total général	9,557

MM. Blot et Leperdrieux s'engagent à reprendre leur matériel, en lui faisant subir une réduction de 15 à 20 pour 100, si la fabrication s'arrête au bout d'un certain temps.

Comme exemple extrême, nous choisirons la fabrique de briques tubulaires et de tuyaux de drainage établie à Paris, rue de la Muette, nos 35 et 37, par M. Borie. L'atelier est mû par la vapeur; la cuisson s'effectue d'une manière continue à l'aide d'un four particulier que nous décrirons plus loin dans le chapitre LXXIX, et qui est représenté dans la planche IV; la dessiccation est activée par l'emploi de la chaleur perdue du four. La figure 153 donne une vue générale de cette usine. Voici la légende du dessin :

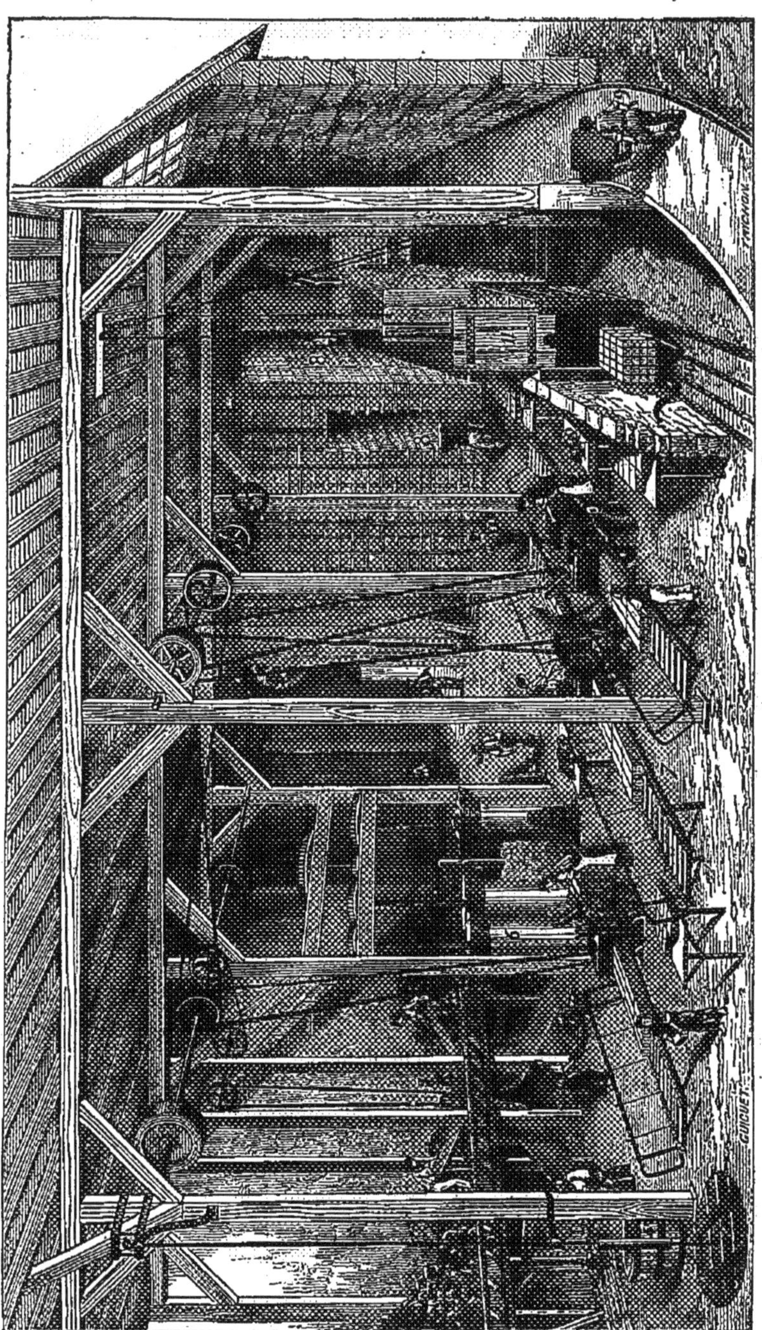

Fig. 157. — Vue de l'intérieur de la fabrique de M. Borie.

1. Mottes de terre prêtes à être découpées et apportées dans des brouettes.

2. Découpage de la terre par la machine dont la description est donnée dans le chapitre LIII (p. 266, fig. 126).

3. Bassins où tombe la terre découpée, afin d'être mise à tremper.

4. Pompe pour élever l'eau.

5. Puits où l'on prend l'eau tombant par un mince filet sur la terre pendant le découpage.

6. Malaxeurs de la terre retirée des bassins de trempage.

7. Machines spéciales à étirer, dont la description a été donnée dans le chap. LXIX (p. 302, fig. 137).

8. Séchoirs.

9. Chemin qui mène vers le haut du four les tuyaux ou les briques retirés du séchoir.

10. Wagon chargé de briques ou de tuyaux cuits, et sortant du four sur un chemin de fer.

11. Porte à coulisse pour fermer l'issue du four.

On voit que, par des communications de mouvement établies comme dans les grandes usines, le moteur fait marcher tous les organes de cette briqueterie conduite avec intelligence.

CHAPITRE LXXVI

Séchage

Les tuyaux étirés et coupés par les machines fixes sont placés, comme nous l'avons dit, sur des claies portatives en bois à claires-voies. La figure 147 précédemment décrite (1) donne la représentation exacte des claies imagi-

(1) Voir p. 341.

nées en Angleterre par M. Clayton, importées en France par M. Gareau et employées à la Chapelle-Gauthier par M. Lauret. Le prix de ces claies est de 1 franc. M. Gastelier, qui, en collaboration avec M. Armitage, avait commencé à fabriquer à Paris des tuyaux de drainage dès 1849, lorsque ce mode d'assainissement des terres n'était pas encore assez connu en France pour qu'un fabricant trouvât à vendre des tuyaux, et qui depuis a malheureusement renoncé à cette industrie, faisait ses claies d'une façon plus économique; leur prix n'était que de 0 fr. 25 c. La figure 154 en représente le plan; la lon-

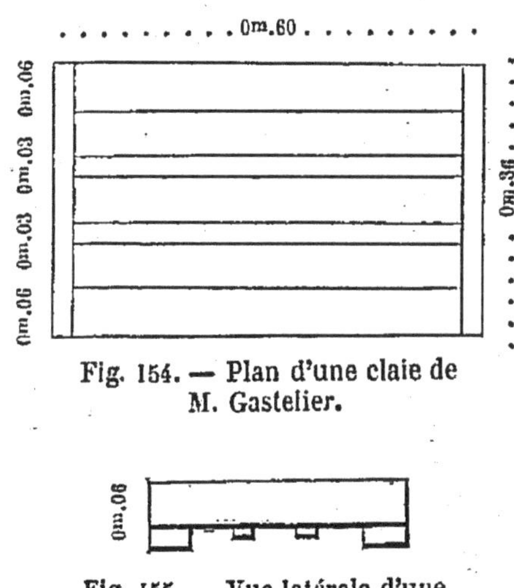

Fig. 154. — Plan d'une claie de M. Gastelier.

Fig. 155. — Vue latérale d'une claie de M. Gastelier.

gueur est de $0^m.60$, la largeur de $0^m.36$. Deux tringles de $0^m.06$ de large et $0^m.03$ d'épaisseur sont sur les deux côtés; deux tringles de $0^m.03$ en largeur et $0^m.015$ en épaisseur sont au milieu. Deux tringles de $0^m.36$ de long, $0^m.06$ de haut et $0^m.03$ d'épaisseur forment les poignées. Cette disposition s'aperçoit nettement par la figure 155, qui donne une élévation latérale de la claie, et par la figure 156, qui en fournit une vue en perspective. Ces claies, il est vrai, ne peuvent contenir que 9 à 10 tuyaux du petit modèle (0m.03 de diamètre intérieur).

Pour effectuer la première dessiccation qui précède le moment où les tuyaux sont assez fermes pour être empilés, on place les claies les unes au-dessus des autres dans

Fig. 156. — Claie de M. Gastelier vue en perspective.

la première chambrée du séchoir, et on peut ainsi en mettre jusqu'à sept, comme l'indique la figure *a* de la planche III, que nous avons donnée précédemment pour représenter une coupe du séchoir Clayton.

M. Gastelier superposait jusqu'à vingt de ses petites claies (fig. 157). Il n'avait pas de hangar, mais il opérait la

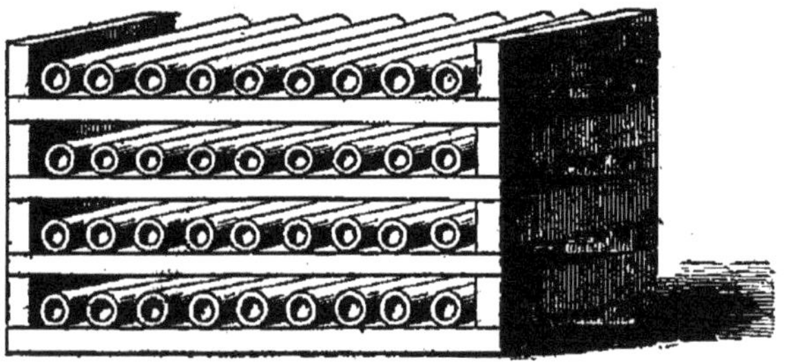

Fig. 157. — Claies superposées pour la dessiccation des tuyaux.

première dessiccation en plein air, en couvrant la claie supérieure, la vingtième, d'un petit toit qu'on aperçoit en coupe (fig. 158) et en perspective (fig. 159). La longueur est de 0m.70, l'écartement des planches à la base du toit est de 0m.48, et la largeur de ces planches de 0m.30.

En plaçant 9 petits tuyaux par claie, on met 180 tuyaux

sous chaque petit toit, et pour loger une fabrication de 5,000 tuyaux par jour, correspondant à 750,000 par cam-

Fig. 158. — Coupe du toit couvrant les claies superposées.

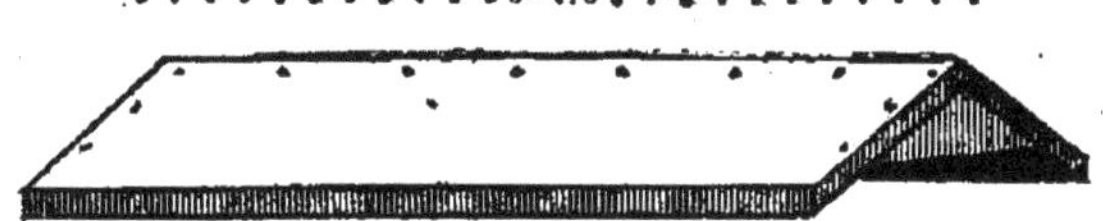

Fig. 159. — Toit recouvrant les claies superposées.

pagne de six mois, il faut 556 claies et 28 toits, ce qui donne une dépense de

556 claies à 0f.25............	139 fr.
28 toits à 0.50............	14
Total.............	153 fr.

Il faut doubler cette dépense et la porter à 306 fr., afin de pouvoir abriter une fabrication de deux jours, parce qu'on ne peut pas espérer d'avoir toujours des claies dégarnies au bout de vingt-quatre heures. Sur une longueur de 9 mètres, deux doubles rangées de claies abritent toute cette fabrication. La dépense doit être estimée un cinquième en sus pour les tuyaux de 0m.06 de diamètre intérieur.

Nous avons vu plus haut que MM. Blot et Leperdrieux portent à une dépense beaucoup plus élevée les claies qu'ils emploient dans leurs petites fabriques agricoles.

La première dessiccation des tuyaux peut certainement

s'effectuer sur une aire sablée, ou, quand le pays en possède, sur une aire en craie pulvérisée et battue qui absorberait l'humidité; mais pour les pays septentrionaux le séchage s'effectue mieux dans les claies.

Dans la fabrique de M. Rothschild, à Ferrières (Seine et-Marne), les claies chargées de tuyaux n'étaient pas portées au séchoir à bras d'homme, mais superposées sur un petit chariot amené devant la machine sur un petit chemin de fer. Dans le cas où on admet cette disposition le chemin de fer doit régner tout le long du séchoir, construit à claire-voie dans le genre des hangars que nous avons décrits précédemment (fig. 149) (1); le chariot chargé de claies, poussé par un enfant, est amené devant les tablettes sur lesquelles les claies sont déposées les unes au-dessus des autres. Au bout de vingt-quatre heures ou de quarante-huit heures, on procède à l'empilement sur d'autres tablettes, et les claies deviennent libres.

Dans la fabrique de M. de Rougé, au Charmel (Aisne), les tuyaux sont déposés dans des casiers en planches placés sur plusieurs rangs parallèles, couverts en planches, et abrités du côté de l'ouest contre la pluie à l'aide d'espèces de balais en genêt. Les choses sont installées avec le moins de luxe possible; en faisant cette observation, nous entendons faire, non le blâme, mais l'éloge de la fabrique de M. de Rougé. L'agriculture ne peut payer des frais luxueux.

Les tuyaux, pendant le premier moment de leur dessiccation, s'affaissent un peu, et perdent une partie de l'exactitude de leur forme cylindrique.

M. Vincent, de Lagny (Seine-et-Marne), empêche leur aplatissement pendant la dessiccation à l'aide d'étagères spéciales. Les rayons de ces étagères sont représentés par la

(1) Voir p. 345.

figure 160 en élévation longitudinale, et par la figure 161 en projection horizontale. On voit que ces rayons d'étagères sont formés de trois tringles en bois, longues de 1^{m}.50, et portant des échancrures en nombre égal à celui des tuyaux à supporter. D'un côté il y a 19 échancrures pour porter les petits tuyaux (0^{m}.045 de diamètre intérieur, et 0^{m}.070 de diamètre extérieur, à l'état frais). En dessous, les tringles n'ont que 16 échancrures, pour por-

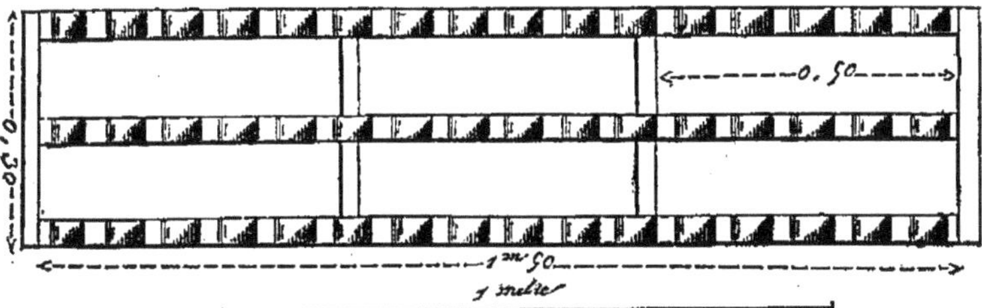

Échelle de 0^{m}.015 pour 1 mètre.
Fig. 160. — Élévation longitudinale d'une claie de M. Vincent.

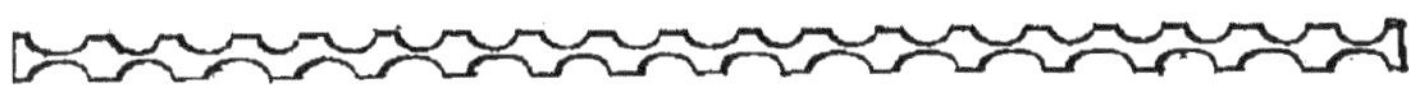

Fig. 161. — Projection horizontale d'une claie de M. Vincent.

ter, en retournant les rayons des étagères, les tuyaux d'un plus gros diamètre (0^{m}.06 intérieurement et 0^{m}.08 extérieurement). L'épaisseur des tringles de bois est de 0^{m}.035. Les rayons d'étagères, remplaçant les claies précédemment décrites, sont distants de 0^{m}.25. On en met 8 les uns au-dessus des autres, ce qui donne aux étagères une hauteur de 3 mètres. M. Vincent fait retourner de temps à autre les tuyaux sur les étagères, pour que le dessus devienne le dessous. Il supprime ainsi, dit-il, les frais du roulage des tuyaux.

Lorsque les machines à étirer les tuyaux sont locomobiles, de manière à être conduites le long des séchoirs, ceux-ci sont formés d'étagères à poste fixe qu'on établit sous des hangars construits très-simplement. Voici, d'après

M. Mangon (Instructions pratiques sur le Drainage), la description d'un système évidemment très-peu coûteux. «Les fermes, dit cet ingénieur, sont en planches de champ. Elles sont réunies par des voliges recouvertes d'un papier goudronné. Un pareil hangar ne revient pas à plus de 4 à 5 fr. le mètre carré et dure une douzaine d'années.

« Les étagères sont disposées sous ce hangar de ma-

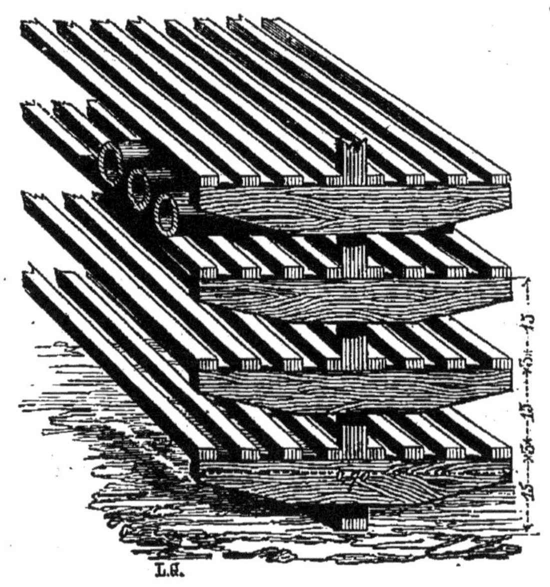

Fig. 162. — Vue d'une portion d'étagère de séchoir fixe.

nière à laisser entre elles un passage suffisant pour le transport des tuyaux. On fait avancer la machine au fur et à mesure du remplissage des étagères, pour que le transport des tuyaux fraîchement moulés soit le moindre possible.........

« Les séchoirs doivent être protégés du côté du vent par des nattes de paille, des toiles ou des panneaux de volige, que l'on déplace suivant le besoin et l'état d'avancement de la dessiccation.

« Pendant la sécheresse, on doit retourner de temps en temps les tuyaux, en les changeant de place. »

La figure 162 donne une idée exacte du mode d'établissement d'une étagère. De distance en distance, espacée de 1m.50 à 3 mètres, on enfonce dans le sol des pièces de bois verticales sur lesquelles on cloue, perpendiculairement à la direction ainsi tracée et à 0m.15 les unes des autres, des traverses ou potences longues de 0m.30, destinées à porter des lattes longitudinales. C'est sur ces lattes qu'on pose les tuyaux. On laisse un intervalle de 0m.80 entre chaque rangée. Une allée centrale permet à la machine à étirer de circuler dans le séchoir, qui présente l'aspect général que montre la figure 163.

Quelque simples et économiquement établis que soient les séchoirs, il est moins coûteux de placer les tuyaux, comme nous le disions plus haut, sur une aire sablée. C'est le parti que conseillent MM. Virebent, de Toulouse, et on comprend cette opinion de la part d'habitants du Midi, où les injures du temps sont bien moins redoutables que dans les autres régions, et où surtout la dessiccation est si prompte qu'il y a à prendre des précautions contre son excès. Voici les instructions que donnent MM. Virebent et que nous reproduisons pour les personnes qui exécutent du drainage dans le Midi; ces instructions sont particulièrement applicables au mode de travail qu'exige la machine à fabriquer les tuyaux de ces fabricants (chap. XLVIII, p. 246), mais elles seront facilement généralisées.

« Avant de mettre la machine en jeu, disent MM. Virebent, l'ouvrier prépare l'aire où doivent être placés les tubes. Il rendra le sol uni au moyen d'un rateau en bois. Il étendra une couche de terre de 0m.03 environ, afin que les tuyaux soient un peu calés en les déposant. On place

Fig. 163. — Vue d'un séchoir établi d'après le système de M. Mangon.

un cordeau à l'une des extrémités pour diriger le poseur dans la disposition du premier rang.

« L'ouvrier n° 3 viendra déposer les tuyaux avec une fourchette. Il place les tuyaux horizontalement et dégage avec précaution les dents de cette fourchette, qu'il échange avec l'ouvrier n° 2, qui est allé prendre une deuxième fourchette. Le n° 3 revient décharger celle-ci, et ainsi de suite. Le premier rang terminé, on en commence un second qui lui est juxtaposé. On laisse un intervalle de 0m.30 entre le premier rang et le troisième, et on opère ainsi successivement. Il faut avoir soin de mouiller légèrement les fourchettes pour faciliter leur entrée dans les tuyaux et leur dégagement après le posage.

« Les tuyaux doivent, autant que possible, être disposés dans un endroit abrité et garantis des vents trop forts, qui compromettraient leur bonne conservation. On place des abri-vents, des nattes, planches, fagots, etc., tout ce qu'on a sous la main, pour arriver à ce but ; l'essentiel est de ne pas trop hâter la dessiccation, qui doit être lente et progressive. Lorsque les tubes ont un peu pris (c'est-à-dire sont assez durs pour pouvoir être maniés), l'ouvrier passe dans les sentiers laissés entre les rangs et retourne les tuyaux, de manière que le dessous, que le sable a conservé frais, sèche à son tour. Il ne faut pas s'inquiéter de la courbure que présenteront les tuyaux en cet état ; la nouvelle disposition, opérant la dessiccation en dessus, les rendra droits.

« Lorsque les tuyaux paraîtront à peu près secs, on les relèvera de leur place ; s'ils paraissent un peu courbés, on les redressera en les frappant légèrement et en les tournant sur un plan uni. On pourra, au besoin, au moyen d'un mandrin conique, offrant la forme indiquée précédemment (fig. 145, p. 314), et ayant le diamètre des tubes, arrondir les orifices qui se seraient affaissés. On les place ensuite en tas jusqu'à ce qu'ils aient complété leur dessiccation.

« Un moyen de disposition plus simple existe encore : on peut placer les tuyaux verticalement et se touchant, de manière qu'en mettant le deuxième rang les tuyaux viennent garnir les vides produits par les tuyaux du premier rang. Ce mode de posage nous paraît profitable. Il est particulièrement praticable lorsque la pâte employée est siliceuse ou marneuse, les tuyaux offrant alors plus de résistance et de force. Une bonne préparation des terres, une ventilation bien ménagée, et surtout une expérience promptement acquise, épargneront une partie des moyens et des soins que nous devions toujours indiquer. »

Nous ajouterons aux explications qu'on vient de lire que le séchage debout doit être spécialement recommandé dans tous les climats pour les tuyaux de grand diamètre; il est pratiqué, près d'Orléans, par M. de Beauregard, pour tous les tuyaux.

CHAPITRE LXXVII

Roulage et rebattage

Ce n'est pas particulièrement à la perfection de l'extérieur des tuyaux qu'il faut tenir ; il faut surtout se préoccuper de l'intérieur, qui doit être parfaitement lisse pour permettre un facile écoulement des eaux du drainage. Le fil de fer ou de laiton qui coupe les tuyaux de longueur produit des bavures, des aspérités, qui sont de nature à présenter des obstacles à l'eau, à devenir des points d'attache pour les matières en suspension. On peut, il est vrai, faire disparaître ces bavures en passant le doigt ou un petit mandrin dans les deux extrémités des tuyaux frais ;

mais il est mieux, vingt-quatre ou quarante-huit heures après la fabrication, en sortant les tuyaux de dessus les claies et avant de les empiler dans la seconde chambre des séchoirs, de les soumettre au roulage.

Le roulage a pour but de donner beaucoup plus de régularité à la forme du tuyau et plus de fermeté à la pâte dont il est composé. Il s'opère en faisant tourner le tuyau sur lui-même entre une surface unie de bois ou de pierre et une planchette rectangulaire ayant à peu près 0m.50 de long et 0m.40 de large, garnie de deux poignées sur sa surface supérieure, ou bien à l'aide de cylindres en bois

Fig. 164. — Cylindre en bois pour rouler les tuyaux.

(fig. 164) dont on doit avoir un jeu en rapport avec les divers calibres de tuyaux qu'on fabrique. Nous préférons cette dernière méthode, par laquelle on répare à la fois l'extérieur et l'intérieur des tuyaux.

Pour faire cette opération, M. Lauret se sert d'une table (fig. 165) faite en beau sapin sans nœuds, longue de 1m.65, haute de 0m.82 et large de 0m.48. Deux ouvriers travaillent aux deux bouts; ils enfilent dans les tuyaux un mandrin ou rouleau de bois de 0m.60 de long, dont nous venons de parler; on choisit un mandrin ayant un diamètre un peu moindre que les tuyaux. Les ouvriers roulent ensuite deux ou trois fois les tuyaux sur la table en appuyant sur ces mandrins, comme on fait pour étendre de la pâtisserie.

Les tuyaux sont ainsi ramenés à une forme exactement cylindrique; ils sont parfaitement lisses intérieurement. Les ouvriers, chez M. Lauret, placent les tuyaux roulés dans une brouette représentée par la figure 166, et qui est très-commode pour transporter les tuyaux dans le séchoir ou du séchoir au four. Cette brouette, n'ayant que $0^{m}.38$

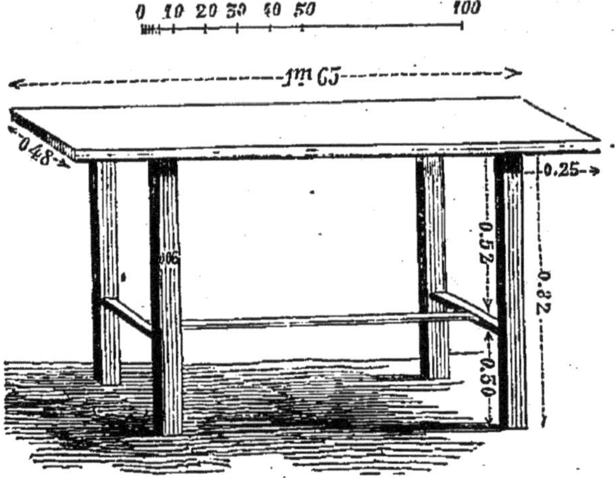

Fig. 165. — Table de M. Lauret pour rouler les tuyaux.

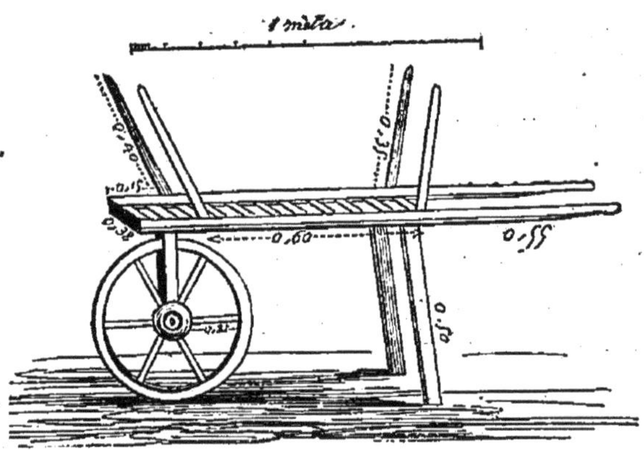

Fig. 166. — Brouette pour porter les tuyaux au séchoir et au four.

de large, peut facilement passer entre les casiers, distants de $0^{m}.80$, du séchoir (pl. I), et tout le travail est aisé, malgré le peu d'espace resté libre.

Dans la fabrique de M. Clayton, on se sert d'une table à

roulettes (fig. 167) pour rouler les tuyaux. *Cette table est munie* de deux poignées *a*, à l'aide desquelles on soulève les deux pieds de derrière pour faire avancer la table sur les deux roulettes de devant, et exécuter le travail du roulage dans les travées qui séparent les claies superposées dans la première chambrée du séchoir (pl. II). Une boîte placée en dessous de la table est destinée à placer les outils de l'ouvrier rouleur et du sable fin, qu'on jette sur la table pour empêcher ainsi l'adhérence de la terre des tuyaux

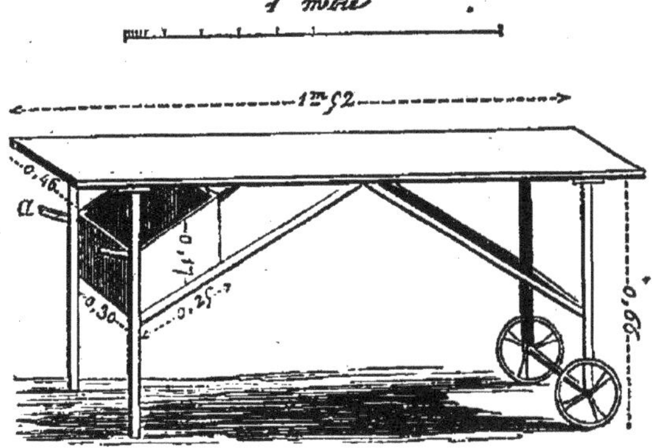

Fig. 167. — Table de M. Clayton pour rouler les tuyaux.

sur le bois. Les outils employés sont les rouleaux de divers calibres et une curette pour gratter la table.

Après le roulage, on entasse les tuyaux comme nous l'avons indiqué précédemment, si l'on juge toutefois que la dessiccation est assez avancée pour que le poids des tuyaux supérieurs ne produise pas l'affaissement des tuyaux inférieurs du tas.

Le roulage correspond, dans la fabrication des tuyaux, au rebattage dans la fabrication des briques et des tuiles. Ces deux fabrications ont naturellement les plus grands rapports, et pour les personnes qui les combineraient, comme nous conseillons fortement de le faire, nous ajouterons ici quelques détails pour ce qui concerne les briques. Nous avons dit précédemment (chap. LI et LII, p. 254 à 261) comment les ouvriers disposaient sur une aire plane les briques ou les tuiles fabriquées à la main et sorties des moules. « Quand les briques commencent à se raffermir, dit Brongniart (1), et que le temps est sûr, on les relève sur le côté dans la même place où elles étaient à plat; cela s'appelle les mettre de champ. Quand enfin elles ont pris assez de consistance pour se laisser transporter sans être déformées, on les pare, c'est-à-dire qu'on enlève avec un couteau les bavures du moule; on les met ensuite sur un banc et on les rebat sur toutes les faces avec une batte; puis on les place les uns sur les autres, de manière à en former une espèce de muraille à claire-voie pour qu'elles finissent de se sécher entièrement. Cette opération s'appelle les mettre en haie. Les haies sont en général composées de quatre rangées de briques sur l'épaisseur; la première rangée, ou la plus haute, est de 17 briques; la quatrième n'en a que 14. On évite, par ce moyen, l'avance de fonds considérable qu'on serait obligé de faire si l'on voulait les laisser sécher complétement sur le terrain, qui, dans ce cas, devrait être immense. Néanmoins, il faut des moyens de mettre les briques à l'abri des pluies abondantes qui les gâteraient entièrement. Dans la plupart des briqueteries, on place les briques à raffermir sous des hangars, surtout dans celles où, en raison des demandes et de la proximité des lieux d'écoulement, elles peuvent se vendre plus cher que dans la campagne; aussi tous les briquetiers des environs de Paris possèdent-ils ces grands abris ou hangars couverts. Faute de hangars, on cherche à les mettre à l'abri de la pluie et d'une dessiccation trop prompte en les couvrant

(1) *Traité des Arts céramiques*, t. I, p. 322.

avec des paillassons qui, portant dans les haies de la rangée la plus haute, forment une espèce de toit convenablement incliné. »

Pour les tuiles, on opère de la même façon ; lorsqu'elles ont acquis, par leur dessiccation sur l'aire d'étendage, la consistance nécessaire, un ouvrier placé à cheval sur un

Fig. 168. — Presse Clayton pour rebattre les tuiles et les briques.

banc les bat l'une après l'autre sur le plat et sur le tranchant, et les dispose ensuite en haie.

A l'Exposition universelle de Paris, en 1855, il y avait plusieurs presses pour le rebattage des tuiles et des briques pleines ou tubulaires. Nous décrirons succinctement celles de MM. Henri Clayton et Whitehead.

La presse de M. Clayton, placée sur une brouette JJK

(fig. 168), consiste en un levier A qui s'abaisse de lui-même, et que l'ouvrier relève en mettant un pied en L. Le levier, en se relevant, s'appuie en C sur une came B, qui fait que la brique s'enfonce dans la boîte G, tandis que le montant D s'abaisse et amène la pièce supérieure E, imprimant la marque Clayton, sur la face supérieure de la brique. Aussitôt la pression donnée, le levier s'abaisse,

Fig. 169. — Vue de la presse à briques de Whitehead.

tandis que le contre-poids H fait relever la brique. Des boîtes à huile, convenablement disposées, permettent aux surfaces frottantes de se lubrifier elles-mêmes. Cet appareil très-énergique coûte en Angleterre 425 fr.

La machine de M. Whitehead (fig. 169 et 170) est à peu près du même prix que celle de M. Clayton; elle coûte 420 fr., et chaque paire de porte-briques à ressort coûte en outre 19 fr. Elle se compose de deux caisses contiguës A A, dans lesquelles on met les briques, et dont les fonds sont formés de pistons rendus mobiles par deux crémaillères GG, conduites par un pignon F et soutenues par deux galets HH. L'un des pistons monte tandis que l'autre descend. Un couvercle B à charnière s'abat successivement sur chacun des compartiments AA, et se trouve loqueté

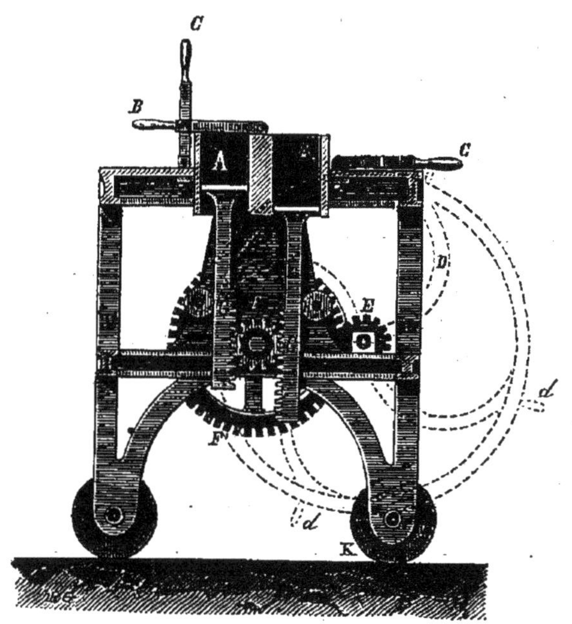

Fig. 170. — Coupe de la presse à briques de Whitehead.

par l'un des verrous CC. En agissant sur le volant D à l'aide des poignées *d d d*, l'ouvrier donne à la brique une plus grande pression, car ce volant fait tourner le pignon E', et, par suite, la roue dentée F', concentrique avec le pignon conducteur F. L'ouvrier a soin de mouiller les surfaces de la brique avec une éponge. Il conduit, du reste, facilement la presse le long du séchoir, car elle est placée sur un bâti II porté par des roues K. Pour que les briques ou les tuiles sortent des boîtes AA plus facilement, il est bon d'employer des appareils à ressort, qui tendent à les repousser en dehors après la pression et après l'ouverture des couvercles.

Les procédés de roulage que nous avons décrits plus haut permettent de résoudre le problème de la fabrication des tuyaux à la main, ainsi que nous l'avons annoncé précédemment (chap. L, p. 255). En effet, il suffit de saisir avec un mandrin les tuiles courbes moulées à la main (chap. LI), lorsqu'elles sont parvenues à un certain degré de dessiccation. En les roulant alors sur une table, on force les deux bords parallèles à se rapprocher, puis à se souder et à former enfin un tuyau à peu près cylindrique. Un ouvrier peut rouler ainsi environ 2,000 ou 3,000 tuiles par jour. Les tuyaux obtenus ne sont pas d'excellente qualité, mais ils peuvent servir au drainage, qui, à la rigueur, comme on voit, peut s'effectuer, sans dépenses de machines, absolument en tous lieux.

CHAPITRE LXXVIII

Fabrication des manchons, des soles plates et des tuyaux de raccordement

Nous avons dit que, pour assujettir les tuyaux bout à bout dans les tranchées de drainage, on les plaçait dans des manchons ou colliers (fig. 61, p. 144). Ces colliers ne sont pas autre chose que des bouts de tuyaux ayant 0m.08 de longueur environ et un diamètre intérieur un peu supérieur au diamètre extérieur des tuyaux posés au fond des tranchées. On fait ces colliers avec des tuyaux d'un numéro supérieur. On se sert pour cela d'un appareil inventé par M. Maughan, de Dudley. Il consiste en une planche rectangulaire (fig. 171), garnie de trois lames d'acier parallèles, faisant une saillie de 0m.003 (fig. 172). Ces trois lames sont distantes de 0m.008. On prend les tuyaux en partie séchés, et on les roule sur cette planche placée sur la table à rouler, après y avoir introduit un mandrin *c* (fig. 173),

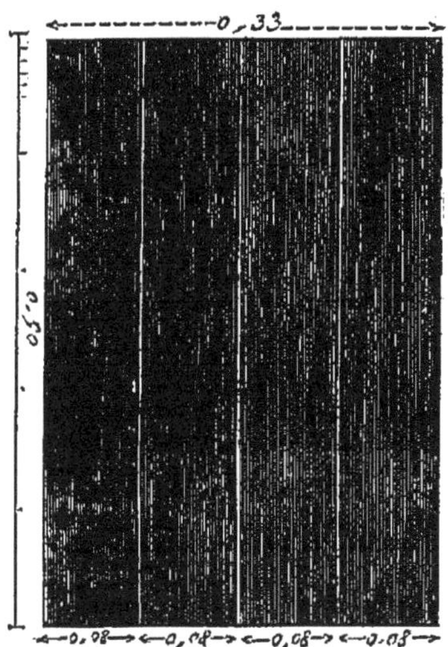

Fig. 171. — Plan de la planchette à faire les manchons.

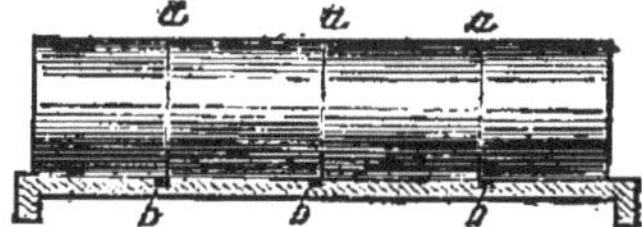

Fig. 172. — Coupe de la planche à fabriquer les manchons.

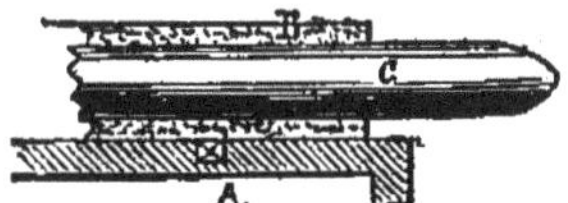

Fig. 173. — Explication de la coupe des manchons.

exactement comme pour le roulage décrit dans le chapitre précédent. Le tuyau se trouve ainsi divisé, par les rainures *ab*, *ab*, *ab*, en tronçons qui n'ont plus entre eux qu'une assez faible adhérence, mais qu'on ne sépare qu'après le séchage complet et la cuisson, qui s'opèrent comme pour les tuyaux ordinaires.

Nous avons vu (chap. V, p. 145) qu'on a proposé de faire en sorte que chaque tuyau portât, soudé à une de ses extrémités, le manchon devant servir à l'introductoin du tuyau consécutif. Nous avons déjà décrit l'appareil (chap. XXXI, p. 217) imaginé par M. Ford pour obtenir des tuyaux à emboîture ou renflement. Un appareil de ce genre (fig. 174) se trouvait à l'Exposition universelle de Paris, en 1855. Cette machine, fabriquée par M. White-

Fig. 174. — Machine de Whitehead pour mouler les manchons sur les tuyaux.

head, coûte 190 fr. Elle est locomobile; elle se compose, comme celle de M. Ford, d'un moule où l'on met le tuyau déjà sec; on introduit ensuite dans l'intérieur de ce tuyau un mandrin ayant exactement la forme qu'on veut obtenir; en pressant à l'aide d'un levier, on force la pâte du tuyau à se renfler en s'appuyant contre les parois du moule. La machine se règle d'ailleurs selon les longueurs des tuyaux dont il s'agit de mouler en manchon une extrémité.

Au moment où les tuyaux sont arrivés à l'état de dessiccation convenable pour le roulage, on peut aussi faire des cannelures à leurs extrémités, afin d'obtenir leur enchevêtrement sans employer de colliers. C'est ce qu'a eu l'idée de faire M. Vallace, de Turriff, comté d'Aberdeen. Il emploie à cet effet, pour rouler les tuyaux, un mandrin muni d'un sécateur analogue à celui dont M. Smith, de Deanston, a muni les fourchettes à emporter les tuyaux (chap. LXXII, p. 315). On découpe les cannelures après avoir fait rouler trois ou quatre fois le tuyau sur la table à rouler. On obtient ainsi de meilleurs résultats qu'en opérant sur les tuyaux frais.

Au lieu d'employer des manchons entiers, on peut se servir de demi-manchons ou couvre-joints, qu'on pose simplement sur les tuyaux déjà mis bout à bout au fond des tranchées. On obtient ces couvre-joints comme les manchons eux-mêmes. Après avoir roulé un tuyau sur la table à lames coupantes dont nous avons donné tout à l'heure la description, ce qui fournira quatre manchons après la cuisson de ce tuyau, on fait deux fentes longitudinales et diamétralement opposées, en n'entamant encore qu'à moitié l'épaisseur de la pâte. Lorsque le tuyau sera cuit, on obtiendra par de faibles efforts, en en cassant avec la main, huit demi-manchons.

M. Boyle a imaginé d'obtenir par un procédé analogue quatre semelles pour tuiles courbes avec une seule de ces tuiles. Il opère le moulage, comme nous l'avons décrit précédemment (chap. LI, p. 255), en employant simplement un mandrin triangulaire à la place d'un mandrin courbe. La tuile moulée à plat, étant placée sur le mandrin, forme une véritable toiture en se rabattant sur les deux faces du mandrin; avec un petit couteau, l'aide qui porte au séchoir, avant d'enlever le mandrin, coupe à moitié chacune des deux faces de la tuile faîtière obtenue. Après la cuisson de cette tuile on la casse avec la main, et on obtient quatre semelles bien meilleures que celles séchées et cuites à plat ou placées verticalement côte à côte.

C'est aussi au moment de la demi-dessiccation des tuyaux qu'on les manipule quelquefois pour obtenir des tuyaux de raccordement des petits drains dans les drains collecteurs. Pour cela on courbe légèrement à la main quelques tuyaux qu'on destine à former l'extrémité des lignes se déversant dans la ligne principale. On fait aussi des entailles elliptiques ou circulaires au milieu d'un certain nombre de gros tuyaux pour pouvoir y faire déboucher les petits tuyaux. Mais la plupart des draineurs préfèrent ne faire les raccordements que sur le terrain même, avec des tuyaux ordinaires qu'ils entaillent alors convenablement. On ne peut pas, en effet, prévoir à l'avance exactement le nombre des raccordements à effectuer, et acheter à la fabrique tous les tuyaux spéciaux nécessaires pour les produire ; il faut donc toujours en faire au moment de la pose dans les tranchées.

CHAPITRE LXXIX

Fours à cuire les tuyaux

La cuisson des tuyaux a une double importance, provenant de la grande part qu'elle prend dans le prix de revient des tuyaux et de l'influence considérable qu'elle exerce sur la qualité des produits. On ne s'est généralement pas assez occupé de cette opération de la fabrication, à laquelle nous croyons devoir donner, en conséquence, des développements suffisants pour guider les personnes qui voudront établir des tuyauteries.

Avant d'entrer dans la description des principaux fours qu'on peut employer, et d'indiquer les ingénieuses inventions qui ont été faites pour rendre la cuisson plus rapide et plus économique, nous donnerons, à l'exemple de Brongniart, quelques définitions de mots techniques; nous ne devons pas oublier que nous écrivons surtout pour des agriculteurs, qui ne connaissent pas l'industrie céramique.

Dans un four on distingue quatre parties principales : le foyer, la bouche, le laboratoire et la cheminée. Le foyer est le lieu où se place le combustible, quel qu'il soit. La bouche est la partie par laquelle est aspiré l'air nécessaire à la combustion. Le laboratoire est le lieu où se placent les objets qu'il s'agit de cuire; les parois du laboratoire s'appellent la chemise. La cheminée est le chemin que suivent les gaz échauffés pour se rendre au dehors après avoir produit leur effet. Souvent il n'y a pas de cheminée spéciale; elle se confond alors avec le laboratoire. Pour faire communiquer la cheminée et le foyer, il y a pour les gaz des conduits qu'on appelle des carneaux. Les gaz quelquefois ne traversent pas le laboratoire avant de se rendre dans la cheminée, qui est alors dite immédiate. Lorsque le foyer n'est pas placé au-dessous du laboratoire et de la cheminée, mais qu'il se trouve situé latéralement avec la bouche, on dit que le four est à alandier. L'axe du tirage est la direction que suivent les gaz échauffés pour se rendre du foyer à la cheminée; cet axe peut être vertical, incliné ou horizontal. Pour que le tirage s'effectue, il faut toujours que les gaz s'échappent dans la cheminée à une température supérieure à celle de l'air ambiant. Cette nécessité entraîne une perte de chaleur que l'on cherche à réduire autant que possible en augmentant le parcours que doivent suivre les gaz de la combustion, de manière à ce qu'ils ne sortent qu'avec le moins de calorique possible.

Les tuyaux de drainage doivent subir une assez haute température pour perdre, quoiqu'on ne les vernisse

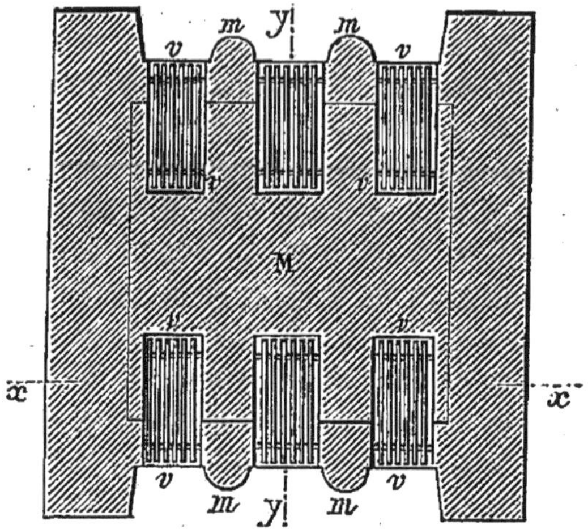

Fig. 175. — Four de Saint-Meuge (plan).

Fig. 176. — Four de Saint-Meuge (coupe suivant la ligne xx du plan).

pas, presque toute porosité. Après leur cuisson, s'ils sont de bonne qualité, ils doivent rendre, quand on les frappe l'un contre l'autre, le son clair et argentin d'une bonne cloche. Pour obtenir de pareils résultats, on peut employer les fours des briqueteries ou des tuileries, lorsqu'ils donnent une température assez égale et assez élevée. Il est des fours à briques qui sont excellents pour la cuisson des tuyaux : tel est le four de Saint-Meuge (Vosges), que l'on trouve décrit dans l'*Atlas du Mineur et du Métallurgiste* (1850, p. 23, pl. XXII) et dans l'Atlas du *Traité des Arts céramiques* de Brongniart (p. 42, pl. XV).

La figure 175 donne le plan de ce four à la hauteur des grilles; la figure 176 en représente la coupe suivant la ligne *x x* du plan; et la figure 177, la coupe dans un sens perpendiculaire, suivant la ligne *y y*.

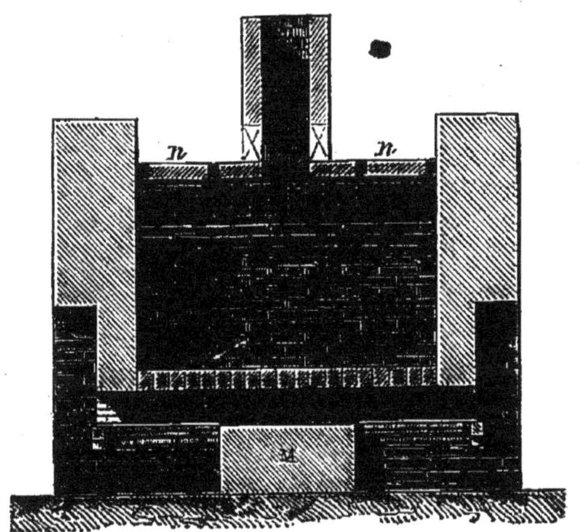

Fig. 177. — Four de Saint-Meuge (coupe suivant la ligne *yy* du plan).

Les grilles *g*, au nombre de six, sont placées, trois à trois, de chaque côté d'un massif M. Elles sont supportées par des arçeaux *v v*, qui s'appuient en outre sur de petits murs *m* montant jusqu'à la hauteur des grilles, et séparent celles-ci. Les cendres du combustible, qui peut être ici de la houille, tombent dans les cendriers S. On place les tuyaux verticalement sur des voûtes faites en briques, qui forment berceau au-dessus des foyers, et qui laissent des interstices pour la circulation de la flamme. Le four est recouvert d'une voûte *n n*, en berceau, qui supporte au milieu la cheminée T.

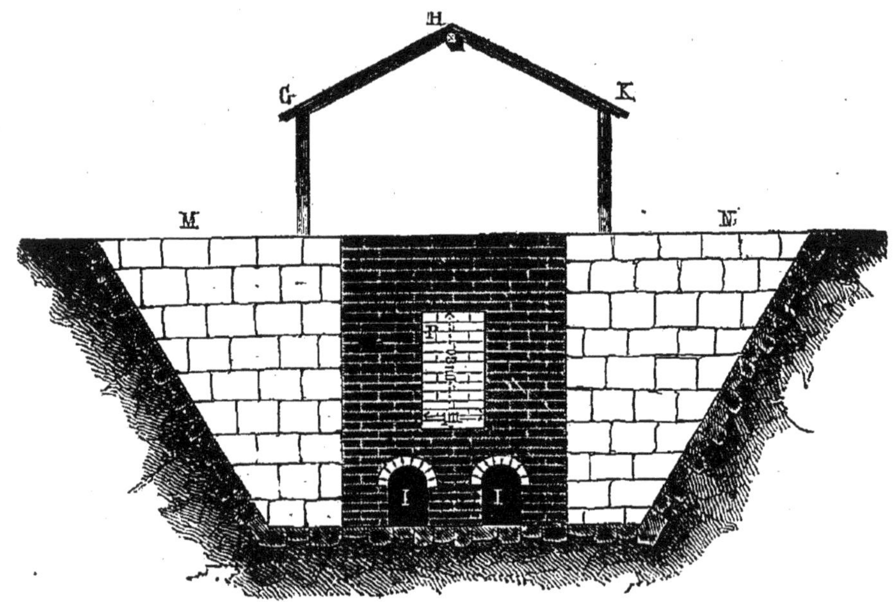

Fig. 178. — Four de M. Vincent (élévation).

Le laboratoire d'un pareil four a pour dimensions $2^{m}.30$ en hauteur, $3^{m}.80$ en largeur, et 4 mètres en profondeur; sa capacité est de 34.96 mètres cubes; il peut, en conséquence, contenir, à 750 par mètre cube, 26,000 petits tuyaux. C'est la contenance ordinaire de tous les fours que l'on construit pour la cuisson des tuyaux de drainage. Nous avons vu précédemment, lors de la description de la fabrique établie à l'ancien Institut agronomique (1), que le four

(1) Voir page 341.

qu'on y avait construit sur les plans de M. Lauret pouvait contenir 32,000 petits tuyaux.

Dans la fabrique établie à Lagny (Seine-et-Marne) par M. Vincent dès 1850, le four a 3 mètres en tous sens; sa capacité est de 27 mètres cubes; il peut contenir de 20,000 à 25,000 petits tuyaux. Les figures 178 et 179 en donnent, l'une le plan au-dessus des voûtes, l'autre l'élévation sui-

Fig. 179. — Four de M. Vincent (plan).

vant la ligne AB du plan. Les voûtes sur lesquelles sont placés les tuyaux sont construites en briques; on pourrait y employer des pierres calcaires, comme cela se fait dans les fours de la fabrique de Saint-Meuge, que nous venons de décrire, et on aurait ainsi de la chaux à chaque fournée. Il est bien entendu qu'on laisse des interstices pour le passage des gaz. Le combustible employé par M. Vincent est la houille; il est placé dans les deux foyers I.

Le four est appuyé sur trois faces CD, CE et DF, contre de la terre; la face d'entrée seule en B est libre. Il résulte de cette disposition une économie dans la construction des murailles. Le four n'a pas de cheminée, et il est ouvert à l'air libre; seulement un toit léger GHK, porté par des poteaux convenables sur le sol supérieur MN, le protége contre la pluie. Une porte P, que l'on ferme par un mur léger en briques, permet l'enfournement et le défournement. Le prix de construction d'un pareil four est de 1,000 fr. environ. Pour la cuisson d'une fournée de 25,000 petits tuyaux, il faut, en moyenne, 18 jours ainsi répartis :

Enfournement...........	2 jours.
Petit feu...............	8 —
Grand feu..............	2 —
Refroidissement.........	4 —
Défournement...........	2 —
Total...........	18 jours.

Le grand feu doit être poussé jusqu'à une chaleur presque blanche.

Les deux fours que nous avons vus dans la fabrique de M. de Rothschild, à Ferrières, sont chauffés au bois, chacun à l'aide de trois foyers. Ils sont circulaires et ont 4 mètres de hauteur, ainsi que 4 mètres de diamètre; ce qui donne une capacité de 50 mètres cubes. Ils reçoivent par fournée 25,000 tuiles et 32,000 petits tuyaux. Les foyers sont séparés les uns des autres par des murs en briques de $0^m.80$ d'épaisseur, et les gaz de la combustion circulent dans 36 carneaux sous la sole du four. La durée du chauffage est d'un mois, temps considérable qui s'explique parce que l'on enfourne peut-être trop vert, c'est-à-dire avant que la dessiccation soit suffisamment avancée. Les fours sont voûtés, mais ils n'ont pas de cheminée; des ouvertures rangées circulairement laissent échapper les gaz. Ces fours sont établis en plein air, sans aucun abri contre la pluie et les injures du temps. Il doit se faire une grande perte de chaleur, et la cuisson doit être peu économique. Chaque four exige par fournée 350 fr. de combustible.

En Angleterre, M. Clayton établit ses fours, ainsi que l'indiquent les trois figures 180, 181 et 182, complétement en briques.

La figure 180 en représente le plan. Il y a six foyers A, placés sur deux rangs opposés. Les foyers opposés sont séparés par des murs transversaux. Les trois foyers d'une seule rangée sont en outre séparés par deux murs en briques D, de 0m.53 d'épaisseur. Ces murs sont reliés par des briques qui les maintiennent et qui supportent en outre les lits de briques qui forment les carneaux où circule la flamme. Les murs d'enceinte B ont 1m.07 d'épaisseur, et ils sont soutenus latéralement par quatre contre-forts C, et aux quatre angles par quatre autres contre-forts K. Des chambres sont ménagées en E, en avant et en arrière, pour les chauffeurs.

Une voûte recouvre le four, ce qui se reconnaît par la figure 181, qui donne une élévation du côté des foyers. En *g* sont les grilles, en M les foyers, et en A les cendriers. Les barres de fer de soutènement se voient en *h*. On aperçoit aussi nettement les murs de séparation D, le mur d'enceinte B, et les contre-forts des angles K.

Deux assises de briques, reposant sur les voûtes, laissent onze carneaux pour la circulation de la flamme. Au-dessus, une nouvelle assise *a* est mise de champ dans le bas de la largeur du four; puis viennent l'assise *b* dans le sens de la longueur, l'assise *c* en diagonale, l'assise *d*, où les briques placées à plat sont presque en contact les unes avec les autres, et constituent le lit T du four.

La figure 182 donne une élévation latérale dans le sens de

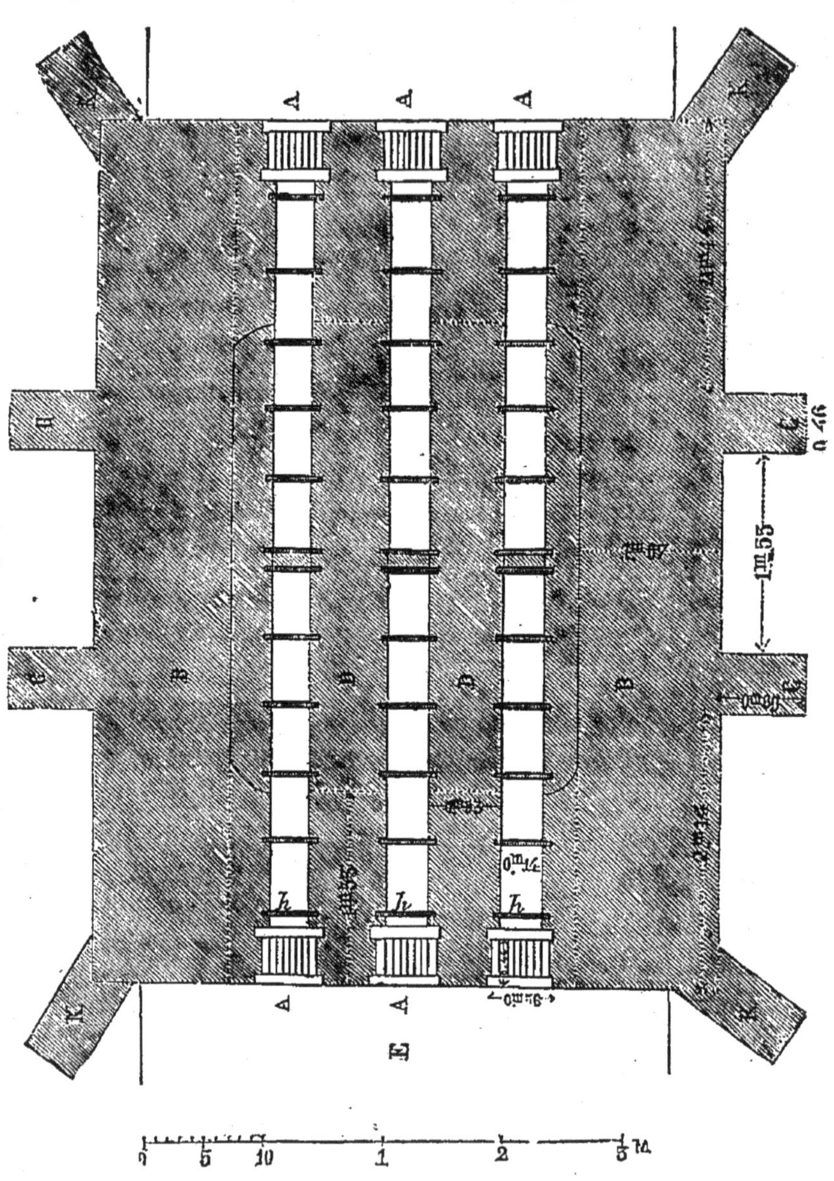

Echelle de 0m.013 par mètre, pour les figures 180, 181 et 182.

Fig. 180. — Four Clayton (plan).

la longueur du four Clayton. On aperçoit en C deux contre-forts latéraux, en K deux contre-forts d'angle, en B le mur de clôture. On voit aussi les ouvertures pratiquées dans la voûte, pour la sortie des gaz. En P se trouve l'une des deux portes de chargement et de déchargement.

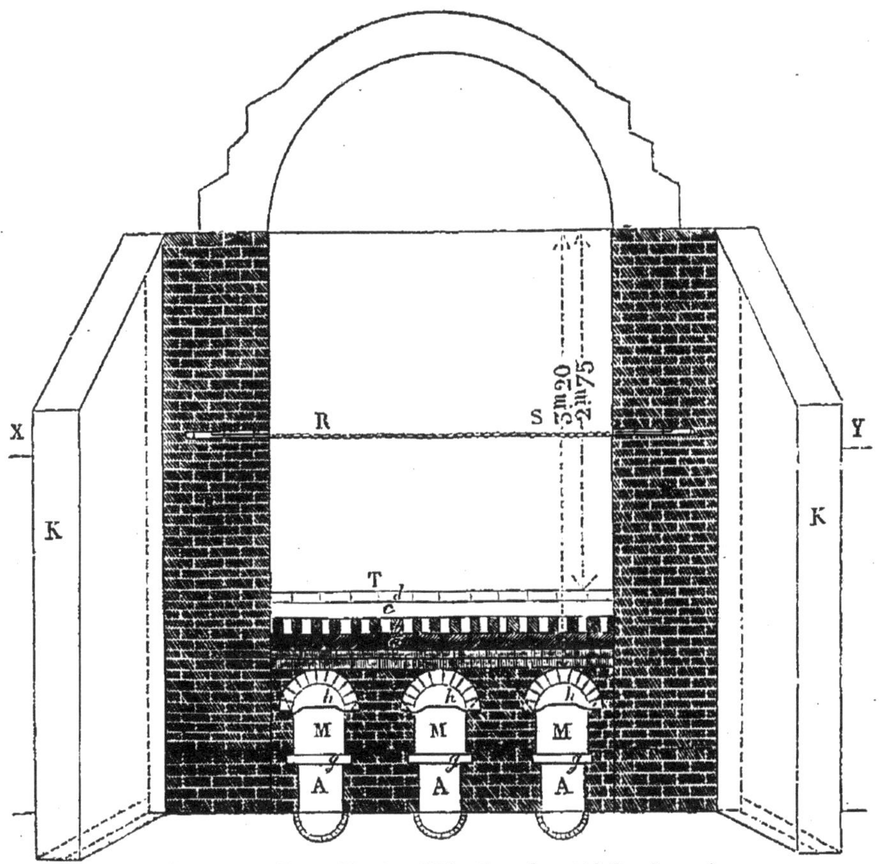

Fig. 181. — Four Clayton (élévation du côté des foyers).

Dans la figure 181, on voit en R S une chaîne qui est destinée à maintenir la maçonnerie vers le milieu de sa hauteur; nous avons représenté cette chaîne en plan dans la figure 183.

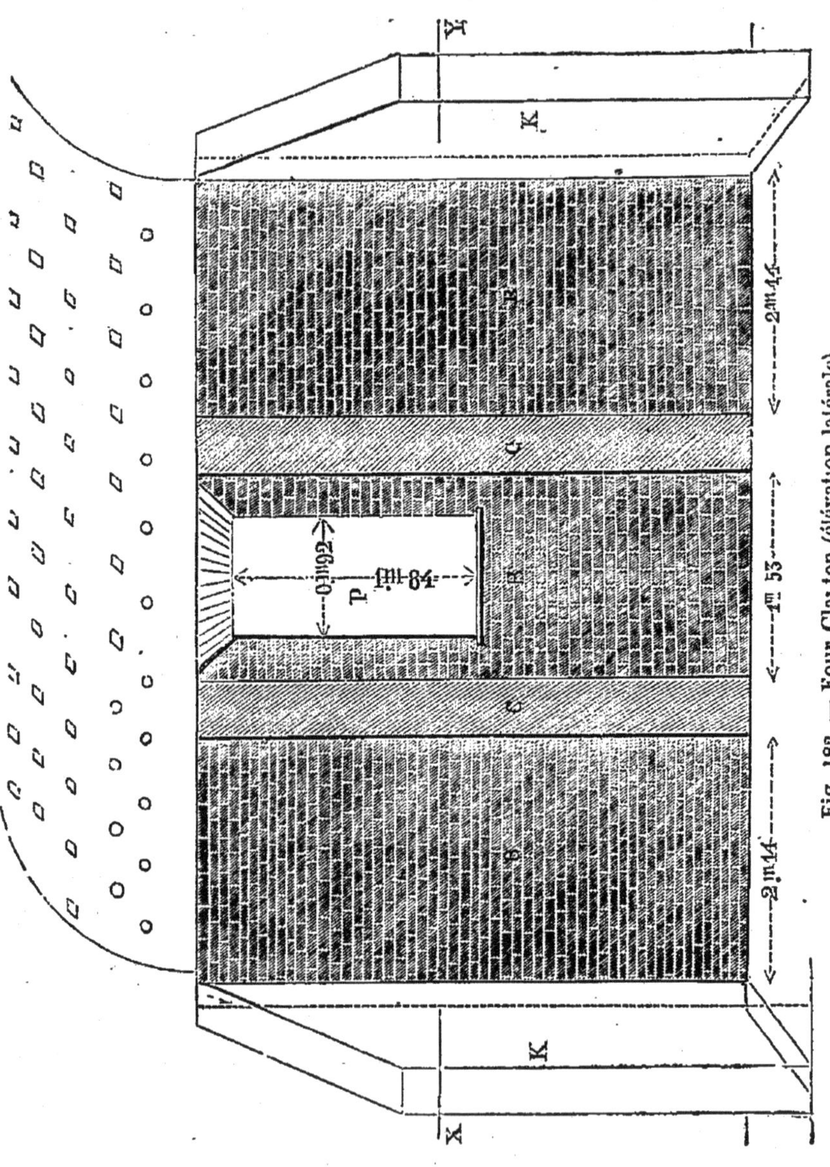

Fig. 182. — Four Clayton (élévation latérale).

Les dimensions du laboratoire au-dessus du lit T sont de 2m.75 de large, 2m.75 de haut et 3m.66 de long ; ce qui donne une capacité de 28 mètres cubes environ, pouvant contenir 21,000 tuyaux.

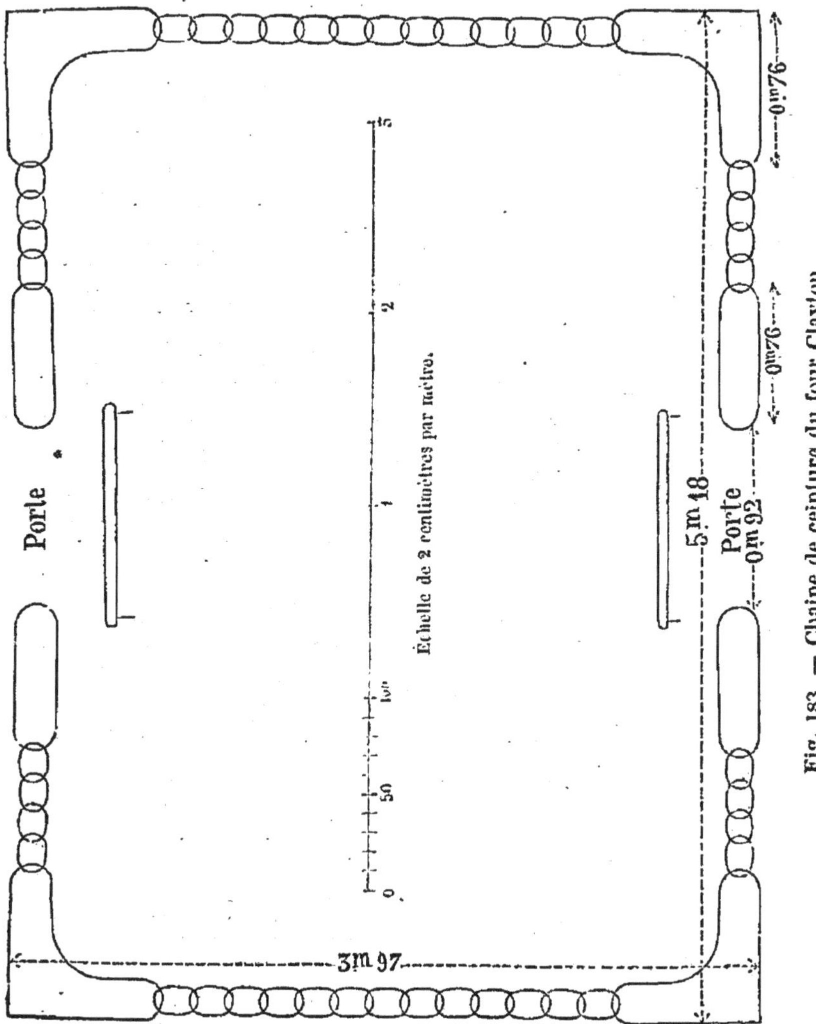

Fig. 183. — Chaîne de ceinture du four Clayton.

Pour élever un pareil four, il faut 41,000 briques ordinaires, 2,500 briques intérieures réfractaires, et 1,000 briques d'arceaux. Les briques intérieures sont reliées par de l'argile ne contenant pas de chaux; le reste de l'ouvrage est construit avec du mortier ordinaire, mais de bonne qualité.

Les fours que nous venons de décrire ont l'inconvénient de coûter un prix un peu élevé, et par conséquent de ne pouvoir être économiquement établis que dans des fabriques destinées à une grande fabrication et à une longue existence. Or les tuyaux de drainage présentent un poids considérable que nous évaluerons plus loin, et il n'en faut qu'une quantité limitée dans chaque localité. Il résulte de cette dernière circonstance qu'une grande fabrique, pour pouvoir se soutenir, est obligée d'expédier les tuyaux au loin. Alors, à cause des frais de transport d'une marchandise à la fois fragile et très-pesante, les tuyaux atteignent un prix trop élevé pour les ressources des agriculteurs. Ces raisons ont déterminé l'invention, en Angleterre, de fours d'argile temporaires, d'un prix peu élevé, qui durent deux, trois ou quatre ans, selon les besoins d'une localité, et qu'on démolit sans regret et sans perte lorsque l'entrepreneur de drainage transporte ailleurs ses ateliers et ses chantiers. En France, où l'emploi de la brique est loin d'être aussi considérable qu'en Angleterre, à cause de l'abondance de nos carrières de pierres, des fours coûteux ne pourraient peut-être plus beaucoup servir, dans beaucoup de nos départements, une fois que les travaux de drainage seraient effectués. Nous croyons donc devoir recommander tout spécialement la construction des fours temporaires en argile.

Nous trouvons la description d'un tel four dans une notice de M. Law Hodges, insérée dans le *Journal de la Société d'Agriculture d'Angleterre* (1). La forme en est circulaire. On l'aperçoit en élévation (fig. 190) ; il est couvert par une charpente en planches. On le construit intégralement en terre humide, fortement foulée, qu'on recouvre intérieurement et extérieurement avec de l'argile plastique.

(1) T. V, p. 551.

Pour former les murailles de ce four, on pioche le sol de manière à ouvrir une tranchée circulaire; la terre ainsi déblayée est employée à la construction. On laisse une base CD (fig. 185) circulaire, d'environ $1^{m}.20$ d'épaisseur et de $1^{m}.20$ de diamètre. C'est dans cette base qu'on ouvre les carneaux qui doivent conduire dans le four les gaz de la combustion.

Si on doit chauffer au bois, on établit trois alandiers *a*, que l'on voit dans le plan (fig. 185) du four, fait suivant la ligne A B de la coupe (fig. 186). Si on fait usage de la houille comme combustible, il est nécessaire d'employer quatre alandiers.

Il faut environ 1,200 briques communes pour construire les trois alandiers *a* et leurs carneaux K (fig. 185, 186 et 187). Dans le cas de l'usage de la houille comme combustible, on emploie un peu moins de briques, mais il faut, en revanche, six barreaux en fer par chaque alandier.

Les murs de terre FEN (fig. 186) ont $2^{m}.13$ de haut, $1^{m}.20$ d'épaisseur sur l'aire du laboratoire, et $0^{m}.60$ au sommet, ce qui détermine le talus extérieur du four E F. L'intérieur est taillé à pic, et on y applique une couche d'argile plastique qui devient assez dure, après le premier feu, pour présenter la résistance d'un mur en briques.

Ce four peut être construit en toute sûreté au mois de mars, ou, d'une manière générale, lorsque le danger des injures de la gelée est passé. Après l'été, on le recouvre de fagots ou de litière pour le protéger contre les pluies et le froid de l'hiver.

Le laboratoire a un diamètre MN de $3^{m}.35$ et une hauteur de $2^{m}.13$, ce qui correspond à une capacité de 19 mètres cubes environ. Une porte qu'on aperçoit dans l'élévation (fig. 184), et qu'on ferme avec un léger mur en briques, permet l'enfournement et le défournement.

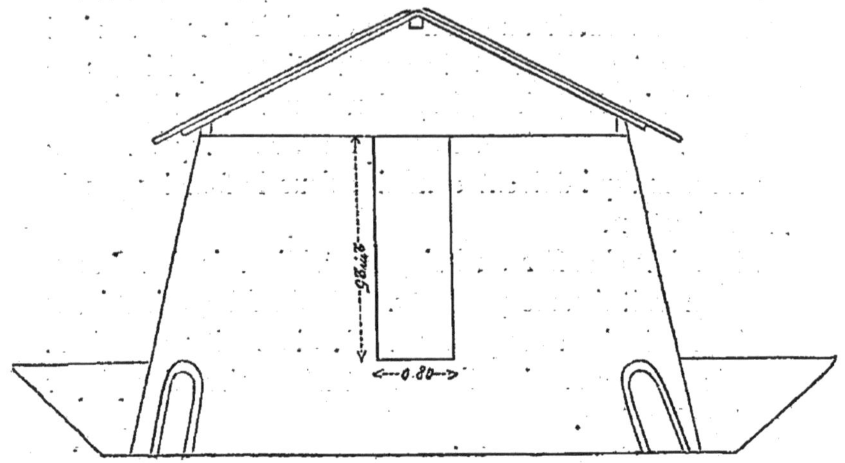

Fig. 184. — Four temporaire en terre (élévation).

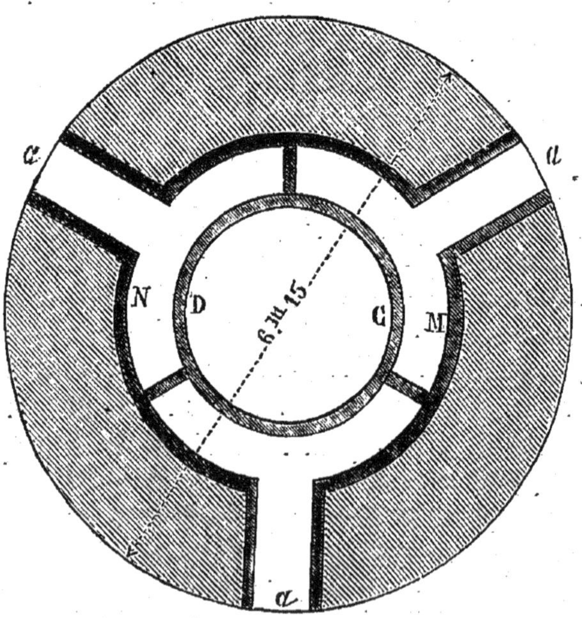

Fig. 185. — Four temporaire en terre (plan suivant la ligne AB de la coupe).

E
N
M
E
3m35
F
F'
K
a
a
B
D
C
A
0m,80

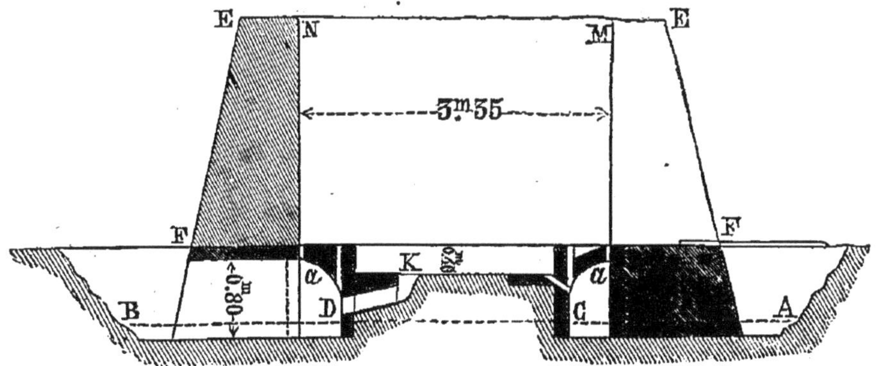

Fig. 186. — Four temporaire en terre (coupe).

Échelle de $0^m,01$ pour mètre.

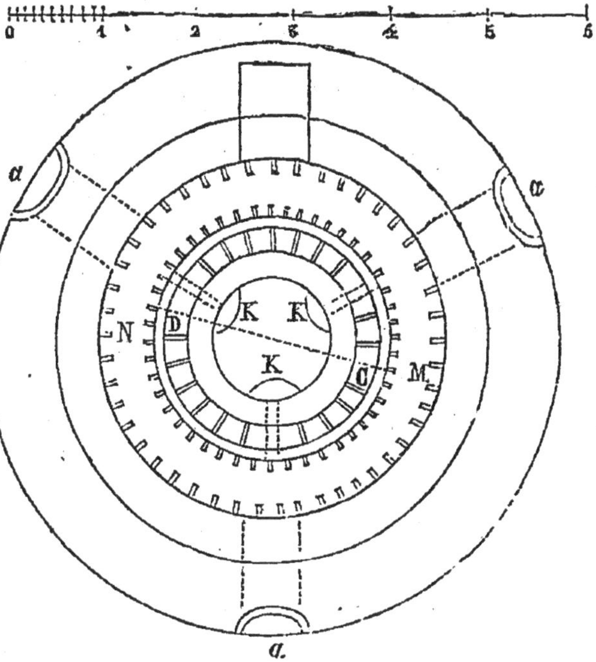

0
1
2
3
4
5
6
a
a
N
D
K
K
K
C
M
a

Fig. 187. — Four temporaire en terre (projection sur le plan supérieur).

M. Law Hodges estime dans sa notice que, d'après les dimensions ci-dessus, le four doit contenir :

47,000	tuyaux du calibre de	0m.025
32,500	— —	0.032
20,000	— —	0.044
12,000	— —	0.057

Comme les deux derniers calibres sont moins employés en Angleterre, il évalue à 24,800 le nombre de tuyaux de toutes dimensions de chaque fournée; et comme, durant la belle saison, on peut faire 15 chauffes avec un pareil four, on pourrait fabriquer, selon M. Hodges :

705,000	tuyaux de.......	0m.025
ou 487,000	—	0.032
ou 300,000	—	0.044

Nous verrons plus loin que les tuyaux usités en Angleterre, selon le système de M. Parkes, nous semblent d'un trop petit diamètre, et nous n'évaluons pas à plus de 14,000 à 15,000 le nombre de tuyaux ordinaires que peut contenir le four que nous venons de décrire.

En tous cas le prix de construction de ce four est remarquablement faible; M. Law Hodges ne le porte qu'à 125 fr.

Dans une lettre adressée en avril 1848 à M. Pusey, M. Hodges (1), pour montrer les avantages du four temporaire en terre et donner une preuve expérimentale de sa durée et de ses services, s'exprime ainsi : « Le four en question a été construit en juin 1844, et a coûté moins que 125 fr.

« Il a servi quatre fois cette même année, et a donné à chaque fournée de 18,000 à 19,000 tuyaux du diamètre de 0m.044.

(1) *The Journal of the royal Society of England*, t. IX, p. 198.

« En 1845, il a servi à faire neuf fournées d'une durée de quinze jours, et à chaque fournée on a cuit à peu près 19,000 tuyaux.

« En 1840, on a obtenu les mêmes résultats.

« En 1847, il a servi douze fois, toujours en fournissant la même quantité de tuyaux. Dans le courant de cette dernière année, on a dû faire quelques réparations peu importantes, qui ne se sont pas élevées à plus de 12 à 13 francs. »

Nous ne croyons pas qu'il y ait rien de plus simple et de plus économique, jusqu'à présent, que le four temporaire de campagne en terre imaginé par M. Hodges. Il a été, du reste, adopté par un grand nombre de praticiens et décrit dans presque tous les ouvrages de drainage publiés en France depuis que nous l'avons fait connaître, en 1853, dans le *Journal d'Agriculture pratique*. M. Hervé Mangon rapporte (*Instructions pratiques sur le Drainage*) que certains fabricants spéciaux de tuyaux de drainage emploient, pour des établissements de moyenne importance, un four à coupole dont les figures 188 et 189 donnent l'élévation, la coupe en travers, le plan en dessus et une coupe horizontale. Le combustible est placé sur les grilles des alandiers disposés à la circonférence de la base du four. Des carneaux construits dans le prolongement des alandiers conduisent les gaz de la combustion sous un parquet en briques sèches posées en échiquier. Ce parquet reçoit les tuyaux placés verticalement les uns au-dessus des autres. On peut cuire à la fois, avec un four construit suivant l'échelle des figures ($0^m.01$ par mètre), de 30,000 à 35,000 tuyaux de $0^m.045$ de diamètre extérieur. La cuisson dure de 33 à 35 heures, et consomme 3,000 à 4,000 kilogr. de houille de qualité moyenne. On défourne 24 à 36 heures après l'extinction du feu, en démolissant la cloison légère

Fig. 188. — Élévation et coupe en travers d'un four à coupole.

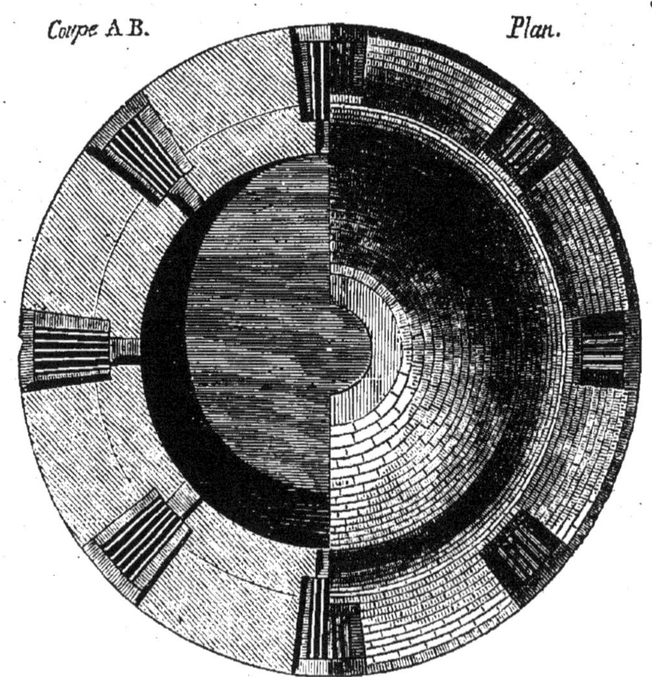

Fig. 189. — Plan en dessus et coupe horizontale d'un four à coupole.

avec laquelle on ferme, après l'enfournement, la porte ménagée dans la paroi du four.

MM. Virebent conseillent aux fabricants, comme offrant une économie notable par sa construction et par ses avan-

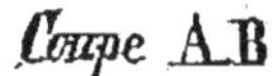

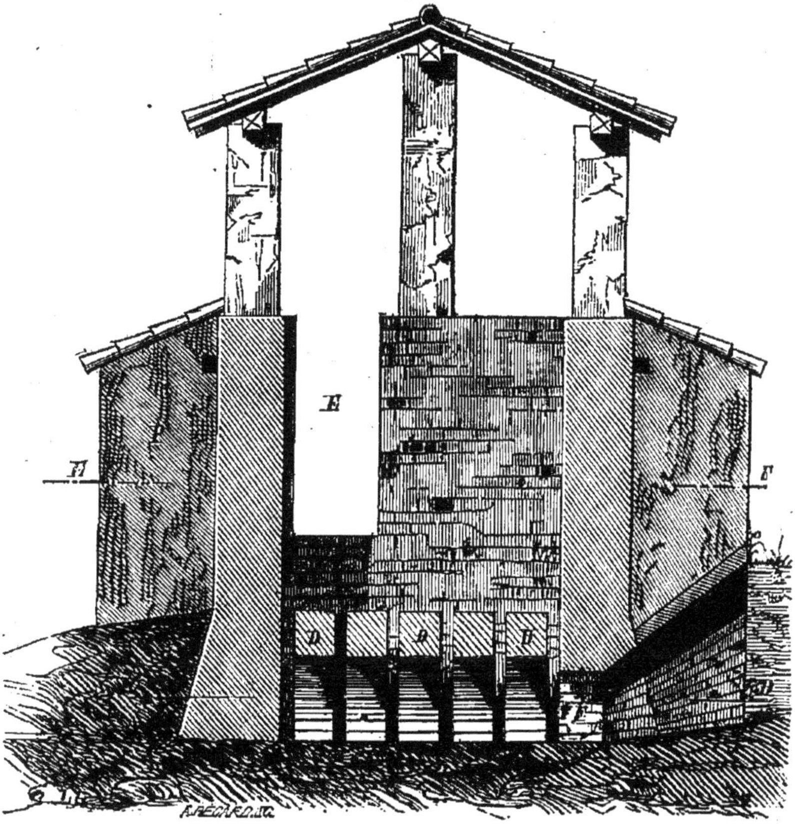

Fig. 190. — Coupe du four de MM. Virebent, suivant la ligne A B du plan (fig. 192).

tages, un four rectangulaire représenté par les figures 190, 191, 192 et 193. Sa largeur est dans œuvre de $1^m.30$, sa longueur de 2 mètres, et sa hauteur au-dessus du parquet de pose également de 2 mètres. L'épaisseur des murs est de $0^m.50$, celle de la paroi P qui l'environne de $0^m.80$.

Pour l'établir on opère un déblai de 1 mètre de profondeur au moins, et on déblaie le plan incliné qui conduit à l'alandier F. La face de cette ouverture doit être tournée, autant que possible, vers le nord, afin que la ventilation ait une plus grande activité. Non compris le plan incliné

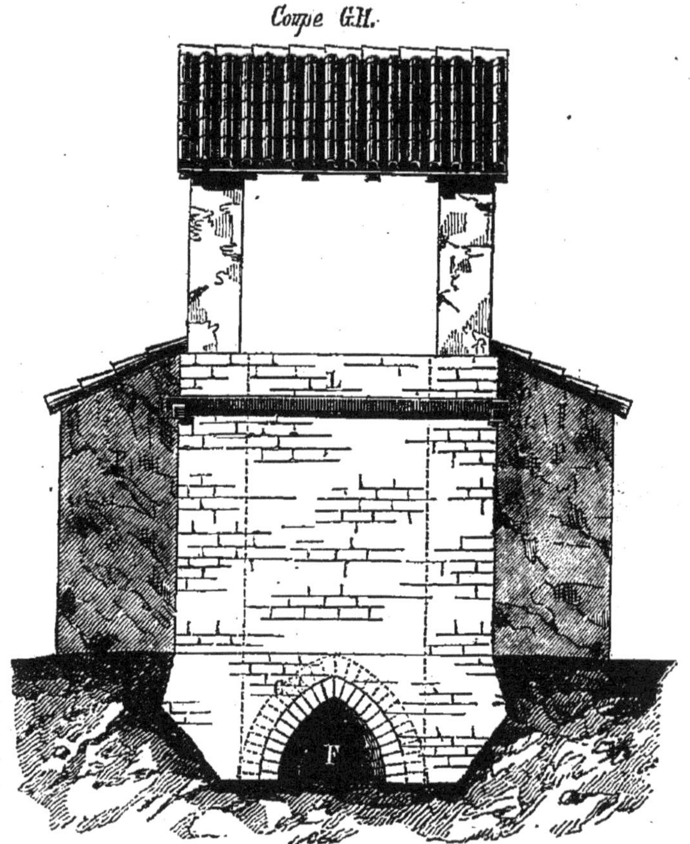

Fig. 191. — Coupe verticale du four de MM. Virebent du côté de l'alandier.

qui conduit à l'alandier, on a à déblayer une largeur de $2^m.20$ et une longueur de 3 mètres. Les terres extraites servent à construire la paroi en pisé F qui entoure le four et qui permet de diminuer l'épaisseur du mur. L'épaisseur totale du mur et de la paroi est de $1^m.30$. On construit la chemise en briques bien buttées contre les parois, en ayant soin de garnir tous les joints avec soin. Dans cette construction, on a soin de ménager la porte E, qui sert pour l'enfournement, le défournement et la conduite du feu. On élève le mur jusqu'à 2 mètres environ au-dessus du sol

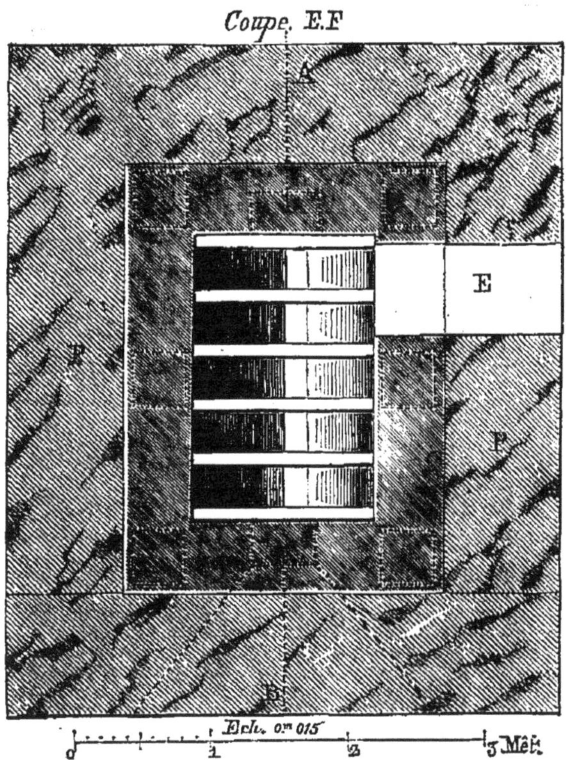

Fig. 192. — Plan du four de MM. Virebent, suivant la ligne E F de la coupe (fig. 190).

voisin, 3 mètres au-dessus du fond déblayé. Au-dessus du mur on place quelques piliers destinés à supporter l'auvent ou faîtage.

En élevant la face située du côté de l'alandier F, on bâtit un cintrage à tiers-point, et, pour éviter les effets de la poussée produite par le chauffage, on établit une armature L, en bois de chêne ou autre, relié par des équerres en fer. Enfin l'on construit des arceaux qui composent le foyer. Les arceaux D ne doivent pas être liés aux murs de revêtement, afin qu'on puisse les renouveler au besoin sans faire de dégradation. Les arceaux sont au nombre de

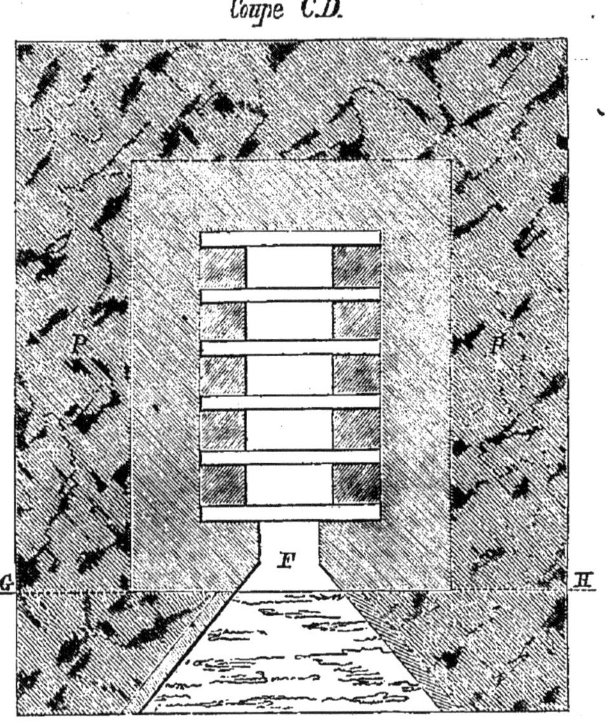

Fig 193. — Plan du four de MM. Virebent à la hauteur CD de la figure 190

cinq et ont un espacement de 0m.10 ; leur hauteur doit excéder de 0m.05 à 0m.06 celle de l'alandier, afin que par leur affaissement ils ne présentent pas, après quelque temps d'usage, de difficultés au chauffage. Ils sont cintrés à tiers-point comme l'alandier. Dans les contrées où abondent la houille et la tourbe, on établit des grilles dans les voûtes des arceaux pour faciliter la combustion. Quand on chauffe au bois, on met simplement du combustible sur le sol.

La capacité de ce four est de 5.2 mètres cubes; il contient de 12,000 à 15,000 tuyaux. La durée totale d'une cuisson s'établit ainsi :

	Heures.
1° Enfournement.	24
2° Petit feu, qui varie de 12 à 15 heures, suivant la nature du combustible employé; avec de la houille ou des fagots, il peut même descendre à 10 heures; soit.	14
3° Feu moyen, appelé bâtard, durant de 2 à 3 heures, soit.	3
4° Grand feu, qui doit être surveillé vers la 15e ou 16e heure.	17
5° Feu de clôture; ce feu doit être d'abord moyen et ensuite petit.	2
6° Refroidissement.	36
7° Défournement.	24
Total.	120

Il faut donc cinq jours pour une cuisson, c'est-à-dire trois fois moins de temps environ qu'avec le four de M. Vincent. MM. Virebent admettent qu'il faudrait augmenter la durée du chauffage proportionnellement à l'accroissement qu'on donnerait à la capacité du four, si on le construisait sur de plus grandes dimensions.

Les fours que nous venons de décrire ne diffèrent pas notablement des fours le plus communément employés à la cuisson des poteries communes, briques ou tuiles. Ils ont pour type une bouche latérale, un foyer inférieur, un laboratoire superposé à ce foyer, et des carneaux servant de cheminées multiples; leur axe de tirage est vertical. Le plus grand nombre même n'a pas de voûte; on couvre ceux-là simplement vers la fin du travail pour protéger le refroidissement. Quelques-uns des fours décrits, quand ils ne sont pas trop grands, répartissent assez bien la chaleur, mais ils n'économisent guère le combustible. Presque partout les frais de cuisson forment du tiers à la moitié du prix de revient total des tuyaux. De nombreuses tentatives ont été faites pour empêcher la déperdition de la chaleur. Pendant ces quinze dernières années, il a été pris, en France, plus de quarante brevets d'invention pour résoudre la question d'une cuisson bien égale et économique.

On chercha surtout à cuire d'une manière continue, et de façon à ne pas perdre l'énorme quantité de chaleur qui se dégage depuis le moment où la cuisson est arrivée à son terme jusqu'au nouvel enfournement. On essaya aussi de faire en sorte que les gaz fussent évacués dans la cheminée à la température strictement nécessaire pour que le tirage pût avoir lieu. L'invention qui parut avoir le plus de chance de succès fut celle qui consistait à avoir une bouche et un foyer à une extrémité, et une cheminée latérale à l'autre extrémité, avec un axe de tirage incliné par rapport à l'horizon. En 1849, un ingénieur civil de Paris, M. Tijou-Geslin, tenta de faire disparaître les inconvénients de ce système, qui donnait une trop inégale répartition de la chaleur, en adoptant une disposition qui permît de faire passer successivement la matière par tous les degrés de température jusqu'à cuisson parfaite. Cette innovation, empruntée aux fours à réchauffer des verreries, consiste à placer la matière sur des supports mobiles, et à la rapprocher successivement du foyer. Elle a ouvert une voie nouvelle et doit être considérée à juste titre comme le point de départ des progrès récemment accomplis.

Le four de M. Tijou-Geslin a été breveté sous cette désignation :

« Four en pente, à cuisson graduelle, successive et con-
« tinue, au moyen de wagons-cornues, descendant natu-
« rellement et à volonté dans toute sa longueur, sur des

« rails-supports, munis de roues ou de galets, pour la « cuisson des briques, tuiles, etc. »

Il a la forme d'un demi-cylindre couché sur une pente de $0^{m}.15$ par mètre, et se divise dans sa longueur en deux parties à peu près égales. La première longueur forme un laboratoire d'environ 45 mètres de long sur $1^{m}.80$ de hauteur et $1^{m}.08$ de largeur. Elle est munie à son extrémité inférieure, c'est-à-dire vers le milieu de la longueur totale, d'un ou de plusieurs foyers latéraux, et à son extrémité supérieure d'une cheminée verticale, au-dessous de laquelle se trouve une double porte destinée à l'enfournement des produits. La seconde longueur, close également à son extrémité inférieure par une double porte, est destinée à leur refroidissement. Une double série de galets en fonte, disposée sur deux lignes parallèles aux parois, occupe la sole du four dans toute sa longueur. Des wagons ou cornues chargés de produits s'engagent sur ces galets au moyen de deux rainures pratiquées sous leur base, s'avancent par leur propre poids depuis la porte d'enfournement jusqu'à celle de défournement, en passant devant le foyer ou les foyers latéraux, et subissent ainsi, d'une manière successive, graduée et continue, l'échauffement et le refroidissement. La chaleur produite par le foyer décroît dans toute la longueur du laboratoire et agit graduellement sur les produits.

Ce système promettait une grande économie de combustible et d'excellentes conditions pour la cuisson. Toutefois, l'inventeur ne s'était pas dissimulé qu'il renfermait un vice inhérent à sa nature même : celui de faire mouvoir, au milieu d'une température élevée, des matières susceptibles de subir le retrait et la dilatation, et de s'user rapidement sous l'influence de cette température. Aussi, à la précaution d'employer pour ses wagons la terre réfractaire plutôt que la fonte, il avait ajouté une disposition dont le but était de maintenir ses roues ou galets et leurs essieux à une température inférieure à celle du laboratoire, en les enveloppant continuellement d'un jet de vapeur, au moyen d'un filet d'eau courant sous chaque ligne, dans un tuyau percé d'un regard sous chaque galet.

Malgré toutes ces précautions, le système ne put fonctionner. La mort de l'inventeur vint arrêter les perfectionnements qu'il y eût sans doute apportés, et le brevet fut abandonné après le payement d'une annuité.

L'insuccès de cette ingénieuse invention doit être attribué surtout à la longueur excessive du laboratoire, qui refroidissait complétement les gaz avant leur arrivée à la cheminée, d'où résultait l'impossibilité radicale du tirage, et à la différence de température entre le laboratoire et la partie destinée au refroidissement, qui faisait éclater les produits lorsqu'ils passaient de l'un à l'autre.

Dans le courant de l'année 1852, deux brevets furent pris pour l'exploitation de la même idée : l'un par MM. Péchiné et Colas, l'autre par M. Demimuids.

MM. Péchiné et Colas substituèrent aux roues ou galets fixes les rails d'un petit chemin de fer, ou, à volonté, des boulets en terre réfractaire roulant dans des rainures pratiquées dans la sole du laboratoire, et supportant des tablettes en terre réfractaire chargées de produits. Ils réduisirent la longueur du laboratoire, et placèrent à l'extrémité de la chambre de refroidissement une seconde cheminée destinée à y appeler une partie de la chaleur du foyer. Mais ce système fut abandonné par ses auteurs au bout d'une année, et modifié par l'adoption définitive de wagons en fonte marchant sur un chemin de fer, et par la suppression de la cheminée du canal de refroidissement. Ce canal est replié et appliqué parallèlement au laboratoire, qui est muni, à son extrémité inférieure et latéralement, de plusieurs appareils à engrenage destinés à la manœuvre des wagons. Enfin, au-dessus de ce laboratoire, un carneau communique directement à la cheminée, et sert à régler la température.

Le four de MM. Péchiné et Colas est employé aujourd'hui à la tuilerie de Bèze (Côte-d'Or), dirigée par M. Chevigny et appartenant à M. Paul Thénard. Cette fabrique, fort importante, a fait en 1855 plus de 2 millions de tuyaux, 600,000 grandes tuiles, 200,000 tuiles ordinaires, 20,000 pots à fleurs, et une certaine quantité de briques réfractaires. D'après une note manuscrite que nous a remise M. Thénard, le four de MM. Péchiné et Colas utilise la chaleur de manière que la température de la fumée ne dépasse jamais 200° dans la cheminée. Une étuve, chauffée par la chaleur perdue des marchandises qui viennent d'être cuites, permet de travailler pendant les temps les plus humides. Cependant ce four ne suffit pas à toute la fabrication; la tuilerie de Bèze possède encore un four ordinaire constamment actif.

M. Demimuids a conservé dans ses appareils un canal longitudinal, qu'il nomme appareil tube à plan incliné, avec une seule cheminée et une forte pente. Il a placé vers son milieu deux foyers latéraux en regard l'un de l'autre, et a aussi substitué aux galets fixes des wagons et un chemin de fer. Ce four est employé dans la briqueterie de M. Borie, dont nous avons déjà parlé plusieurs fois. La planche IV en donne une coupe longitudinale (fig. α), le plan (fig. β), et plusieurs coupes transversales (fig. γ, δ ε et ζ) qui permettent d'en comprendre tous les détails.

Dans la coupe (fig. ζ) exécutée suivant la ligne GF du plan (fig. β), A représente le mur intérieur de l'appareil, B les carneaux de communication des foyers au four, *b* la grille des deux foyers qui sont placés (fig. β et ε) de chaque côté du four, de manière à échauffer fortement les chariots G, chargés des produits à cuire, au moment de leur passage en CD (fig. β). Un canal de refroidissement D communique, d'une part, avec la cheminée au point G, et, d'autre part, en deux points C, avec le four dans lequel descendent les chariots pour arriver à la porte de sortie. L'entrée du four (fig. δ) se trouve près de la cheminée, et se ferme par une porte à coulisse *g*, manœuvrée à l'aide d'une tirette *g'*. Le tirage de la cheminée se règle d'ailleurs par un registre F, qu'on manœuvre par une tirette *f*. L'inclinaison du four est obtenue par des arceaux à piliers H.

A part les modifications que nous avons signalées, les fours de MM. Péchiné et Colas et de M. Demimuids reproduisent dans leur intégrité le principe et la disposition du four de M. Tijou-Geslin. Les efforts des nouveaux inventeurs paraissent avoir spécialement porté sur les moyens de faire voyager la matière dans l'intérieur du four. Mais ce voyage est très-difficile; il peut entraîner des chômages par le moindre accident qui arrête un wagon, et il doit causer bien des détériorations.

Quels que soient donc les services que les nouveaux appareils puissent rendre, en raison de l'économie de combustible qu'ils procurent, la pierre d'achoppement du système est dans la difficulté du cheminement continu des produits à cuire. Ajoutons que, lorsqu'il s'agit surtout d'objets d'une cuisson difficile, tels que la brique pleine, les carreaux, etc., l'action des gaz qui s'exerce au bout d'un wagon n'est plus assez énergique sur les derniers produits pour leur donner le degré de cuisson nécessaire, d'où résulte une inégalité notable entre les premiers et les derniers produits du même wagon.

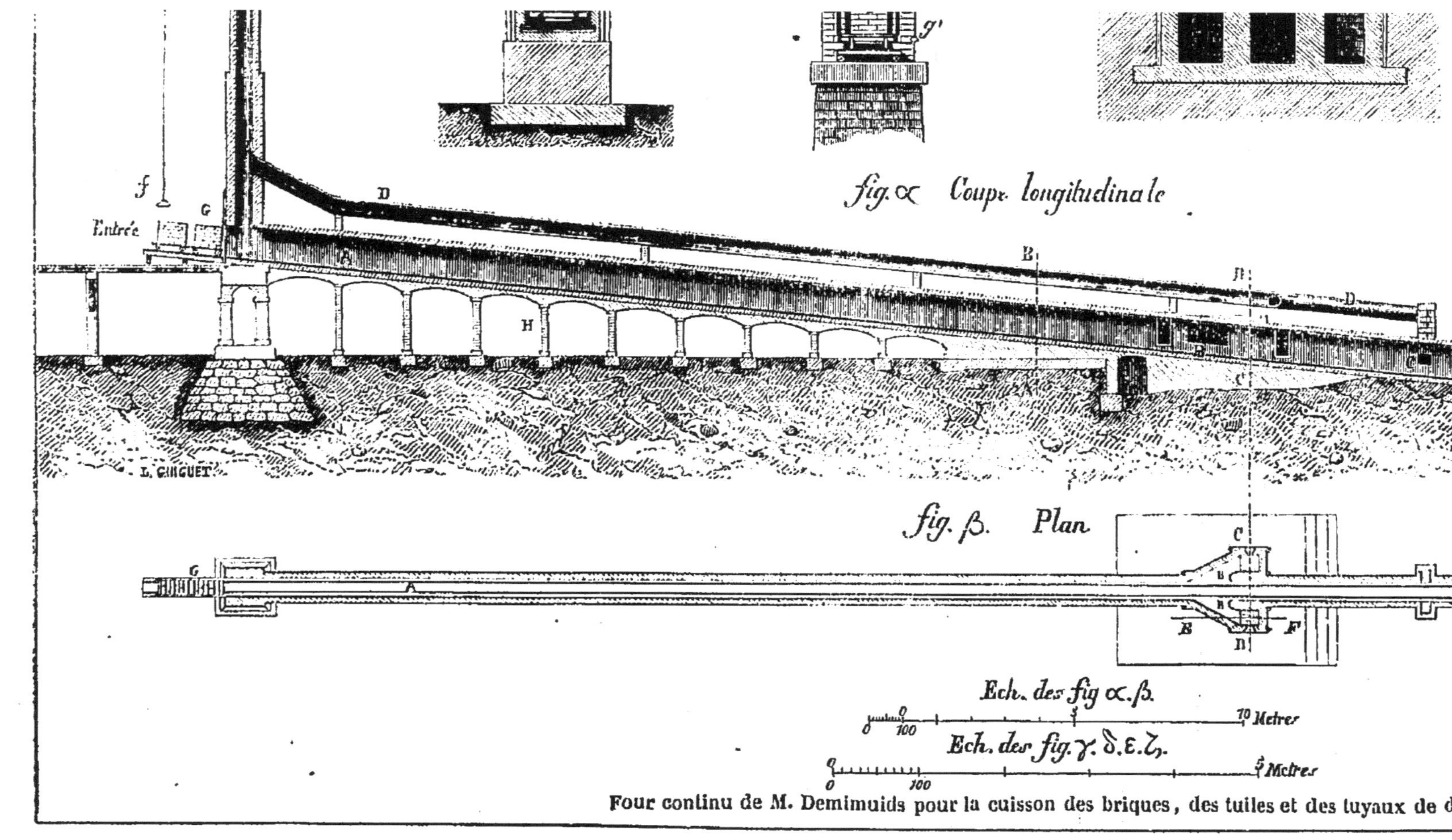

Four continu de M. Demimuids pour la cuisson des briques, des tuiles et des tuyaux de d

Les inconvénients des systèmes que nous venons d'expliquer ont enfin donné naissance à un nouveau procédé, dans lequel son auteur, M. Ch. Barbier, ingénieur agricole à Chaumont (Haute-Marne), a cherché à résoudre le problème posé en prenant exactement la marche inverse pour la transmission du calorique.

Conservant l'idée-mère d'un four canal à petite section, si féconde en résultats économiques, au lieu de mobiliser la matière, il a mobilisé le foyer, et a établi le four sur un plan horizontal, au lieu de le construire sur un plan incliné, obviant ainsi en même temps aux inconvénients de la conduite des wagons et à ceux de la construction de l'appareil automoteur. C'est ce foyer qui va trouver la marchandise, tandis que, dans les fours précédents, celle-ci venait chercher la température nécessaire à sa cuisson.

Le système de M. Barbier a figuré à l'Exposition universelle de 1855, où l'inventeur avait envoyé un modèle d'une fabrique de tuyaux occupant une surface de 280 mètres carrés, et calculée de manière à pouvoir livrer chaque jour 10,000 tuyaux. L'idée d'une pareille usine a paru très-ingénieuse au jury de l'agriculture, qui, sur notre rapport, a récompensé son auteur par une médaille de première classe.

Ce système est fondé sur l'emploi d'un foyer mobile qui porte successivement la chaleur dans toutes les parties de la masse à cuire, et sur l'action continue des gaz, qui traversent les produits sur une grande longueur, et dont la température décroît à mesure qu'ils s'éloignent du foyer. Ces gaz cuisent ainsi les tuyaux, les briques ou les tuiles les plus rapprochés, en même temps qu'ils effument et préparent les autres progressivement. Il se prête à une grande variété de plans, selon les exigences de l'emplacement, de la matière à cuire et du combustible disponible. Il a pour type, quel que soit le plan qu'on adopte, deux canaux horizontaux et parallèles, dont l'un forme le four, l'autre une cheminée. Il consiste en une série continue de laboratoires à petite section, disposés à la suite les uns des autres, selon une directrice horizontale, ayant chacun une embouchure destinée à recevoir la tuyère du foyer, et communiquant d'une part entre eux, d'autre part avec une cheminée horizontale qui leur est adossée, et qui communique à son tour avec une ou plusieurs cheminées verticales. Il est surmonté d'un séchoir qui utilise toute la chaleur rayonnée par les parois.

L'axe général de tirage est horizontal. Le foyer, construit à volonté pour le bois, la tourbe ou la houille, vient se présenter successivement devant chaque laboratoire, y séjourne le temps nécessaire pour cuire les produits qu'il contient, et fait ainsi, d'une manière continue, le tour de l'appareil. Il est monté sur un double système de railsways superposés : le système supérieur permet de l'engrener et de le dégrener ; le système inférieur lui fait accomplir sa rotation autour du four.

L'application de ces principes généraux varie pour les pâtes communes et les pâtes fines. Dans le traitement des premières, briques, tuiles, tuyaux de drainage, les seules dont nous ayons à nous occuper ici, les laboratoires ne sont point séparés par des cloisons, ils communiquent entre eux librement, et avec la cheminée horizontale au moyen de carneaux munis de valves. Ils forment un seul canal horizontal (prisme quadrangulaire couché) se rejoignant par ses extrémités. Les gaz les parcourent horizontalement dans toute leur longueur.

Les figures 194 à 208 représentent les différentes applications que l'on peut faire du système de M. Barbier à la cuisson des tuyaux de drainage et des autres poteries communes. Le modèle de fabrique qui se trouvait à l'Exposition universelle est représenté par les figures 194, 195, 196 et 197. Cette fabrique, occupant une surface de 280 mètres carrés, forme un parallélogramme régulier (fig. 195), mesurant extérieurement 14 mètres de largeur sur 20 mètres de longueur, fermé par un mur de deux

Fig. 194. — Vue intérieure perspective d'une tuilerie avec deux cheminées extérieures (système de M. Barbier).

étages de hauteur, comme le montre la vue perspective que le lecteur a sous les yeux (fig. 194).

Autour de ce mur règnent, à l'intérieur, assis sur une voûte en maçonnerie formant massif, deux canaux horizontaux et parallèles. L'un, adapté au mur, forme une cheminée horizontale.

L'autre forme le four. Il a environ 62 mètres de développement, une section de 0m.32 carré, et comprend trente-cinq laboratoires.

Sa paroi externe est percée, à des distances régulières, d'ouvertures munies de registres qui reçoivent la tuyère du foyer.

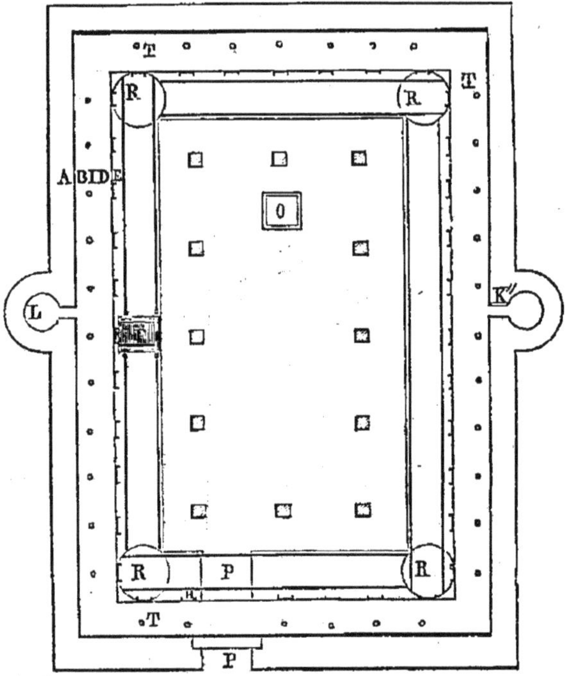

Fig. 195. — Plan d'une tuilerie avec deux cheminées extérieures, construite selon le système de M. Barbier.

Sa voûte se compose de briques posées à plat; elle est couverte de sable et de pouzzolane artificielle pour éviter l'introduction de l'air.

L'enfournement et le défournement s'opèrent par la voûte.

Des regards permettent de surveiller la marche de la cuisson.

En face de chaque embouchure du foyer, le four est mis en communication avec la cheminée horizontale au moyen de carneaux munis de valves qui ferment alternativement cette communication et la cheminée horizontale elle-même.

Fig. 196. — Coupe et élévation de la figure 195, passant en avant d'une cheminée à droite et en arrière de l'autre cheminée à gauche.

Cette cheminée communique à son tour avec deux cheminées verticales placées au milieu de chacun des grands côtés du parallélogramme, et appuyées extérieurement au mur d'enceinte.

Le séchoir occupe l'étage supérieur, et règne au-dessus du four, tout autour de l'usine. Il reçoit, au travers d'un

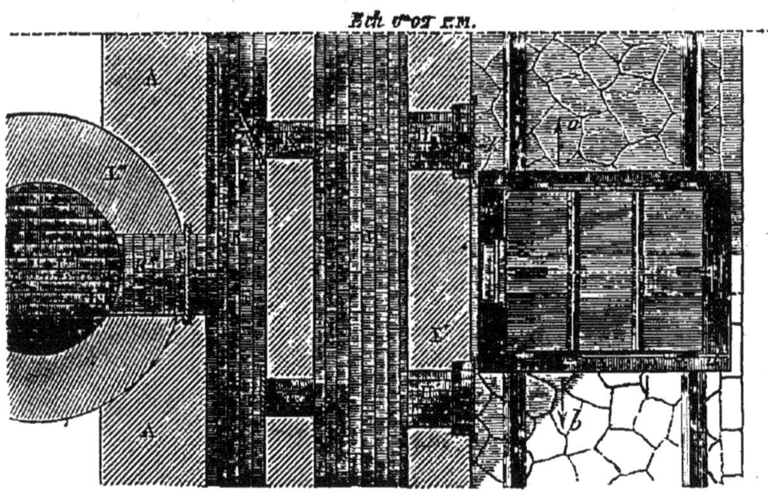

Fig. 197. — Détails du plan d'un four de M. Barbier, à la hauteur des bouches, des laboratoires, des carneaux et de la cheminée horizontale.

Fig. 198. — Détails d'une coupe à travers une bouche, un laboratoire, un carneau, la cheminée horizontale et le carneau communiquant de cette dernière à la cheminée verticale (système de M. Barbier).

plancher à claire voie, la chaleur rayonnée par les parois.

Cette chaleur est, du reste, concentrée à l'intérieur par le mur d'enceinte, et permet le travail d'hiver aux mouleurs qui sont au centre.

Un hangar accolé extérieurement abrite le manége, le malaxeur et les cylindres.

La terre préparée tombe dans une cave qui débouche dans l'usine, et y est emmagasinée pour les travaux d'hiver.

Ces détails de construction étant compris, voici la marche du four.

Le foyer est appliqué à un laboratoire. Celle des cheminées verticales qui est située en amont de sa marche reste fermée. Le tirage s'opère par celle d'aval.

Le four est mis en communication avec la cheminée horizontale à une distance de 6 à 15 mètres du foyer, selon l'aptitude des produits à la cuisson, leur degré de siccité et le combustible employé, en ouvrant une ou deux valves. Toutes les autres valves restent fermées. Les gaz parcourent alors dans le four cet espace de 6 ou 15 mètres en cuisant les premiers produits, préparent progressivement les autres en remplaçant d'une manière continue le petit feu des usines anciennes, passent dans la cheminée horizontale par les canaux ouverts, enfin s'échappent par la cheminée verticale après avoir donné tout leur effet utile et s'être saturés d'humidité.

Quand les produits situés entre la première et la seconde embouchure sont cuits, le foyer change de place et vient se présenter à la seconde embouchure. On ferme les deux valves précédemment ouvertes, on ouvre les deux suivantes, et ainsi de suite.

Le défournement suit la marche de la cuisson. Il s'opère au moyen de deux registres mobiles qui se manœuvrent dans la voûte et isolent successivement chaque laboratoire.

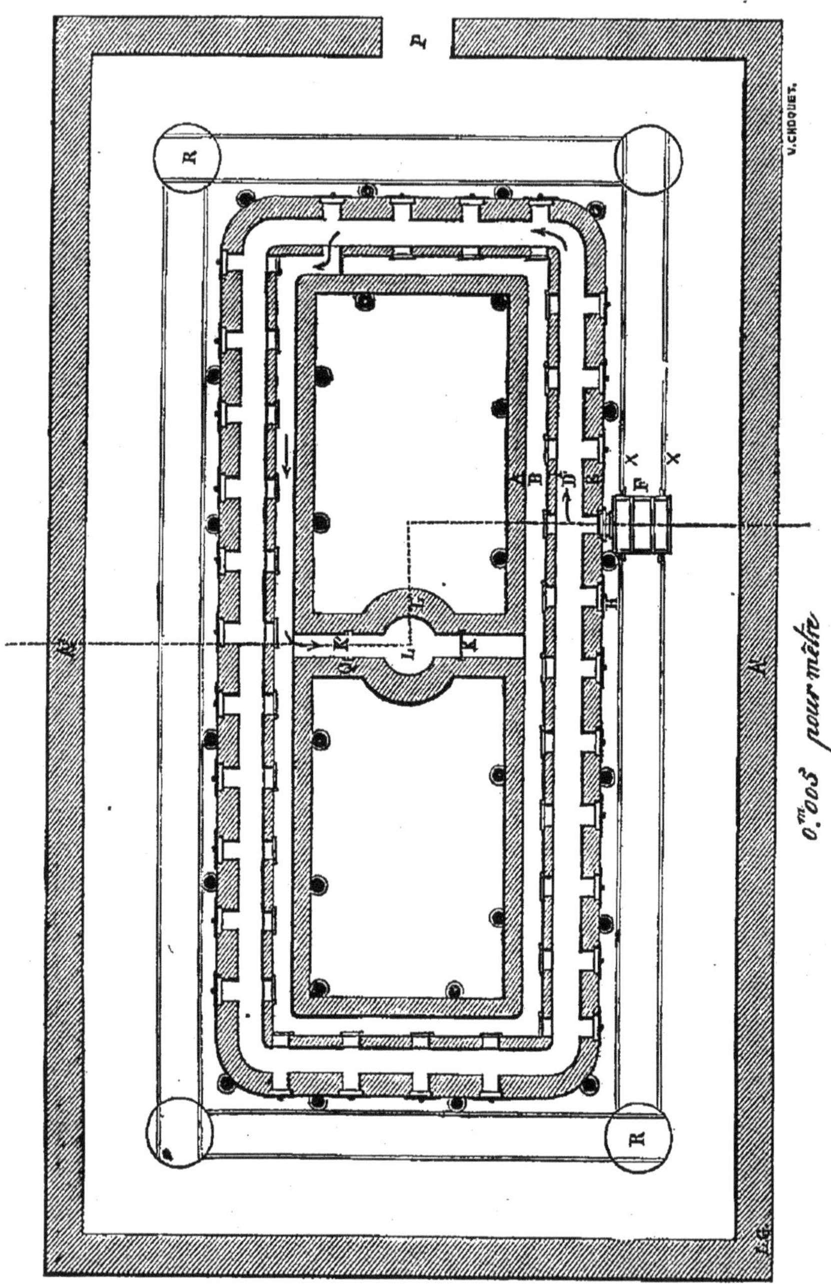

Fig. 199. — Plan, à la hauteur des bouches, des laboratoires, des carneaux et de la cheminée horizontale d'une tuilerie

On comprend facilement cette marche simple et régulière, dans laquelle rien ne fait obstacle et ne peut entraver l'opération.

On conçoit, d'un autre côté, que ces dispositions et cette conduite du feu continu réalisent à elles seules une éco-

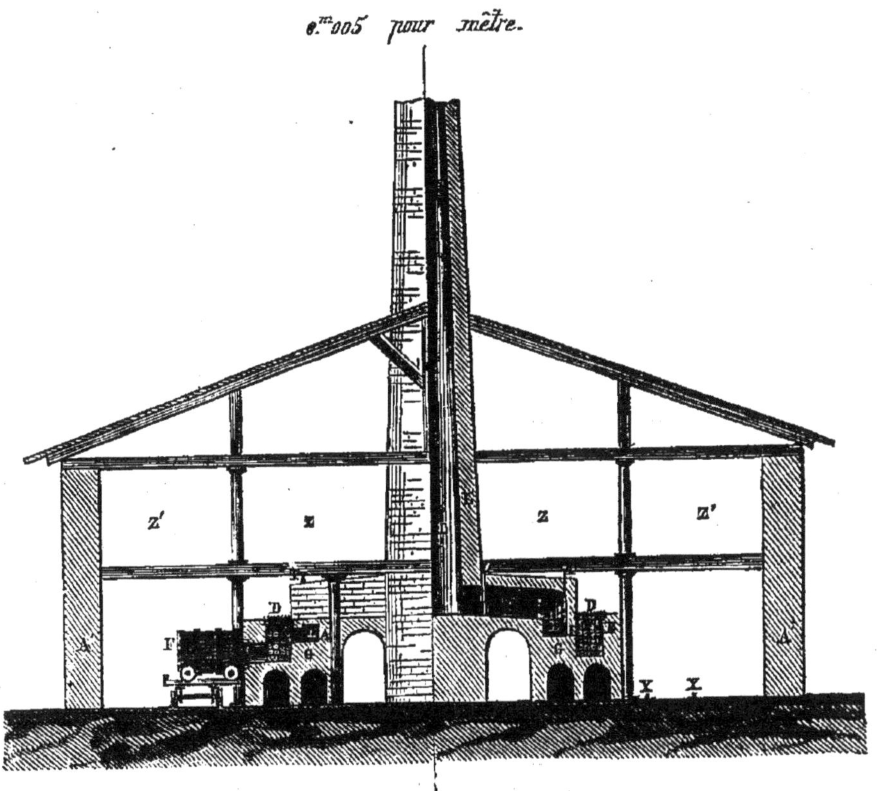

Fig. 200. — Coupe et élévation de la figure 199.

nomie de combustible très-importante, que l'auteur évalue, d'après ses expériences, à 60 pour 100.

Pour arriver aux dernières limites de l'économie, il restait à utiliser la chaleur abandonnée par le refroidissement des produits.

On sait qu'un corps échauffé transmet, en se refroidis-

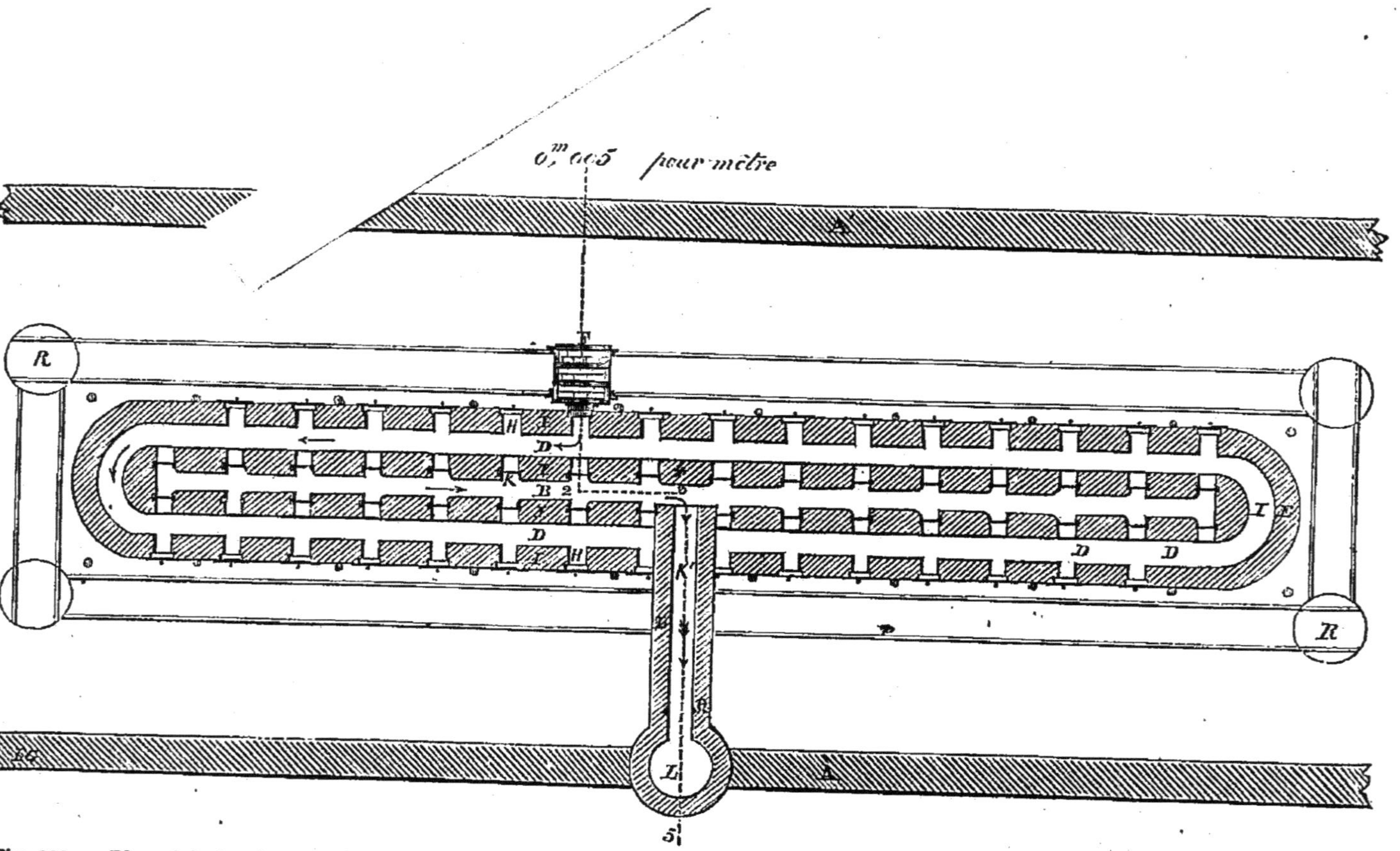

Fig. 201. — Plan, à la hauteur des bouches, des laboratoires, des carneaux et de la cheminée horizontale, d'une tuilerie avec une seule cheminée extérieure, pouvant desservir deux appareils jumeaux, et établie suivant le système de M. Barbier.

sant, la chaleur à un degré égal à celui auquel il l'a reçue; d'où il suit, théoriquement, que, lorsqu'on opère, au moyen d'un four, sur des matières identiques, la température nécessaire à leur cuisson, étant une fois donnée, se transmet-

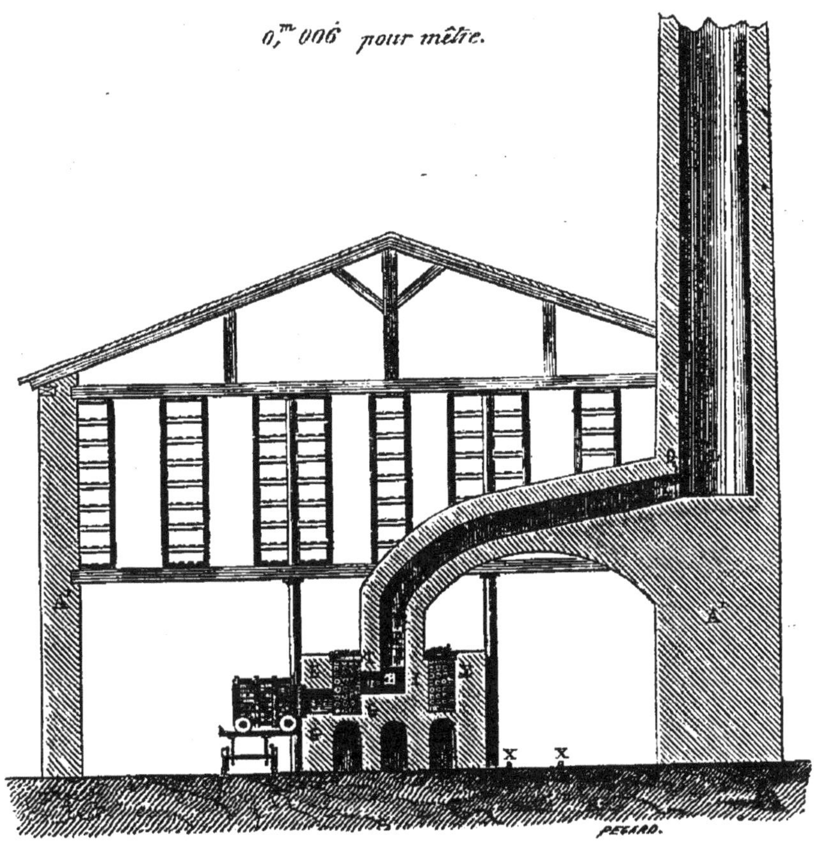

Fig. 202. — Coupe de la figure 201, suivant la ligne brisée 1, 2, 3, 4, 5.

trait complétement et indéfiniment à de nouveaux produits, si elle ne subissait une perte inévitable par le rayonnement des parois.

C'est cette loi qui a été mise à profit, en employant à la cuisson la partie disponible de cette réserve de calorique,

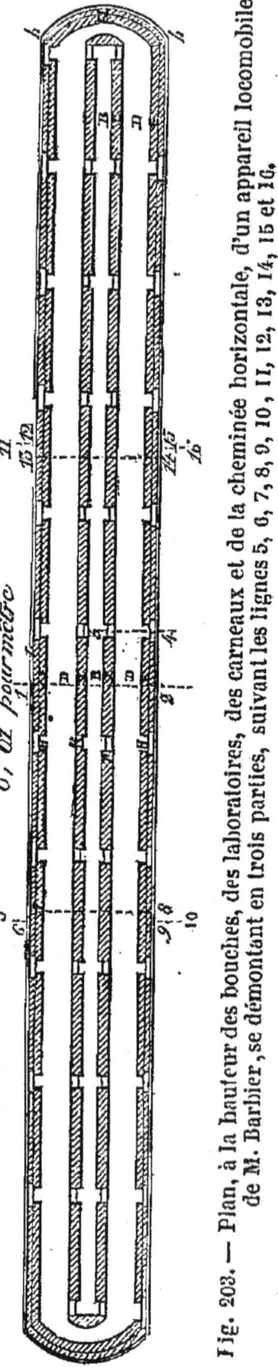

Fig. 203. — Plan, à la hauteur des bouches, des laboratoires, des carneaux et de la cheminée horizontale, d'un appareil locomobile de M. Barbier, se démontant en trois parties, suivant les lignes 5, 6, 7, 8, 9, 10, 11, 12, 13, 14, 15 et 16.

en même temps que le séchoir profite du rayonnement des parois.

En effet, en introduisant, avec la précaution conve-

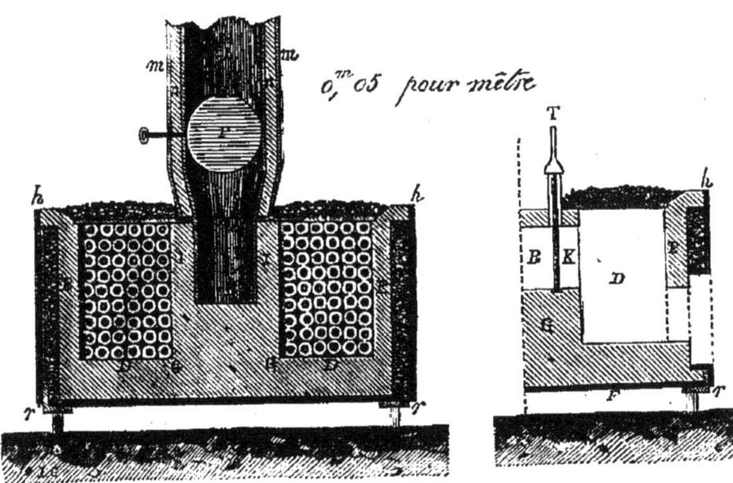

Fig. 204. — Coupe, à travers la cheminée et les laboratoires, de la figure 203.

Fig. 205. — Coupe, à travers la bouche, le laboratoire, le carneau et la cheminée horizontale, de la figure 203.

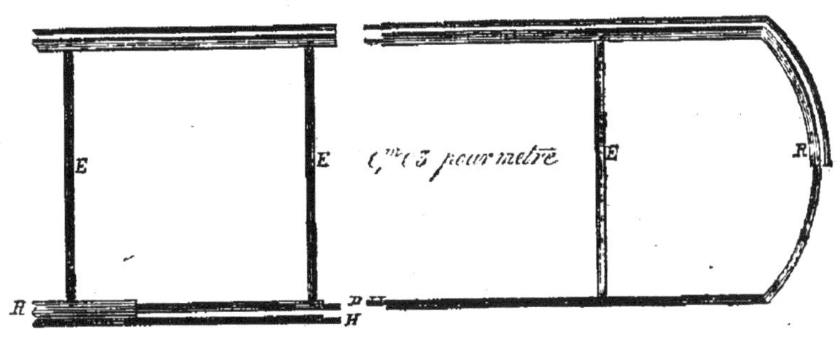

Fig. 206. — Détails de la charpente en fer supportant l'appareil locomobile de M. Barbier.

nable, et à une distance de 20 mètres environ en amont du foyer (selon les expériences de l'auteur), de l'air extérieur dans le four, cet air, entraîné par le tirage, s'empare, en refroidissant successivement les produits, d'une partie de la chaleur qu'ils possèdent, reçoit un complément en face du foyer et porte ce calorique aux nouveaux produits.

De cette façon l'action du foyer est augmentée de la puissance calorifique des produits cuits, et, une fois l'opéra-

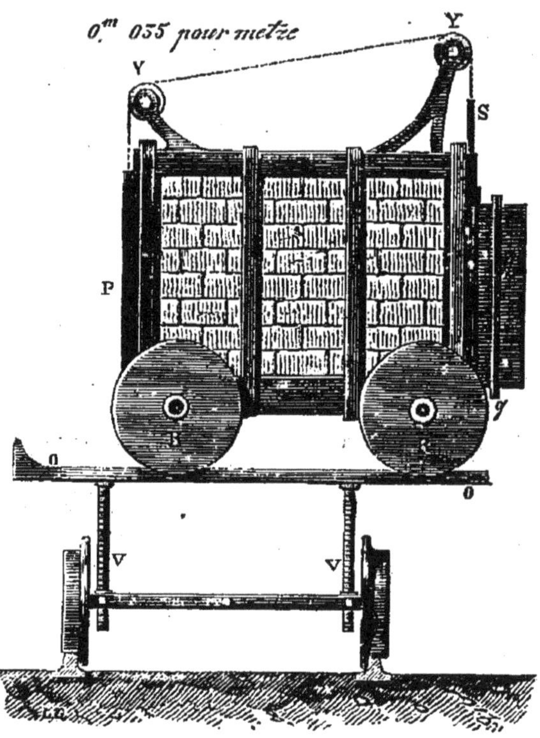

Fig. 207. — Détails en profil et élévation du foyer mobile de M. Barbier, monté sur son double système de rail-way.

tion en marche, au lieu de rester acteur principal, le foyer ne devient, pour ainsi dire, qu'un auxiliaire réparant la déperdition occasionnée par les parois; enfin la dépense du combustible est réduite à cette compensation.

Telles sont les données de ce système, par lequel l'auteur s'est proposé de réduire à ses dernières limites la dépense du combustible :

De graduer avec précision l'échauffement et le refroidissement des produits;

De les cuire uniformément, en les soumettant presque solément à l'action des gaz;

D'éviter, par conséquent, les pertes importantes qui ré-

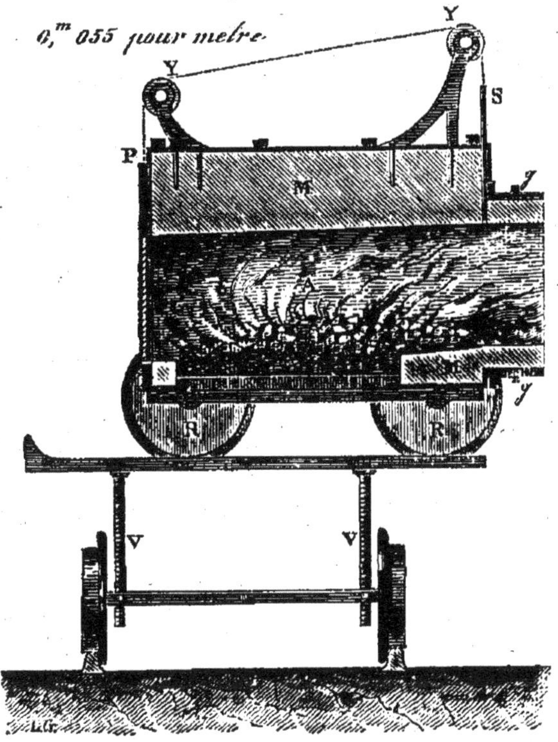

Fig. 208. — Coupe longitudinale du foyer mobile de M. Barbier.

sultent du défaut de cuisson, du gauchissage, de la vitrification, de l'étonnement, etc.;

D'opérer le moulage et le séchage en tout temps et en toute saison;

Enfin d'obtenir, par la continuité de l'action, une production considérable et économique.

Cet appareil peut s'établir facilement partout, sous les

hangars des anciennes tuileries, et sa dépense d'établissement peut être réduite aux plus faibles proportions.

Il existe en ce moment à Troyes (Aube) un four de ce système construit provisoirement et d'une manière sommaire; il cuit par 24 heures 5,000 tuyaux de drainage, et n'a pas coûté plus de 350 fr.

Quant à la production et à la dépense du combustible, l'auteur s'est livré à des expériences sur des terres de provenances diverses, et réunissant, autant que possible, les deux limites extrêmes d'aptitude à la cuisson. Il a constaté que, selon cette aptitude, les produits préparés par la continuité de l'action des gaz achèvent leur cuisson en 20 ou 60 minutes de séjour du foyer mobile devant chaque laboratoire.

De là résultent les données approximatives contenues dans le tableau suivant, établi pour des appareils dont les laboratoires auraient 70 décimètres carrés de section et 1m.10 de longueur, en admettant un fonctionnement continu, et le foyer brûlant à l'heure 116 kilogr. de bois ou 50 kilogr. de houille.

Nature des produits.	Quantité de produits contenue dans chaque laboratoire.	Durée de la cuisson au grand feu dans chaque laboratoire, selon l'aptitude des terres et le volume des produits. minutes.	Durée du grand feu pour chaque mille de produits. h. m.
BRIQUES PLEINES, petit moule de Bourgogne cubant 0m.055 × 0m.11 × 0m.22.........	307	60	3 15
	d°	50	2 43
	d°	40	2 10
BRIQUES CREUSES de même calibre, percées de 3 trous, formant une section totale vide de 16 centimètres carrés....	347	50	2 24
	d°	40	1 55
	d°	30	1 26
TUYAUX DE DRAINAGE ayant 0m.03 de diamètre intérieur, 0m.05 de diamètre extérieur et 0m.33 de longueur......	798	40	0 50
	d°	30	0 37
	d°	20	0 25

Nature des produits.	Dépense de combustible par 1,000. Bois. kil.	Houille. kil.	Production par 24 heures.
BRIQUES PLEINES, petit moule de Bourgogne, cubant 0m.055 × 0m.11 × 0m.22.........	427 315 250	162 136 108	7,348 8,840 11,052
BRIQUES CREUSES de même calibre, percées de 3 trous, formant une section totale vide de 16 centimètres carrés. ..	278 222 166	120 96 71	9,993 12,492 16,656
TUYAUX DE DRAINAGE ayant 0m.03 de diamètre intérieur, 0m.05 de diamètre extérieur et 0m.33 de longueur......	96 71 48	41 31 21	28,728 38,304 54,456

Nature des produits.	Production annuelle pour 300 jours de travail.	Production annuelle pour 325 jours de travail.
BRIQUES PLEINES, petit moule de Bourgogne, cubant 0m.055 × 0m.11 × 0m.22.........	2,204,400 2,652,000 3,315,600	2,388,100 2,873,000 3,591,900
BRIQUES CREUSES de même calibre, percées de 3 trous formant une section totale vide de 16 centimètres cubes....	2,997,900 3,747,600 4,996,800	3,247,725 4,059,900 5,413,200
TUYAUX DE DRAINAGE ayant 0m.03 de diamètre intérieur, 0m.05 de diamètres extérieur et 0m.33 de longueur..... ..	8,618,400 11,491,200 16,336,800	9,336,600 12,448,800 17,698,200

Suivant la durée de la cuisson au grand feu et l'impressionnabilité des terres au refroidissement, le défournement a lieu de 8 à 16 heures après l'enfournement. Le refroidissement, selon M. Barbier, peut être activé sans danger pour les produits en diminuant la couche de sable qui recouvre la voûte. Le rayonnement profite alors au séchoir.

On comprend que le système puisse être transformé de plusieurs manières, et qu'il se prête à toutes les dispositions que la pratique pourrait désirer.

Les figures 194, 195, 196, 197 et 198 expliquent le fonctionnement d'un appareil ayant deux cheminées latérales, le foyer circulant en dedans de la ligne des laboratoires.

Dans les figures 199 et 200, on voit le même système modifié de manière à n'avoir qu'une cheminée centrale, le foyer circulant en dehors de l'enceinte des laboratoires adossés les uns aux autres et à la cheminée.

Dans les figures 201 et 202, les laboratoires sont encore rapprochés ; le foyer circule extérieurement; la cheminée horizontale devient commune aux deux séries de laboratoires ; la cheminée verticale est unique et extérieure, et peut desservir deux appareils jumeaux.

Enfin les figures 203, 204, 205 et 206 représentent un appareil locomobile que l'on peut monter et démonter facilement, puis placer sur un chariot pour servir à une usine nomade.

Les mêmes lettres, dans les figures 194 à 203, désignent les mêmes objets.

A ou A' est le mur auquel sont adossés la cheminée horizontale B et le four proprement dit D, contenant les laboratoires. Ces deux carneaux B et D s'appuient sur le massif en maçonnerie G. Les orifices H, qui règnent dans la paroi du four, de distance en distance, sont destinées à recevoir la bouche d'un foyer mobile F. Ces orifices se ferment par des registres.

Le four D communique avec la cheminée horizontale B par des bouches K, K', K'', que l'on ferme par les valves T, T'. Enfin la cheminée horizontale B est en relation à son tour, au moyen d'un carneau K''' muni du registre Q, avec la cheminée L L'.

La porte P sert au service; des plaques tournantes R servent à la circulation du foyer mobile F sur un chemin de fer longitudinal. Z est le séchoir.

L'appareil locomobile de M. Barbier (fig. 203) mérite de

fixer l'attention. Les détails de la disposition adoptée sont rendus par les figures 204, 205 et 206. Un fer d'angle *r*, vissé sur des barres de fer, maintient la paroi E, qui est formée d'un seul rang de briques d'environ 0^{m}.07 de largeur, et qui est revêtue d'une enveloppe de tôle *h*, laissant entre la brique et cette tôle un intervalle de 0^{m}.05 rempli de cendres, de sable ou de ciment pilé. Le four se démonte (fig. 203) en trois parties, suivant les lignes 5, 6, 7, 8, 9 et 10; 11, 12, 13, 14, 15 et 16. La cheminée verticale L (fig. 204) est en tôle, habillée d'une enveloppe en poterie *m*, laissant un intervalle *n* de 0^{m}.04, rempli de cendres tassées; elle est munie d'un diaphragme P, pour la fermer complétement ou régler le tirage. Les briques étant démontées et chargées à part, le squelette en fer de chaque partie peut se placer tout assemblé sur un chariot, et la reconstruction peut se faire très-rapidement sur le terrain où l'on veut fabriquer de nouveau. La charpente en fer (fig. 206) qui supporte l'appareil est formée par des barres de fer sur champ D, reliées par des traverses E.

La marche du four est facile à comprendre.

Le foyer étant appliqué à l'une des bouches, la communication entre les laboratoires D (fig. 204 et 205) et la cheminée horizontale B s'établit par l'un des carneaux K, en ouvrant la valve T à une distance du foyer variable selon l'aptitude des produits à la cuisson, leur degré de siccité et la nature du combustible, par exemple à 12 mètres. Les gaz parcourent alors, à travers les laboratoires, cette distance de 12 mètres, cuisent les premiers produits et préparent les autres, en les faisant passer par tous les degrés du petit feu au grand feu, lorsque le foyer mobile s'avancera. On ferme la valve T pour en ouvrir une autre à mesure que le foyer change de place, de sorte que la cheminée est rendue en quelque sorte mobile aussi bien que le foyer. On défourne en arrière du foyer, à mesure du refroidissement, en isolant le laboratoire qu'on veut défourner; pour cela on fait glisser dans la voûte, à chaque extrémité du laboratoire, deux registres mobiles en tôle. Le défournement s'opère en enlevant une partie de la voûte mobile.

Il nous reste à expliquer le fonctionnement du foyer, que nous avons dit marcher le long des laboratoires. Les figures 207 et 208 le représentent, en élévation, de profil et en coupe, monté sur son double chemin de fer. Les parois et la voûte M sont en briques réfractaires. Les angles sont garnis en fers d'angle, et des cercles de fers le consolident encore au milieu. La tuyère est en fonte ou en tôle garnie de briques réfractaires; elle s'engaîne jusqu'à sa nervure *g* dans la bouche des laboratoires. Des registres P et S, se faisant contre-poids et manœuvrés par des chaînes enroulées sur des poulies Y, ferment les portes de l'alimentation du foyer A et de la tuyère. L'entrée de l'air sous la grille se règle par un cendrier formant tiroir, et la surface libre de la grille est formée par une série de plaques étroites en fonte, glissant dans deux rainures pratiquées sous cette grille.

Le massif du foyer est assis sur un châssis rectangulaire en fer, dont deux côtés parallèles forment deux essieux auxquels sont adaptées les roues R. Ces roues roulent sur les rails O, qui forment le système supérieur du chemin de fer avec lequel on engaîne et dégaîne la tuyère.

Les rails O sont reliés, au moyen de quatre vis V, à un second châssis rectangulaire situé au-dessous, et dont deux côtés forment des essieux portant des roues roulant sur un chemin de fer à angle droit avec le précédent.

S'il est vrai qu'un four cuisant 5,000 tuyaux par jour ne coûte pas au delà de 350 fr., ce qui s'explique par la nature des matériaux employés dans sa construction ; s'il est vrai en même temps qu'il donne 60 pour 100 d'économie sur la cuisson, nous regarderons comme résolu le problème de la fabrication économique des tuyaux de drainage. Avec les machines peu coûteuses et portatives dont nous avons parlé pour l'épuration et l'étirage, avec les fours locomobiles, un entrepreneur pourra aller porter de place en place le bienfait du drainage, sans qu'il soit nécessaire de créer des tuileries dans les pays où les briques et les tuiles n'auraient plus tard aucun emploi probable.

CHAPITRE LXXX

Cuisson des tuyaux

La cuisson des tuyaux, comme celle de toutes les poteries, se compose de trois opérations : enfournement, conduite du feu, défournement.

Nous avons vu qu'avec les fours ordinaires, tels que ceux de M. Vincent (p. 380) et de MM. Virebent (p. 397), il faut de 5 à 18 jours pour la cuisson des tuyaux ; cette durée est diminuée dans les fours continus, en accordant moins de temps au refroidissement après le grand feu et en chauffant plus vite. En général, il ne faut pas chercher à cuire trop vite, parce qu'un refroidissement trop brusque ou une chaleur trop vivement appliquée donnent lieu à un déchet qui peut devenir très-considérable. Si l'on pousse le feu trop rapidement, l'eau qui reste dans le tuyau séché à l'air, se transformant tout à coup en vapeur au lieu de s'échapper lentement, brise la poterie. D'un autre côté, l'air froid arrivant sur une poterie très-chaude la fait également éclater. On ne peut jamais échapper complétement à ce double danger; il y a toujours un déchet dans la cuisson; ce déchet est en moyenne de 8 pour 100, et on ne peut guère le faire descendre au-dessous de 2 pour 100. Il faut, pour qu'il soit réduit à son minimum, n'enfourner que des tuyaux bien secs; dans beaucoup de fabriques on n'accorde que trois ou quatre jours à la dessiccation dans les séchoirs, et, à moins de très-beau temps fixe, c'est un délai trop court.

D'après des pesées que nous avons faites, les tuyaux perdent en séchant, et ensuite en cuisant, les quantités d'eau suivantes. Nous avons opéré sur trois sortes de tuyaux provenant des fabriques de MM. Lauret, Thackeray et Vincent, ayant tous la même longueur de 0m.32 à 0m.33.

	Laurent.	Thackeray.	Vincent.
	m.	m.	m.
Diamètre extérieur..........	0.055	0.055	0.060
Diamètre intérieur..........	0.035	0.040	0.040
Épaisseur des tuyaux........	0.010	0.075	0.010
	kil.	kil.	kil.
Poids de 1,000 tuyaux frais...	1,360	1,148	1,187
— séchés.	1,203	970	1,009
— cuits..	1,013	759	957

De ces chiffres nous concluons les pertes suivantes, pour un poids de 100 kil. de terre fraîche :

	Laurent.	Thackeray.	Vincent.
Pendant la dessiccation.......	12.26	15.50	14.99
Pendant la cuisson..........	13.86	18.38	4.38
Perte totale.......	26.12	33.88	19.37

La perte pendant la dessiccation consiste intégralement en eau; la perte pendant la cuisson provient à la fois d'eau et d'acide carbonique chassés par la chaleur. Tandis que la première perte reste comprise entre 12 et 15 pour 100, la seconde varie de 4 à 18.

L'usage de placer les tuyaux debout facilite beaucoup la

cuisson; il en résulte, en effet, un nombre de cheminées verticales égal à celui des tuyaux qui tiennent sur l'aire du laboratoire. Les gaz passent dans toutes ces cheminées avant de s'échapper, et répartissent convenablement la chaleur. Le tirage se fait peut-être avec trop d'activité, et il est bon, dans les premiers temps de la mise en feu, de couvrir le four avec des planches que l'on enlève plus tard.

Quand on a à enfourner des tuyaux de divers diamètres, on les place les uns dans les autres. D'après des renseignements que nous a donnés M. Thackeray, avec sa grande et sa petite machine, ce fabricant fait des tuyaux des six dimensions suivantes :

N° des tuyaux.	Diamètre intérieur.	Diamètre extérieur.	Épaisseur.
	m.	m.	m.
1.......	0.045	0.065	0.0100
2.......	0.057	0.090	0.0165
3.......	0.085	0.113	0.0140
4.......	0.111	0.143	0.0155
5.......	0.140	0.175	0.0175
6.......	0.168	0.206	0.0190

Pour enfourner il emboîte ensemble les numéros 1, 3 et 5, d'une part; 2, 4 et 6, d'autre part.

M. Lauret, dans la fabrique fondée par M. Gareau à la Chapelle-Gautier (Seine-et-Marne), fait quatre sortes de tuyaux, ainsi qu'il suit :

N° des tuyaux.	Diamètre intérieur.	Diamètre extérieur.	Épaisseur.
	m.	m.	m.
1.......	0.035	0.055	0.0100
2.......	0.045	0.070	0.0125
3.......	0.060	0.085	0.0125
4.......	0.075	0.100	0.0125

M. Lauret emboîte le n° 1 dans le n° 4.

Nous avons vu précédemment (chap. LXIX, p. 304) que M. Borie a imaginé une filière concentrique qui permet d'étirer à la fois trois tuyaux emboîtés l'un dans l'autre.

Cette disposition des tuyaux les uns dans les autres n'a pas, du reste, une très-grande importance, à cause du petit nombre de tuyaux des forts numéros employés par rapport à la quantité considérable de tuyaux n° 1 usités dans les drainages. Voici, par exemple, les proportions dans lesquelles les tuyaux de divers diamètres ont été employés pour 1,000, d'après les relevés du drainage de 120 hectares exécuté par M. Lauret :

Nos.	Diamètre intérieur.	Nombre proportionnel de tuyaux.
	m.	
1............	0.035	700
2............	0.045	200
3............	0.060	60
4............	0.075	40
	Total.........	1,000

M. Jacquemart, dans le compte rendu si intéressant du drainage de 110 hectares qu'il a exécuté, rapporte avoir employé les proportions de tuyaux suivantes :

Nos	Diamètre intérieur.	Nombre proportionnel de tuyaux.
	m.	
1..............	0.035	864
2..............	0.055	98
3..............	0.080	38

Quand il est nécessaire de donner passage à un fort écoulement d'eau, on peut placer au fond des tranchées plusieurs tuyaux superposés. C'est le parti que prennent la plupart des draineurs, et alors des tuyaux de diamètres variés sont moins nécessaires. M. Vincent ne fait, en conséquence, que deux sortes de tuyaux, savoir :

N° des tuyaux.	Diamètre intérieur.	Diamètre extérieur.	Épaisseur.
	m.	m.	m.
1.......	0.040	0.060	0.010
2.......	0.060	0.080	0.010

Les tuyaux éprouvent un retrait, tant par la dessiccation

que par la cuisson. Dans des mesures que nous avons prises sur des tuyaux n° 1, de la fabrique de M. Lauret, nous avons trouvé :

	Tuyau frais.	Tuyau sec.	Tuyau cuit.
	m.	m.	m.
Longueur	0.380	0.340	0.330
Diamètre intérieur...	0.038	0.037	0.035
Diamètre extérieur...	0.060	0.058	0.055

Le retrait total est de 13 pour 100, ou d'environ $\frac{1}{8}$ des dimensions linéaires.

A ce propos, nous ne pouvons trop recommander à tous ceux qui achètent des tuyaux d'en mesurer la longueur. Quand on parle d'un bout de tuyau, il doit être entendu qu'il s'agit d'une longueur de $0^m.32$ à $0^m.33$. Or, nous avons eu l'occasion de constater que certains fabricants avaient peu à peu rapproché les intervalles de leurs fils coupeurs, de manière à ne plus livrer que des tuyaux cuits de $0^m.30$, puis de $0^m.28$ de longueur. A ce compte on peut se permettre, par rapport à des confrères plus loyaux ou moins avisés, une apparence de bon marché sur le prix de 1,000 tuyaux; mais le cultivateur paye tous les frais de la ruse commerciale; car si chaque tuyau est diminué d'un sixième, il faut un nombre de tuyaux d'un sixième plus grand.

La cuisson exerce une grande influence sur la qualité du tuyau de drainage. Il faut éviter également un défaut ou un excès de cuisson. Le premier inconvénient est surtout grave pour l'acheteur, le second pour le fabricant. « Quand les tuyaux ne sont pas assez cuits, disent des fabricants très-habiles que nous avons déjà cités plusieurs fois, MM. Virebent, les terres restent tendres, terreuses, ayant une teinte sombre, soit qu'elles donnent par la cuisson la couleur rouge ou la couleur blanche. Elles ne sont point sonores, se délitent et s'exfolient aux moindres influences de l'atmosphère, donnent accès à la formation du salpêtre, s'effritent et se perdent en peu de temps. Un feu trop longtemps soutenu ou trop vigoureusement poussé calcine ou vitrifie la pâte céramique, qui peut se ramollir ou même couler en fusion ; ce qui occasionne, sans bénéfices pour la qualité des tuyaux, des pertes et des avaries qui peuvent devenir majeures. La terre ainsi frappée par une température trop élevée devient d'un brun foncé, et peut arriver au noir. Tous les tuyaux gauchissent et adhèrent les uns aux autres par l'effet du ramollissement. »

On voit qu'il est très-important de bien apprécier le point qu'il faut atteindre et qu'il faut se garder de dépasser dans la cuisson. La chaleur qui convient varie d'un rouge sombre à un rouge très-vif. On peut la reconnaître à l'aide d'une grande habitude, à défaut de laquelle il faut employer des *montres*, c'est-à-dire quelques bouts de tuyaux que l'on pourra saisir, à l'aide d'une pince, par des orifices ménagés dans la porte d'enfournement et de défournement. Ces orifices ne sont fermés qu'avec une brique qu'on enlève facilement lorsque la masse des produits est arrivée à la température rouge sombre. On commence par prendre la montre la plus basse ; si elle indique, par l'état de sa cuisson, qu'on est arrivé à un feu convenable, on prend vite une montre plus élevée, de manière à savoir si l'on doit augmenter, maintenir ou ralentir le feu.

L'enfournement se fait en mettant sur la sole du four un ou deux rangs de briques placées verticalement et séparées par de petits intervalles. On commence par les tuyaux du plus grand diamètre, et on achève par les assises des tuyaux du plus faible calibre. A la troisième, quatrième et cinquième assises, on laisse au fond de la porte de service des couloirs pour placer les montres dont nous venons de parler.

On allume le feu, dans le fond des alandiers, avec du bois refendu, de manière à établir le tirage. On rapproche ensuite peu à peu le feu de la bouche. Il faut aller avec précaution pendant tout le temps du petit feu. On fait le feu moyen quand toute la masse est chaude, en augmentant progressivement jusqu'à ce que les arceaux commencent à rougir. Alors commence le grand feu, qui demande le plus de surveillance et de continuité; il faut donner un coup de vigueur, qui constitue le talent du chaufournier. Le grand feu terminé, on diminue la charge du combustible; puis on ferme les bouches à l'aide de petits murs en briques faits à sec, mais lutés extérieurement avec un peu d'argile.

On doit éviter de rouvrir trop tôt, pour empêcher la casse que produirait sur la marchandise un courant d'air d'une température trop différente de celle de la poterie.

CHAPITRE LXXXI

Du poids des tuyaux

Le poids des tuyaux est un élément important dans l'appréciation du prix des travaux de drainage. Dans le plus grand nombre des drainages que nous avons visités en France, les tuyaux ont été pris aux fabriques par les cultivateurs, qui les ont transportés à l'aide de leurs attelages. Les propriétaires ou fermiers ont acheté les tuyaux à un prix déterminé, à la condition qu'ils viendraient les prendre à la fabrique. De quels frais le transport, dans ces circonstances, doit-il grever un drainage? C'est ce que l'on pourra calculer dans chaque cas particulier d'après une connaissance exacte des poids de 1,000 tuyaux de divers calibres. Voici les chiffres que des pesées directes nous ont donnés à cet égard pour des tuyaux d'une longueur de 0m.32 à 0m.33 :

Tuyaux de M. Lauret.

Nº des tuyaux.	Diamètre intérieur.	Diamètre extérieur.	Poids de 1,000 tuyaux.
	m.	m.	kil.
1.......	0.035	0.055	1,013
2.......	0.050	0.070	1,390
3.......	0.060	0.085	1,623
4.......	0.075	0.100	2,560

Tuyaux de M. Thackeray.

Diamètre intérieur.	Diamètre extérieur.	Poids de 1,000 tuyaux.
m.	m.	kil.
0.050	0.070	1,190
0.075	0.100	2,080

Tuyaux de M. Vincent.

Diamètre intérieur.	Diamètre extérieur.	Poids de 1,000 tuyaux.
m.	m.	kil.
0.040	0.060	957

Les poids des petits tuyaux de 0m.025 de diamètre intérieur peuvent descendre jusqu'à 450 kilogr. le 1,000. Selon la nature des terres, le poids varie du simple au double pour le même calibre.

CHAPITRE LXXXII

Tuyaux poreux et tuyaux moulés sur place

On a eu l'idée, il y a près de dix ans en Angleterre, et il y quelque temps seulement en France, de faire les tuyaux, non pas en poterie ordinaire, mais en mêlant à l'argile divers matériaux plus ou moins altérables par le feu. Le but que l'on a cherché à atteindre était le même que celui que se proposaient les inventeurs des tuyaux percés d'un grand nombre de trous. Nous ne croyons pas l'idée heureuse. En tous cas, les matériaux employés dans cette fabrication sont : la sciure de bois, le tan, les copeaux, les éclats de bois, le charbon de bois, le bois de rebut cassé ou coupé en petits morceaux, du poussier de charbon de terre, de l'asphalte, de la poix ou d'autres substances bitumineuses ou minérales décomposables par le feu. On comprend que l'action du feu sur ces matières, employées dans la proportion de 1/10 environ, en faisant disparaître une partie de leurs éléments, laisse des tuyaux plus poreux; mais cette plus grande porosité n'est point nécessaire. La légèreté des tuyaux peut, au contraire, être un mérite, et c'est ce qui a engagé MM. Bouvert père et fils, fabricants à la Villette, près Paris, à entrer dans cette voie.

Mais le but que doivent se proposer tous les fabricants de tuyaux, c'est une production à bas prix. Le bas prix peut seul entraîner les agriculteurs français à faire du drainage sur une grande échelle. Toutefois le désir d'arriver au bon marché ne doit pas détourner les fabricants de la bonne qualité, qui se reconnaît à des tuyaux bien sonores, bien droits, bien ronds, sans bavures intérieures vers les extrémités.

Il n'y a pas de drainage durable sans des tuyaux de bonne qualité, faits avec des matériaux bien choisis, étirés, séchés et cuits avec toutes les précautions que nous nous sommes attaché à décrire. Le bon marché qui exclut la longue durée n'est qu'une apparence trompeuse. Nous avons peur qu'il en soit ainsi des tuyaux en ciment poreux qu'un ingénieur civil de Marsac (Tarn), M. Lebrun, a eu l'idée de mouler directement au fond des tranchées. Il faut transporter sur le terrain de la chaux et du sable, et les mélanger dans la proportion de 1 de la première matière contre 12 de la seconde. Si l'on coule un peu de ce ciment au fond de la tranchée, qu'on place un mandrin et qu'ensuite on verse de nouveau du ciment, au bout de quelque temps, la prise du ciment ayant eu lieu, on pourra retirer le mandrin pour continuer la même opération. Il est évident que le mandrin aura laissé un tuyau parfaitement formé. L'inventeur a calculé qu'une longueur correspondante à 1,000 tuyaux de poterie ne coûterait que 2 francs; mais nous craignons qu'on n'ait pas tenu compte d'une foule de frais accessoires qui ne paraissent d'aucune importance dans une expérience faite sur une petite échelle. C'est ce qui nous a frappé lorsque l'inventeur nous a soumis son système lors de l'Exposition universelle de 1855. On a vu d'ailleurs que M. Villeneuve, ingénieur des mines, a fixé à un prix beaucoup plus élevé l'emploi du ciment hydraulique, qu'il a proposé antérieurement à M. Lebrun (liv. II, chap. IV, p. 60). Enfin nous partageons complétement l'opinion de M. Beauregard, d'Orléans, qui ne croit pas à la longue durée des tuyaux faits en chaux. M. de Beauregard fait remarquer qu'on rencontre dans la terre des briques enfouies depuis des siècles et qui sont bien conservées, tandis qu'on ne trouve pas la moindre trace de la chaux ou du mortier de chaux qui unissait ces briques. C'est qu'une poterie cuite se conserve indéfiniment, tandis que la chaux, comme la marne des champs marnés, s'épuise à la longue par des causes que la chimie a fait connaître. Le fait incontestable de la disparition de la chaux du sol arable démontre que les tuyaux calcaires de M. Lebrun devront durer bien moins longtemps que des tuyaux convenablement cuits et préparés avec des matériaux de bonne qualité.

CHAPITRE LXXXIII

Prix de revient et vente des tuyaux

Si les tuyaux nous semblent tout à fait indispensables pour effectuer de bons travaux de drainage, nous devons dire, toutefois, que leur valeur n'entre que pour une assez faible fraction dans le prix du drainage d'un hectare. Une économie que l'on fait dans leur prix d'achat, malgré son importance réelle, ne doit donc pas être considérée comme une raison déterminante de l'exécution d'une pareille amélioration du sol. Il y a lieu de tenir compte, avant tout, des frais de main-d'œuvre, que nous établirons plus tard. Cette remarque nous a paru nécessaire pour qu'on ne se méprît pas sur les avantages que peuvent présenter les tuyaux à très-bon marché, mais d'une mauvaise qualité, que les eaux pourraient corroder et détruire. Une opération de drainage doit être un héritage légué pour jamais, par celui qui l'a exécuté, à tous ceux entre les mains desquels les champs pourront passer à la suite des siècles.

M. Lauret, ingénieur-draineur et maire à la Chapelle-Gautier (Seine-et-Marne), nous a remis sur le prix de revient des tuyaux les détails suivants :

« Six hommes, bien dirigés, font de tout point et par jour, avec la machine Clayton, 3,000 tuyaux numéro 1, ayant 0m.32 à 0m.33 de longueur, étant cuits, et 0m.035 de diamètre intérieur. Cette sorte de tuyaux revient au fabricant de 17 à 18 francs le mille. Cette dépense se décompose ainsi :

Terre	0f.85
6 hommes à 1 fr. 75 = 10 fr. 50, dont le tiers est de	3.50
Roulage	1.00
Empilage au séchoir	1.50
Enfournement et défournement	3.00
Main-d'œuvre pendant la cuisson	3.00
Combustible (bois)	4.50
Total	17.35

M. Vincent, ancien conducteur des ponts et chaussées, qui fabrique à Lagny (Seine-et-Marne), nous a, d'un autre côté, remis les détails suivants, pour 1,000 tuyaux de $0^{m}.040$ de diamètre intérieur :

Extraction de 0.8 mètre cube de matières premières (argile et rougette)	0f.50
Transport à la fabrique	0.50
Mélange des terres	0.50
Malaxage à la batte et à la pelle	3.00
Étirage à la machine	3.50
Soins donnés pour le retournement et l'empilage au séchoir	1.00
Transport au four	0.50
Rangement dans le four	0.25
Soins pendant la cuisson	2.00
Combustible (200 kilogr. de houille)	5.00
Défournement	0.50
Total	17.25

« A cette somme il faut ajouter 5 fr. pour intérêts du capital engagé, usure des outils, loyer, impôts (400 fr.), etc., ce qui porte le prix de revient à 22 fr. sur place. »

Dans cette somme ne se trouvent pas compris les frais de roulage, que M. Vincent regarde comme cause d'un déchet qui s'élève par la casse de 15 à 20 pour 100. On a vu que M. Vincent remplace cette opération par des précautions particulières dans l'étirage et le séchage (chap. LXXVI, p. 357).

M. Vitard, fondateur de l'Association de Drainage de l'Oise, nous a adressé sur sa fabrication des renseignements intéressants. Cette Association livre les tuyaux aux cultivateurs à prix coûtant; elle fait trois sortes de tuyaux, ainsi qu'il suit :

No des tuyaux.	Diamètre intérieur.	Poids de 1,000 tuyaux.	Prix de revient de 1,000 tuyaux.
	m.	kil.	fr.
1	0.0250	680	16.21
2	0.0537	980	22.13
3	0.0575	1,400	35.27

« La terre employée, dit M. Vitard, facile à travailler, facile à cuire, ne contenant aucune matière étrangère, ne nous coûte que 2 fr. 75 le mètre cube, rendue sur place. Le mètre cube pèse 2,200 kilogr. Cette terre est prise à 500 mètres de nos ateliers. On y ajoute 2 pour 100 de sable.

« Nous payons pour fabrication, roulage, séchage, enfournement, cuisson, défournement et placement en tas, 9 fr. le mille du petit modèle; nous comptons à l'ouvrier 2 tuyaux moyens pour 3 petits, et un gros tuyau pour deux petits. La cuisson, faite au bois, nous revient à 6 fr. le mille.

« La machine Thackeray, que nous employons, servie par trois hommes et un enfant, permet de confectionner 5,000 petits tuyaux par jour; mais il faut les rouler le lendemain ou le surlendemain, afin de leur rendre la forme régulière qu'ils perdent tous, un peu plus, un peu moins, par suite du retrait de la terre, au séchage, qui s'opère d'une manière d'autant plus convenable que la chaleur atmosphérique est moins forte. Un homme peut rouler 2,000 tuyaux par jour. »

A côté des prix de revient en fabrique de MM. Vincent et Lauret, nous allons maintenant placer les prix de vente.

Il faut savoir gré, aux fabricants qui nous ont donné les détails précédents, de leur complaisance; tout le monde n'aime pas à livrer ainsi le secret de ses bénéfices. Peut-être nous-même eussions-nous évité de commettre une sorte d'indiscrétion, si l'intérêt agricole n'était ici engagé. Ne pouvons-nous pas faire observer d'ailleurs, pour excuse, que chacun peut gagner à ce que les prix précédents soient abaissés de manière à réduire aussi ceux qui vont suivre.

Voici les prix de vente de M. Lauret :

N° des tuyaux.	Diamètre intérieur.	Prix de 10,00 tuyaux.
	m.	fr.
1...........	0.035	22
2...........	0.045	27
3...........	0.060	37
4...........	0.075	47

Ceux de M. Vincent sont :

N° des tuyaux.	Diamètre intérieur.	Prix de 1,000 tuyaux.
	m.	fr.
1...........	0.040	28
2...........	0.060	30

Voici des prix que nous empruntons à des renseignements qui nous ont été fournis par M. Delacroix, ingénieur des ponts et chaussées, pour la fabrique de M. Valentin, à Orléans; les tuyaux sont faits avec la machine Whitehead, et ont une longueur de $0^{m}.30$ à $0^{m}.31$.

N° des tuyaux.	Diamètre intérieur.	Prix de 1,000 tuyaux.
	m.	fr.
1...........	0.030	16
2...........	0.040	23
3...........	0.050	35
4...........	0.060	42
5...........	0.090	65

M. Delacroix nous a aussi communiqué les prix des tuyaux faits, avec la machine Clayton, à la tuilerie de M. Beauregard, à 14 kilom. d'Orléans, dont nous avons eu l'occasion de parler plus haut (chap. LXXIV, p. 333); ces prix sont :

N° des tuyaux.	Longueur.	Diamètre intérieur.	Diamètre extérieur.	Prix de 1,000 tuyaux pris au four.	Prix de 1,000 tuyaux rendus à Orléans.
	m.	m.	m.	fr	fr.
1....	0.28	0.022	0.030	15	16
2....	0.36	0.026	0.040	20	22
3....	0.36	0.035	0.050	22	24
4....	0.37	0.045	0.070	34	36
5....	0.37	0.095	0.130	80	92
6....	0.38	0.140	0.180	140	160

Dans son troisième Rapport au gouvernement de Belgique sur l'état du drainage dans ce pays, M. Leclerc indique les prix de vente qui suivent : il est à noter que les draineurs belges emploient toujours les manchons ou colliers pour relier les tuyaux.

N° des tuyaux.	Diamètre intérieur.	Prix de 1,000 tuyaux pris à l'usine dans les fabriques de	
		Haine St-Pierre, Tubize, Gembloux, St-Gilles-lez-Liége, Ghislenghien.	Audenarde.
	m.	fr.	fr.
1......	0.025	15	16.00
2......	0.035	18	19.25
3......	0.050	22	24.00
4......	0.060	25	29.00
5......	0.080	32	35.00

Les manchons des tuyaux précédents se vendent :

N° des tuyaux.	Prix de 1,000 manchons pris aux fabriques de	
	Haine St-Pierre.	Audenarde.
	fr.	fr.
1............	4.50	5.50
2............	5.50	6.50
3............	7.00	7.50
4............	11.00	8.50
5............	18.00	11.00

M. Leclerc donne aussi le détail du prix de revient de 1,000 tuyaux. Il s'agit de tuyaux de $0^{m}.025$ de diamètre intérieur, fabriqués par M. Jounieaux, de Thumaide. « Ce potier, dit M. Leclerc, extrait la terre qui lui sert à faire les tuyaux à 1,500 mètres de sa fabrique, dans un champ qu'il loue à cet effet à raison de 8 fr. la verge, et qu'il est obligé de niveler après que la veine d'argile est épuisée. La terre subit une première manipulation sur le lieu d'extraction ; elle est ensuite corroyée à l'aide d'un pétrin mis en mouvement par deux vaches. Les tuyaux sont moulés avec la machine Williams, et cuits, partie au bois, partie avec de la houille des environs de Mons. » Le prix de revient s'établit ainsi, pour 1,000 tuyaux et 1,000 manchons :

Extraction, manipulation et transport de la terre à la fabrique.	2f.00
Corroyage de la terre au moyen du pétrin..............	1.00
Transport de la terre du pétrin à la machine à mouler les tuyaux et moulage..................................	1.20
Transport des tuyaux et des manchons sur les séchoirs....	0.80
Roulage des tuyaux..................................	0.50
Transport au four et enfournement....................	1.40
Bois, houille et main-d'œuvre pour la cuisson............	1.35
Défournement..	0.25
Total............................	8.50

Ce fabricant vend ses tuyaux ainsi qu'il suit, pris à la fabrique :

Nº des tuyaux.	Diamètre intérieur. m.	Prix de 1,000 tuyaux. fr.	Prix de 1,000 manchons correspondants. fr.
1........	0.025	13.50	3.00
2........	0.040	18.00	4.00
3........	0.050	20.00	5.00
4........	0.060	24.00	6.00
5........	0.080	32.00	9.00

Ces prix sont très-notablement inférieurs à ceux des tuyaux faits en France; la grande différence que nous constatons provient surtout des frais de cuisson, du haut prix du combustible. En Belgique on ne compte pour la cuisson que 1f.35 c., et nous avons compté, chez M. Lauret 7f.50 c., chez M. Vitard 6 fr., chez M. Vincent 7 fr.

Les prix de revient, en Angleterre, sont encore beaucoup plus bas qu'en Belgique; mais les prix de vente sont presque les mêmes. Voici comment M. Hodges établit les prix de revient et de vente des tuyaux fabriqués avec le four temporaire, que nous avons décrit plus haut (fig. 184 à 187, p. 388 et 389), et avec la machine de Hatcher (chap. XII, p. 166) :

N° des tuyaux.	Diamètre intérieur.	Prix de revient de 1,000 tuyaux.	Prix de vente de 1,000 tuyaux.	Nombre de tuyaux traînés par un chariot attelé de 4 chevaux.
	m.	fr.	fr.	
1....	0.025	5.94	15.00	8,000
2....	0.032	7.50	17.50	7,000
3....	0.044	10.00	20.00	5,000
4....	0.057	12.50	25.00	3,500
5....	0.070	15.00	30.00	3,000

Tous ces tuyaux ont une longueur excédant $0^{m}.305$, étant cuits.

Les détails qu'on vient de lire sur les prix de revient et de vente des tuyaux sont ceux que nous avons donnés dans la première édition de cet ouvrage. Depuis deux ans la question a marché; des tentatives ont été faites pour obtenir de meilleurs résultats, et le lecteur a sous les yeux les descriptions des nouveaux procédés de fabrication qui ont été imaginés. Nous allons maintenant donner quelques chiffres sur les nouveaux prix de revient.

M. Prou, conducteur des ponts et chaussées, qui a suivi de près l'essai fait au Plessis-Barbe (Indre-et-Loire, canton de Neuvy-le-Roi), par M. Mergez, de la machine à étirer les tuyaux de M. Franklin (chap. XXXVII, p. 222), donne les chiffres remarquablement bas que nous allons résumer.

M. Prou suppose qu'une machine à vapeur de 6 chevaux, consommant en 12 heures 100 kilogr. de houille seulement ($1^{kil.}.4$ par cheval et par heure, chiffre bien faible, que donnent rarement les meilleures machines à vapeur), conduit 4 machines Franklin, plus les wagons posés sur rails et destinés à transporter l'argile à main-d'œuvre et à enlever les tuyaux au fur et à mesure de leur confection, etc. La force motrice doit être, selon M. Prou, estimée à 5 fr. pour 48,000 tuyaux, soit $0^{f}.104$ par 1,000.

L'étirage, le séchage et le roulage, par chaque machine produisant 12,000 tuyaux, coûteraient :

Un quart de journée du mécanicien chargé du service de la machine à vapeur	1f.50
Une journée d'un enfant employé à couper les tuyaux	1.00
Une journée d'enfant employé à enlever les tuyaux coupés et à les placer sur des wagons qui les transportent au séchoir	1.00
Une journée de deux enfants employés au séchoir à calibrer et à ranger les tuyaux	2.00
Une journée de deux ouvriers employés, l'un à la carrière pour charger l'argile sur les wagons, l'autre à charger l'argile dans la machine	4.00
Réparations et frais divers	1.25
Total pour 12,000 tuyaux	10.75
Soit pour 1,000 tuyaux	0.896

La cuisson, au Plessis-Barbe, dure 21 jours, y compris le temps du défournement et de l'enfournement; elle s'effectue dans un four carré, ayant 3m.75 de côté, 3 mètres de hauteur, 42 mètres cubes de capacité, avec 3 foyers en dessous.

Ce four contient 40,000 tuyaux seulement. On voit qu'avec la production supposée dans le compte de M. Prou il faudrait 25 fours pour cuire la production journalière de 4 machines Franklin. En tout cas, une cuisson au bois coûte à M. Mergez 260 fr., soit, par 1,000 tuyaux, 6f.50.

En résumé, le prix de revient de 1,000 tuyaux serait, d'après M. Prou :

Force motrice	0f.104
Étirage, séchage, roulage	0.896
Cuisson	6.500
Total	7.500

Sauf la cuisson, tous les frais sont évidemment établis trop bas, ou peut-être même complétement négligés, comme, par exemple, le piochage ou le prix de la terre, les frais généraux, les impôts, etc. Cette remarque, qui peut s'appliquer à un grand nombre d'évaluations, nous a engagé à rechercher le compte même d'une usine donnant l'état réel des choses d'après l'expérience de plusieurs années. Il est évident cependant que l'on n'a, de cette façon, que les résultats d'une situation particulière.

M. Chauviteau, ancien élève de Grignon, avait fondé en 1852, aux portes de Paris, commune de Maison-Blanche, route de Choisy-le-Roi, nº 36, une usine à tuyaux montée sur un véritable pied agricole. C'était peut-être une faute; car, près de Paris, il faut être, avant tout, industriel. Une tuilerie ou briqueterie opérant sur une grande échelle, et donnant des produits d'une valeur assez élevée, pouvait réussir, tandis qu'une usine destinée à fabriquer en petite quantité des objets d'une faible valeur devait, selon nous, inévitablement ne pas faire ses frais. Nous comprenons donc parfaitement qu'elle se soit fermée à la fin de 1855, ainsi que celle créée en face par la Compagnie générale de Drainage et d'Irrigation qu'avait fondée M. Liroy d'Airolles, et qui est entrée en liquidation à la fin de la même année.

L'usine de M. Chauviteau fabriquait par an 500,000 tuyaux échantillonnés sur 0m.040 de diamètre intérieur. La campagne de fabrication durait de 6 à 8 mois, soit, en moyenne, 7 mois.

Le capital engagé en outillage était de 8,000 fr.; le capital circulant était de 20,000 fr. et le loyer de 1,600 fr.; pour renouveler le bail, le propriétaire des lieux demandait 2,000 fr. Les frais généraux comprenaient en outre : les impôts, un contre-maître, un chef d'équipe, un charretier et deux chevaux; ce qui donne en tout :

Intérêts du matériel à 10 pour 100	800 fr.
Intérêts pendant 6 mois, à 5 pour 100 l'an, du capital roulant.	500
Loyer	1,600
A reporter	2,900

Report..............	2,900 fr.
Impôts....................................	200
1 contre-maître............................	1,500
1 chef d'équipe............................	1,200
1 charretier...............................	1,200
2 chevaux..................................	1,600
Total...............	8,600

soit 17f.20 par 1,000 tuyaux.

Le personnel des ouvriers se composait d'un épurateur, d'un étireur et de son aide, de trois enfants rouleurs et de quatre manœuvres.

La terre coûtait d'extraction 3f.50 le mètre cube; elle était transportée à la fabrique par les deux chevaux pendant les cinq mois de chômage de l'hiver. Pendant la campagne de sept mois de fabrication, les deux chevaux donnaient vingt jours de travail de huit heures chaque mois pour le malaxage de la terre. La terre était passée à la grille d'épuration d'une machine Calla par l'ouvrier épurateur qui assortissait l'ouvrier étireur. Les deux ouvriers étaient payés à la tâche selon les prix suivants :

Diamètre intérieur des tuyaux.	Prix de l'épuration pour 1,000 tuyaux.	Prix de l'étirage de 1,000 tuyaux.
m.	fr.	fr.
0.025	0.75	1.00
0.030	0.75	1.25
0.040	0.75	1.25
0.050	1.25	2.50
0.060	1.25	3.00
0.070	1.25	3.00
0.080	1.50	3.00

L'ouvrier étireur avait un aide à son compte; il le payait 1f.25 par jour. Ils fabriquaient ensemble, par jour, au moyen de la machine Calla :

Diamètre intérieur des tuyaux.	Nombre de tuyaux étirés par jour.
m.	
0.025	6,000 à 6,200
0.030	5,000 à 5,200

0.040	4,500 à 4,700
0.050	3,500 à 3,650
0.060	3,000 à 3,100
0.070	2,200 à 2,060
0.080	1,800 à 1,900

Les tuyaux étaient coupés à 0m.35 de longueur, de manière à avoir 0m.32 à 0m.33 après la cuisson.

L'étireur gagnait 4f.50 par jour sur les petits tuyaux de 0m.025; il n'était pas assez payé pour l'étirage des gros tuyaux.

Avec 1 mètre cube de terre, exempt de déchets, après l'épuration, on produisait :

Diamètre intérieur des tuyaux.	Nombre de tuyaux étirés par jour.
m.	
0.025	2,500
0.030	1,950
0.040	1,637
0.050	1,130
0.060	945
0.070	742
0.080	500

Le séchage se faisait à la journée; son prix variait suivant la température extérieure, qui exigeait qu'on donnât plus ou moins de soins; il revenait en moyenne à 1f.50 le mille.

Le roulage, effectué à la tâche, était payé les prix suivants :

Diamètre intérieur des tuyaux.	Prix du roulage de 1,000 tuyaux.
m.	fr.
0.025	0.75
0.030	0.75
0.040	0.90
0.050	1.00
0.060	1.25
0.070	1.25
0.080	1.25

Le four employé était carré et voûté; il avait pour dimension $3^m.25 \times 3^m.25 \times 3^m.25 = 33.32$ mètres cubes; il pouvait contenir 40,000 tuyaux. On faisait deux cuissons par mois. L'enfournement exigeait trois journées de dix heures, et il se faisait à la journée par quatre hommes, payés $2^f.50$ chacun, et deux enfants, payés $1^f.25$. Une fournée brûlait 3,500 à 3,800 kilogr. de houille, ou 45 à 47 hectolitres, coûtant, rendus, 41 fr. les 1,000 kilogr., plus $7^{hect.}.5$ d'escarbille, coûtant 4 fr. environ.

D'après tous ces détails, le prix de revient de 1,000 tuyaux de $0^m.025$ de diamètre intérieur s'établit ainsi :

Achat de la terre	$1^f.40$
Transport	0.60
Chargement et déchargement	0.60
Épuration	0.75
Étirage	1.00
Soins au séchage	1.50
Roulage	0.75
Transport au four et enfournement	0.90
Combustible	4.00
Main-d'œuvre pendant la cuisson	0.75
Défournement	0.75
Mise en tas	0.25
Déchet (8.5 pour 100)	0.60
Total des frais spéciaux	13.85
Intérêts et frais généraux	17.20
Total	31.05

Les prix de vente étaient, à l'usine, en 1854 :

Diamètre intérieur des tuyaux. m.	Prix de vente de 1,000 tuyaux. fr.	Poids de 1,000 tuyaux. kil.	Nombre de tuyaux placés debout dans 1 mètre carré.	Nombre de tuyaux dans 1 mètre cube.
0.025	21	435	585	1,751
0.030	23	580	390	1,170
0.040	25	690	350	1,050
0.050	35	1,000	250	750
0.060	40	1,195	195	585
0.070	45	1,445	126	378

On voit que les frais généraux, répartis sur une trop faible production, absorbaient au delà de l'excédant du prix de vente sur les frais spéciaux de fabrication.

Une pareille usine n'aurait pu se soutenir qu'en faisant des briques tubulaires.

Voici le prix de vente de pareilles briques chez M. Borie, à Paris, rue de la Muette, nos 35 et 37 :

Dimensions des briques.	Nombre de tubes dans les briques.	Poids des briques.	Quantité par mètre carré sur champ.	Quantité par mètre carré à plat.	Prix par 1,000 rendu dans Paris.
		kil.			fr.
0.15×0.04 ×0.22	3	1.300	27	78	60
0.11×0.055×0.22	6	1.310	32	66	60
0.11×0.065×0.22	6	1.315	32	68	60
0.11×0.11 ×0.22	9	2.450	32	32	100
0.11×0.11 ×0.22	8	2.500	32	32	100
0.14×0.08 ×0.22	8	2.450	28	48	100

Pour compléter les détails que contient ce chapitre, nous ajouterons encore un extrait du rapport que nous avons fait, au nom du Jury d'agriculture, sur les tuyaux de drainage qui figuraient à l'Exposition universelle de Paris en 1855. Cet extrait fait connaître quelques faits nouveaux sur la fabrication des tuyaux en France et à l'étranger.

« Un bon tuyau de drainage doit avoir de 0m.30 à 0m.35 de longueur, et son diamètre intérieur, variable avec la quantité d'eau dont il doit assurer l'écoulement, ne doit guère descendre au-dessous de 0m.03. Il doit y avoir absence de rugosités ou de bavures dans l'intérieur, particulièrement aux extrémités, dont la coupe doit être nette et droite. Quand on frappe deux tuyaux l'un contre l'autre, on doit entendre un son clair et argentin, qui dénote une cuisson bien complète, l'absence de fissures et de pores trop nombreux, dans lesquels s'introduirait l'eau, pour exercer une détérioration lente sans doute, mais fatale. Le plus souvent les terres avec lesquelles les tuyaux sont fabriqués sont marneuses, contiennent du carbonate de chaux. Si le calcaire est en grains assez forts, si le broyeur et le malaxeur n'ont pas réduit ces grains en parcelles très-fines, si le crible n'a pas arrêté les trop gros au passage, il en résulte que, pendant la cuisson des tuyaux, ils se réduisent en chaux caustique et laissent un vide autour d'eux, un pore qui plus tard se remplira d'eau. Alors la chaux s'hydratant augmentera de volume et causera la friabilité de la poterie. Les pyrites existant dans les terres employées, en se sulfatisant plus tard, produiront le même effet que la chaux. L'expérience a montré qu'un certain nombre de tuyaux s'effritent ainsi peu de temps après leur placement dans les tranchées; la continuité de l'écoulement de l'eau venant à cesser, l'opération du drainage s'est trouvée compromise ou perdue. Un des exposants qui ont le plus fait pendant la durée de l'Exposition pour la propagation du drainage, M. le marquis de Bryas, a appelé avec raison l'attention sur ce sujet.

« Le Jury a mis :

« Au premier rang, pour médailles de 1re classe, les tuyaux exposés par MM. le vicomte de Rougé, Chevigny, l'Association agricole de l'Oise, en France; MM. le prince de Schwarzenberg et le prince Auesberg, en Autriche; M. Maurice Lerber, en Suisse;

« Au deuxième rang, pour médailles de 2e classe, les tuyaux exposés par MM. Nonclère-Briquet, Guilhaumon-Javelle, Agache, Clamageran et Roberty, Robert et Loraux, Mme veuve Champion, en France; MM. le comte Andrasy, comte Hompesch, baron Doblhoff, Schœller, comte Stockau, comte Wrbna, Miesbach, l'administrateur du domaine privé de S. M. l'empereur François, à Holitsch, l'Administration impériale des Salines de Gmunden, comte de Condenhove, en Autriche; Van Mullmann, en Prusse;

« Au troisième rang, pour mentions honorables, les tuyaux de MM. de la Hodde, Ferry, Wakerme, Carville, Blot et Leperdrieux, Genest, Lyons, Froux, en France; Mikoleschi, en Autriche.

« Le grand nombre de récompenses décernées aux personnes qui ont entrepris la fabrication des tuyaux de drainage témoigne de l'importance que le Jury d'agriculture donne à une industrie qui s'est fortement développée depuis dix ans surtout, mais qui est encore trop peu étendue, à en juger par la difficulté que les agriculteurs qui veulent drainer leurs terres trouvent à se procurer la matière première de tout bon travail de drainage.

« Parmi les tuyaux exposés, il en est quelques-uns qui méritent une mention particulière.

« Le bas prix des tuyaux est une chose tout à fait désirable, si elle est obtenue sans nuire à la solidité. Il paraît possible de réunir les deux conditions, si l'on s'en rapporte aux déclarations de quelques-uns des exposants dont nous venons de citer les noms. Tandis que les premiers tuyaux fabriqués dans chaque pays se vendent 30 francs et même 40 francs le mille, pour la plus petite dimension, on voit, au bout de quelque temps, les prix se niveler et descendre à 20 et même à 15 ou 14 francs. Voici, par exemple, quelques prix relevés parmi ceux des tuyaux de très-bonne qualité que le Jury a remarqués :

« Tuyaux exposés par Mme veuve Champion, à Pontchartrain (Seine-et-Oise), France. — 0^m^.32 de longueur.

Diamètre extérieur.	Diamètre intérieur.	Prix des 1,000 tuyaux.
m.	m.	fr.
0.045	0.030	20
0.054	0.035	25
0.066	0.049	30
0.091	0.069	50

« Tuyaux exposés par M. Chevigny, à Bèze (Côte-d'Or), France. — 0m.31 de longueur.

Diamètre extérieur.	Diamètre intérieur.	Prix des 1,000 tuyaux.
m.	m.	fr.
0.041	0.028	14
0.053	0.037	20
0.080	0.057	35
0.090	0.069	45
0.113	0.085	55

« Tuyaux exposés par M. Van Mullmann, à Zeche-Plato, près de Siegburg (Prusse rhénane). — 0m.31 de longueur.

Diamètre extérieur.	Diamètre intérieur.	Prix des 1,000 tuyaux.
m.	m.	fr.
0.040	0.028	22.50
0.052	0.037	22.50
0.063	0.048	37.50

« On peut aller beaucoup plus bas que ces chiffres; ainsi, l'administration impériale des Salines de Gmunden, dont M. le chevalier Plezver est le directeur, vend les 1,000 tuyaux, de 0m.35 de diamètre, au prix de 8 francs seulement.

« Le Jury a regretté de ne pas connaître le prix des tuyaux exposés par M. de Lerber, à Romainmotier, canton de Vaud (Suisse), qui étaient d'une beauté remarquable, et dont la valeur eût montré jusqu'à quel point la perfection, dans ces sortes de produits, peut se concilier avec un coût peu élevé. Le Jury pense cependant qu'il serait possible d'abaisser les prix actuels, sans rien enlever à la bonne qualité. Certains perfectionnements introduits dans quelques fabriques paraissent ne laisser aucun doute à cet égard. De ces perfectionnements, les uns sont relatifs au mode de cuisson, les autres à la composition de la terre. Parmi ceux-ci nous citerons l'emploi d'une petite quantité de sulfate de soude, imaginé par M. Paul Thénard, et appliqué par M. Chevigny, à la fabrique de Bèze (Côte-d'Or). Au lieu de mouiller avec de l'eau pure les terres dont le mélange doit constituer la pâte à tuyaux, M. Thénard a eu l'idée de les mouiller avec une dissolution de sulfate de soude, chargée de manière à y introduire 0.5 à 1.5 de sulfate de soude réel pour 100 kilogrammes de terre cuite. On conçoit que l'addition de ce fondant rend la cuisson plus rapide, ce qui procure une économie de combustible, qui fait, en grande partie, compensation à l'augmentation de dépense causée par l'emploi du sel. Elle donne, en outre, aux produits, en liant davantage leurs divers éléments, une solidité qui permet d'en réduire l'épaisseur, et, par suite, le poids. Cette innovation sera surtout utile dans les fabriques dont les terres laissent à désirer. »

FIN DU TOME PREMIER.

TABLE DES MATIÈRES

DU TOME PREMIER.

LIVRE I.

HISTOIRE DU DRAINAGE.

LIVRE II.

DU DRAINAGE SANS TUYAUX.

LIVRE III.

DES TERRES DRAINABLES.

LIVRE IV.

FABRICATION DES TUYAUX DE DRAINAGE.

FIN DE LA TABLE DES MATIÈRES DU TOME PREMIER.

TABLE DES FIGURES

DU TOME PREMIER.

FIN DE LA TABLE DES FIGURES DU TOME PREMIER.

BIBLIOTHÈQUE PUBLIQUE (MONTBÉLIARD)

OUVRAGES DU MÊME AUTEUR.

Statique chimique des animaux appliquée spécialement à la question de l'emploi agricole du sel. 1 vol. in-12 de 532 pages.. 5 fr.

Recherches analytiques sur les eaux pluviales, précédées d'un rapport de M. Arago, secrétaire perpétuel de l'Académie des Sciences. 1 vol. in-4° de 90 pages........................ 2 fr.

Arago (Notice biographique sur François). Grand in-8° de 24 pages avec portrait et autographe.............................. 50 c.

Journal d'Agriculture pratique, fondé en 1837 par M. Bixio; dirigé, depuis 1850, par M. Barral, avec la collaboration de MM. Boussingault, de Gasparin, Léonce de Lavergne, Payen, de l'Institut; Dailly, Delafond, Gareau, de Kergorlay, Moll, Renault, Robinet, Louis Vilmorin, Yvart, de la Société centrale d'agriculture; Aylies, Victor Borie, Bouley, Du Breuil, de Dampierre, Dupuis, Duval, Gayot, de Gourcy, Heuzé, Jamet, Lecouteux, Lefour, Victor Lefranc, Eugène Marie, Martins, Peers, Risler, de La Tréhonnais, Villeroy, et un grand nombre d'autres agriculteurs français et étrangers; paraissant le 5 et le 20 de chaque mois, en une brochure de 48 à 64 pages in-4° avec de nombreuses gravures, et formant tous les ans deux volumes in-4° de 530 à 600 pages chacun.

PRIX DE L'ABONNEMENT. — UN AN (JANVIER A DÉCEMBRE) :

France, Algérie, Autriche, Bade, Bavière, Belgique, Danemark, Valachie, Wurtemberg.................................. 15 fr.

États romains, 25 fr. — Naples, Toscane, Amérique et colonies françaises par voie d'Angleterre.................................. 20 fr.

L'Angleterre et les autres États d'Europe.................. 18 fr.

Sous presse pour paraître prochainement :

Instruments et Machines agricoles.

1 vol. grand in-4°, avec de nombreuses gravures dans le texte.

En vente à la même librairie.

MAISON RUSTIQUE DU 19e SIÈCLE,

Avec plus de 2,500 gravures représentant les instruments, machines et appareils, races d'animaux, arbres, arbustes et plantes, serres, bâtiments ruraux, etc.

Cinq volumes in-4°, équivalant à 25 volumes in-8° ordinaires.

Tome I. — Agriculture proprement dite.
Tome II. — Cultures industrielles et animaux domestiques.
Tome III. — Arts agricoles.
Tome IV. — Agriculture forestière, étangs, administration et législation rurale.
Tome V. — Hortic[illegible] iale.

Prix : Un vol[illegible] 9 fr. 50.

Pari[illegible]

Barral, J.-A.
Drainage des terres arables
Tome 1

www.ingramcontent.com/pod-product-compliance
Ingram Content Group UK Ltd.
Pitfield, Milton Keynes, MK11 3LW, UK
UKHW012003240726
13965UKWH00001B/117

9 782013 400282